이 책을 펴고 있는 그대를 환영합니다.

밑줄을 긋고
형광펜을 칠하고
메모를 하고
틀리고 맞고를 반복할 그대

쿵. 쿵. 쿵

알아가는 즐거움으로
심장이 벅차게 뛰기를

이 책을 펴고 있는 그대를 응원합니다.

BETTER CONTENT BETTER LIFE

공통수학2 607제

WRITERS

김동은 대신고 교사
김한결 상문고 교사
변도열 상명고 교사
서미경 영동일고 교사
원슬기 신일고 교사
정재훈 영동일고 교사
최승호 서울고 교사

COPYRIGHT

인쇄일 2024년 11월 15일(1판1쇄)
발행일 2024년 11월 15일

펴낸이 신광수
펴낸곳 ㈜미래엔
등록번호 제16-67호

교육개발1실장 하남규
개발책임 주석호
개발 박혜령, 조희수, 박은지

디자인실장 손현지
디자인책임 김기욱
디자인 페이퍼눈

CS본부장 강윤구
CS지원책임 강승훈

ISBN 979-11-7311-136-5

기 출 분 석 문 제 집

1등급 만들기

공통수학2
607제

구성과 특징

1등급 만들기의 3단계 문제를 풀면 1등급이 이루어집니다.

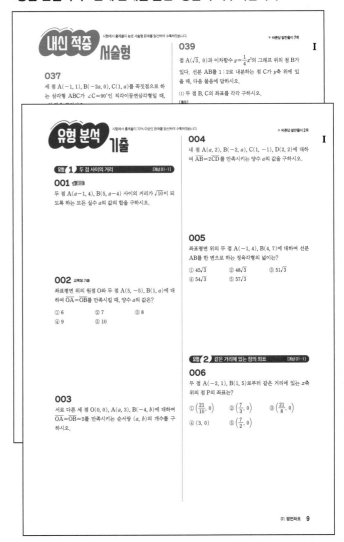

핵심 개념

시험에 자주 나오는 핵심 개념 파악하기

학교 시험에 자주 나오는 개념을 일목 요연하게 정리하여 핵심 개념을 빠르게 파악할 수 있도록 구성하였습니다.

1등급 비법 1등급을 위하여 문제 해결에 활용할 수 있는 비법을 제시하였습니다.

STEP 1 기출 문제로 실전 감각 키우기

유형 분석 기출 ───────

기출 문제를 유형별로 분석한 후 출제율이 70% 이상인 문제를 선별하여 수록하였습니다. 문제를 풀며 탄탄하게 실력을 키울 수 있습니다.

⭐**중요** 시험에서 출제 빈도가 매우 높은 문제입니다.

👉**실력 UP** 실력을 한 단계 높일 수 있는 문제입니다.

교육청 기출 최근 5개년에 출제된 기출 문제입니다.

내신 적중 서술형 ───────

배점이 높은 서술형 문제도 꼼꼼히 준비할 수 있도록 출제율이 높은 서술형 문제를 수록하였습니다.

055
두 직선 $l_1 : 2x-y+2=0$, $l_2 : x+2y-4=0$의 교점을 A, 두 직선 l_1, l_2가 x축과 만나는 점을 각각 B, C라 하자. 제4사분면 위에 있는 점 P에 대하여 삼각형 BPC의 넓이가 삼각형 ABC의 넓이의 3배이고, 삼각형 ABC의 외접원 위의 점 Q가 삼각형 BPC의 무게중심일 때, 점 P의 좌표를 구하시오.

054 내신기출

$\overline{AB}=2\sqrt{3}$, $\overline{BC}=2$인 삼각형 ABC에서 선분 BC의 중점을 D라 할 때, $\overline{AD}=\sqrt{7}$이다. 각 ACB의 이등분선이 선...

실력 완성

041
오른쪽 그림과 같은 정사각형 ABCD의 내부의 점 P에 대하여 $\overline{AP}=7$, $\overline{BP}=3$, $\overline{CP}=5$일 때, 정사각형 ABCD의 넓이는?
① 52 ② 54
③ 56 ④ 58
⑤ 60

042
꼭짓점 A의 좌표가 $(2, 1)$인 삼각형 ABC의 외심 $P(-1, -1)$이 변 BC 위에 있을 때, $\overline{AB}^2 + \overline{AC}^2$의 값은?
① 51 ② 52 ③ 53
④ 54 ⑤ 55

043
오른쪽 그림과 같은 $\overline{AC}=3$, $\overline{BC}=6$이고 $\angle C=90°$인 직각삼각형 ABC의 내부에 점 P가 있을 때, $\overline{AP}^2 + \overline{BP}^2 + \overline{CP}^2$의 최솟값은?
① 18 ② 21
③ 24 ④ 27
⑤ 30

044
$0<t<1$일 때, 두 점 $A(-3, 1)$, $B(7, 4)$를 잇는 선분 AB를 $t : (2-t)$로 내분하는 점 P가 있다. 점 P가 제2사분면 위에 있을 때, $15t$가 정수가 되도록 하는 실수 t의 개수는?
① 9 ② 8 ③ 7
④ 6 ⑤ 5

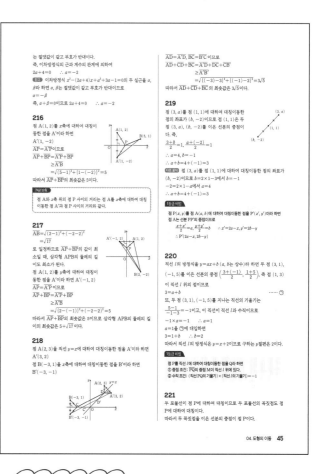

STEP 2 1등급 문제로 실력 향상시키기

 실력 완성 ──────

등급의 차이를 결정하는 어려운 문제도 자신 있게 풀 수 있도록 중요 기출 문제 중에서 개념 통합형 문제와 높은 사고력을 요구하는 고난도 문제를 수록하였습니다.

STEP 3 최고난도 문제로 1등급 도전하기

 ──────

1등급을 결정하는 최고난도의 문제로 시험에서 1등급을 정복할 수 있습니다.

자세한 해설로 문제별 핵심 다시 파악하기

이해하기 쉽도록 자세하고 친절한 풀이를 제시하였습니다.
1등급 실력 완성 문제와 도전 1등급 최고난도 문제에는 해결 전략을 단계적으로 제시하여 문제 해결 능력을 강화할 수 있습니다.

1등급 비법 1등급을 달성할 수 있는 노하우를 수록하였습니다.

개념 보충 놓치기 쉬운 개념을 다시 한번 정리하였습니다.

Contents
차례

1등급 만들기로
1등급 완성하자!

1등급 선배들의 공부 TIP

하나 문제를 풀기 전에는 절대로 풀이를 보지 말고, 문제가 풀릴 때까지 **스스로의 힘으로 풀자!**

둘 잘 모르거나 틀린 문제는 해설을 보면서 어느 부분에서 **왜 틀렸는지 반드시 파악하자!**

셋 계산 실수 때문에 틀리는 경우가 없도록 한 문제 한 문제를 **꼼꼼히 풀자!**

넷 **등급을 가르는 문제**들은 따로 체크해 두고, 틈틈이 풀면서 **익숙해 지도록 하자!**

1등급 만들기를 활용한 수학 공부법

1 기본기를 탄탄히 하려면?

교과서로 기본 개념을 익힌 후, 시험에 꼭 나오는 핵심 개념만을 모은 **1등급 만들기의 핵심 개념**을 반복해서 읽자. 중요 공식은 반드시 암기하고, **1등급 비법**을 숙지하자.

2 시험에 대비하려면?

시험에 자주 출제되는 문제로 공부하되, 쉬운 문제부터 어려운 문제까지 차근차근 공부하자. **1등급 만들기의 유형 분석 기출 문제**와 **내신 적중 서술형 문제**를 풀면서 기출 문제에 대한 감을 익힌 후, **1등급 실력 완성 문제**로 실력을 높이자. 각 단계를 공부한 후에는 채점하여 틀린 문제에 표시하고, 오답노트를 만들어 다시 한번 풀어 보자.

3 1등급을 정복하려면?

1등급이 되려면 실생활 문제, 여러 단원의 개념을 묻는 통합 문제 등을 해결할 수 있어야 한다. 수학적 사고력을 필요로 하는 **1등급 만들기의 도전 1등급 최고난도 문제**를 풀면서 문제 해결 능력을 키우자.

View Point

날마다 다짐하라

매일 아침, 다음 문장을 세 번만 되뇌어 보자.

"나는 날마다 모든 일에서 점점 잘 되고 있다."
"나는 날마다 모든 일에서 점점 잘 되고 있다."
"나는 날마다 모든 일에서 점점 잘 되고 있다."

– 에밀 쿠에(프랑스의 약학자)

I

도형의 방정식

☑ 학습 계획 Check

• 학습하기 전, 중단원이 무엇인지 먼저 확인하세요.

• 이해가 부족한 개념이 있는 단원은 ☐ 안에 표시하고 반복하여 학습하세요.

I 도형의 방정식

평면좌표

| 핵심 개념 | 1등급 비법 |

01-1 두 점 사이의 거리 [유형 1~5, 10]

1 수직선 위의 두 점 사이의 거리

수직선 위의 두 점 $A(x_1)$, $B(x_2)$ 사이의 거리는 $\overline{AB} = |x_2 - x_1|$

특히, 원점 O와 점 $A(x_1)$ 사이의 거리는 $\overline{OA} = |x_1|$

☆ **2 좌표평면 위의 두 점 사이의 거리**

좌표평면 위의 두 점 $A(x_1, y_1)$, $B(x_2, y_2)$ 사이의 거리는

$$\overline{AB} = \sqrt{(x_2-x_1)^2 + (y_2-y_1)^2}^{❶} = \sqrt{(x_1-x_2)^2 + (y_1-y_2)^2}$$

특히, 원점 O와 점 $A(x_1, y_1)$ 사이의 거리는

$$\overline{OA} = \sqrt{x_1^2 + y_1^2}$$

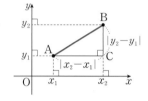

❶ 좌표평면 위의 두 점 A, B와 임의의 점 P에 대하여 $\overline{AP}^2 + \overline{BP}^2$의 최솟값은 다음과 같은 순서로 구한다.

(i) 점 P의 좌표를 (a, b)로 놓는다.

(ii) 두 점 사이의 거리 공식을 이용하여 $\overline{AP}^2 + \overline{BP}^2$을 a, b에 대한 이차식으로 나타낸다.

(iii) (ii)의 이차식을 a, b에 대한 완전제곱식으로 변형하여 최솟값을 구한다.

01-2 선분의 내분점 [유형 6~8, 10]

1 선분의 내분과 내분점

선분 AB 위의 점 P에 대하여

$$\overline{AP} : \overline{PB} = m : n \ (m > 0, n > 0)$$

일 때, 점 P는 선분 AB를 $m : n$으로 **내분**한다고 하고, 점 P를 선분 AB의 **내분점**이라 한다.

A ·····m····· P ·····n····· B

2 수직선 위의 선분의 내분점

수직선 위의 두 점 $A(x_1)$, $B(x_2)$에 대하여 선분 AB를 $m : n \ (m > 0, n > 0)$으로

내분하는 점 P의 좌표는 $\dfrac{mx_2 + nx_1}{m+n}$

특히, 선분 AB의 중점 M의 좌표는 $\dfrac{x_1 + x_2}{2}$

3 좌표평면 위의 선분의 내분점

좌표평면 위의 두 점 $A(x_1, y_1)$, $B(x_2, y_2)$에 대하여 선분 AB를

$m : n \ (m > 0, n > 0)$으로 내분하는 점 P의 좌표는 $\left(\dfrac{mx_2 + nx_1}{m+n}, \dfrac{my_2 + ny_1}{m+n} \right)$

특히, 선분 AB의 중점 M의 좌표는 $\left(\dfrac{x_1 + x_2}{2}, \dfrac{y_1 + y_2}{2} \right)^{❷}$

❷ 평행사변형의 한 꼭짓점의 좌표를 구할 때는 평행사변형의 두 대각선은 서로를 이등분한다는 성질, 즉 두 대각선의 중점이 서로 일치함을 이용한다.

❸ **삼각형의 무게중심의 성질**

① 삼각형의 무게중심은 세 중선의 교점으로, 세 중선을 꼭짓점으로부터 각각 2 : 1로 내분한다.

② 삼각형 ABC의 세 변 AB, BC, CA를 각각 $m : n \ (m > 0, n > 0)$으로 내분하는 점을 차례대로 D, E, F라 할 때, 삼각형 DEF의 무게중심은 삼각형 ABC의 무게중심과 일치한다.

01-3 삼각형의 무게중심 [유형 9, 10]

좌표평면 위의 세 점 $A(x_1, y_1)$, $B(x_2, y_2)$, $C(x_3, y_3)$을 꼭짓점으로 하는 삼각형 ABC

의 무게중심 G의 좌표는 $\left(\dfrac{x_1 + x_2 + x_3}{3}, \dfrac{y_1 + y_2 + y_3}{3} \right)^{❸}$

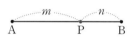

● 바른답·알찬풀이 **2**쪽

I

유형 1 두 점 사이의 거리 [개념 01-1]

001 ⭐중요

두 점 $A(a-1, 4)$, $B(5, a-4)$ 사이의 거리가 $\sqrt{10}$이 되도록 하는 모든 실수 a의 값의 합을 구하시오.

002 교육청 기출

좌표평면 위의 원점 O와 두 점 $A(5, -5)$, $B(1, a)$에 대하여 $\overline{OA}=\overline{OB}$를 만족시킬 때, 양수 a의 값은?

① 6   ② 7   ③ 8
④ 9   ⑤ 10

003

서로 다른 세 점 $O(0, 0)$, $A(a, 3)$, $B(-4, b)$에 대하여 $\overline{OA}=\overline{OB}=5$를 만족시키는 순서쌍 (a, b)의 개수를 구하시오.

004

네 점 $A(a, 2)$, $B(-2, a)$, $C(1, -1)$, $D(2, 2)$에 대하여 $\overline{AB}=2\overline{CD}$를 만족시키는 양수 a의 값을 구하시오.

005

좌표평면 위의 두 점 $A(-1, 4)$, $B(4, 7)$에 대하여 선분 AB를 한 변으로 하는 정육각형의 넓이는?

① $45\sqrt{3}$ ② $48\sqrt{3}$ ③ $51\sqrt{3}$
④ $54\sqrt{3}$ ⑤ $57\sqrt{3}$

유형 2 같은 거리에 있는 점의 좌표 [개념 01-1]

006

두 점 $A(-2, 1)$, $B(1, 5)$로부터 같은 거리에 있는 x축 위의 점 P의 좌표는?

① $\left(\dfrac{21}{10}, 0\right)$ ② $\left(\dfrac{7}{3}, 0\right)$ ③ $\left(\dfrac{21}{8}, 0\right)$
④ $(3, 0)$ ⑤ $\left(\dfrac{7}{2}, 0\right)$

007

두 점 A(1, 2), B(3, 4)로부터 같은 거리에 있는 x축 위의 점을 P, y축 위의 점을 Q라 할 때, 선분 PQ의 길이는?

① $\sqrt{2}$ ② $2\sqrt{2}$ ③ $3\sqrt{2}$
④ $4\sqrt{2}$ ⑤ $5\sqrt{2}$

008

직선 $y=2x-1$ 위의 점 P(a, b)에서 두 점 A(-2, 0), B(2, 4)에 이르는 거리가 같을 때, $a-b$의 값은?

① -4 ② -2 ③ 0
④ 2   ⑤ 4

009 실력 UP

세 점 A(2, 2), B(-2, 0), C(4, 0)을 꼭짓점으로 하는 삼각형 ABC의 외심의 좌표를 (a, b)라 할 때, ab의 값을 구하시오.

유형 **3** 삼각형의 세 변의 길이와 모양 　[개념 01-1]

010

점 A(6, 0)과 제1사분면 위의 점 B에 대하여 삼각형 OAB가 정삼각형일 때, 점 B의 좌표를 구하시오.
(단, O는 원점이다.)

011

세 점 A(-1, 5), B(1, 1), C(3, 2)를 꼭짓점으로 하는 삼각형 ABC는 어떤 삼각형인가?

① 정삼각형
② $\overline{\rm AB}=\overline{\rm BC}$인 이등변삼각형
③ $\overline{\rm CA}=\overline{\rm BC}$인 이등변삼각형
④ 빗변이 $\overline{\rm CA}$인 직각삼각형
⑤ 빗변이 $\overline{\rm BC}$인 직각삼각형

012 중요

세 점 A(-2, -1), B(2, 2), C(2, a)를 꼭짓점으로 하는 삼각형 ABC가 이등변삼각형이 되게 하는 모든 a의 값의 곱을 구하시오. (단, $a<0$)

013

두 점 $A(2, 3)$, $B(-4, 5)$에 대하여 $\overline{AP}^2 + \overline{BP}^2$의 값이 최소가 되도록 하는 x축 위의 점 P의 좌표는?

① $(-2, 0)$ ② $(-1, 0)$ ③ $(0, 0)$

④ $\left(\dfrac{1}{2}, 0\right)$ ⑤ $(1, 0)$

014 ☆중요

두 점 $A(2, 6)$, $B(4, 8)$과 직선 $y = x + 2$ 위의 점 P에 대하여 $\overline{AP}^2 + \overline{BP}^2$의 최솟값은?

① 8 ② 10 ③ 12

④ 14 ⑤ 16

015

두 점 $A(1, a)$, $B(a, -3)$과 직선 $y = x$ 위에 있는 점 P에 대하여 $\overline{AP}^2 + \overline{BP}^2$은 점 P의 x좌표가 $\dfrac{3}{2}$일 때, 최솟값 m을 갖는다. $a + m$의 값은?

① 25 ② 29 ③ 33

④ 37 ⑤ 41

016

두 점 $A(-2, 3)$, $B(4, -5)$과 임의의 점 P에 대하여 $\overline{AP} + \overline{BP}$의 최솟값을 구하시오.

017

실수 x, y에 대하여
$$\sqrt{x^2 + y^2} + \sqrt{(x-1)^2 + (y-4)^2}$$
의 최솟값은?

① $\sqrt{15}$ ② 4 ③ $\sqrt{17}$

④ $3\sqrt{2}$ ⑤ $\sqrt{19}$

018

실수 x, y에 대하여
$$\sqrt{x^2 + y^2 - 6x + 2y + 10} + \sqrt{x^2 + y^2 + 8x - 12y + 52}$$
의 최솟값은?

① $6\sqrt{2}$ ② $7\sqrt{2}$ ③ $8\sqrt{2}$

④ $9\sqrt{2}$ ⑤ $10\sqrt{2}$

유형 6 선분의 내분점 　　　　　[개념 01-2]

019

두 점 A(a, -1), B(-6, b)에 대하여 선분 AB의 중점의 좌표가 (-2, 1)일 때, $a+b$의 값은?

① -1　　　　② 1　　　　③ 3

④ 5　　　　⑤ 7

020

두 점 A(0, 4), B(6, 1)에 대하여 선분 AB를 $2:1$로 내분하는 점과 원점 사이의 거리는?

① $\sqrt{5}$　　　　② $2\sqrt{5}$　　　　③ $3\sqrt{5}$

④ $4\sqrt{5}$　　　　⑤ $5\sqrt{5}$

021

두 점 A(a, 4), B(6, -8)에 대하여 선분 AB를 $3:b$로 내분하는 점의 좌표가 (4, -5)일 때, $a+b$의 값은?

(단, $b>0$)

① -2　　　　② -1　　　　③ 0

④ 1　　　　⑤ 2

유형 7 선분의 내분점의 활용 　　　　　[개념 01-2]

022

두 점 A(-1, 2), B(3, -2)에 대하여 선분 AB 위의 점 C가 $\overline{AC}=3\overline{BC}$를 만족시킬 때, 점 C의 좌표는?

① (-3, -4)　　② (0, 1)　　③ (1, -2)

④ (2, -1)　　⑤ (5, -4)

023 ☆중요

두 점 A(-4, 1), B(1, 3)에 대하여 선분 AB를 $(1-t):t$로 내분하는 점이 직선 $y=x+14$ 위에 있을 때, 실수 t의 값을 구하시오.

024

다음 그림과 같이 두 점 A(0, 10), B(20, 0)에 대하여 선분 AB를 5등분 하는 점을 각각 P_1, P_2, P_3, P_4라 할 때, 선분 OP_k ($k=1, 2, 3, 4$) 중에서 가장 긴 선분의 길이는?

(단, O는 원점이다.)

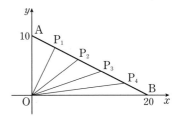

① $10\sqrt{2}$　　　　② $2\sqrt{55}$　　　　③ $4\sqrt{15}$

④ $2\sqrt{65}$　　　　⑤ $2\sqrt{70}$

유형 **8** 선분의 내분점의 삼각형과 사각형에서의 활용 [개념 01-2]

025

세 점 A(0, 3), B(−1, −3), C(5, 3)과 선분 BC 위의 점 P(a, b)에 대하여 삼각형 ABP의 넓이가 삼각형 APC의 넓이의 2배일 때, $a-b$의 값을 구하시오.

026 ☆중요

평행사변형 ABCD의 네 꼭짓점이 A(2, 5), B(0, 0), C(a, −1), D(5, b)일 때, $a+b$의 값은?

① 3   ② 4   ③ 5
④ 6   ⑤ 7

027

네 점 A(a, a), B(−a, −b), C(5, −a), D(7, b)를 꼭짓점으로 하는 사각형 ABCD가 마름모일 때, $a+b$의 값은?

① 1   ② 3   ③ 5
④ 7   ⑤ 9

028

네 점 A(a, b), B(c, 2), C(4, 1), D(d, −4)를 꼭짓점으로 하는 평행사변형 ABCD의 두 대각선의 교점이 직선 $y=x-2$ 위에 있을 때, $a+b+c+d$의 값을 구하시오.

029

두 점 A(4, 0), B(−6, 5)에 대하여 선분 AB를 $m:n$으로 내분하는 점을 P라 하자. 삼각형 OPB의 넓이가 8일 때, $\dfrac{n}{m}$의 값을 구하시오.

(단, O는 원점이고, $m>0$, $n>0$)

030 ☆실력 UP

∠C=90°인 직각삼각형 ABC에서 선분 AB를 2 : 1로 내분하는 점을 D, 선분 CD의 중점을 E, 선분 BD를 3 : 1로 내분하는 점을 F라 하자. 삼각형 AEC의 넓이가 삼각형 DFE의 넓이의 k배일 때, k의 값을 구하시오.

● 바른답·알찬풀이 **6**쪽

유형 ⑨ 삼각형의 무게중심 [개념 01-3]

031

세 점 A$(a, 2)$, B$(-1, b)$, C$(5, -2)$를 꼭짓점으로 하는 삼각형 ABC의 무게중심의 좌표가 $(2, 1)$일 때, $a+b$의 값은?

① 1   ② 3   ③ 5

④ 7   ⑤ 9

032

삼각형 ABC에서 A$(3, 0)$, C(a, b)이고 $\overline{AB}$의 중점의 좌표는 $(2, 1)$, 삼각형 ABC의 무게중심의 좌표는 $(2, 3)$일 때, $a+b$의 값을 구하시오.

033 ☆중요

삼각형 ABC에서 점 A의 좌표는 $(1, -2)$이고 삼각형 ABC의 무게중심의 좌표는 $(-1, 2)$일 때, 선분 BC의 중점의 좌표는?

① $(-2, 4)$ ② $\left(-\dfrac{3}{2}, 3\right)$ ③ $(-1, 2)$

④ $\left(\dfrac{1}{2}, 1\right)$ ⑤ $(0, 0)$

유형 ⑩ 점이 나타내는 도형의 방정식 [개념 01-1~3]

034

두 점 A$(1, -2)$, B$(7, 2)$에 대하여 $\overline{PA}^2 - \overline{PB}^2 = 12$를 만족시키는 점 P가 나타내는 도형의 방정식을 구하시오.

035 ☆중요

두 점 A$(3, -2)$, B$(-4, 7)$에서 같은 거리에 있는 점 P가 나타내는 도형의 방정식이 $7x+ay+b=0$일 때, 상수 a, b에 대하여 $a+b$의 값을 구하시오.

036

점 A가 직선 $y = \dfrac{1}{2}x + 5$ 위를 움직일 때, 점 A와 점 B$(3, 2)$에 대하여 선분 AB를 $3:1$로 내분하는 점이 나타내는 도형의 방정식은?

① $x-2y+3=0$ ② $4x-8y+13=0$

③ $4x-4y+7=0$ ④ $8x-8y+15=0$

⑤ $3x-2y+4=0$

037

세 점 $A(-1, 1)$, $B(-2a, 0)$, $C(1, a)$를 꼭짓점으로 하는 삼각형 ABC가 $\angle C = 90°$인 직각이등변삼각형일 때, a의 값을 구하시오.

[풀이]

038

두 점 $A(-2, -3)$, $B(3, 1)$을 이은 선분 AB의 연장선 위의 점 $C(a, b)$에 대하여 $4\overline{AB} = 3\overline{BC}$일 때, $a+b$의 값을 구하시오. (단, $a < 0$)

[풀이]

039

점 $A(\sqrt{3}, 0)$과 이차함수 $y = \frac{1}{4}x^2$의 그래프 위의 점 B가 있다. 선분 AB를 $1:2$로 내분하는 점 C가 y축 위에 있을 때, 다음 물음에 답하시오.

(1) 두 점 B, C의 좌표를 각각 구하시오.

[풀이]

(2) 두 점 B와 C에서 같은 거리에 있는 점 D가 y축 위에 있을 때, 점 D의 y좌표를 구하시오.

[풀이]

040

세 점 $A(-1, 2)$, $B(1, 6)$, $C(3, -14)$를 꼭짓점으로 하는 삼각형 ABC에서 세 변 AB, BC, CA를 $2:1$로 내분하는 점을 각각 P, Q, R이라 할 때, 삼각형 PQR의 무게중심의 좌표를 구하시오.

[풀이]

041

오른쪽 그림과 같은 정사각형 ABCD의 내부의 점 P에 대하여 $\overline{AP}=7$, $\overline{BP}=3$, $\overline{CP}=5$일 때, 정사각형 ABCD의 넓이는?

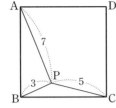

① 52   ② 54

③ 56   ④ 58

⑤ 60

042

꼭짓점 A의 좌표가 $(2, 1)$인 삼각형 ABC의 외심 $P(-1, -1)$이 변 BC 위에 있을 때, $\overline{AB}^2+\overline{AC}^2$의 값은?

① 51   ② 52   ③ 53

④ 54   ⑤ 55

043

오른쪽 그림과 같은 $\overline{AC}=3$, $\overline{BC}=6$이고 $\angle C=90°$인 직각삼각형 ABC의 내부에 점 P가 있을 때, $\overline{AP}^2+\overline{BP}^2+\overline{CP}^2$의 최솟값은?

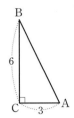

① 18   ② 21

③ 24   ④ 27

⑤ 30

044

$0<t<1$일 때, 두 점 $A(-3, 1)$, $B(7, 4)$를 잇는 선분 AB를 $t : (2-t)$로 내분하는 점 P가 있다. 점 P가 제2사분면 위에 있을 때, $15t$가 정수가 되도록 하는 실수 t의 개수는?

① 9   ② 8   ③ 7

④ 6   ⑤ 5

045 교육청 기출

곡선 $y=x^2-2x$와 직선 $y=3x+k\,(k>0)$이 두 점 P, Q
에서 만난다. 선분 PQ를 $1:2$로 내분하는 점의 x좌표가
1일 때, 상수 k의 값을 구하시오.

(단, 점 P의 x좌표는 점 Q의 좌표보다 작다.)

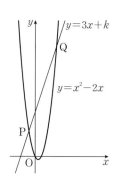

046

두 점 A$(-2, 0)$, B$(0, 5)$에 대하여 선분 AB 위의 점 C가
$k\overline{AC}=\overline{BC}$를 만족시킨다. 점 C가 직선 $x+2y=1$ 위에
있을 때, 실수 k의 값을 구하시오.

047

오른쪽 그림과 같이 이차함수
$y=2-x^2$의 그래프와 직선
$y=kx$가 만나는 두 점을 각각 A,
B라 하자. $\overline{OA}:\overline{OB}=2:1$일
때, 양수 k의 값을 구하시오.

(단, O는 원점이다.)

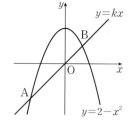

048

둘레의 길이가 $6\sqrt{5}$인 평행사변형 ABCD의 세 꼭짓점이
A$(2, 3)$, B$(3, 5)$, C$(1, k)$일 때, 가능한 실수 k의 값의
합은?

① 6　　　　　② 8　　　　　③ 10

④ 12　　　　　⑤ 14

049 교육청 기출

좌표평면 위의 세 점 A$(2, 3)$, B$(7, 1)$, C$(4, 5)$가 있다.
직선 AB 위의 점 D에 대하여 점 D를 지나고 직선 BC와
평행한 직선이 직선 AC와 만나는 점을 E라 하자.
삼각형 ABC와 삼각형 ADE의 넓이의 비가 $4:1$이 되도
록 하는 모든 점 D의 y좌표의 곱은?

(단, 점 D는 점 A도 아니고, 점 B도 아니다.)

① 8　　　　　② $\dfrac{17}{2}$　　　　　③ 9

④ $\dfrac{19}{2}$　　　　　⑤ 10

● 바른답·알찬풀이 10쪽

050

오른쪽 그림과 같이 좌표평면 위의 점 A(16, 12)에서 x축에 내린 수선의 발을 H라 하고, 각 OAH의 이등분선이 x축과 만나는 점을 B라 하자. $0 < k < 1$

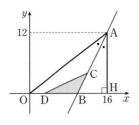

에 대하여 두 선분 AB, BO를 $(1-k) : k$로 내분하는 점을 각각 C, D라 할 때, 삼각형 BCD의 넓이가 $\dfrac{45}{4}$가 되도록 하는 모든 실수 k의 값의 곱은? (단, O는 원점이다.)

① $\dfrac{2}{9}$ ② $\dfrac{3}{16}$ ③ $\dfrac{4}{25}$

④ $\dfrac{5}{36}$ ⑤ $\dfrac{6}{49}$

051

점 A(1, 6)을 한 꼭짓점으로 하는 삼각형 ABC의 두 변 AB, AC의 중점을 각각 M(x_1, y_1), N(x_2, y_2)라 하자. $x_1 + x_2 = 2$, $y_1 + y_2 = 4$일 때, 삼각형 ABC의 무게중심의 좌표는?

① $\left(\dfrac{1}{2}, \dfrac{2}{3}\right)$ ② $\left(\dfrac{1}{2}, 1\right)$ ③ $\left(1, \dfrac{2}{3}\right)$

④ (1, 2)   ⑤ (2, 1)

052

두 직선 $y = 3x$, $y = \dfrac{1}{2}x$가 직선 $y = -2x + k$와 만나는 점을 각각 A, B라 할 때, 원점 O와 두 점 A, B를 꼭짓점으로 하는 삼각형 OAB의 무게중심의 좌표가 $\left(2, \dfrac{8}{3}\right)$이다. 이때 상수 k의 값을 구하시오.

053

오른쪽 그림과 같이 원점 O를 한 꼭짓점으로 하는 삼각형 OAB가 있다. 두 선분 OA와 OB의 중점을 각각 C, D라 하고, 두 선분 AD와 BC의 교점을 E(p, q)라 하자. 삼각형 OCD의 무게중심의 좌표가 (3, 4)일 때, $p+q$의 값은?

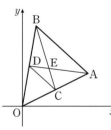

① 11   ② 12   ③ 13

④ 14   ⑤ 15

도전 1등급 최고난도

054 교육청 기출

$\overline{AB}=2\sqrt{3}$, $\overline{BC}=2$인 삼각형 ABC에서 선분 BC의 중점을 D라 할 때, $\overline{AD}=\sqrt{7}$이다. 각 ACB의 이등분선이 선분 AB와 만나는 점을 E, 선분 CE와 선분 AD가 만나는 점을 P, 각 APE의 이등분선이 선분 AB와 만나는 점을 R, 선분 PR의 연장선이 선분 BC와 만나는 점을 Q라 하자. 삼각형 PRE의 넓이를 S_1, 삼각형 PQC의 넓이를 S_2라 할 때, $\dfrac{S_2}{S_1}=a+b\sqrt{7}$이다. ab의 값은?

(단, a, b는 유리수이다.)

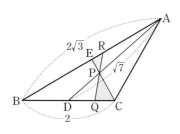

① -16 ② -14 ③ -12

④ -10 ⑤ -8

055

두 직선 $l_1 : 2x-y+2=0$, $l_2 : x+2y-4=0$의 교점을 A, 두 직선 l_1, l_2가 x축과 만나는 점을 각각 B, C라 하자. 제4사분면 위에 있는 점 P에 대하여 삼각형 BPC의 넓이가 삼각형 ABC의 넓이의 3배이고, 삼각형 ABC의 외접원 위의 점 Q가 삼각형 BPC의 무게중심일 때, 점 P의 좌표를 구하시오.

02 직선의 방정식

02-1 직선의 방정식   [유형 1, 2, 7]

1 한 점과 기울기가 주어진 직선의 방정식

점 (x_1, y_1)을 지나고 기울기가 m인 직선의 방정식은 $y - y_1 = m(x - x_1)$

2 두 점을 지나는 직선의 방정식[1]

서로 다른 두 점 $A(x_1, y_1)$, $B(x_2, y_2)$를 지나는 직선의 방정식은

(1) $x_1 \neq x_2$일 때, $y - y_1 = \dfrac{y_2 - y_1}{x_2 - x_1}(x - x_1)$

(2) $x_1 = x_2$일 때, $x = x_1$[2]

$\quad\quad\quad\quad$ → (기울기) $= \dfrac{(y의\ 값의\ 증가량)}{(x의\ 값의\ 증가량)}$

❶ x절편이 a이고, y절편이 b인 직선의 방정식

⇨ $\dfrac{x}{a} + \dfrac{y}{b} = 1$ (단, $a \neq 0$, $b \neq 0$)

❷ 점 (x_1, y_1)을 지나고
① x축에 평행한 (y축에 수직인) 직선의 방정식 ⇨ $y = y_1$
② y축에 평행한 (x축에 수직인) 직선의 방정식 ⇨ $x = x_1$

02-2 두 직선의 교점을 지나는 직선의 방정식   [유형 3, 4, 12]

1 정점을 지나는 직선

두 직선 $ax + by + c = 0$, $a'x + b'y + c' = 0$이 한 점에서 만날 때,

직선 $ax + by + c + k(a'x + b'y + c') = 0$은 실수 k의 값에 관계없이 항상 두 직선

$ax + by + c = 0$, $a'x + b'y + c' = 0$의 교점을 지난다.

2 두 직선의 교점을 지나는 직선의 방정식

한 점에서 만나는 두 직선 $l : ax + by + c = 0$, $l' : a'x + b'y + c' = 0$의 교점을 지나는

직선 중에서 l'을 제외한 직선의 방정식은

$\quad ax + by + c + k(a'x + b'y + c') = 0$ (단, k는 실수이다.)

02-3 두 직선의 위치 관계   [유형 5~8]

두 직선의 위치 관계에 따른 조건은 다음과 같다.

두 직선의 위치 관계	평행하다.	일치한다.	한 점에서 만난다.	수직이다.
$\begin{cases} y = mx + n \\ y = m'x + n' \end{cases}$	$m = m'$, $n \neq n'$ 기울기는 같고, y절편은 다르다.	$m = m'$, $n = n'$ 기울기와 y절편이 각각 같다.	$m \neq m'$ 기울기가 다르다.	$mm' = -1$ 기울기의 곱이 -1이다.
$\begin{cases} ax + by + c = 0 \\ a'x + b'y + c' = 0 \end{cases}$ (단, $abc \neq 0$, $a'b'c' \neq 0$)	$\dfrac{a}{a'} = \dfrac{b}{b'} \neq \dfrac{c}{c'}$	$\dfrac{a}{a'} = \dfrac{b}{b'} = \dfrac{c}{c'}$	$\dfrac{a}{a'} \neq \dfrac{b}{b'}$	$aa' + bb' = 0$

02-4 점과 직선 사이의 거리   [유형 9~11]

점 (x_1, y_1)과 직선 $ax + by + c = 0$ 사이의 거리는 $\dfrac{|ax_1 + by_1 + c|}{\sqrt{a^2 + b^2}}$[3]

특히, 원점과 직선 $ax + by + c = 0$ 사이의 거리는 $\dfrac{|c|}{\sqrt{a^2 + b^2}}$

❸ 평행한 두 직선 l, l' 사이의 거리는 직선 l 위의 임의의 한 점 P와 직선 l' 사이의 거리 d와 같음을 이용하여 다음과 같은 순서로 구한다.

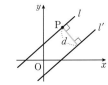

(i) 직선 l 위의 한 점 P의 좌표 (x_1, y_1)을 구한다.

(ii) 점 (x_1, y_1)과 직선 l' 사이의 거리를 구한다.

시험에서 출제율이 70% 이상인 문제를 엄선하여 수록하였습니다.

유형 1 직선의 방정식 [개념 02-1]

056

점 $(-\sqrt{3}, -1)$을 지나고 x축의 양의 방향과 이루는 각의 크기가 60°인 직선의 방정식은?

① $y=\sqrt{3}x-2$
② $y=\sqrt{3}x+2$
③ $y=\sqrt{3}x+4$
④ $y=\dfrac{\sqrt{3}}{3}x-2$
⑤ $y=\dfrac{\sqrt{3}}{3}x+2$

057

두 점 $(3, -8)$, $(5, 4)$를 이은 선분의 중점을 지나고 기울기가 -6인 직선의 방정식이 $y=ax+b$일 때, 상수 a, b에 대하여 $a+b$의 값을 구하시오.

058

두 점 $(-3, 4)$, $(2, -6)$을 지나는 직선이 점 $(a, a+1)$을 지날 때, a의 값은?

① -5
② -4
③ -3
④ -2
⑤ -1

059 교육청 기출

좌표평면 위의 서로 다른 세 점 $A(-1, a)$, $B(1, 1)$, $C(a, -7)$이 한 직선 위에 있도록 하는 양수 a의 값은?

① 5
② 6
③ 7
④ 8
⑤ 9

060

네 점 $O(0, 0)$, $A(3, 1)$, $B(0, 7)$, $C(2, a)$에 대하여 점 C가 삼각형 OAB의 변 위에 있도록 하는 모든 a의 값의 곱을 구하시오.

061 ☆중요

직선 $2x+3y-k=0$이 x축, y축과 만나는 두 점을 각각 A, B라 할 때, 삼각형 OAB의 넓이는 12이다. 이때 양수 k에 대하여 두 점 $(k, 1)$, $(12, 3)$을 지나는 직선의 방정식은? (단, O는 원점이다.)

① $x=12$
② $y=12$
③ $y=2x$
④ $y=2x+12$
⑤ $y=12x-1$

062

오른쪽 그림과 같이 좌표평면 위에 둘레의 길이가 32이고, 가로의 길이가 세로의 길이의 3배인 직사각형 ABCD가 있다.

A$(-8, 3)$일 때, 두 점 B, D를 지나는 직선의 방정식은?

(단, 직사각형의 각 변은 축에 평행하다.)

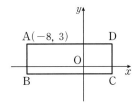

① $y=\dfrac{1}{3}x+\dfrac{1}{4}$ ② $y=\dfrac{1}{3}x+\dfrac{4}{3}$

③ $y=\dfrac{1}{3}x+\dfrac{5}{3}$ ④ $y=\dfrac{1}{4}x+\dfrac{4}{3}$

⑤ $y=\dfrac{1}{4}x+\dfrac{5}{3}$

063 ☆중요

네 점 A$(2, 0)$, B$(4, 0)$, C$(0, 1)$, D$(0, 2)$를 꼭짓점으로 하는 사각형 ABDC의 내부의 한 점 P(a, b)에 대하여 $\overline{PA}+\overline{PB}+\overline{PC}+\overline{PD}$의 값이 최소일 때, $a-b$의 값은?

① $\dfrac{1}{3}$ ② $\dfrac{2}{3}$ ③ 1

④ $\dfrac{4}{3}$ ⑤ $\dfrac{5}{3}$

유형 ② 도형의 넓이를 이등분하는 직선의 방정식   [개념 02-1]

064

직선 $5x+6y=30$과 x축, y축으로 둘러싸인 부분의 넓이를 직선 $y=\dfrac{n}{m}x$가 이등분할 때, $m-n$의 값을 구하시오.

(단, m, n은 서로소인 자연수이다.)

065

오른쪽 그림과 같은 두 직사각형의 넓이를 동시에 이등분하는 직선의 방정식을 $y=ax+b$라 할 때, 상수 a, b에 대하여 $a+b$의 값을 구하시오.

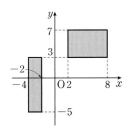

066 ☆중요

세 점 A$(5, 3)$, B$(-2, 3)$, C$(4, -1)$을 꼭짓점으로 하는 삼각형 ABC의 넓이를 직선 $y=k$가 이등분할 때, 상수 k의 값은?

① 1   ② $\sqrt{5}-1$ ③ $\sqrt{6}-1$

④ $\sqrt{7}-1$ ⑤ $2\sqrt{2}-1$

유형 3 정점을 지나는 직선의 방정식 [개념 02-2]

067 ⭐중요

직선 $y=m(x-3)+1$이 세 점 O(0, 0), A(3, 1), B(-1, 3)을 꼭짓점으로 하는 삼각형 OAB의 넓이를 이등분할 때, 상수 m의 값은?

① $-\dfrac{1}{9}$　　② $-\dfrac{1}{7}$　　③ $-\dfrac{1}{5}$

④ $-\dfrac{2}{7}$　　⑤ $-\dfrac{2}{5}$

068

좌표평면 위의 네 점 A, B, C, D에 대하여 직선 $mx+y+m-1=0$이 실수 m의 값에 관계없이 항상 직사각형 ABCD의 넓이를 이등분한다. A(p, q), C(1, 5)일 때, p^2+q^2의 값을 구하시오.

069

직선 $y=2m(x-2)+1$이 세 점 A(-2, 0), B(1, -1), C(0, 3)을 꼭짓점으로 하는 삼각형 ABC와 만날 때, 실수 m의 최댓값은?

① $-\dfrac{1}{2}$　　② 0　　③ $\dfrac{1}{2}$

④ 1　　⑤ $\dfrac{3}{2}$

유형 4 두 직선의 교점을 지나는 직선의 방정식 [개념 02-2]

070

두 직선 $x+7y+5=0$, $x+2y-1=0$의 교점을 지나고, 기울기가 7인 직선의 y절편을 구하시오.

071 실력UP 교육청 기출

그림과 같이 좌표평면에서 직선 $y=-x+10$과 y축과의 교점을 A, 직선 $y=3x-6$과 x축과의 교점을 B, 두 직선 $y=-x+10$, $y=3x-6$의 교점을 C라 하자. x축 위의 점 D(a, 0) ($a>2$)에 대하여 삼각형 ABD의 넓이가 삼각형 ABC의 넓이와 같도록 하는 a의 값은?

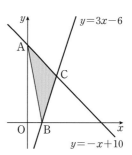

① 5　　② $\dfrac{26}{5}$　　③ $\dfrac{27}{5}$

④ $\dfrac{28}{5}$　　⑤ $\dfrac{29}{5}$

유형 **5** 두 직선의 위치 관계 [개념 02-3]

072

두 직선 $3x-ky+3=0$, $(k-1)x+y-2=0$이 서로 수직일 때, 상수 k의 값은?

① -1 ② $-\dfrac{1}{2}$ ③ $\dfrac{1}{2}$

④ 1 ⑤ $\dfrac{3}{2}$

073

두 직선 $kx-(k+3)y-3=0$, $x-(k-1)y+3=0$이 평행하도록 하는 k의 값을 a, 일치하도록 하는 k의 값을 b라 할 때, $a-b$의 값은? (단, k는 상수이다.)

① -2 ② 0 ③ 2

④ 4 ⑤ 6

074

두 직선 $(1-m)x+3y+1-2m=0$, $2x-my+5=0$이 서로 평행할 때, 두 직선의 기울기는?

(단, m은 상수이다.)

① $-\dfrac{3}{2}$ ② -1 ③ $\dfrac{2}{3}$

④ 1 ⑤ 2

유형 **6** 한 직선에 평행 또는 수직인 직선의 방정식 [개념 02-3]

075

두 점 $(-2, 5)$, $(1, -4)$를 지나는 직선에 평행하고 점 $(3, 7)$을 지나는 직선의 방정식이 $ax-y+b=0$일 때, 상수 a, b에 대하여 ab의 값을 구하시오.

076 ⭐중요

두 점 $A(3, 4)$, $B(7, 2)$를 지나는 직선에 수직이고, 선분 AB를 $1:3$으로 내분하는 점을 지나는 직선의 x절편은?

① 2 ② $\dfrac{9}{4}$ ③ $\dfrac{5}{2}$

④ $\dfrac{11}{4}$ ⑤ 3

077

점 $A(3, 1)$에서 직선 $y=2x+4$에 내린 수선의 발을 H라 할 때, 점 H의 좌표를 구하시오.

유형 7 선분의 수직이등분선의 방정식 [개념 02-1, 3]

078

두 점 A$(-2, 1)$, B$(2, 3)$을 이은 선분 AB를 수직이등분하는 직선의 방정식이 $ax+y+b=0$일 때, 상수 a, b에 대하여 $a+b$의 값을 구하시오.

079

직선 $x+3y+6=0$이 x축, y축과 만나는 점을 각각 A, B라 할 때, 선분 AB의 수직이등분선의 방정식은?

① $y=-3x+4$
② $y=-\dfrac{1}{3}x+8$
③ $y=\dfrac{1}{3}x+4$
④ $y=3x+4$
⑤ $y=3x+8$

080 실력UP

삼각형의 세 변의 수직이등분선은 한 점에서 만난다. 세 점 A$(4, 0)$, B$(0, 4)$, C$(-2, -4)$를 꼭짓점으로 하는 삼각형 ABC의 세 변의 수직이등분선의 교점의 좌표를 (a, b)라 할 때, ab의 값을 구하시오.

유형 8 세 직선의 위치 관계 [개념 02-3]

081

세 직선
$$x+y-1=0, \ 2x-ay+1=0, \ (a-3)x+2y+2=0$$
에 의하여 생기는 교점이 2개가 되도록 하는 모든 실수 a의 값의 곱을 구하시오.

082 중요

세 직선
$$3x-4y+6=0, \ x+2y+2=0, \ ax+3y-2=0$$
이 삼각형을 이루지 않도록 하는 모든 실수 a의 값의 합을 구하시오.

083

세 직선
$$ax+y+5=0, \ ax+y-4=0, \ 2x+y+3=0$$
이 $a=2$일 때는 좌표평면을 p개의 영역, $a=3$일 때는 좌표평면을 q개의 영역으로 나눌 때, pq의 값은?

① 16
② 24
③ 28
④ 36
⑤ 42

유형 9 점과 직선 사이의 거리   [개념 02-4]

084

두 직선 $2x-3y-12=0$, $x-2y-7=0$이 만나는 점과 직선 $2x-y-2=0$ 사이의 거리는?

① 1 ② $\sqrt{5}$ ③ $\dfrac{6\sqrt{5}}{5}$

④ $\dfrac{7\sqrt{5}}{5}$ ⑤ $\dfrac{8\sqrt{5}}{5}$

085

직선 $4x+3y-1=0$과 수직이고, 원점과의 거리가 2인 직선의 y절편을 k라 할 때, k^2의 값은?

① $\dfrac{25}{4}$ ② $\dfrac{13}{2}$ ③ $\dfrac{27}{4}$

④ 7 ⑤ $\dfrac{29}{4}$

086 ⭐중요

원점과 직선 $x+y-2+k(x-y)=0$ 사이의 거리를 $f(k)$라 할 때, $f(k)$의 최댓값은? (단, k는 실수이다.)

① $\sqrt{2}$ ② $\sqrt{3}$ ③ 2

④ $\sqrt{5}$ ⑤ $\sqrt{6}$

087   교육청 기출

그림과 같이 좌표평면 위에 점 $A(a, 6)$ $(a>0)$과 두 점 $(6, 0)$, $(0, 3)$을 지나는 직선 l이 있다. 직선 l 위의 서로 다른 두 점 B, C와 제1사분면 위의 점 D를 사각형 ABCD가 정사각형이 되도록 잡는다. 정사각형 ABCD의 넓이가 $\dfrac{81}{5}$일 때, a의 값은?

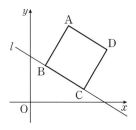

① 2 ② $\dfrac{9}{4}$ ③ $\dfrac{5}{2}$

④ $\dfrac{11}{4}$ ⑤ 3

088 📢실력 UP

직선 $y=4x+k$는 이차함수 $f(x)=x^2+2x$의 그래프와 만나지 않는다. 이차함수 $y=f(x)$의 그래프 위의 점 P와 직선 $y=4x+k$ 사이의 거리의 최솟값이 $\sqrt{17}$일 때, 상수 k의 값을 구하시오.

089 ⭐중요

평행한 두 직선 $3x-4y-2=0$, $3x-4y+2k=0$ 사이의 거리가 2가 되도록 하는 모든 실수 k의 값의 합은?

① -3 ② -2 ③ -1

④ 2 ⑤ 3

090

직선 l: $3x+4y+a=0$과 평행하고 x절편이 2인 직선 m에 대하여 두 직선 l, m 사이의 거리가 4일 때, 양수 a의 값을 구하시오.

091

평행한 두 직선 $x+(a-3)y+3a=0$, $ax-2y+a+7=0$ 사이의 거리를 구하시오. (단, $a<2$)

092

정사각형 ABCD에 대하여 두 점 A, B의 좌표는 각각 $A(0, -2)$, $B(4, 0)$이고 두 점 C, D는 서로 다른 사분면에 있다고 한다. 직선 CD의 x절편은?

① -10 ② -9 ③ -8

④ -7 ⑤ -6

093 🔊실력UP

세 점 $A(4, 4)$, $B(1, 0)$, $C(7, -2)$를 꼭짓점으로 하는 삼각형 ABC에 대하여 선분 AB 위의 한 점 D와 선분 AC 위의 한 점 E가 다음 조건을 만족시킨다.

> ㈎ 선분 BC와 선분 DE는 평행하다.
> ㈏ 삼각형 ADE와 삼각형 ABC의 넓이의 비는 1 : 9
> 이다.

두 직선 BC와 DE 사이의 거리는?

① $2\sqrt{2}$ ② 3 ③ $\sqrt{10}$

④ $\sqrt{11}$ ⑤ $2\sqrt{3}$

● 바른답·알찬풀이 19쪽

유형 11 꼭짓점의 좌표가 주어진 삼각형의 넓이 [개념 02-4]

094 ☆중요

세 점 $O(0, 0)$, $A(6, -1)$, $B(2, a)$를 꼭짓점으로 하는 삼각형 OAB의 넓이가 13일 때, 양수 a의 값을 구하시오.

095 교육청 기출

그림과 같이 좌표평면에서 이차함수 $y=x^2$의 그래프 위의 점 $P(1, 1)$에서의 접선을 l_1, 점 P를 지나고 직선 l_1과 수직인 직선을 l_2라 하자. 직선 l_1이 y축과 만나는 점을 Q, 직선 l_2가 이차함수 $y=x^2$의 그래프와 만나는 점 중 점 P가 아닌 점을 R이라 하자. 삼각형 PRQ의 넓이를 S라 할 때, $40S$의 값을 구하시오.

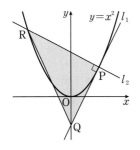

유형 12 두 직선이 이루는 각의 이등분선의 방정식 [개념 02-2]

096

두 직선 $x+7y-4=0$, $5x+5y+7=0$이 이루는 각의 이등분선 중 기울기가 양수인 직선의 y절편을 구하시오.

097

오른쪽 그림과 같이 좌표평면 위의 세 점 $A(0, a)$, $B(-15, 0)$, $C(2, 0)$을 꼭짓점으로 하는 삼각형 ABC가 있다. $\angle ABC$의 이등분선 l이 선분 AC의 중점을 지날 때, 직선 l의 y절편을 k라 하자. 양수 a, k에 대하여 ak의 값을 구하시오.

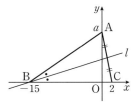

098 ☆실력 UP

한 점에서 만나는 두 직선 $l_1 : x+7y-10=0$, l_2가 이루는 각의 이등분선 중 기울기가 양수인 직선의 방정식이 $3x-4y-5=0$일 때, 기울기가 음수인 직선의 x절편을 구하시오.

099

두 점 A(6, 1), B(−2, −3)을 이은 선분 AB를 1 : 3으로 내분하는 점과 점 (7, −2)를 지나는 직선의 방정식을 구하시오.

[풀이]

100

직선 $(k+1)x+(4k-3)y+6k-8=0$이 실수 k의 값에 관계없이 항상 점 P를 지날 때, 원점 O와 점 P 사이의 거리를 구하시오.

[풀이]

101

오른쪽 그림과 같이 좌표평면 위에 마름모 ABCD가 있다. 두 점 A, C의 좌표가 각각 (1, 3), (5, 1)이고, 두 점 B, D 를 지나는 직선 l의 방정식이 $2x+ay+b=0$일 때, ab의 값을 구하시오.

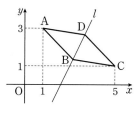

(단, a, b는 상수이다.)

[풀이]

102

제1사분면 위의 점 A와 제3사분면 위의 점 B에 대하여 두 점 A, B가 다음 조건을 만족시킨다.

> ㈎ 두 점 A, B는 직선 $y=x$ 위에 있다.
> ㈏ $\overline{OB}=2\overline{OA}$

점 A에서 y축에 내린 수선의 발을 C, 점 B에서 x축에 내린 수선의 발을 D, 직선 AD와 직선 BC가 만나는 점을 E라 하자. 다음 물음에 답하시오. (단, O는 원점이다.)

⑴ 점 A의 x좌표가 a일 때, 점 E의 좌표를 구하시오.

[풀이]

⑵ 삼각형 AEB의 넓이가 9일 때, 삼각형 ACB의 넓이를 구하시오.

[풀이]

103

좌표평면의 제2사분면 위에 두 점 A, B가 있다. 직선 OA의 기울기는 -1, 직선 OB의 기울기는 -7이고 $\overline{OA}=\overline{OB}$일 때, 직선 AB의 기울기를 구하시오.

(단, O는 원점이다.)

104

오른쪽 그림과 같이 한 변의 길이가 6인 정사각형 OABC 의 변 OA 위의 점 D에 대하 여 직선 BD를 그어 x축과 만 나는 점을 E라 하자. 색칠한 두 부분의 넓이의 합이 사다리꼴 ODBC의 넓이와 같을 때, 직선 BD의 방정식은? (단, O는 원점이다.)

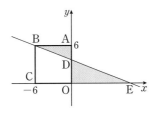

① $3x-y+12=0$ ② $3x+y-12=0$
③ $x-3y-12=0$ ④ $x+3y-12=0$
⑤ $x+3y+12=0$

105

오른쪽 그림과 같이 좌표평면 위의 네 점 A$(9, 0)$, B$(9, 6)$, C$(0, 6)$에 대하여 선분 CB 위 에 선분 CB의 양 끝 점이 아 닌 서로 다른 두 점 D, E가 있

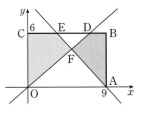

다. 두 직선 OD와 AE가 만나는 점을 F(a, b)라 하면 사 각형 OFEC의 넓이가 사각형 ABDF의 넓이보다 6만큼 크고, 두 직선 OD와 AE의 기울기의 곱은 $-\dfrac{36}{35}$이다. $a+b$의 값은? (단, O는 원점이다.)

① $\dfrac{39}{4}$ ② 10 ③ $\dfrac{41}{4}$
④ $\dfrac{21}{2}$ ⑤ $\dfrac{43}{4}$

106

좌표평면 위의 두 점 A$(-2, 0)$, B$(0, 6)$과 원점 O에 대 하여 두 직선 l, m이 다음 조건을 만족시킨다.

㈎ 직선 l은 점 A를 지난다.
㈏ 두 직선 l과 m의 교점은 y축 위에 있다.
㈐ 두 직선 l과 m은 삼각형 AOB의 넓이를 삼등분한다.

두 직선 l, m의 기울기의 합의 최댓값을 구하시오.

107

두 점 A(2, 3), B(3, 1)을 이은 선분 AB와 직선 $(k+1)x+(k-1)y-2=0$이 만나도록 하는 실수 k의 값의 범위가 $\alpha \le k \le \beta$일 때, $\alpha+\beta$의 값을 구하시오.

108

직선 $2x+(k-1)y-k+5=0$에 대한 설명으로 옳은 것만을 |보기|에서 있는 대로 고른 것은? (단, k는 실수이다.)

┤보기├

ㄱ. k의 값에 관계없이 항상 점 $(-2, 1)$을 지난다.
ㄴ. $k=0$이면 직선 $y=x$와 수직이다.
ㄷ. 두 점 $(0, 4)$, $(-4, -2)$를 지나는 직선과 적어도 한 점에서 만난다.

① ㄱ   ② ㄷ   ③ ㄱ, ㄴ
④ ㄱ, ㄷ   ⑤ ㄱ, ㄴ, ㄷ

109

두 직선 $l_1: x-my=0$, $l_2: mx+y-6m-8=0$이 있다. 실수 m의 값에 관계없이 두 직선 l_1, l_2가 항상 지나는 점을 각각 A, B라 하고, l_1, l_2의 교점을 C라 할 때, 삼각형 ABC의 넓이의 최댓값을 구하시오.

110

다음 그림과 같이 점 A(1, -2)와 직선 $y=m(x+8)$ 위의 서로 다른 두 점 B, C가 $\overline{AB}=\overline{AC}$를 만족시킨다. 선분 BC의 중점이 y축 위에 있을 때, 양수 m의 값은?

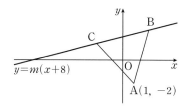

① $\dfrac{1}{16}$ ② $\dfrac{1}{8}$ ③ $\dfrac{3}{16}$

④ $\dfrac{1}{4}$ ⑤ $\dfrac{5}{16}$

111 교육청 기출

좌표평면 위의 네 점

$$A(0, 1), B(0, 4), C(\sqrt{2}, p), D(3\sqrt{2}, q)$$

가 다음 조건을 만족시킬 때, $p+q$의 값을 구하시오.

⑺ 직선 CD의 기울기는 음수이다.
⑻ $\overline{AB}=\overline{CD}$이고, $\overline{AD} /\!/ \overline{BC}$이다.

112 교육청 기출

그림과 같이 $\angle A = \angle B = 90°$, $\overline{AB} = 4$, $\overline{BC} = 8$인 사다리꼴 ABCD에 대하여 선분 AD를 $2:1$로 내분하는 점을 P라 하자. 두 직선 AC, BP가 점 Q에서 서로 수직으로 만날 때, 삼각형 AQD의 넓이는?

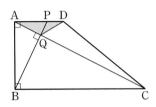

① $\dfrac{6}{5}$ ② $\dfrac{13}{10}$ ③ $\dfrac{7}{5}$

④ $\dfrac{3}{2}$ ⑤ $\dfrac{8}{5}$

113

세 직선 $y = x+1$, $y = -2x+4$, $y = ax+2$가 좌표평면을 6개의 영역으로 나눌 때, 모든 상수 a의 값의 합을 구하시오.

114

두 직선 $x-2y+6=0$, $x-y+2=0$의 교점을 지나고 점 $(1, 2)$에서의 거리가 1인 직선의 방정식을 모두 구하시오.

115

세 점 $A(-2, 1)$, $B(a, 5)$, $C(6, -3)$을 꼭짓점으로 하는 삼각형 ABC의 넓이가 22일 때, 양수 a의 값은?

① 1   ② 3   ③ 5
④ 7   ⑤ 9

116

좌표평면 위의 두 점 A, B와 원점 O에 대하여 삼각형 OAB의 무게중심 G의 좌표가 $(2, 4)$이고, 점 B와 직선 OA 사이의 거리가 6이다. 직선 OA의 기울기를 k라 할 때, k의 값을 구하시오. (단, $0 < k < 2$)

117

그림과 같이 세 점 $A(a, 0)$, $B(0, a\sqrt{3})$, $C(-a\sqrt{3}, 0)$을 꼭짓점으로 하는 삼각형 ABC가 있다.

점 A에서 선분 BC에 내린 수선의 발을 H, 점 C에서 선분 AB에 내린 수선의 발을 I라 하고, 두 선분 AH, CI가 만나는 점을 P라 하자. 삼각형 APC의 넓이가 $6(1+\sqrt{3})$일 때, 사각형 BHPI의 넓이를 구하시오. (단, $a > 0$)

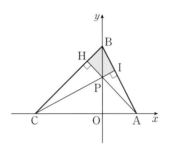

118 교육청 기출

그림과 같이 세 점 $A(0, 4)$, $B(-3, 0)$, $C(4, -3)$을 꼭짓점으로 하는 삼각형 ABC가 있다. 선분 AC 위를 움직이는 점 P를 지나고 직선 AB에 평행한 직선이 선분 BC와 만나는 점을 Q, 점 P를 지나고 직선 BC에 평행한 직선이 선분 AB와 만나는 점을 R, 점 Q를 지나고 직선 AC에 평행한 직선이 선분 AB와 만나는 점을 S라 하자.

사다리꼴 PRSQ의 넓이의 최댓값이 $\dfrac{q}{p}$일 때, $p+q$의 값을 구하시오.

(단, $\overline{AP} < \overline{PC}$이고, p와 q는 서로소인 자연수이다.)

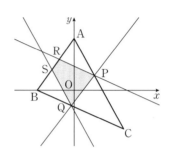

03 원의 방정식

핵심 개념

1등급 비법

03-1 원의 방정식 [유형 1~4]

1 원의 방정식[1]

중심의 좌표가 (a, b)이고 반지름의 길이가 r인 원의 방정식은

$$(x-a)^2+(y-b)^2=r^2$$

특히, 중심이 원점이고 반지름의 길이가 r인 원의 방정식은

$$x^2+y^2=r^2$$

참고 좌표축에 접하는 원의 방정식

① 중심의 좌표가 (a, b)이고 x축에 접하는 원의 방정식
  ⇨ $(x-a)^2+(y-b)^2=b^2$
② 중심의 좌표가 (a, b)이고 y축에 접하는 원의 방정식
  ⇨ $(x-a)^2+(y-b)^2=a^2$
③ 반지름의 길이가 a이고 x축과 y축에 동시에 접하는 원의 방정식
  ⇨ $(x\pm a)^2+(y\pm a)^2=a^2$

2 이차방정식 $x^2+y^2+Ax+By+C=0$이 나타내는 도형

x, y에 대한 이차방정식 $x^2+y^2+Ax+By+C=0$ $(A^2+B^2-4C>0)$은

중심의 좌표가 $\left(-\dfrac{A}{2}, -\dfrac{B}{2}\right)$, 반지름의 길이가 $\dfrac{\sqrt{A^2+B^2-4C}}{2}$인 원

을 나타낸다.

참고 ① 원의 방정식은 x^2과 y^2의 계수가 같고 xy항이 없는 x, y에 대한 이차방정식이다.
② x, y에 대한 이차방정식 $x^2+y^2+Ax+By+C=0$에서
  $A^2+B^2-4C=0$이면 점 $\left(-\dfrac{A}{2}, -\dfrac{B}{2}\right)$를 나타내고,
  $A^2+B^2-4C<0$이면 이차방정식을 만족시키는 실수 x, y가 존재하지 않는다.

03-2 두 원의 교점을 지나는 도형의 방정식 [유형 5, 6]

1 두 원의 교점을 지나는 직선의 방정식 (공통인 현의 방정식)

두 점에서 만나는 두 원 $x^2+y^2+ax+by+c=0$, $x^2+y^2+a'x+b'y+c'=0$의 교점을
지나는 직선의 방정식은

$$x^2+y^2+ax+by+c-(x^2+y^2+a'x+b'y+c')=0$$
즉, $(a-a')x+(b-b')y+c-c'=0$

2 두 원의 교점을 지나는 원의 방정식

두 점에서 만나는 두 원 $O: x^2+y^2+ax+by+c=0$, $O': x^2+y^2+a'x+b'y+c'=0$
의 교점을 지나는 원 중에서 원 O'을 제외한 원의 방정식은

$$x^2+y^2+ax+by+c+k(x^2+y^2+a'x+b'y+c')=0 \quad (단, k\neq-1인 실수이다.)[2]$$

1등급 비법 (우측 칼럼)

[1] 원의 방정식 구하기
① 중심의 좌표 (a, b)와 반지름의 길이 r이 주어지면
  ⇨ $(x-a)^2+(y-b)^2=r^2$을 이용한다.
② 지름의 양 끝 점 A, B의 좌표가 주어지면
  ⇨ (원의 중심)=($\overline{AB}$의 중점),
  (원의 반지름의 길이)=$\dfrac{1}{2}\overline{AB}$임
  을 이용한다.
③ 원 위의 세 점의 좌표가 주어지면
  ⇨ $x^2+y^2+Ax+By+C=0$에 세 점의 좌표를 대입한다.

[2] $k=-1$일 때 방정식은 공통인 현의 방정식이다.

1 판별식을 이용한 원과 직선의 위치 관계❸

원의 방정식과 직선의 방정식을 연립하여 얻은 이차방정식의
판별식을 D라 할 때, 원과 직선의 위치 관계는

(1) $D>0$이면 서로 다른 두 점에서 만난다.

(2) $D=0$이면 한 점에서 만난다. (접한다.)

(3) $D<0$이면 만나지 않는다.

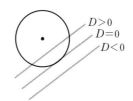

2 점과 직선 사이의 거리를 이용한 원과 직선의 위치 관계❹

반지름의 길이가 r인 원의 중심과 직선 사이의 거리를 d라
할 때, 원과 직선의 위치 관계는

(1) $d<r$이면 서로 다른 두 점에서 만난다.

(2) $d=r$이면 한 점에서 만난다. (접한다.)

(3) $d>r$이면 만나지 않는다.

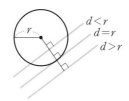

❸ 원의 방정식 $f(x, y)=0$과 직선의 방정식 $y=mx+n$에서 y를 소거한 이차방정식 $f(x, mx+n)=0$의 실근이 원과 직선이 만나는 점의 x좌표이다.

❹ 원 위의 점과 직선 사이의 거리의 최댓값과 최솟값
반지름의 길이가 r인 원 O와 직선 l이 만나지 않을 때, 원 O의 중심 O와 직선 l 사이의 거리를 d라 하면 원 위의 점과 직선 l 사이의 거리의 최댓값과 최솟값은

(최댓값)$=d+r$,
(최솟값)$=d-r$

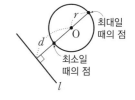

03-4 원의 접선의 방정식   [유형 10~12]

1 기울기가 주어진 원의 접선의 방정식

원 $x^2+y^2=r^2$에 접하고 기울기가 m인 직선의 방정식은

$y=mx\pm r\sqrt{m^2+1}$ ← 한 원에서 기울기가 같은 접선은 두 개이다.

2 원 위의 점에서의 접선의 방정식

원 $x^2+y^2=r^2$ 위의 점 (x_1, y_1)에서의 접선의 방정식은

$x_1x+y_1y=r^2$❺ ← 접선의 기울기는 $-\dfrac{x_1}{y_1}$이다.

❺ x^2 대신 x_1x, y^2 대신 y_1y를 대입한다.

3 원 밖의 한 점에서 원에 그은 접선의 방정식 ← 원 밖의 한 점에서 원에 그은 접선은 두 개이다.

원 밖의 한 점 (a, b)에서 원에 그은 접선의 방정식은 다음과 같은 방법으로 구한다.

방법1 원의 중심과 접선 사이의 거리를 이용

접선의 기울기를 m이라 하고 점 (a, b)를 지나는 직선의 방정식을 세운 후,
(원의 중심과 접선 사이의 거리)$=$(원의 반지름의 길이)임을 이용한다.

방법2 원 위의 점에서의 접선의 방정식을 이용

접점의 좌표를 (x_1, y_1)이라 하고 이 점에서의 직선의 방정식을 세운 후, 접선이
점 (a, b)를 지남을 이용한다.

방법3 판별식을 이용

접선의 기울기를 m이라 하고 점 (a, b)를 지나는 직선의 방정식을 세운 후, 원의
방정식과 연립하여 얻은 이차방정식의 판별식 D가 $D=0$임을 이용한다.

유형 1 원의 방정식 [개념 03-1]

119

원 $x^2+y^2-4x+2y-31=0$의 중심의 좌표를 (a, b), 반지름의 길이를 r이라 할 때, $a+b+r$의 값은?

① 3   ② 5   ③ 7

④ 9   ⑤ 11

120

중심이 x축 위에 있고 두 점 $(0, 4)$, $(6, 2)$를 지나는 원에 대하여 옳은 것만을 | 보기 |에서 있는 대로 고른 것은?

┌ 보기 ┐
ㄱ. 중심의 좌표는 $(2, 0)$이다.
ㄴ. 점 $(-2, -2)$를 지난다.
ㄷ. 둘레의 길이는 20π이다.
└────┘

① ㄱ   ② ㄷ   ③ ㄱ, ㄴ

④ ㄴ, ㄷ   ⑤ ㄱ, ㄴ, ㄷ

121

중심이 직선 $x+2y=0$ 위에 있고, 두 점 $(0, 3)$, $(4, 3)$을 지나는 원의 넓이를 구하시오.

122

양수 a에 대하여 직선 $3x-2y=a$가 x축과 만나는 점을 A, y축과 만나는 점을 B라 하자. 선분 AB를 지름으로 하고 반지름의 길이가 $\sqrt{13}$인 원의 방정식을 구하시오.

123 ☆중요

두 점 A$(-5, -2)$, B$(3, 4)$를 지름의 양 끝 점으로 하는 원의 방정식을 구하시오.

124

세 점 $O(0, 0)$, $P(-1, 3)$, $Q(4, -2)$를 꼭짓점으로 하는 삼각형 OPQ의 외접원의 중심의 좌표를 (a, b), 반지름의 길이를 r이라 할 때, $a+b+r$의 값은?

① 8   ② 10   ③ 12

④ 14   ⑤ 16

125 실력 UP

세 점 $O(0, 0)$, $A(5, 0)$, $B\left(\dfrac{16}{5}, \dfrac{12}{5}\right)$를 꼭짓점으로 하는 삼각형 OAB의 내접원의 방정식이 $x^2+y^2+ax+by+c=0$일 때, $a+b+c$의 값을 구하시오. (단, a, b, c는 상수이다.)

126

세 점 $O(0, 0)$, $A(2, 1)$, $B(-2, a)$를 지나고 중심의 좌표가 $\left(0, \dfrac{a+1}{2}\right)$인 원의 방정식을 구하시오.

127 교육청 기출

원 C: $x^2+y^2-2x-ay-b=0$에 대하여 좌표평면에서 원 C의 중심이 직선 $y=2x-1$ 위에 있다.

원 C와 직선 $y=2x-1$이 만나는 서로 다른 두 점을 A, B라 하자. 원 C 위의 점 P에 대하여 삼각형 ABP의 넓이의 최댓값이 4일 때, $a+b$의 값은? (단, a, b는 상수이고, 점 P는 점 A도 아니고 점 B도 아니다.)

① 1   ② 2   ③ 3

④ 4   ⑤ 5

유형 2 좌표축에 접하는 원의 방정식 [개념 03-1]

128 중요

중심이 직선 $y=x-1$ 위에 있는 원이 y축에 접하고 점 $(3, -1)$을 지날 때, 이 원의 반지름의 길이는?

① 2   ② 3   ③ 4

④ 5   ⑤ 6

129

두 직선 $x=0$, $y=0$에 접하고 점 $(2, -1)$을 지나는 두 원 중 작은 원의 넓이를 구하시오.

130

두 점 $A(0, 1)$, $B(0, 2)$를 지나고 x축에 접하는 원은 두 개이다. 이때 이 두 원이 x축에 접하여 생기는 두 접점 사이의 거리를 구하시오.

유형 ③ 원의 방정식이 되기 위한 조건 [개념 03-1]

131

방정식 $x^2+y^2-8x+2y+k=0$이 원을 나타내도록 하는 자연수 k의 개수는?

① 15   ② 16   ③ 17

④ 18   ⑤ 19

132

방정식 $x^2+y^2-2ax+4y+2a^2-5=0$이 나타내는 도형이 반지름의 길이가 자연수인 원일 때, 모든 양수 a의 값의 곱은?

① $\sqrt{5}$ ② $2\sqrt{2}$ ③ $\sqrt{10}$

④ $2\sqrt{5}$ ⑤ $2\sqrt{10}$

133 실력UP

방정식 $x^2+y^2+(2k-4)x+4y+k+4=0$이 나타내는 도형은 넓이가 4π 이하인 원이다. 정수 k의 최댓값은?

① 1   ② 2   ③ 3

④ 4   ⑤ 5

유형 **4** 점이 나타내는 도형의 방정식 [개념 03-1]

134 ☆중요

세 점 $A(-2, 0)$, $B(2, -2)$, $C(4, 2)$에 대하여
$\overline{AP}^2 = \overline{BP}^2 + \overline{CP}^2$을 만족시키는 점 P가 나타내는 도형의
넓이는?

① 20π ② 25π ③ 30π

④ 35π ⑤ 40π

135

원 $x^2 + y^2 = 9$ 위를 움직이는 점 P와 두 점 $A(-5, -2)$,
$B(2, 5)$에 대하여 삼각형 ABP의 무게중심 G가 나타내
는 도형의 길이를 구하시오.

136

두 점 $A(2, 1)$, $B(-4, 1)$에 대하여 $\overline{AP} : \overline{BP} = 1 : 2$를
만족시키는 점 P가 나타내는 도형의 넓이를 구하시오.

유형 **5** 두 원의 교점을 지나는 도형의 방정식 [개념 03-2]

137

두 원 $x^2 + y^2 - 4 = 0$, $x^2 + y^2 - 4x - 2y = 0$의 교점을 지나
는 직선이 점 $(-1, k)$를 지날 때, k의 값을 구하시오.

138

두 원 $x^2 + y^2 - 2x = 0$, $x^2 + y^2 - 2ax - 3ay + 8 = 0$의 교점
을 지나는 직선이 직선 $3x - y - 3 = 0$과 수직일 때, 상수
a의 값을 구하시오.

139

두 원 $x^2 + y^2 = 4$, $(x-1)^2 + (y+1)^2 = 8$의 교점을 A, B
라 하자. 선분 AB의 중점의 좌표를 (a, b)라 할 때,
ab의 값은?

① -1 ② $-\dfrac{1}{2}$ ③ $-\dfrac{1}{4}$

④ $\dfrac{1}{8}$ ⑤ $\dfrac{1}{4}$

140

두 원 $x^2+y^2-4=0$, $x^2+y^2-4x+4y=0$의 교점을 지나는 원의 방정식이 $x^2+y^2-3x+Ay+B=0$일 때, $A+B$의 값을 구하시오. (단, A, B는 상수이다.)

141

두 원 $(x+1)^2+(y-1)^2=7$, $x^2+y^2-4x-6y-7=0$의 교점을 지나고 중심의 x좌표가 $\dfrac{1}{2}$인 원의 넓이는?

① 10π ② $\dfrac{41}{4}\pi$ ③ $\dfrac{21}{2}\pi$

④ $\dfrac{43}{4}\pi$ ⑤ 11π

142 ⭐중요

원 $x^2+y^2+2ax+2y-6=0$이 원 $x^2+y^2+2x-2y-2=0$의 둘레의 길이를 이등분할 때, 상수 a의 값은?

① $\dfrac{1}{2}$ ② 1 ③ $\dfrac{3}{2}$

④ 2 ⑤ $\dfrac{5}{2}$

유형 ⑥ 공통인 현의 길이   [개념 03-2]

143

두 원 $x^2+y^2-6=0$, $x^2+y^2-8x-6y+4=0$의 공통인 현을 지름으로 하는 원의 넓이는?

① π ② 3π ③ 5π

④ 6π ⑤ 8π

144

두 원 $x^2+y^2=8$, $x^2+y^2-6x+6y+4=0$의 교점을 A, B라 할 때, 삼각형 OAB의 넓이는? (단, O는 원점이다.)

① 3 ② $\sqrt{10}$ ③ $\sqrt{11}$

④ $2\sqrt{3}$ ⑤ $\sqrt{13}$

145

두 원 $x^2+y^2-k=0$, $x^2+y^2-3x+4y=0$의 공통인 현의 길이가 4가 되도록 하는 양수 k의 값을 모두 구하시오.

146

원 $(x-2)^2+(y+1)^2=10$과 직선 $kx-y+2k+1=0$이 서로 만나지 않도록 하는 실수 k의 값의 범위를 구하시오.

147 교육청 기출

좌표평면에서 두 점 $(-3, 0)$, $(1, 0)$을 지름의 양 끝 점으로 하는 원과 직선 $kx+y-2=0$이 오직 한 점에서 만나도록 하는 양수 k의 값은?

① $\dfrac{1}{3}$ ② $\dfrac{2}{3}$ ③ 1

④ $\dfrac{4}{3}$ ⑤ $\dfrac{5}{3}$

148 ⭐중요

0이 아닌 두 상수 a, b에 대하여 직선 $ax+by+1=0$이 직선 $x-y+2=0$과 만나지 않고, 원 $x^2+y^2=16$과 한 점에서 만날 때, a^2+b^2의 값을 구하시오.

149

원 $x^2+y^2=4$와 직선 $2x+y-a=0$이 서로 다른 두 점 A, B에서 만난다. 선분 OA와 선분 OB가 서로 수직이 되도록 하는 실수 a에 대하여 a^2의 값은?

(단, O는 원점이다.)

① 6 ② 7 ③ 8

④ 9 ⑤ 10

150 실력 UP 교육청 기출

좌표평면 위의 두 점 A(0, 6), B(9, 0)에 대하여 선분 AB를 2 : 1로 내분하는 점을 P라 하자.

원 $x^2+y^2-2ax-2by=0$과 직선 AB가 점 P에서만 만날 때, $a+b$의 값은? (단, a, b는 상수이다.)

① $\dfrac{16}{9}$ ② 2 ③ $\dfrac{20}{9}$

④ $\dfrac{22}{9}$ ⑤ $\dfrac{8}{3}$

151

두 점 $(1, 0)$, $(5, 2)$를 지름의 양 끝 점으로 하는 원에 의하여 잘리는 x축 위의 선분의 길이를 구하시오.

152

원 $x^2+y^2=r^2$과 직선 $2x-y+5=0$이 만나는 서로 다른 두 점을 A, B라 하자. $\overline{AB}=4$일 때, 양수 r의 값은?

① $\dfrac{3}{2}$ ② 2 ③ $\dfrac{5}{2}$

④ 3 ⑤ $\dfrac{7}{2}$

153

원 $(x+2)^2+(y-1)^2=9$와 직선 $y=2x+10$의 교점을 모두 지나는 원 중에서 넓이가 최소인 원의 반지름의 길이를 구하시오.

154

점 P$(2, 3)$과 원 $x^2+y^2+2x-3=0$ 위의 점 Q에 대하여 선분 PQ의 길이의 최댓값을 M, 최솟값을 m이라 할 때, Mm의 값은?

① 2 ② 7 ③ 9

④ 14 ⑤ 18

155 ★중요

원 $x^2+y^2-4y=0$ 위의 점 P에서 직선 $3x+4y+7=0$에 내린 수선의 발을 H라 할 때, 선분 PH의 길이의 최댓값과 최솟값의 합은?

① 4 ② 5 ③ 6

④ 7 ⑤ 8

156

원 $(x+2)^2+(y-1)^2=9$ 위의 점 P와 직선 $4x+3y+a=0$ 사이의 거리의 최댓값이 9일 때, a의 최댓값을 M, 최솟값을 m이라 하자. $M-m$의 값은?

(단, a는 상수이다.)

① 45 ② 50 ③ 55

④ 60 ⑤ 65

157 🔊실력UP

중심이 직선 $y=x$ $(x>0)$ 위에 있고 점 $(2, 0)$을 지나는 원이 있다. 원점과 이 원 위의 점 사이의 거리의 최댓값이 $2\sqrt{2}$일 때, 이 원의 반지름의 길이를 구하시오.

160

중심이 원점이고 점 $(2, -1)$을 지나는 원에 접하고 직선 $x-y+2=0$에 평행한 직선의 방정식을 $y=ax+b$라 할 때, 상수 a, b에 대하여 ab^2의 값을 구하시오.

I

유형 **10** 기울기가 주어진 원의 접선의 방정식 [개념 03-4]

158 ☆중요

직선 $x-2y+5=0$과 수직이고 원 $x^2+y^2=20$에 접하는 두 직선이 y축과 만나는 점을 각각 P, Q라 할 때, 선분 PQ의 길이는?

① 12 ② 14 ③ 16
④ 18 ⑤ 20

유형 **11** 원 위의 점에서의 접선의 방정식 [개념 03-4]

161

원 $x^2+y^2=5$ 위의 점 $(-1, 2)$에서의 접선이 점 $(5, a)$를 지날 때, a의 값은?

① -5 ② -3 ③ 0
④ 3 ⑤ 5

159

기울기가 -1이고 원 $(x-2)^2+(y+1)^2=2$에 접하는 두 직선의 y절편의 곱을 구하시오.

162 교육청 기출

원 $x^2+y^2=r^2$ 위의 점 $(a, 4\sqrt{3})$에서의 접선의 방정식이 $x-\sqrt{3}y+b=0$일 때, $a+b+r$의 값은?

(단, r은 양수이고, a, b는 상수이다.)

① 17 ② 18 ③ 19
④ 20 ⑤ 21

● 바른답·알찬풀이 33쪽

163

원 $x^2+y^2=13$과 직선 $x-y-1=0$의 교점 중 제1사분면 위에 있는 점에서의 접선의 방정식은?

① $x-2y+13=0$

② $2x+3y-13=0$

③ $3x+2y-13=0$

④ $4x-y+13=0$

⑤ $5x+2y-13=0$

164

원 $x^2+y^2=10$ 위의 점 (a, b)에서의 접선의 기울기가 -3일 때, $a+b$의 값은? (단, $a>0$)

① 4

② 5

③ 6

④ 7

⑤ 8

165 ☞실력UP

원 $(x+2)^2+(y-2)^2=2$ 위의 점 $P(-1, a)$에서의 접선 l의 기울기가 양수일 때, 직선 l의 y절편은?

① -1

② 0

③ 1

④ 2

⑤ 3

유형 12 원 밖의 한 점에서 원에 그은 접선의 방정식 [개념 03-4]

166 ★중요

점 $(5, 0)$에서 원 $x^2+y^2=5$에 그은 접선의 방정식이 $y=mx+n$일 때, 상수 m, n에 대하여 mn의 값은?

① $-\dfrac{7}{4}$

② $-\dfrac{3}{2}$

③ $-\dfrac{5}{4}$

④ -1

⑤ $-\dfrac{3}{4}$

167

점 $P(-1, 4)$에서 원 $(x+2)^2+(y-1)^2=2$에 그은 두 접선이 y축과 만나는 점을 각각 A, B라 하자. 삼각형 PAB의 무게중심 G에 대하여 두 직선 PG, AB의 교점의 y좌표를 구하시오.

168

점 $(6, 0)$에서 원 $(x-2)^2+y^2=r^2$에 그은 두 접선이 서로 수직일 때, 양수 r의 값은?

① $\sqrt{5}$

② $\sqrt{6}$

③ $\sqrt{7}$

④ $2\sqrt{2}$

⑤ 3

서술형

169

점 $A(-2, 4)$를 지나고 x축과 y축에 동시에 접하는 두 원 C_1, C_2의 반지름의 길이를 각각 r_1, r_2라 하자. $r_1 < r_2$ 일 때, 다음 물음에 답하시오.

(1) r_1, r_2의 값을 각각 구하시오.

[풀이]

(2) 두 원 C_1, C_2의 교점을 지나는 직선의 방정식을 구하 시오.

[풀이]

(3) 두 원 C_1, C_2의 공통인 현의 길이를 구하시오.

[풀이]

170

점 $(4, 0)$을 지나고 x축과 직선 $4x-3y+12=0$에 동시 에 접하는 두 원이 있다. 이 두 원의 중심 사이의 거리를 구하시오.

[풀이]

171

직선 $3x+4y-24=0$이 x축, y축과 만나는 점을 각각 A, B라 할 때, 원 $x^2+y^2=9$ 위의 점 P에 대하여 삼각형 ABP의 넓이의 최댓값을 구하시오.

[풀이]

172

원 $x^2+y^2=6$ 위의 점 $A(a, b)$에서의 접선과 x축 및 y축 으로 둘러싸인 삼각형의 넓이가 12일 때, $a+b$의 값을 구 하시오. (단, 점 A는 제1사분면 위의 점이다.)

[풀이]

출제율이 높은 문제 중 1등급을 결정하는 고난도 문제를 수록하였습니다.

1등급 실력 완성

173

두 점 A$(1, 1)$, B$(3, a)$에 대하여 선분 AB의 수직이등분선이 원 $(x+2)^2+(y-5)^2=4$의 넓이를 이등분할 때, a의 값은?

① 5   ② 6   ③ 7

④ 8   ⑤ 9

174

오른쪽 그림과 같이 원 $x^2+y^2=16$을 현 AB를 접는 선으로 하여 접었더니 점 P$(2, 0)$에서 x축에 접하였을 때, 직선 AB의 방정식은?

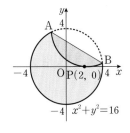

① $x+y-2=0$ ② $x+2y-5=0$

③ $2x+3y-5=0$ ④ $3x+4y-9=0$

⑤ $3x+5y-9=0$

175   교육청 기출

양수 k에 대하여 좌표평면 위에 두 점 A$(k, 0)$, B$(0, k)$가 있다. 삼각형 OAB의 내부에 있으며 $\angle AOP=\angle BAP$를 만족시키는 점 P에 대하여 점 P의 y좌표의 최댓값을 $M(k)$라 하자. 다음은 $M(k)$를 구하는 과정이다.
(단, O는 원점이고, $\angle AOP < 180°$, $\angle BAP < 180°$이다.)

> 원의 접선과 그 접점을 지나는 현이 이루는 각의 크기는 이 각의 내부에 있는 호에 대한 원주각의 크기와 같다. 그러므로 점 O를 지나고 직선 AB와 점 A에서 접하는 원을 C라 할 때, 삼각형 OAB의 내부에 있으며 $\angle AOP=\angle BAP$를 만족시키는 점 P는 원 C 위의 점이다. 원 C의 중심을 C라 하면 $\angle OAC=45°$이므로 점 C의 좌표는 $\left(\dfrac{k}{2}, \boxed{}\right)$이고 원 C의 반지름의 길이는 $\boxed{}$이다.
> 점 P의 y좌표는 $\angle PCO=45°$일 때 최대이므로 $M(k)=(\boxed{})\times k$이다.

위의 (가), (나)에 알맞은 식을 각각 $f(k)$, $g(k)$라 하고, (다)에 알맞은 수를 p라 할 때, $f(p)+g\left(\dfrac{1}{2}\right)$의 값은?

① $\dfrac{\sqrt{2}}{16}$ ② $\dfrac{1}{8}$ ③ $\dfrac{\sqrt{2}}{8}$

④ $\dfrac{1}{4}$ ⑤ $\dfrac{\sqrt{2}}{4}$

176

원 $(x-3)^2+(y-3)^2=6$ 위를 움직이는 점 $\mathrm{P}(x, y)$에

대하여 $\dfrac{y}{x}$의 최댓값을 M, 최솟값을 m이라 할 때,

$M-m$의 값을 구하시오.

178

중심이 원점이고 반지름의 길이가 $\sqrt{5}$인 원 위의 점 $\mathrm{P}(x, y)$에 대하여 $(3+x-2y)(5-x+2y)$의 최댓값과 최솟값의 합은?

① -4 ② -1 ③ 2

④ 5 ⑤ 8

177 교육청 기출

그림과 같이 x축과 직선 $l : y=mx\,(m>0)$에 동시에 접하는 반지름의 길이가 2인 원이 있다. x축과 원이 만나는 점을 P, 직선 l과 원이 만나는 점을 Q, 두 점 P, Q를 지나는 직선이 y축과 만나는 점을 R이라 하자. 삼각형 ROP의 넓이가 16일 때, $60m$의 값을 구하시오.

(단, 원의 중심은 제1사분면 위에 있고, O는 원점이다.)

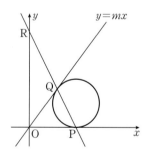

179 교육청 기출

그림과 같이 기울기가 2인 직선 l이 원 $x^2+y^2=10$과 제2사분면 위의 점 A, 제3사분면 위의 점 B에서 만나고 $\overline{\mathrm{AB}}=2\sqrt{5}$이다. 직선 OA와 원이 만나는 점 중 A가 아닌 점을 C라 하자. 점 C를 지나고 x축과 평행한 직선이 직선 l과 만나는 점을 $\mathrm{D}(a, b)$라 할 때, 두 상수 a, b에 대하여 $a+b$의 값은? (단, O는 원점이다.)

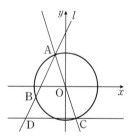

① -8 ② $-\dfrac{15}{2}$ ③ -7

④ $-\dfrac{13}{2}$ ⑤ -6

● 바른답·알찬풀이 38쪽

180

오른쪽 그림과 같이 원 $(x+4)^2+(y-3)^2=5^2$ 위의 두 점 A$(-4, -2)$, B$(1, 3)$과 원 위를 움직이는 점 P를 꼭짓점으로 하는 삼각형 ABP의 넓이의 최댓값을 구하시오.

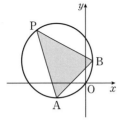

181

원 $x^2+y^2=1$ 위를 움직이는 점 P와 두 점 A$(-2, 1)$, B$(3, 5)$에 대하여 $\overline{PA}^2+\overline{PB}^2$의 최솟값을 구하시오.

182

원 $x^2+y^2=4$에 접하는 서로 평행하지 않은 세 직선 l, m, n이 이루는 삼각형은 정삼각형이다. 직선 l의 기울기가 2이고 y절편이 양수일 때, 두 직선 m, n의 교점의 x좌표를 구하시오.

183

원 $x^2+y^2=25$ 위의 점 P$(-3, 4)$에서의 접선과 x축의 교점을 A, 점 A로부터의 거리가 가장 가까운 원 위의 점을 B라 할 때, 삼각형 PAB의 넓이를 구하시오.

184

원 밖의 한 점 P$(3, a)$에서 원 $x^2+y^2=9$에 그은 두 접선의 접점을 각각 A, B라 할 때, 선분 AB는 원 $x^2+y^2=1$에 접한다. 이때 a의 값은? (단, $a>0$)

① 6   ② $6\sqrt{2}$ ③ $6\sqrt{3}$
④ 12   ⑤ $6\sqrt{5}$

185

원 밖의 한 점 P(a, b)에서 원 $x^2+y^2=8$에 그은 두 접선이 이루는 각의 크기가 90°일 때, 점 P가 나타내는 도형의 길이는?

① 4π ② 6π ③ 8π
④ 10π ⑤ 12π

1등급을 결정하는 문제 중 최고난도 문제를 수록하였습니다.

● 바른답·알찬풀이 **40쪽**

I

186 교육청 기출

좌표평면 위의 세 점 A$(-5, -1)$, B, C가 다음 조건을 만족시킨다.

> (개) 삼각형 ABC의 무게중심의 좌표는 $(-1, 1)$이다.
> (내) 세 점 A, B, C를 지나는 원의 중심은 원점이다.

삼각형 ABC의 넓이가 $\dfrac{q}{p}\sqrt{105}$일 때, $p+q$의 값을 구하시오. (단, p와 q는 서로소인 자연수이다.)

187

오른쪽 그림과 같이 중심의 좌표가 $(4, 2)$인 원이 제1사분면 위에 있다. 원점과 이 원의 중심을 지나는 직선이 이 원과 만나는 두 점을 각각 A, B라 하고, 두 점 A, B를 각각 접점으로 하는 두 접선이 x축 및 y축과 만나는 점을 각각 C, D, E, F라 하자. 사다리꼴 DCEF의 넓이가 $\dfrac{50\sqrt{5}}{3}$일 때, 이 원의 반지름의 길이를 구하시오.

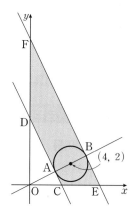

03. 원의 방정식 **49**

I 도형의 방정식

04 도형의 이동

핵심 개념

04-1 점의 평행이동 [유형 1]

1 평행이동

한 도형을 일정한 방향으로 일정한 거리만큼 이동하는 것

2 점의 평행이동

점 $P(x, y)$를 x축의 방향으로 a만큼❶, y축의 방향으로 b만큼 평행이동한 점 P'의 좌표는

$$(x+a, y+b)$$

(참고) 점 (x, y)를 x축의 방향으로 a만큼, y축의 방향으로 b만큼 평행이동하는 것을 $(x, y) \longrightarrow (x+a, y+b)$와 같이 나타낸다.

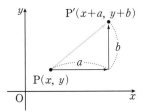

❶ x축의 방향으로 a만큼 평행이동한다는 것은 $a>0$일 때는 양의 방향으로, $a<0$일 때는 음의 방향으로 $|a|$만큼 평행이동함을 뜻한다.

04-2 도형의 평행이동[2] [유형 2, 3, 7]

방정식 $f(x, y)=0$이 나타내는 도형을 x축의 방향으로 a만큼, y축의 방향으로 b만큼 평행이동한 도형의 방정식은

$$f(x-a, y-b)=0$$
$\quad\quad\quad$↳ x 대신 $x-a$, y 대신 $y-b$를 대입한다.

(참고) 평행이동에 의하여 점은 점으로, 직선은 기울기가 같은 직선으로, 원은 반지름의 길이가 같은 원으로 옮겨진다.

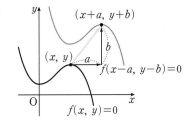

❷ 원 또는 포물선의 평행이동은 점의 평행이동을 이용하여 다음과 같이 생각할 수 있다.
① 원의 평행이동
  ⇨ 원의 중심의 평행이동
② 포물선의 평행이동
  ⇨ 포물선의 꼭짓점의 평행이동

✦ 04-3 점의 대칭이동 [유형 4, 8]

1 대칭이동

어떤 도형을 주어진 직선 또는 점에 대하여 대칭인 도형으로 옮기는 것

2 점의 대칭이동

점 (x, y)를 x축, y축, 원점 및 직선 $y=x$에 대하여 대칭이동한 점의 좌표는 각각 다음과 같다.

(1) x축에 대하여 대칭이동한 점의 좌표는 $(x, -y)$ ← y좌표의 부호가 바뀐다.

(2) y축에 대하여 대칭이동한 점의 좌표는 $(-x, y)$ ← x좌표의 부호가 바뀐다.

(3) 원점에 대하여 대칭이동한 점의 좌표는 $(-x, -y)$❸ ← x, y좌표의 부호가 모두 바뀐다.

(4) 직선 $y=x$에 대하여 대칭이동한 점의 좌표는 (y, x) ← x, y좌표가 서로 바뀐다.

(참고) 점 (x, y)를 직선 $y=-x$에 대하여 대칭이동한 점의 좌표는 $(-y, -x)$

❸ 원점에 대하여 대칭이동한 것은 x축에 대하여 대칭이동한 후 y축에 대하여 대칭이동한 것과 같다.

방정식 $f(x, y)=0$이 나타내는 도형을 x축, y축, 원점 및 직선 $y=x$에 대하여 대칭이동한 도형의 방정식은 각각 다음과 같다.

(1) x축에 대하여 대칭이동한 도형의 방정식은 $f(x, -y)=0$ ← y 대신 $-y$를 대입한다.

(2) y축에 대하여 대칭이동한 도형의 방정식은 $f(-x, y)=0$ ← x 대신 $-x$를 대입한다.

(3) 원점에 대하여 대칭이동한 도형의 방정식은 $f(-x, -y)=0$ ← x 대신 $-x$, y 대신 $-y$를 대입한다.

(4) 직선 $y=x$에 대하여 대칭이동한 도형의 방정식은 $f(y, x)=0$ ← x 대신 y, y 대신 x를 대입한다.

참고 방정식 $f(x, y)=0$이 나타내는 도형을 직선 $y=-x$에 대하여 대칭이동한 도형의 방정식은
$$f(-y, -x)=0$$

04–5 점에 대한 대칭이동 [유형 9]

점 $P(x, y)$를 점 $A(a, b)$에 대하여 대칭이동한 점을 $P'(x', y')$이라 하면 점 A는 선분 PP'의 중점이므로

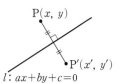

$$\frac{x+x'}{2}=a, \frac{y+y'}{2}=b$$ ← 중점 조건

즉, $x'=2a-x$, $y'=2b-y$이므로 점 P'의 좌표는
$$(2a-x, 2b-y)$$

참고 방정식 $f(x, y)=0$이 나타내는 도형을 점 (a, b)에 대하여 대칭이동한 도형의 방정식은
$$f(2a-x, 2b-y)=0$$

04–6 직선에 대한 대칭이동 [유형 9]

점 $P(x, y)$를 직선 $l: ax+by+c=0$에 대하여 대칭이동한 점을 $P'(x', y')$이라 하면 직선 l은 선분 PP'의 수직이등분선이므로 점 P'의 좌표를 구할 때는 다음 조건을 이용한다.

① 중점 조건: 선분 PP'의 중점 $\left(\dfrac{x+x'}{2}, \dfrac{y+y'}{2}\right)$이 직선 l 위의 점이다.

$$\Rightarrow a\times\frac{x+x'}{2}+b\times\frac{y+y'}{2}+c=0$$

② 수직 조건: 직선 PP'과 직선 l은 서로 수직이다. 즉,

$$(\text{직선 } PP' \text{의 기울기})\times(\text{직선 } l \text{의 기울기})=-1 \Rightarrow \frac{y'-y}{x'-x}=\frac{b}{a}$$

← 수직인 두 직선의 기울기의 곱은 -1이다.

참고 방정식 $f(x, y)=0$이 나타내는 도형을
① 직선 $x=a$에 대하여 대칭이동하면 $f(2a-x, y)=0$
② 직선 $y=b$에 대하여 대칭이동하면 $f(x, 2b-y)=0$

❹ 도형을 평행이동하거나 대칭이동하면 위치가 변할 뿐 그 모양과 크기는 변하지 않는다.

❺ 두 점 A, B와 x축(또는 y축 또는 직선 $y=x$) 위의 점 P에 대하여 $\overline{AP}+\overline{BP}$의 최솟값은 다음과 같은 순서로 구한다.

(i) 점 A를 x축(또는 y축 또는 직선 $y=x$)에 대하여 대칭이동한 점 A'의 좌표를 구한다.

(ii) $\overline{AP}+\overline{BP}=\overline{A'P}+\overline{BP}\geq\overline{A'B}$이므로 구하는 최솟값은 $\overline{A'B}$의 길이와 같음을 이용한다.

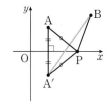

 시험에서 출제율이 70% 이상인 문제를 엄선하여 수록하였습니다.

유형 1 점의 평행이동 [개념 04-1]

188

평행이동 $(x, y) \longrightarrow (x+2, y+3)$에 의하여 점 $(1, 2)$가 직선 $y=ax-4$ 위의 점으로 옮겨질 때, 상수 a의 값은?

① -3 ② -1 ③ 1

④ 3 ⑤ 5

189

점 $(-1, 2)$를 점 $(3, -1)$로 옮기는 평행이동에 의하여 점 $(1, -4)$로 옮겨지는 점의 좌표는?

① $(-3, -1)$ ② $(-1, -3)$ ③ $(1, -3)$

④ $(3, -1)$ ⑤ $(3, 1)$

190

평행이동 $(x, y) \longrightarrow (x+a, y+b)$에 의하여 두 점 $(1, c)$, $(d, 3)$이 각각 두 점 $(3, 5)$, $(1, 6)$으로 옮겨질 때, $ab+cd$의 값을 구하시오.

유형 2 도형의 평행이동 [개념 04-2]

191

직선 $y=2x+a$를 x축의 방향으로 -5만큼, y축의 방향으로 b만큼 평행이동한 직선의 방정식이 $2x-y+6=0$일 때, $a+b$의 값은? (단, a는 상수이다.)

① -4 ② -2 ③ 0

④ 2 ⑤ 4

192 교육청 기출

좌표평면에서 원 $(x-a)^2+(y+4)^2=16$을 x축의 방향으로 2만큼, y축의 방향으로 5만큼 평행이동한 도형이 원 $(x-8)^2+(y-b)^2=16$일 때, $a+b$의 값은?

(단, a, b는 상수이다.)

① 5 ② 6 ③ 7

④ 8 ⑤ 9

193

포물선 $y=x^2+2x+5$를 x축의 방향으로 k만큼, y축의 방향으로 $-k$만큼 평행이동한 포물선의 꼭짓점의 y좌표가 0일 때, k의 값은?

① 1 ② 2 ③ 3

④ 4 ⑤ 5

194

평행이동 $(x, y) \longrightarrow (x+a, y+a^2+2)$에 의하여 직선 $y=3x+1$을 평행이동시킨 직선을 l이라 하자. 직선 $y=3x+1$과 직선 l이 두 개 이상의 교점을 가질 때, a의 최댓값은?

① -1 ② 0 ③ 1

④ 2 ⑤ 3

195 ☆중요

평행이동 $(x, y) \longrightarrow (x+2, y+3)$에 의하여 원 $x^2+y^2-2ax+2y+b=0$이 점 $(2, 2)$를 지나고 반지름의 길이가 3인 원으로 옮겨질 때, a^2+b^2의 값을 구하시오. (단, a, b는 상수이다.)

196

포물선 $y=2x^2-4x-2$를 x축의 방향으로 2만큼, y축의 방향으로 a만큼 평행이동하였더니 포물선 $y=bx^2+cx+b+c$와 일치하였다. 상수 a, b, c에 대하여 $a+b+c$의 값은?

① -36 ② -34 ③ -32

④ -30 ⑤ -28

유형 3 도형의 평행이동의 활용 [개념 04-2]

197

오른쪽 그림과 같이 좌표평면 위에 두 점 A, C가 각각 x축, y축 위에 있고 $\overline{AO}=4$, $\overline{CO}=3$인 직사각형 OABC가 있다. 직선 $2x+ay+1=0$을 x축의 방향으로 2만큼, y축의 방향으로 -1만큼 평행이동한 직선이 사각형 OABC의 넓이를 이등분할 때, 상수 a의 값을 구하시오. (단, O는 원점이다.)

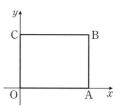

198 🔺실력 UP 교육청 기출

원 $(x+1)^2+(y+2)^2=9$를 x축의 방향으로 m만큼, y축의 방향으로 n만큼 평행이동한 원을 C라 하자. 원 C가 다음 조건을 만족시킬 때, $m+n$의 값을 구하시오.

(단, m, n은 상수이다.)

> (가) 원 C의 중심은 제1사분면 위에 있다.
> (나) 원 C는 x축과 y축에 동시에 접한다.

199 ☆중요

포물선 $y=x^2+4x$를 y축의 방향으로 a만큼 평행이동하면 직선 $y=2x+1$과 서로 다른 두 점에서 만난다. 이때 정수 a의 최댓값을 구하시오.

유형 4 점의 대칭이동 [개념 04-3]

200

점 $A(-5, 2)$를 x축, y축에 대하여 대칭이동한 점을 각각 B, C라 하자. 삼각형 ABC의 무게중심의 좌표가 (a, b)일 때, $a+b$의 값은?

① -1 ② $-\dfrac{1}{3}$ ③ 0

④ $\dfrac{1}{3}$ ⑤ 1

201

점 $A(2a+1, b+2)$를 원점에 대하여 대칭이동한 점 A'의 좌표가 $(a-4, 2b+4)$일 때, $a+b$의 값을 구하시오.

202

점 $A(a+2, b-3)$을 x축에 대하여 대칭이동한 후, 직선 $y=x$에 대하여 대칭이동하였더니 처음 점 A와 일치할 때, ab의 값은?

① -6 ② -2 ③ 1

④ 2 ⑤ 6

유형 5 도형의 대칭이동 [개념 04-4]

203 교육청 기출

좌표평면에서 직선 $3x-2y+a=0$을 원점에 대하여 대칭이동한 직선이 점 $(3, 2)$를 지날 때, 상수 a의 값은?

① 1 ② 2 ③ 3

④ 4 ⑤ 5

204

원점에 대하여 대칭이동하였을 때, 자기 자신과 일치하는 도형의 방정식인 것만을 **보기**에서 있는 대로 고른 것은?

┌ **보기** ┐
ㄱ. $y=-x$ ㄴ. $x^2+y^2=2$
ㄷ. $|x+y|=1$ ㄹ. $x^2+y^2=2(x+y)$

① ㄱ, ㄴ ② ㄴ, ㄹ ③ ㄱ, ㄴ, ㄷ

④ ㄴ, ㄷ, ㄹ ⑤ ㄱ, ㄴ, ㄷ, ㄹ

205 ⭐중요

직선 $x+2y-6=0$에 수직이고 점 $(2, 3)$을 지나는 직선을 직선 $y=x$에 대하여 대칭이동한 직선의 방정식은 $y=ax+b$이다. 상수 a, b에 대하여 $a+b$의 값은?

① -1 ② $-\dfrac{1}{2}$ ③ $\dfrac{1}{2}$

④ 1 ⑤ 2

206

포물선 $y=x^2-4x+a$를 y축에 대하여 대칭이동한 포물선이 점 $(-3, 2)$를 지나고, 포물선 $y=x^2-4x+a$를 원점에 대하여 대칭이동한 포물선의 꼭짓점의 y좌표가 k일 때, $a+k$의 값을 구하시오. (단, a는 상수이다.)

207

원 $x^2+y^2+2ax+by+6=0$을 직선 $y=x$에 대하여 대칭이동한 원의 중심이 포물선 $y=x^2-6x+8$의 꼭짓점과 일치할 때, 상수 a, b에 대하여 $a-b$의 값은?

① -5 ② -2 ③ 1
④ 4 ⑤ 7

208

원 $x^2+y^2+ax+4y-4=0$을 y축에 대하여 대칭이동한 원과 원 $(x+b)^2+(y-2)^2=r^2$을 직선 $y=x$에 대하여 대칭이동한 원이 일치할 때, $a+b+r^2$의 값을 구하시오.
(단, a, b, r은 상수이다.)

유형 **6** 도형의 대칭이동의 활용   [개념 04-4]

209 ⭐중요

직선 $3x-4y+1=0$을 직선 $y=x$에 대하여 대칭이동한 직선이 원 $(x-a)^2+(y-1)^2=9$의 넓이를 이등분하였을 때, 상수 a의 값은?

① -2 ② -1 ③ 0
④ 1 ⑤ 2

210

다음 중 포물선 $y=kx^2+6x-3$을 y축에 대하여 대칭이동한 포물선이 직선 $y=2kx+1$보다 항상 아래쪽에 있도록 하는 상수 k의 값이 될 수 <u>없는</u> 것은? (단, $k\ne0$)

① -9 ② -7 ③ -6
④ -5 ⑤ -3

211 ⭐실력 UP

원 $x^2+y^2-8x-4y+19=0$을 직선 $y=x$에 대하여 대칭이동한 후, y축에 대하여 대칭이동한 원 위의 점을 P라 하자. 원 $x^2+y^2-8x-4y+19=0$ 위의 한 점 Q에 대하여 선분 PQ의 길이의 최댓값은 $m+n\sqrt{10}$일 때, $m+n$의 값을 구하시오.

유형 **7** 도형의 평행이동과 대칭이동 [개념 04-2, 4]

212

직선 $4x-2y+3=0$을 y축에 대하여 대칭이동한 후, x축의 방향으로 4만큼, y축의 방향으로 -2만큼 평행이동한 직선의 방정식이 $4x+2y+a=0$일 때, 상수 a의 값은?

① -15 ② -11 ③ -7

④ 7   ⑤ 17

213 ☆중요

직선 $y=-\dfrac{1}{2}x-3$을 x축의 방향으로 a만큼 평행이동한 후, 직선 $y=x$에 대하여 대칭이동한 직선을 l이라 하자. 직선 l이 원 $(x+1)^2+(y-3)^2=5$에 접하도록 하는 모든 a의 값의 합을 구하시오.

214

원 $x^2+y^2-4x+6y+9=0$을 원점에 대하여 대칭이동한 후, x축의 방향으로 a만큼, y축의 방향으로 b만큼 평행이동한 원이 x축, y축에 동시에 접한다. $a+b$의 최댓값을 구하시오.

215

포물선 $y=x^2-3x$를 x축의 방향으로 a만큼, y축의 방향으로 -1만큼 평행이동하였더니 직선 $y=x$와 서로 다른 두 점 A, B에서 만났다. 두 점 A, B가 원점에 대하여 서로 대칭일 때, a의 값은?

① -2 ② 0   ③ 2

④ 4   ⑤ 6

유형 **8** 선분의 길이의 합의 최솟값 [개념 04-3]

216

두 점 $A(1, 2)$, $B(5, 1)$과 x축 위의 점 P에 대하여 $\overline{AP}+\overline{BP}$의 최솟값을 구하시오.

217 ☆중요

두 점 $A(1, 2)$, $B(2, -2)$와 y축 위의 점 P를 꼭짓점으로 하는 삼각형 APB의 둘레의 길이의 최솟값은?

① $4+\sqrt{17}$ ② $5+\sqrt{13}$ ③ $5+\sqrt{17}$

④ $6+\sqrt{13}$ ⑤ $6+\sqrt{17}$

218 교육청 기출

그림과 같이 좌표평면 위에 두 점 A(2, 3), B(−3, 1)이 있다. 서로 다른 두 점 C와 D가 각각 x축과 직선 $y=x$ 위에 있을 때, $\overline{AD}+\overline{CD}+\overline{BC}$의 최솟값은?

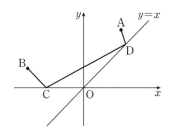

① $\sqrt{42}$ ② $\sqrt{43}$ ③ $2\sqrt{11}$
④ $3\sqrt{5}$ ⑤ $\sqrt{46}$

유형 9 점 또는 직선에 대한 대칭이동 [개념 04-5, 6]

219

점 (3, a)를 점 (1, 1)에 대하여 대칭이동한 점의 좌표가 (b, −2)일 때, $a+b$의 값을 구하시오.

220

두 점 (3, 1), (−1, 5)가 직선 l에 대하여 대칭일 때, 직선 l의 y절편은?

① −2   ② −1   ③ 0
④ 1   ⑤ 2

221

두 포물선 $y=x^2+2x-1$과 $y=-x^2+6x-7$이 점 P에 대하여 대칭일 때, 점 P의 좌표는?

① (1, 0)   ② (2, −1)   ③ (2, 0)
④ (3, −2)   ⑤ (4, −1)

222

원 $x^2+y^2=9$를 직선 $x+ay+b=0$에 대하여 대칭이동하였더니 원 $(x-2)^2+(y-4)^2=9$가 되었을 때, 상수 a, b에 대하여 $a+b$의 값은? (단, $a \neq 0$)

① −3   ② −1   ③ 3
④ 5   ⑤ 7

223 실력 UP

점 A(4, −3)을 지나는 직선 l을 점 (2, 1)에 대하여 대칭이동한 후, x축에 대하여 대칭이동하였더니 다시 점 A(4, −3)을 지나는 직선이 되었다. 이때 직선 l의 기울기를 구하시오.

224

평행이동 $(x, y) \longrightarrow (x+a, y-2)$에 의하여 직선 $x+y-1=0$이 직선 l로 옮겨진다. 직선 l과 x축, y축으로 둘러싸인 부분의 넓이가 8일 때, a의 값을 구하시오.

(단, $a>1$)

[풀이]

225

제1사분면 위의 점 $A(p, q)$를 x축, y축에 대하여 대칭이동한 점을 각각 B, C라 하고, 삼각형 ABC의 외접원을 C라 하자. 삼각형 ABC의 넓이가 16이고, 원 C가 점 $(\sqrt{10}, 0)$을 지난다. 다음 물음에 답하시오.

⑴ 원 C의 중심의 좌표와 반지름의 길이를 각각 구하시오.

[풀이]

⑵ $p+q$의 값을 구하시오.

[풀이]

226

점 $A(1, 2)$를 직선 $y=x$에 대하여 대칭이동한 점을 B라 하고, 점 A를 x축의 방향으로 5만큼, y축의 방향으로 a만큼 평행이동한 점을 C라 하자. 세 점 A, B, C가 한 직선 위에 있도록 하는 a의 값을 구하시오.

[풀이]

227

원 $x^2+y^2+4x-10y+28=0$을 직선 $y=x$에 대하여 대칭이동한 후, x축의 방향으로 3만큼, y축의 방향으로 -2만큼 평행이동한 원의 중심이 직선 $y=mx+4$ 위에 있을 때, 상수 m의 값을 구하시오.

[풀이]

1등급 실력 완성

출제율이 높은 문제 중 1등급을 결정하는 고난도 문제를 수록하였습니다.

228

두 양수 m, n에 대하여 좌표평면 위의 점 A$(-2, 1)$을 x축의 방향으로 m만큼 평행이동한 점을 B라 하고, 점 B를 y축의 방향으로 n만큼 평행이동한 점을 C라 하자. 세 점 A, B, C를 지나는 원의 중심의 좌표가 $(3, 2)$일 때, mn의 값은?

① 16   ② 18   ③ 20
④ 22   ⑤ 24

229

좌표평면 위의 점 P(x, y)가 다음과 같은 규칙을 따른다. 점 P가 점 A$(8, 7)$에서 출발하여 어떤 점 B에서 더 이상 이동하지 않게 되었다고 할 때, 점 P가 점 A에서 점 B에 이르기까지 이동한 횟수는?

(가) $y=2x$이면 이동하지 않는다.
(나) $y<2x$이면 x축의 방향으로 -1만큼 이동한다.
(다) $y>2x$이면 y축의 방향으로 -1만큼 이동한다.

① 4회   ② 5회   ③ 6회
④ 7회   ⑤ 8회

230 교육청 기출

좌표평면에서 원 $x^2+(y-1)^2=9$를 x축의 방향으로 m만큼, y축의 방향으로 n만큼 평행이동한 원을 C라 할 때, 옳은 것만을 | 보기 |에서 있는 대로 고른 것은?

┤보기├
ㄱ. 원 C의 반지름의 길이가 3이다.
ㄴ. 원 C가 x축에 접하도록 하는 실수 n의 값은 1개이다.
ㄷ. $m \neq 0$일 때, 직선 $y=\dfrac{n+1}{m}x$는 원 C의 넓이를 이등분한다.

① ㄱ   ② ㄴ   ③ ㄱ, ㄷ
④ ㄴ, ㄷ   ⑤ ㄱ, ㄴ, ㄷ

231

직선 $y=2x+1$을 x축의 방향으로 k만큼, y축의 방향으로 $-k$만큼 평행이동한 직선이 원 $(x-3)^2+(y-1)^2=9$와 두 점 A, B에서 만난다. 선분 AB의 길이가 4일 때, 모든 실수 k의 값의 합을 구하시오.

232

원 C_1: $x^2+y^2+2x+4y=0$을 x축의 방향으로 1만큼, y축의 방향으로 2만큼 평행이동한 원을 C_2라 할 때, 두 원 C_1, C_2가 겹치는 부분의 넓이는 $a\pi+b\sqrt{3}$이다. 유리수 a, b에 대하여 $3a+2b$의 값을 구하시오.

233

좌표평면 위의 한 점 $P_1(-1, 5)$를 직선 $y=x$에 대하여 대칭이동한 점을 P_2라 하고, 점 P_2를 원점에 대하여 대칭이동한 점을 P_3이라 하자. 다시 점 P_3을 직선 $y=x$에 대하여 대칭이동한 점을 P_4, 점 P_4를 원점에 대하여 대칭이동한 점을 P_5라 하자. 이와 같은 방법으로 직선 $y=x$와 원점에 대하여 대칭이동한 점을 차례대로 P_6, P_7, $\cdots$이라 할 때, 점 P_{999}의 좌표를 구하시오.

234

원 $(x-4)^2+(y-4)^2=16$ 위를 움직이는 점 $P(x, y)$를 직선 $y=x$에 대하여 대칭이동한 점을 Q라 하자. 두 점 P, Q에서 x축에 내린 수선의 발을 각각 P', Q'이라 할 때, $|\overline{PP'}-\overline{QQ'}|$의 최댓값은?

① $3\sqrt{3}$ ② $4\sqrt{2}$ ③ $4\sqrt{3}$
④ $5\sqrt{2}$ ⑤ $3\sqrt{6}$

235

오른쪽 그림의 도형의 방정식을 $f(x, y)=0$이라 할 때, 방정식 $f(x, y)=0, f(y, x)=0$이 나타내는 도형과 직선 $y=-x+1$로 둘러싸인 부분의 넓이를 구하시오.

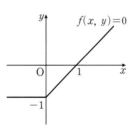

236

점 A$(3, 2)$를 x축의 방향으로 a만큼, y축의 방향으로 b만큼 평행이동한 점을 B라 하자. 직선 AB가 원 $x^2+y^2=13$과 한 점에서 만나고 $\overline{AB}=\sqrt{13}$일 때, ab의 값은?

① -6 ② -4 ③ -2
④ 4 ⑤ 6

237 교육청 기출

두 양수 a, b에 대하여 $C : (x-1)^2+y^2=r^2$을 x축의 방향으로 a만큼, y축의 방향으로 b만큼 평행이동한 원을 C'이라 할 때, 두 원 C, C'가 다음 조건을 만족시킨다.

> (가) 원 C'은 원 C의 중심을 지난다.
> (나) 직선 $4x-3y+21=0$은 두 원 C, C'에 모두 접한다.

$a+b+r$의 값을 구하시오. (단, r은 양수이다.)

238

방정식 $f(x, y)=0$이 나타내는 도형이 오른쪽 그림과 같을 때, 다음 중 방정식 $f(y-1, -x)=0$이 나타내는 도형은?

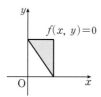

①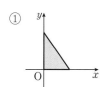

②

③

④

⑤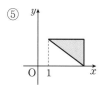

239

오른쪽 그림과 같이 세 점 O$(0, 0)$, A$(4, 0)$, B$(4, 4)$를 꼭짓점으로 하는 삼각형 OAB가 있다. 선분 AB 위에 고정된 점 C와 두 변 OA, OB 위에 움직이는 두 점 P, Q가 있다. 세 점 C, P, Q가 삼각형을 이룰 때, 삼각형 CQP의 둘레의 길이의 최솟값이 6이다. 선분 OC의 길이를 구하시오.

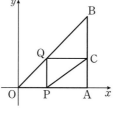

240 교육청 기출

그림과 같이 좌표평면 위에 두 원

$$C_1: (x-8)^2+(y-2)^2=4,$$
$$C_2: (x-3)^2+(y+4)^2=4$$

와 직선 $y=x$가 있다. 점 A는 원 C_1 위에 있고, 점 B는 원 C_2 위에 있다. 점 P는 x축 위에 있고, 점 Q는 직선 $y=x$ 위에 있을 때, $\overline{AP}+\overline{PQ}+\overline{QB}$의 최솟값은?

(단, 세 점 A, P, Q는 서로 다른 점이다.)

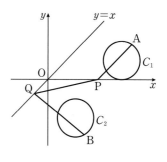

① 7
② 8
③ 9
④ 10
⑤ 11

241

점 A$(-2, -1)$을 원 $(x-4)^2+(y-5)^2=1$ 위의 임의의 점에 대하여 대칭이동한 점이 나타내는 도형의 방정식은?

① $(x-10)^2+(y-11)^2=1$
② $(x-10)^2+(y-11)^2=4$
③ $(x-2)^2+(y-1)^2=1$
④ $(x-2)^2+(y-1)^2=4$
⑤ $(x+10)^2+(y+1)^2=4$

242

포물선 $y=x^2-4x+4$를 x축의 방향으로 k만큼, y축의 방향으로 k만큼 평행이동한 포물선을 $y=f(x)$라 하자. 직선 $y=ax+b$가 k의 값에 관계없이 곡선 $y=f(x)$에 접할 때, $a+b$의 값은? (단, a, b는 상수이다.)

① $-\dfrac{3}{2}$　　② $-\dfrac{5}{4}$　　③ -1

④ $-\dfrac{3}{4}$　　⑤ $-\dfrac{1}{2}$

243

원 $C: x^2+y^2-4x-14y+37=0$을 x축의 방향으로 3만큼, y축의 방향으로 -3만큼 평행이동한 원을 C_1이라 하면 원 C_1은 원 C와 만난다. 또, 원 C를 직선 l에 대하여 대칭이동하면 원 C_1과 일치한다. 점 $(3, 2)$를 직선 l에 대하여 대칭이동한 점의 좌표가 (a, b)일 때, $2a+3b$의 값은?

① 12　　② 13　　③ 14

④ 15　　⑤ 16

II

집합과
명제

☑ 학습 계획 Check

- 학습하기 전, 중단원이 무엇인지 먼저 확인하세요.

- 이해가 부족한 개념이 있는 단원은 ☐ 안에 표시하고 반복하여 학습하세요.

05 집합

핵심 개념

05-1 집합의 뜻과 표현 [유형 1, 2]

1 집합과 원소

(1) **집합**: 어떤 기준에 따라 대상을 분명하게 정할 수 있을 때, 그 대상들의 모임

(2) **원소**: 집합을 이루는 대상 하나하나

　　① a가 집합 A의 원소일 때, 기호 $\boldsymbol{a \in A}$로 나타낸다.

　　② b가 집합 A의 원소가 아닐 때, 기호 $\boldsymbol{b \notin A}$로 나타낸다.

> ┌ a는 집합 A에 속한다.
>
> $$a \in A$$
> 원소　　집합
>
> └ b는 집합 A에 속하지 않는다.

2 집합의 표현

(1) **원소나열법**: 집합에 속하는 모든 원소를 { } 안에 나열하여 집합을 나타내는 방법

(2) **조건제시법**: 집합의 원소들이 갖는 공통된 성질을 조건으로 제시하여 집합을 나타내는 방법 ← $\{x \mid x$의 조건$\}$ 꼴로 나타내는 방법

(3) **벤 다이어그램**: 집합을 나타낸 그림

3 $n(A)$: 유한집합 A의 원소의 개수

> **참고** 원소가 유한개인 집합을 유한집합, 원소가 무수히 많은 집합을 무한집합이라 한다.

4 공집합($\varnothing$): 원소가 하나도 없는 집합❶ ← 공집합은 $n(\varnothing)=0$인 유한집합이다.

> ❶ ① $\varnothing$ ⇨ 원소가 0개
> 　　⇨ $n(\varnothing)=0$
> ② $\{\varnothing\}$ ⇨ 원소는 $\varnothing$의 1개
> 　　⇨ $n(\{\varnothing\})=1$

05-2 집합 사이의 포함 관계 [유형 3~6]

1 부분집합: 두 집합 A, B에 대하여 A의 모든 원소가 B에 속할 때, A를 B의 **부분집합**이라 하며, 기호 $\boldsymbol{A \subset B}$로 나타낸다.❷

> **참고** 집합 A가 집합 B의 부분집합이 아닐 때는 기호 $A \not\subset B$로 나타낸다.

> ❷ ① 집합과 원소 사이의 관계를 나타내는 기호 ⇨ $\in$
> ② 집합과 집합 사이의 관계를 나타내는 기호 ⇨ $\subset$

2 부분집합의 성질: 세 집합 A, B, C에 대하여

(1) $A \subset A$, $\varnothing \subset A$　　　　(2) $A \subset B$이고 $B \subset C$이면 $A \subset C$

3 서로 같은 집합: 두 집합 A, B에 대하여 $A \subset B$이고 $B \subset A$일 때, A와 B는 서로 같다고 하며, 기호 $\boldsymbol{A = B}$로 나타낸다. ← 서로 같은 두 집합의 원소는 같다.

> **참고** 두 집합 A와 B가 서로 같지 않을 때는 기호 $A \neq B$로 나타낸다.

4 진부분집합: 두 집합 A, B에 대하여 $A \subset B$이고 $A \neq B$일 때, A를 B의 **진부분집합**이라 한다.

⭐ 05-3 부분집합의 개수 [유형 7~9]

집합 $A = \{a_1, a_2, a_3, \cdots, a_n\}$에 대하여

(1) 집합 A의 부분집합의 개수: 2^n❸

(2) 집합 A의 진부분집합의 개수: $2^n - 1$ ← 집합 A의 부분집합에서 자기 자신은 제외한다.

> ❸ 집합 $A = \{a_1, a_2, a_3, \cdots, a_n\}$에 대하여
> ① 특정한 원소 k개를 원소로 갖는 (또는 갖지 않는) A의 부분집합의 개수 ⇨ 2^{n-k} (단, $k<n$)
> ② 특정한 원소 k개를 원소로 갖고, 특정한 원소 l개를 원소로 갖지 않는 A의 부분집합의 개수 ⇨ 2^{n-k-l} (단, $k+l<n$)

유형 분석 기출

유형 1   집합의 뜻과 표현   [개념 05-1]

244

다음 중 집합인 것을 모두 고르면? (정답 2개)

① 큰 짝수의 모임

② 10에 가까운 수의 모임

③ 약수의 개수가 많은 자연수의 모임

④ 이차방정식 $x^2-x-6=0$의 해의 모임

⑤ 15보다 크고 16보다 작은 자연수의 모임

245

다음 집합 중 나머지 넷과 <u>다른</u> 하나는?

① $\{1, 3, 5, 7, 9\}$

② $\{x\,|\,x$는 한 자리의 홀수인 자연수$\}$

③ $\{x\,|\,x$는 $0<x<9$인 홀수$\}$

④ $\{x\,|\,x=2n-1,\ n$은 5 이하의 자연수$\}$

⑤ $\{x\,|\,x$는 4와 서로소인 9 이하의 자연수$\}$

246 ☆중요

두 집합 $A=\{-1, 0, 1\}$, $B=\{0, 2\}$에 대하여
$$C=\{x\,|\,x=2a+b,\ a\in A,\ b\in B\}$$
일 때, 집합 C의 모든 원소의 합은?

① -4 ② -2 ③ 0

④ 2 ⑤ 4

유형 2   유한집합의 원소의 개수   [개념 05-1]

247

다음 중 옳은 것은?

① $n(\{0\})=0$

② $n(\{\varnothing\})-n(\varnothing)=0$

③ $n(\{x\,|\,x$는 18의 양의 약수$\})=6$

④ $n(\{50\})-n(\{49\})=1$

⑤ $n(\{0, 1, 2\})-n(\{0, 1\})=2$

248

세 집합
$$A=\{1, 2, 3\},$$
$$B=\{x\,|\,x$는 81의 양의 약수$\},$$
$$C=\{x\,|\,x^2-2x+2=0,\ x$는 실수$\}$$
에 대하여 $n(A)+n(B)+n(C)$의 값을 구하시오.

249 실력UP

두 집합
$$A=\{(x, y)\,|\,3x+y=15,\ x,\ y$는 자연수$\},$$
$$B=\{x\,|\,x$는 k 이하의 자연수, k는 자연수$\}$$
에 대하여 $n(A)+n(B)=12$일 때, k의 값을 구하시오.

유형 ③ 기호 $\in$, $\subset$의 사용   [개념 05-2]

250

집합 $A=\{2,\ 4,\ 6\}$에 대하여 다음 중 옳지 <u>않은</u> 것은?

① $\varnothing \in A$ ② $2 \in A$ ③ $3 \notin A$

④ $\{6\} \subset A$ ⑤ $\{2,\ 4\} \subset A$

251

두 집합 $A=\{2,\ 5\}$, $B=\{x \mid x$는 10의 양의 약수$\}$에 대하여 다음 중 옳지 <u>않은</u> 것은?

① $0 \notin A$ ② $2 \in B$ ③ $\{2,\ 5\} \subset A$

④ $\{1,\ 6\} \not\subset B$ ⑤ $\{1,\ 5,\ 8\} \subset B$

252 ⭐중요

집합 $A=\{\varnothing,\ 1,\ \{1\},\ \{1,\ 2\}\}$에 대하여 다음 중 옳지 <u>않은</u> 것은?

① $\varnothing \in A$ ② $\{1\} \in A$ ③ $\{\varnothing,\ 1\} \subset A$

④ $\{1,\ 2\} \subset A$ ⑤ $n(A)=4$

유형 ④ 집합 사이의 포함 관계   [개념 05-2]

253

세 집합

$A=\{x \mid x$는 4의 양의 배수$\}$,

$B=\{x \mid x$는 6의 양의 배수$\}$,

$C=\{x \mid x$는 12의 양의 배수$\}$

에 대하여 다음 중 옳은 것은?

① $A \subset B$ ② $A \subset C$ ③ $B \subset A$

④ $B \subset C$ ⑤ $C \subset A$

254

집합 $S=\{x \mid x$는 양의 실수$\}$의 세 부분집합

$A=\{x \mid 0<x<4\}$,

$B=\{x \mid |x|<3\}$,

$C=\{x \mid x^2-x-20<0\}$

에 대하여 다음 중 세 집합 A, B, C 사이의 포함 관계로 옳은 것은?

① $A \subset B \subset C$ ② $A \subset C \subset B$

③ $B \subset A \subset C$ ④ $B \subset C \subset A$

⑤ $C \subset A \subset B$

255 ⭐중요

두 집합

$A=\{-1 \leq x < 1\}$,

$B=\{x \mid x^2-2ax+a^2-9<0\}$

에 대하여 $A \subset B$가 성립하도록 하는 실수 a의 최솟값은?

① -2 ② -1 ③ 0

④ 1 ⑤ 2

256

두 집합

$$A=\{x\,|\,(3x-k)(x^2-16)=0\},$$
$$B=\{x\,|\,(x-3)(x-4)=0\}$$

에 대하여 $B{\subset}A$가 성립할 때, 상수 k의 값을 구하시오.

259 실력UP 교육청 기출

자연수 n에 대하여 자연수 전체 집합의 부분집합 A_n을 다음과 같이 정의하자.

$$A_n=\{x\,|\,x는 \sqrt{n}\ 이하의 홀수\}$$

$A_n{\subset}A_{25}$를 만족시키는 n의 최댓값을 구하시오.

유형 5 부분집합 [개념 05-2]

257 ⭐중요

집합 $A=\{x\,|\,x는\ 30\ 이하의\ 6의\ 양의\ 배수\}$의 부분집합 X에 대하여 $n(X)=2$를 만족시키는 집합 X의 개수를 구하시오.

유형 6 서로 같은 집합 [개념 05-2]

260

두 집합 $A=\{x\,|\,x^2-ax-20=0\}$, $B=\{b,\,5\}$에 대하여 $A=B$일 때, $a+b$의 값을 구하시오.

(단, a, b는 상수이다.)

258

집합 $A=\{x\,|\,x는\ x^2-4x+3\leq0인\ 정수\}$에 대하여 $X{\subset}A$이고 $X\neq A$인 집합 X를 모두 구하시오.

261

두 집합 $A=\{a^2-a,\,6,\,10\}$, $B=\{2,\,8-a,\,5a\}$에 대하여 $A{\subset}B$이고 $B{\subset}A$일 때, 실수 a의 값은?

① -2 ② -1 ③ 0

④ 1 ⑤ 2

262

두 집합 $A=\{x-1,\ y+5\}$, $B=\{x-y,\ x+3y\}$에 대하여 $A=B$일 때, xy의 값은? (단, x, y는 양수이다.)

① 2   ② 3   ③ 4

④ 6   ⑤ 8

유형 7 부분집합의 개수   [개념 05-3]

263

집합 $A=\{x\,|\,x$는 15보다 작은 소수$\}$의 진부분집합의 개수는?

① 7   ② 15   ③ 31

④ 63   ⑤ 127

264

집합 A의 부분집합의 개수가 128일 때, $n(A)$의 값은?

① 4   ② 5   ③ 6

④ 7   ⑤ 8

265

집합 $A=\{1,\ 2,\ 3\}$에 대하여 $P(A)=\{X\,|\,X\subset A\}$라 할 때, 집합 $P(A)$의 부분집합의 개수를 구하시오.

266 실력 UP

집합 X의 모든 부분집합의 개수를 $P(X)$라 하자. 다음 조건을 만족시키는 두 집합 A, B에 대하여 $n(A)$의 값은?

> ㈎ $n(B)-n(A)=2$
> ㈏ $P(B)-P(A)=96$

① 4   ② 5   ③ 6

④ 7   ⑤ 8

유형 8 $A\subset X\subset B$를 만족시키는 집합 X의 개수   [개념 05-3]

267 중요

두 집합

$$A=\{1,\ 2\},\quad B=\{1,\ 2,\ 3,\ 4,\ 5,\ 6\}$$

에 대하여 $A\subset X\subset B$를 만족시키는 집합 X의 개수를 구하시오.

268

두 집합

$$A=\left\{x\,\middle|\,x=\frac{27}{n},\ x,\ n\text{은 정수}\right\},\ B=\{x\,|\,|x|=9\}$$

에 대하여 $B\subset X\subset A$, $X\neq A$, $X\neq B$를 만족시키는 집합 X의 개수를 구하시오.

269

4 이상의 자연수 n에 대하여

$$\{a_1,\ a_2,\ a_3\}\subset X\subset\{a_1,\ a_2,\ a_3,\ \cdots,\ a_n\}$$

을 만족시키는 집합 X의 개수가 16일 때, n의 값은?

① 4   ② 5   ③ 6

④ 7   ⑤ 8

유형 9 여러 가지 부분집합의 개수   [개념 05-3]

270

집합 $A=\{x\,|\,x$는 k 이하의 자연수$\}$의 부분집합 중에서 1, 4를 반드시 원소로 갖고, 5, 6, 7을 원소로 갖지 않는 부분집합의 개수가 64일 때, 자연수 k의 값을 구하시오.

271 교육청 기출

집합 $A=\{1,\ 2,\ 3,\ 4,\ 5\}$의 부분집합 중에서 홀수인 원소가 한 개 이상 속해 있는 집합의 개수는?

① 16   ② 20   ③ 24

④ 28   ⑤ 32

272

집합 $A=\{x\,|\,x$는 12의 양의 약수$\}$의 부분집합 중에서 2 또는 3을 원소로 갖는 부분집합의 개수는?

① 16   ② 32   ③ 48

④ 56   ⑤ 60

273 실력 UP

집합 $A=\{x\,|\,x$는 10 이하의 자연수$\}$의 부분집합 중에서 1, 2를 반드시 원소로 갖고, 원소의 개수가 4 이하인 부분집합의 개수를 구하시오.

274

집합 $A=\{x\,|\,x^3=1\}$에 대하여 집합 B를
$$B=\{x_1+x_2\,|\,x_1\in A,\ x_2\in A\}$$
라 할 때, $n(B)$의 값을 구하시오.

[풀이]

275

두 집합
$$A=\{10,\ x^2\},\ B=\{x^2-3x,\ 25\}$$
에 대하여 $A=B$가 되도록 하는 실수 x의 값을 구하시오.

[풀이]

276

자연수 k에 대하여 집합 $A_k=\{x\,|\,x$는 k의 약수$\}$라 하고, 집합 B를
$$B=\{A_n\,|\,A_{12}\subset A_n\subset A_{120}\}$$
이라 할 때, 집합 B의 진부분집합의 개수를 구하시오.

[풀이]

277

집합 $A=\{x\,|\,x$는 10 이하의 자연수$\}$에 대하여 다음 물음에 답하시오.

⑴ 집합 A의 부분집합의 개수를 구하시오.

[풀이]

⑵ 3, 6, 9 중에서 어떤 것도 원소로 갖지 않는 집합 A의 부분집합의 개수를 구하시오.

[풀이]

⑶ 3, 6, 9 중에서 적어도 하나를 원소로 갖는 집합 A의 부분집합의 개수를 구하시오.

[풀이]

1등급 실력 완성

출제율이 높은 문제 중 1등급을 결정하는 고난도 문제를 수록하였습니다.

278

집합 $S=\{1,\ 2,\ 3,\ 4,\ \cdots,\ 50\}$의 부분집합 A가 다음 조건을 만족시킬 때, 원소의 개수가 가장 적은 집합 A는?

> (가) $4\in A$
> (나) $m\in A$, $n\in A$이고 $m+n\in U$이면 $m+n\in A$이다.

① $A=\{1,\ 2,\ 3,\ 4,\ \cdots,\ 50\}$

② $A=\{2,\ 4,\ 6,\ 8,\ \cdots,\ 48\}$

③ $A=\{4,\ 5,\ 6,\ 7,\ \cdots,\ 50\}$

④ $A=\{4,\ 8,\ 12,\ 16,\ \cdots,\ 48\}$

⑤ $A=\{4,\ 12,\ 20,\ 28,\ \cdots,\ 48\}$

279

집합 $A=\{3,\ 4,\ 5,\ 6,\ 7,\ 8,\ 9\}$의 공집합이 아닌 부분집합 X에 대하여 집합 X의 모든 원소의 합을 $S(X)$라 하자. 집합 X가 다음 조건을 만족시킬 때, $S(X)$의 최댓값을 구하시오.

> (가) $3\not\in X$, $5\not\in X$
> (나) $S(X)$의 값은 홀수이다.

280

집합 $A=\{x\,|\,x$는 24의 양의 약수$\}$에 대하여 다음 조건을 만족시키는 A의 부분집합 B의 개수는?

> (가) $n(B)=4$
> (나) $6\in B$, $8\in B$, $12\not\in B$

① 8 ② 10 ③ 12

④ 14 ⑤ 16

281

집합 $A=\{1,\ 2,\ 3,\ 4,\ 5,\ 6\}$의 부분집합 중에서 원소의 개수가 2인 부분집합의 개수는 15이다. 이 집합을 각각 $P_k\ (k=1,\ 2,\ 3,\ \cdots,\ 15)$라 하고 집합 P_k의 모든 원소의 합을 S_k라 할 때, $S_1+S_2+S_3+\cdots+S_{15}$의 값을 구하시오.

● 바른답·알찬풀이 **56**쪽

282

집합 $S=\{1, 2, 3, 4, 5\}$의 서로 다른 부분집합을 $A_i\,(i=1, 2, 3, \cdots, 32)$라 하자. $n(A_i)\geq2$를 만족시키는 모든 집합 A_i에 대하여 각 집합의 가장 큰 원소를 모두 더한 값을 구하시오.

283 교육청 기출

집합 $X=\{x\,|\,x$는 10 이하의 자연수$\}$의 원소 n에 대하여 X의 부분집합 중 n을 최소의 원소로 갖는 모든 집합의 개수를 $f(n)$이라 하자. |보기|에서 옳은 것만을 있는 대로 고른 것은?

┌─| 보기 |─────────────────────────┐
ㄱ. $f(8)=4$
ㄴ. $a\in X, b\in X$일 때, $a<b$이면 $f(a)<f(b)$
ㄷ. $f(1)+f(3)+f(5)+f(7)+f(9)=682$
└────────────────────────────────┘

① ㄱ   ② ㄱ, ㄴ   ③ ㄱ, ㄷ

④ ㄴ, ㄷ   ⑤ ㄱ, ㄴ, ㄷ

284

집합 X의 모든 원소의 곱을 $f(X)$라 할 때, 집합 $A=\{1, 2, 4, 8\}$의 부분집합 중 공집합이 아닌 모든 부분집합 $A_1, A_2, A_3, \cdots, A_{15}$에 대하여

$$f(A_1)\times f(A_2)\times f(A_3)\times \cdots \times f(A_{15})=2^k$$

을 만족시키는 상수 k의 값을 구하시오.

285

집합 $A=\{2, 3, 4, 5, 6, 7, 8, 9\}$의 부분집합 중에서 적어도 하나의 3의 배수를 원소로 갖고, 4의 배수는 원소로 갖지 않는 집합의 개수는?

① 36   ② 48   ③ 56

④ 64   ⑤ 72

II

286 교육청 기출

집합 $U=\{x\,|\,x$는 3의 배수가 아닌 30 이하의 자연수$\}$의 부분집합 A에 대하여 $n(A)=4$이고 집합 A의 모든 원소의 합은 100이다. 집합 A의 모든 원소를 작은 수부터 크기순으로 나열한 것을 $x_1,\ x_2,\ x_3,\ x_4$라 할 때, $x_4-x_3+x_2-x_1$의 최댓값을 구하시오.

287

집합 $S=\{1,\ 2,\ 3,\ \cdots,\ 10\}$의 부분집합 A가 다음 조건을 만족시킬 때, 집합 A의 모든 원소의 곱은? (단, $n(A)\geq2$)

> ㈎ $A=\{x\,|\,x=10-a,\ a\in A\}$
> ㈏ 집합 A의 모든 원소의 곱은 100보다 작은 홀수이다.
> ㈐ 집합 A의 모든 원소의 합은 20보다 작은 홀수이다.

① 45　　　　② 55　　　　③ 65

④ 75　　　　⑤ 85

Ⅱ 집합과 명제

06 집합의 연산

06-1 집합의 연산 [유형 1~6]

1 집합의 연산❶: 전체집합 U의 두 부분집합 A, B에 대하여

(1) 합집합: $A \cup B = \{x \mid x \in A$ 또는 $x \in B\}$

(2) 교집합: $A \cap B = \{x \mid x \in A$ 그리고 $x \in B\}$

(3) 여집합: $A^C = \{x \mid x \in U$ 그리고 $x \notin A\}$

(4) 차집합: $A - B = \{x \mid x \in A$ 그리고 $x \notin B\}$

> 참고 어떤 집합에 대하여 그 부분집합을 생각할 때, 처음의 집합을 **전체집합**이라 하고, 기호 U로 나타낸다.

2 서로소❷: 두 집합 A, B에서 공통인 원소가 하나도 없을 때, 즉 $A \cap B = \varnothing$일 때, A와 B는 서로소라 한다.

3 집합의 연산에 대한 성질: 전체집합 U의 두 부분집합 A, B에 대하여

(1) $A \cup \varnothing = A$, $A \cap \varnothing = \varnothing$

(2) $A \cup A = A$, $A \cap A = A$

(3) $A \cup U = U$, $A \cap U = A$

(4) $U^C = \varnothing$, $\varnothing^C = U$

(5) $(A^C)^C = A$

(6) $A \cup A^C = U$, $A \cap A^C = \varnothing$

(7) $A - B = A \cap B^C$

❶ 자연수 k의 배수의 집합을 A_k라 할 때, 자연수 m, n에 대하여

① m과 n의 최소공배수가 l이면 $A_m \cap A_n = A_l$

② m이 n의 배수이면 $A_m \cap A_n = A_m$, $A_m \cup A_n = A_n$

❷ 두 집합 A, B는 서로소이다.
$\iff A \cap B = \varnothing$
$\iff n(A \cap B) = 0$
$\iff A - B = A$
$\iff B - A = B$
$\iff A \subset B^C$
$\iff B \subset A^C$

06-2 집합의 연산 법칙 [유형 5, 6]

1 집합의 연산 법칙: 세 집합 A, B, C에 대하여

(1) 교환법칙: $A \cup B = B \cup A$, $A \cap B = B \cap A$

(2) 결합법칙: $(A \cup B) \cup C = A \cup (B \cup C)$, $(A \cap B) \cap C = A \cap (B \cap C)$

(3) 분배법칙: $A \cap (B \cup C) = (A \cap B) \cup (A \cap C)$
$A \cup (B \cap C) = (A \cup B) \cap (A \cup C)$

> 참고 세 집합의 연산에서 결합법칙이 성립하므로 보통 $A \cup B \cup C$, $A \cap B \cap C$로 나타낸다.

2 드모르간의 법칙❸: 전체집합 U의 두 부분집합 A, B에 대하여

(1) $(A \cup B)^C = A^C \cap B^C$

(2) $(A \cap B)^C = A^C \cup B^C$

❸ 전체집합 U의 두 부분집합 A, B에 대하여

① $(A \cup B^C)^C = A^C \cap B = B - A$

② $(A \cup B \cup C)^C = A^C \cap B^C \cap C^C$
$(A \cap B \cap C)^C = A^C \cup B^C \cup C^C$

③ $\{A \cup (B \cap C)\}^C$
$= A^C \cap (B^C \cup C^C)$

06-3 유한집합의 원소의 개수 [유형 7, 8]

전체집합 U의 세 부분집합 A, B, C에 대하여

(1) $n(A \cup B) = n(A) + n(B) - n(A \cap B)$❹ ← $A \cap B = \varnothing$이면 $n(A \cup B) = n(A) + n(B)$

(2) $n(A \cup B \cup C) = n(A) + n(B) + n(C) - n(A \cap B) - n(B \cap C)$
$- n(C \cap A) + n(A \cap B \cap C)$

(3) $n(A^C) = n(U) - n(A)$

(4) $n(A - B) = n(A) - n(A \cap B) = n(A \cup B) - n(B)$

❹ 전체집합 U의 두 부분집합 A, B에 대하여 $n(B) < n(A)$일 때,

(1) $n(A \cap B)$의 값이 최대이려면 $n(A \cup B)$의 값이 최소이어야 한다.
⇨ $A \cup B = A$

(2) $n(A \cap B)$의 값이 최소이려면 $n(A \cup B)$의 값이 최대이어야 한다.
⇨ $A \cup B = U$

유형 1 집합의 연산 [개념 06-1]

288

세 집합

$A=\{x\,|\,x$는 15 이하의 5의 양의 배수$\}$,

$B=\{x\,|\,x$는 20의 양의 약수$\}$,

$C=\{x\,|\,x$는 $4\leq x\leq 7$인 정수$\}$

에 대하여 집합 $(A\cup B)\cap C$의 모든 원소의 합은?

① 9   ② 10   ③ 11

④ 12   ⑤ 13

289 ⭐중요

전체집합 $U=\{x\,|\,x$는 6 이하의 자연수$\}$의 두 부분집합 A, B에 대하여

$A=\{1, 2, 3\}$, $A\cap B=\{3\}$, $(A\cup B)^C=\{5\}$

일 때, 집합 $B-A$의 부분집합의 개수를 구하시오.

290

전체집합 U의 두 부분집합 A, B에 대하여

$A=\{1, 2, 3, 7\}$,

$(A-B)\cup(B-A)=\{1, 2, 5\}$

일 때, 집합 B의 모든 원소의 합을 구하시오.

291

전체집합 $U=\{x\,|\,x$는 10 미만의 자연수$\}$의 두 부분집합

$A=\{x\,|\,x$는 9의 약수$\}$, $B=\{x\,|\,x$는 4의 배수$\}$

에 대하여 집합 A^C-B를 구하시오.

292 🖐실력 UP

자연수를 원소로 갖는 두 집합 A, B가 있다.

$A=\{a, b, c, d\}$, $B=\{x^2\,|\,x\in A\}$

이고, 집합 $A\cap B$의 모든 원소의 합이 21일 때, 집합 B의 원소 중 가장 큰 수와 가장 작은 수의 차는?

① 120   ② 140   ③ 195

④ 224   ⑤ 255

유형 ② 집합의 연산을 이용하여 미지수 구하기 [개념 06-1]

293 ☆중요

두 집합

$$A=\{1,\ 3,\ 4,\ 5,\ 2a-b\},\ B=\{3,\ 7,\ a+b\}$$

에 대하여 $A-B=\{1,\ 4\}$일 때, $a-b$의 값은?

(단, a, b는 상수이다.)

① 1　　　　　② 2　　　　　③ 3

④ 4　　　　　⑤ 5

294

두 집합

$$A=\{1,\ a^2-3a+5\},\ B=\{2,\ a^2-1,\ a+3\}$$

에 대하여 $A\cap B=\{3\}$일 때, 집합 $A\cup B$를 구하시오.

(단, a는 상수이다.)

295

두 집합

$$A=\{x\,|\,x^2-8x+12<0\},$$
$$B=\{x\,|\,x^2-2(a+1)x+4a<0\}$$

에 대하여 $A\cap B=A$일 때, 실수 a의 최솟값을 구하시오.

296

두 집합

$$A=\{x\,|\,x^2+ax+b=0\},$$
$$B=\{x\,|\,2x^2-6x+c=0\}$$

에 대하여 $A\cap B=\{2\}$, $A\cup B=\{-3,\ 1,\ 2\}$일 때, $a+b+c$의 값은? (단, a, b, c는 상수이다.)

① -2　　　　② -1　　　　③ 1

④ 2　　　　　⑤ 3

297 ☆실력 UP

두 집합

$$A=\{x\,|\,x는\ 6의\ 양의\ 약수\},$$
$$B=\{a,\ a^2+1,\ b,\ b+1\}$$

에 대하여 $(A-B)\cup(B-A)=\{1,\ 4,\ 5,\ 6\}$일 때, $a+b$의 값은? (단, a, b는 자연수이다.)

① 2　　　　　② 3　　　　　③ 4

④ 5　　　　　⑤ 6

유형 ③ 서로소인 집합 [개념 06-1]

298

전체집합 U의 두 부분집합 A, B가 서로소일 때, 다음 중 집합 $A\cap(A-B)$와 같은 집합은? (단, $A\neq\varnothing$, $B\neq\varnothing$)

① $\varnothing$　　　　② A　　　　③ B

④ $A\cap B$　　　⑤ A^C

299

전체집합 $U=\{x|x$는 20 이하의 자연수$\}$의 두 부분집합

$$A=\{2, 3, 5\}, B=\{x|x는 p의 약수\}$$

에 대하여 A와 B가 서로소가 되도록 하는 자연수 p의 최댓값과 최솟값의 합은?

① 16   ② 17   ③ 18

④ 19   ⑤ 20

300 ☆중요

두 집합

$$A=\{(x, y)|y=x^2-ax+9\},$$
$$B=\{(x, y)|y<0\}$$

에 대하여 $A\cap B=\varnothing$을 만족시키는 실수 a의 값의 범위를 구하시오.

유형 **4** 집합의 연산과 부분집합의 개수   [개념 06-1]

301

집합 $A=\{a, b, c, d, e\}$에 대하여 $\{b\}\cap X\neq\varnothing$을 만족시키는 집합 A의 부분집합 X의 개수는?

① 1   ② 3   ③ 5

④ 8   ⑤ 16

302

전체집합 $U=\{x|x$는 20 이하의 홀수인 자연수$\}$의 두 부분집합 A, B에 대하여 $A=\{5, 7, 9, 11\}$일 때, $A\cap B=\varnothing$을 만족시키는 집합 B의 개수를 구하시오.

303 교육청 기출

전체집합 $U=\{x|x$는 50 이하의 자연수$\}$의 두 부분집합

$$A=\{x|x는 6의 배수\}, B=\{x|x는 4의 배수\}$$

가 있다. $A\cup X=A$이고 $B\cap X=\varnothing$인 집합 X의 개수는?

① 8   ② 16   ③ 32

④ 64   ⑤ 128

304

두 집합 $A=\{-2, -1, 0, 1, 2\}$, $B=\{-2, 2\}$에 대하여 $A\cap X=X$, $(A-B)\cup X=X$를 만족시키는 집합 X의 개수를 구하시오.

305

자연수 전체의 집합의 두 부분집합
$$A=\{x\,|\,|x-1|<8\},\ X=\{x\,|\,x^2-10x+a<0\}$$
에 대하여 $A\cap X=X$를 만족시키는 집합 X의 개수는?

(단, a는 상수이다.)

① 1   ② 3   ③ 5
④ 7   ⑤ 9

306 실력 UP

전체집합 $U=\{x\,|\,x$는 10 이하의 자연수$\}$의 세 부분집합
A, B, C에 대하여
$$A=\{2,\ 4,\ 6,\ 8\},\ B=\{3,\ 6,\ 9\}$$
일 때, $A\cup C=B\cup C$를 만족시키는 집합 C의 개수는?

① 4   ② 8   ③ 16
④ 32   ⑤ 64

유형 5 집합의 연산 법칙   [개념 06-1, 2]

307

전체집합 U의 세 부분집합 A, B, C에 대하여 다음 중
집합 $A-(B-C)$와 항상 같은 집합은?

① $A\cap(B-C)$ ② $A\cap(C-B)$
③ $A\cup(B-C)$ ④ $A\cup(C-B)$
⑤ $(A-B)\cup(A\cap C)$

308

다음 중 오른쪽 벤 다이어그램의 색
칠한 부분을 나타내는 것은?

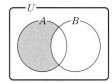

① $(A-B)^C$
② $A\cap(A\cap B^C)$
③ $(A^C\cap B)^C$
④ $(A\cap B)\cup(A\cap B)^C$
⑤ $(A-B)\cup(A\cap B)$

309

전체집합 $U=\{x\,|\,x$는 자연수$\}$의 세 부분집합 A, B, C
에 대하여
$$A=\{1,\ 2,\ 3,\ 4\},$$
$$B=\{x\,|\,x$는 소수$\},$$
$$C=\{x\,|\,x$는 홀수$\}$$
일 때, 집합 $A-(B\cup C)^C$의 모든 원소의 합을 구하시오.

310 ⭐중요

전체집합 $U=\{x \mid x$는 30 이하의 소수$\}$의 두 부분집합 A, B에 대하여

$$A-B=\{5, 7\},\ B-A=\{17, 19\},$$
$$A^C \cap B^C=\{3, 11, 23\}$$

을 만족시키는 집합 A의 모든 부분집합의 개수를 구하시오.

311 교육청 기출

전체집합 $U=\{1,\ 2,\ 4,\ 8,\ 16,\ 32\}$의 두 부분집합 A, B가 다음 조건을 만족시킨다.

(가) $A \cap B=\{2, 8\}$
(나) $A^C \cup B=\{1, 2, 8, 16\}$

집합 A의 모든 원소의 합은?

① 26　　　　② 31　　　　③ 36
④ 41　　　　⑤ 46

312

전체집합 $U=\{1,\ 2,\ 3,\ 4,\ \cdots,\ 8\}$의 두 부분집합

$$A=\{1, 2, 4, 5\},\ B=\{3, 5, 7\}$$

에 대하여 집합 $(A^C \cup B^C) \cap (B-A)^C$의 원소가 <u>아닌</u> 것은?

① 1　　　　② 2　　　　③ 3
④ 6　　　　⑤ 8

313

자연수 n에 대하여 집합 A_n을

$$A_n=\{x \mid x$$는 n의 양의 약수$\}$

라 할 때, $(A_5 \cup A_6) \subset A_k$를 만족시키는 자연수 k의 최솟값은?

① 25　　　　② 30　　　　③ 35
④ 40　　　　⑤ 45

314 ⭐중요

전체집합 $U=\{1,\ 2,\ 3,\ \cdots,\ 20\}$의 부분집합 A_k를

$$A_k=\{x \mid x$$는 k의 배수, k는 자연수$\}$

라 할 때, 집합 $A_3 \cap (A_2 \cup A_4)$의 모든 원소의 합은?

① 35　　　　② 36　　　　③ 37
④ 38　　　　⑤ 39

315

자연수 k에 대하여 k의 양의 약수의 집합을 P_k라 하자. 집합 $P_{72} \cap P_{60} \cap P_{63}$의 모든 원소의 합을 구하시오.

316

자연수 k의 양의 배수의 집합을 A_k라 할 때,
$A_m \subset (A_6 \cap A_9)$를 만족시키는 m의 최솟값을 α,
$(A_6 \cup A_9) \subset A_n$을 만족시키는 n의 최댓값을 β라 하자.
$\alpha - \beta$의 값을 구하시오.

317

전체집합 U의 두 부분집합 A, B에 대하여 연산 $*$를
$$A * B = (A \cup B) \cap (A^C \cup B^C)$$
라 하자. $A = \{2, 4, 6, 8\}$일 때, $A * B = \{3, 4, 6, 7\}$을
만족시키는 집합 B를 구하시오.

318

전체집합 U의 서로 다른 두 부분집합 A, B에 대하여 연산 $\triangle$를 $A \triangle B = (A \cup B)^C$라 할 때, 항상 옳은 것만을 **보기**에서 있는 대로 고른 것은?

┌─ 보기 ─────────────────────┐
ㄱ. $A \triangle B = A^C \triangle B^C$

ㄴ. $A \triangle U = A \triangle A^C$

ㄷ. $A \triangle (A \triangle B) = B$
└────────────────────────────┘

① ㄱ   ② ㄴ   ③ ㄱ, ㄴ

④ ㄴ, ㄷ   ⑤ ㄱ, ㄴ, ㄷ

유형 7 유한집합의 원소의 개수 [개념 06-3]

319

전체집합 U의 두 부분집합 A, B에 대하여
$$n(U) = 45, \ n(A - B) = 15, \ n(A^C) = 25$$
일 때, $n(A^C \cup B^C)$은?

① 25   ② 30   ③ 35

④ 40   ⑤ 45

320 교육청 기출

전체집합 $U = \{x \mid x$는 50 이하의 자연수$\}$의 두 부분집합
$$A = \{x \mid x$는 30의 약수$\}, \ B = \{x \mid x$는 3의 배수$\}$$
에 대하여 $n(A^C \cup B)$의 값은?

① 40   ② 42   ③ 44

④ 46   ⑤ 48

321 ☆중요

전체집합 $U = \{x \mid x$는 35 이하의 자연수$\}$의 두 부분집합 A, B에 대하여 $n(A) = 25$, $n(B) = 15$일 때, $n(A \cap B)$의 최댓값과 최솟값의 합을 구하시오.

322

어느 학교의 학생 300명 중에서 태블릿을 갖고 있는 학생이 222명, 노트북을 갖고 있는 학생이 156명이고, 태블릿과 노트북 중 어느 것도 갖고 있지 않은 학생이 15명이다. 태블릿과 노트북을 모두 갖고 있는 학생 수를 구하시오.

323

어느 마을의 주민들을 대상으로 세 관광지 A, B, C를 방문한 경험에 대하여 조사하였더니 관광지 A, B를 방문한 주민은 각각 700명, 600명이었고, 두 관광지 A, B를 모두 방문한 주민은 250명이었다. 세 관광지 중 한 관광지라도 방문한 주민이 1650명일 때, 관광지 C만 방문한 주민 수는?

① 500   ② 550   ③ 600
④ 650   ⑤ 700

324 ⭐중요

어느 학급의 학생 32명을 대상으로 A, B 두 소설에 대한 독서 여부를 조사하였더니 A 소설을 읽은 학생은 16명, B 소설을 읽은 학생은 21명이었다. B 소설만 읽은 학생 수의 최댓값을 M, 최솟값을 m이라 할 때, $M-m$의 값을 구하시오.

325

어느 반 학생 35명을 대상으로 세 종류의 책 A, B, C를 읽었는지 조사하였더니 A, B, C를 읽은 학생이 각각 14명, 16명, 15명이었다. 또, A, B, C를 모두 읽은 학생은 한 명도 없었으며, A, B, C 중 어느 한 책도 읽지 않은 학생은 3명이었다. 이때 A, B, C 중 두 종류의 책만 읽은 학생 수는?

① 10   ② 11   ③ 12
④ 13   ⑤ 14

326 📢실력UP

어느 학교 학생 220명 중 방과 후 수업으로 수학과 영어를 신청한 학생을 조사하였더니 수학을 신청한 학생이 영어를 신청한 학생보다 30명이 많았고, 수학과 영어 중 어느 방과 후 수업도 신청하지 않은 학생은 수학과 영어 중 하나 이상의 방과 후 수업을 신청한 학생보다 80명이 적었다. 수학과 영어 중 방과 후 수업으로 수학만 신청한 학생 수의 최댓값을 구하시오.

바른답·알찬풀이 63쪽

327

두 집합
$$A=\{(1, 2), (3, a)\},$$
$$B=\{(x, y)\,|\,x^2+y^2-2x+b=0\}$$
에 대하여 $A \cup B = B$일 때, 두 상수 a, b에 대하여 $a+b$의 값을 구하시오.

[풀이]

328

자연수 전체의 집합의 두 부분집합
$$A=\{a-2, 3, a^2-2a+2\},$$
$$B=\{2, a^2-2a\}$$
에 대하여 $A \cap B = \{3\}$일 때, 다음 물음에 답하시오.

(1) 상수 a의 값을 구하시오.

[풀이]

(2) 집합 $(A \cap B^C) \cup (A^C \cup B^C)^C$의 모든 원소의 합을 구하시오.

[풀이]

329

실수 전체의 집합의 두 부분집합 X, Y에 대하여
$$X \oplus Y = \{x+y\,|\,x \in X, y \in Y\}$$
라 하자. 세 집합
$$A=\{-3, -1, 1\},$$
$$B=\{x\,|\,x는 4의 약수\},$$
$$C=\{0, 1\}$$
에 대하여 집합 $(A \oplus B) \oplus C$의 원소의 최댓값과 최솟값의 합을 구하시오.

[풀이]

330

어느 지역 학교 간 영화 동아리 활동을 하는 학생들을 대상으로 두 영화 A, B를 관람했는지를 조사하였다. 영화 A를 관람한 학생이 12명, 영화 B를 관람한 학생이 15명, 두 영화 A, B를 모두 관람한 학생이 3명 이상일 때, 두 영화 A, B 중 적어도 하나를 관람한 학생 수의 최댓값과 최솟값을 각각 구하시오.

[풀이]

1등급 실력 완성

331

전체집합 U의 세 부분집합 A, B, C에 대하여 $A \subset B$이고 $A \subset C$일 때, 항상 옳은 것만을 |보기|에서 있는 대로 고른 것은?

┌─|보기|─────────────────────────┐
ㄱ. $A \subset (B \cap C)$
ㄴ. $(B^c \cap C^c) \subset A^c$
ㄷ. U의 임의의 부분집합 X에 대하여 $(X-B) \subset A^c$
└───────────────────────────────┘

① ㄱ ② ㄷ ③ ㄱ, ㄴ
④ ㄴ, ㄷ ⑤ ㄱ, ㄴ, ㄷ

332

두 집합
$$A = \{x \mid x^2 - 7x + 6 \le 0\},$$
$$B = \{x \mid x^2 + ax + b < 0\}$$
에 대하여 $A \cap B = \varnothing$이고 $A \cup B = \{x \mid -2 < x \le 6\}$일 때, $a-b$의 값을 구하시오. (단, a, b는 실수이다.)

333

두 집합 $A = \{1, 3, 5, 7\}$, $B = \{x \mid x는 6의 양의 약수\}$에 대하여
$$(A \cup B) \cap X = X, \ (A-B) \cup X = X$$
를 만족시키고, 모든 원소의 합이 짝수인 집합 X의 개수는?

① 1 ② 2 ③ 4
④ 8 ⑤ 16

334

전체집합 $U = \{(x, y) \mid x, y는 실수\}$의 세 부분집합
$$A = \{(x, y) \mid x^2 + y^2 = 4\},$$
$$B = \{(x, y) \mid (x-1)^2 + (y-2)^2 = 6\},$$
$$C = \{(x, y) \mid ax + by - 3 = 0\}$$
이 다음 조건을 만족시킨다.

┌───────────────────────────────────────┐
$(A \cup C) \cap (B \cup C) = (C \cap A) \cup (C \cap A^c)$
└───────────────────────────────────────┘

$(2, k) \in C$일 때, 상수 k의 값은? (단, a, b는 상수이다.)

① $-\dfrac{1}{2}$ ② $-\dfrac{1}{4}$ ③ 0
④ $\dfrac{1}{4}$ ⑤ $\dfrac{1}{2}$

335 교육청 기출

전체집합 $U=\{1, 2, 4, 8, 16, 32\}$의 두 부분집합 A, B 가 다음 조건을 만족시킨다.

> (가) 집합 $A \cup B^C$의 모든 원소의 합은 집합 $B-A$의 모든 원소의 합의 6배이다.
> (나) $n(A \cup B)=5$

집합 A의 모든 원소의 합의 최솟값을 구하시오.

(단, $2 \le n(B-A) \le 4$)

336

자연수 k에 대하여 집합 A_k를

$$A_k=\{x \mid 3k-1 \le x \le 11k+3\}$$

이라 할 때, $A_1 \cap A_2 \cap A_3 \cap \cdots \cap A_k \ne \varnothing$을 만족시키는 k의 최댓값은?

① 4   ② 5   ③ 6
④ 7   ⑤ 8

337

전체집합 U의 서로 다른 두 부분집합 A, B에 대하여 연산 $\diamond$를

$$A \diamond B=(A \cap B) \cup (A \cup B)^C$$

라 할 때, 항상 옳은 것만을 **보기**에서 있는 대로 고른 것은?

┌ 보기 ┐
ㄱ. $A \diamond B=B \diamond A$
ㄴ. $A \diamond \varnothing=A^C$
ㄷ. $A \diamond B=A^C \diamond B^C$
└────────┘

① ㄱ   ② ㄱ, ㄴ   ③ ㄱ, ㄷ
④ ㄴ, ㄷ   ⑤ ㄱ, ㄴ, ㄷ

338

2 이상의 자연수 k에 대하여

$$A_k=\{x \mid x \le k, x는 자연수\},$$
$$B_k=\{x \mid x는 k의 약수\},$$
$$C_k=\{x \mid x는 k의 소인수\}$$

라 할 때, $n(B_k) \times n(A_k \cap C_k)=4$를 만족시키는 k의 최솟값을 구하시오.

339

다음 조건을 만족시키는 집합 A의 개수는?

> (가) $\{0\} \subset A \subset \{x \mid x$는 실수$\}$
>
> (나) $a \in A$이면 $a^2 - 2 \in A$이다.
>
> (다) $n(A) = 4$

① 3 ② 4 ③ 5
④ 6 ⑤ 7

340

전체집합 $U = \{x \mid x$는 12의 양의 약수$\}$의 두 부분집합 A, B가 다음 조건을 만족시킬 때, 순서쌍 (A, B)의 개수는?

> (가) $A - B = A$
>
> (나) $(A - B)^C - B = \{x \mid x$는 3의 양의 약수$\}$

① 4 ② 8 ③ 16
④ 32 ⑤ 64

07 명제

07-1 명제와 그 부정 [유형 1, 2]

1 명제: 참 또는 거짓을 명확하게 판별할 수 있는 문장이나 식

2 명제 p의 부정: 명제 p에 대하여 'p가 아니다.'를 명제 p의 **부정**이라 하며, 기호 $\sim p$로 나타낸다.

(1) 명제 p가 참이면 $\sim p$는 거짓이고, p가 거짓이면 $\sim p$는 참이다.

(2) $\sim p$의 부정 $\sim(\sim p)$는 p이다.

07-2 조건과 진리집합 [유형 2, 3, 6]

1 조건: 변수를 포함하는 문장이나 식 중에서 변수의 값에 따라 참, 거짓을 판별할 수 있는 것

> 참고 변수 x를 포함하는 조건을 $p(x)$, $q(x)$, $r(x)$, $\cdots$로 나타내는데, 이를 간단히 각각 p, q, r, $\cdots$로 나타내기도 한다.

2 조건 p의 부정: 조건 p에 대하여 'p가 아니다.'를 조건 p의 **부정**이라 하며, 기호 $\sim p$로 나타낸다.❶

3 진리집합: 전체집합 U의 원소 중에서 조건 p를 참이 되게 하는 모든 원소의 집합을 조건 p의 **진리집합**이라 한다. 이때 조건 p의 진리집합을 P라 하면 조건 $\sim p$의 진리집합은 P^C이다.❷

> 참고 조건 p, q, r, $\cdots$의 진리집합은 보통 알파벳 대문자 P, Q, R, $\cdots$로 나타내고, 특별한 언급이 없으면 전체집합을 실수 전체의 집합으로 본다.

❶ 두 조건 p, q에 대하여
① $\sim(p$ 그리고 $q)$
  ⇨ $\sim p$ 또는 $\sim q$
② $\sim(p$ 또는 $q)$
  ⇨ $\sim p$ 그리고 $\sim q$

❷ 전체집합 U에서의 두 조건 p, q의 진리집합을 각각 P, Q라 할 때
① 조건 'p 또는 q'의 진리집합
  ⇨ $P \cup Q$
② 조건 'p 그리고 q'의 진리집합
  ⇨ $P \cap Q$

07-3 '모든'이나 '어떤'을 포함한 명제 [유형 4]

1 '모든'이나 '어떤'을 포함한 명제의 참, 거짓

전체집합 U에 대하여 조건 p의 진리집합을 P라 할 때

(1) $P=U$이면 '모든 x에 대하여 p이다.'는 참이고,

  $P \neq U$이면 '모든 x에 대하여 p이다.'는 거짓이다.

(2) $P \neq \varnothing$이면 '어떤 x에 대하여 p이다.'는 참이고,

  $P = \varnothing$이면 '어떤 x에 대하여 p이다.'는 거짓이다.

> 주의 '모든'을 포함한 명제는 전체집합 U의 모든 원소가 조건 p를 만족시킬 때 참이고,
> '어떤'을 포함한 명제는 전체집합 U의 원소 중 조건 p를 만족시키는 원소가 하나라도 존재할 때 참이다.

2 '모든'이나 '어떤'을 포함한 명제의 부정

(1) '모든 x에 대하여 p이다.'의 부정은 '어떤 x에 대하여 $\sim p$이다.'이다.

(2) '어떤 x에 대하여 p이다.'의 부정은 '모든 x에 대하여 $\sim p$이다.'이다.

07-4 명제 $p \longrightarrow q$의 참, 거짓 [유형 5~7]

1 가정과 결론: 두 조건 p, q로 이루어진 명제 'p이면 q이다.'를
기호 $p \longrightarrow q$로 나타내고, p를 **가정**, q를 **결론**이라 한다.

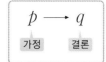

2 명제 $p \longrightarrow q$의 참, 거짓

명제 $p \longrightarrow q$에 대하여 두 조건 p, q의 진리집합을 각각 P, Q라 할 때

(1) $P \subset Q$이면 명제 $p \longrightarrow q$는 참이고, 명제 $p \longrightarrow q$가 참이면 $P \subset Q$이다.

(2) $P \not\subset Q$이면 명제 $p \longrightarrow q$는 거짓이고, 명제 $p \longrightarrow q$가 거짓이면 $P \not\subset Q$이다.

> **참고** 명제가 거짓임을 보이는 예를 반례라 한다. 즉, 두 조건 p, q의 진리집합을 각각 P, Q라 할 때, $x \in P$
> 이지만 $x \notin Q$인 x가 존재하면 x는 명제 $p \longrightarrow q$가 거짓임을 보이는 반례이다.

07-5 명제의 역과 대우 [유형 8~10]

1 명제의 역과 대우

명제 $p \longrightarrow q$에서

(1) 가정과 결론을 서로 바꾼 명제 $q \longrightarrow p$를
명제 $p \longrightarrow q$의 **역**이라 한다.

(2) 가정과 결론을 각각 부정하여 서로 바꾼 명제 $\sim q \longrightarrow \sim p$를 명제 $p \longrightarrow q$의 **대우**라
한다.

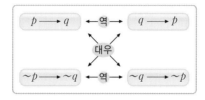

2 명제와 그 대우의 참, 거짓

(1) 명제 $p \longrightarrow q$가 참이면 그 대우 $\sim q \longrightarrow \sim p$도 참이다.

(2) 명제 $p \longrightarrow q$가 거짓이면 그 대우 $\sim q \longrightarrow \sim p$도 거짓이다.   ┐ → 명제와 그 대우의
참, 거짓은 항상 일치한다.

> **참고** 세 조건 p, q, r에 대하여 '두 명제 $p \longrightarrow q$, $q \longrightarrow r$이 모두 참이면 명제 $p \longrightarrow r$도 참이다.'라고
> 결론짓는 방법을 삼단논법이라 한다.

> **주의** 어떤 명제가 참이라고 해서 그 역이 반드시 참인 것은 아니다.

07-6 충분조건, 필요조건, 필요충분조건 ❸ ❹ [유형 11~13]

1 충분조건과 필요조건

명제 $p \longrightarrow q$가 참일 때, 기호 $p \Longrightarrow q$로 나타낸다.
이때 p는 q이기 위한 **충분조건**, q는 p이기 위한 **필요조건**이라
한다.

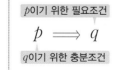

> **참고** 명제 $p \longrightarrow q$가 거짓일 때는 기호 $p \nRightarrow q$로 나타낸다.

2 필요충분조건

명제 $p \longrightarrow q$에 대하여 $p \Longrightarrow q$, $q \Longrightarrow p$일 때, 기호 $p \Longleftrightarrow q$로 나타내고,
p는 q이기 위한 **필요충분조건**이라 한다.
  └→ 또는 'q는 p이기 위한 필요충분조건'이라 한다.

❸ 두 조건 p, q의 진리집합을 각각
P, Q라 할 때
① $P \subset Q$이면 $p \Longrightarrow q$
  ⇨ p는 q이기 위한 충분조건,
    q는 p이기 위한 필요조건
② $P = Q$이면 $p \Longleftrightarrow q$
  ⇨ p는 q이기 위한 필요충분조건,
    q는 p이기 위한 필요충분조건

❹ 세 조건 p, q, r에 대하여
① $p \Longrightarrow q$이고 $q \Longrightarrow r$이면
  $p \Longrightarrow r$
② $p \Longrightarrow q$, $q \Longrightarrow r$, $r \Longrightarrow p$이
면 $p \Longleftrightarrow q \Longleftrightarrow r$

유형 1 명제 [개념 07-1]

341

명제인 것만을 | 보기 |에서 있는 대로 고르시오.

| 보기 |

ㄱ. $x^2+x+1>0$ (단, x는 실수이다.)

ㄴ. $x+3>3$

ㄷ. $3x-x=2x$

ㄹ. 가을은 춥다.

ㅁ. 일 년은 열두 달이다.

342

다음 중 명제가 아닌 것은?

① $3+5=8$

② 4의 배수는 2의 배수이다.

③ $\varnothing \not\subset \{1\}$

④ 모든 실수 x에 대하여 $x+5\leq x$

⑤ 모든 실수 x에 대하여 $x^2-2x+5>7$

343

다음 중 참인 명제는?

① 소수는 홀수이다.

② 모든 정삼각형은 합동이다.

③ 8과 12의 공약수는 4의 약수이다.

④ 100 이하의 자연수 중 6의 배수는 15개이다.

⑤ 둔각삼각형의 세 변의 길이를 a, b, c ($a<b<c$)라 하면 $a^2+b^2>c^2$이다.

유형 2 명제와 조건의 부정 [개념 07-1, 2]

344

두 조건 p: $-1<x<5$, q: $x\geq 2$에 대하여 조건 'p이고 q'의 부정인 것은?

① $2<x\leq 5$

② $x\leq 2$ 또는 $x>5$

③ $x\leq 2$ 또는 $x\geq 5$

④ $x<2$ 또는 $x>5$

⑤ $x<2$ 또는 $x\geq 5$

345 ☆중요

부정이 참인 명제인 것만을 | 보기 |에서 있는 대로 고르시오.

| 보기 |

ㄱ. 100 이하의 자연수 중 3의 배수의 개수는 33이다.

ㄴ. $(1+\sqrt{2})(1-\sqrt{2})$는 무리수이다.

ㄷ. 72의 양의 약수의 합은 195보다 크다.

346

실수 a, b에 대하여 조건 '$a^2+b^2>0$'의 부정과 같은 것은?

① $a^2+b^2<0$

② $a+b\leq 0$

③ $|a|+|b|=0$

④ $ab=0$

⑤ $a\neq 0$ 또는 $b\neq 0$

유형 3 진리집합 [개념 07-2]

347 ☆중요

전체집합 $U=\{x|x$는 5 이하의 자연수$\}$에 대하여 다음 중 조건 p와 그 진리집합 P가 옳게 짝 지어진 것은?

① p: $x^2-6x+8=0$ $P=\{2,\ 3\}$

② p: x는 소수이다. $P=\{1,\ 3,\ 5\}$

③ p: x는 홀수이다. $P=\{1,\ 3\}$

④ p: $0<x<4$이고 $x\neq2$이다. $P=\{1,\ 3\}$

⑤ p: x는 6의 약수이다. $P=\{1,\ 2,\ 3,\ 6\}$

348

전체집합 $U=\{x|x$는 10 이하의 자연수$\}$에 대하여 조건 p가

     p: x는 12의 약수이고 3으로 나눈 나머지가 1이다.

일 때, 조건 p의 진리집합의 모든 원소의 합은?

① 4   ② 5   ③ 6

④ 7   ⑤ 8

349

전체집합 $U=\{x|x$는 정수$\}$에 대하여 조건

     '$x^2-4x+3>0$ 또는 $|x|<2$'

의 부정의 진리집합에 속하는 모든 원소의 합을 구하시오.

유형 4 '모든'이나 '어떤'을 포함한 명제 [개념 07-3]

350

거짓인 명제인 것만을 |보기|에서 있는 대로 고른 것은?

┌ 보기 ┐
ㄱ. 모든 실수 x에 대하여 $x^2+1>0$이다.
ㄴ. 모든 실수 x에 대하여 $x-5<0$이다.
ㄷ. 어떤 실수 x에 대하여 $x+3>5$이다.
ㄹ. 어떤 실수 x에 대하여 $x^2<0$이다.
└────────────────────────┘

① ㄱ, ㄴ   ② ㄱ, ㄷ   ③ ㄴ, ㄷ

④ ㄴ, ㄹ   ⑤ ㄷ, ㄹ

351

다음 중 명제의 부정이 참인 것은?

① 모든 음수 x에 대하여 $x^2>0$이다.

② 모든 실수 x에 대하여 $x^2+1\geq0$이다.

③ 어떤 실수 x, y에 대하여 $x+y=7$이다.

④ 모든 실수 x, y에 대하여 $x^2+y^2>0$이다.

⑤ 어떤 실수 x에 대하여 $x^2+3x+2=0$이다.

352 교육청 기출

정수 k에 대한 두 조건 p, q가 모두 참인 명제가 되도록 하는 모든 k의 값의 합을 구하시오.

┌────────────────────────────────────┐
p: 모든 실수 x에 대하여 $x^2+2kx+4k+5>0$이다.
q: 어떤 실수 x에 대하여 $x^2=k-2$이다.
└────────────────────────────────────┘

유형 5 명제 $p \longrightarrow q$의 참, 거짓 [개념 07-4]

353

참인 명제인 것만을 |보기|에서 있는 대로 고른 것은?

┌─|보기|────────────────────────┐
│ ㄱ. $x>1$이면 $x^2>1$이다.   │
│   │
│ ㄴ. $x+y$가 짝수이면 x와 y는 모두 짝수이다.   │
│   │
│ ㄷ. 8의 양의 약수이면 2의 배수이다.   │
└────────────────────────────────┘

① ㄱ   ② ㄴ   ③ ㄱ, ㄷ

④ ㄴ, ㄷ   ⑤ ㄱ, ㄴ, ㄷ

354

다음 중 참인 명제는?

① 자연수 n이 소수이면 n^2은 홀수이다.

② 실수 x, y에 대하여 xy가 유리수이면 x와 y는 유리수이다.

③ x가 유리수이고 y가 무리수이면 xy는 무리수이다.

④ 복소수 a, b에 대하여 $a^2+b^2=0$이면 $a=b=0$이다.

⑤ 자연수 m, n에 대하여 mn이 짝수이면 m 또는 n은 짝수이다.

355

다음 중 거짓인 명제는?

① $x^2-4x+4=0$이면 $x^2-2x=0$이다.

② $x \geq 0$이고 $y<0$이면 $x-y>0$이다.

③ $|x|+|y|=|x+y|$이면 $xy>0$이다.

④ 실수 x, y에 대하여 $x \neq 0$ 또는 $y \neq 0$이면 $x^2+y^2>0$이다.

⑤ 자연수 n에 대하여 n이 3의 배수이면 n^2도 3의 배수이다.

유형 6 명제와 진리집합 사이의 관계 [개념 07-2, 4]

356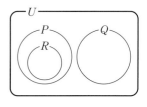

전체집합 U에 대하여 두 조건 p, q의 진리집합을 각각 P, Q라 하자. 명제 $p \longrightarrow {\sim}q$가 참일 때, 다음 중 항상 옳은 것은?

① $P \cap Q=P$ ② $P \cap Q^C=P$

③ $Q-P=\varnothing$ ④ $P \cup Q=U$

⑤ $P^C \cup Q=\varnothing$

357

전체집합 U에 대하여 세 조건 p, q, r의 진리집합을 각각 P, Q, R이라 하자. 세 집합 P, Q, R 사이의 포함 관계가 오른쪽 벤 다이어그램과 같을 때,

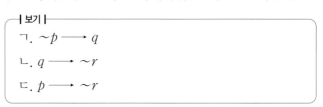

참인 명제인 것만을 |보기|에서 있는 대로 고른 것은?

┌─|보기|────────────────────────┐
│ ㄱ. ${\sim}p \longrightarrow q$ │
│   │
│ ㄴ. $q \longrightarrow {\sim}r$ │
│   │
│ ㄷ. $p \longrightarrow {\sim}r$ │
└────────────────────────────────┘

① ㄱ   ② ㄴ   ③ ㄱ, ㄷ

④ ㄴ, ㄷ   ⑤ ㄱ, ㄴ, ㄷ

358

전체집합 U에 대하여 두 조건 p, q의 진리집합을 각각 P, Q라 할 때, 다음 중 명제 '$\sim p$이면 q이다.'가 거짓임을 보이는 원소가 속하는 집합은?

① $P \cap Q$ ② $P^C \cap Q$ ③ $P \cap Q^C$
④ $P^C \cap Q^C$ ⑤ $P^C \cup Q$

359

전체집합 U에 대하여 세 조건 p, q, r의 진리집합을 각각 P, Q, R이라 하자. $P \cap (Q \cup R) = \varnothing$일 때, 다음 중 항상 참인 명제는?

① $p \longrightarrow q$ ② $p \longrightarrow r$ ③ $q \longrightarrow r$
④ $q \longrightarrow \sim p$ ⑤ $\sim r \longrightarrow p$

360

전체집합 U에 대하여 세 조건 p, q, r의 진리집합을 각각 P, Q, R이라 하자. 두 명제 $p \longrightarrow \sim q$, $r \longrightarrow p$가 모두 참일 때, 옳은 것만을 **보기**에서 있는 대로 고른 것은?

┌─ 보기 ─────────
ㄱ. $P \cap Q = \varnothing$
ㄴ. $P \cap R = R$
ㄷ. $Q \cup R = U$
└──────────────

① ㄱ   ② ㄴ   ③ ㄱ, ㄴ
④ ㄱ, ㄷ   ⑤ ㄱ, ㄴ, ㄷ

유형 7 명제가 참이 될 조건   [개념 07-4]

361

명제 '$2 \le x < 3$이면 $a-1 \le x < a+2$이다.'가 참이 되도록 하는 실수 a의 값의 범위를 구하시오.

362 ⭐중요

실수 x에 대하여 두 조건 p, q가
$$p: |x-1| < 2, \ q: 5-k < x < k$$
일 때, 명제 $p \longrightarrow q$가 참이 되도록 하는 실수 k의 최솟값은?

① 4   ② 6   ③ 8
④ 10   ⑤ 12

363 실력 UP 교육청 기출

실수 x에 대한 두 조건
$$p: 2x-a=0, \ q: x^2-bx+9>0$$
이 있다. 명제 $p \longrightarrow \sim q$와 명제 $\sim p \longrightarrow q$가 모두 참이 되도록 하는 두 양수 a, b의 값의 합을 구하시오.

유형 8 명제의 역과 대우의 참, 거짓 [개념 07-5]

364

대우가 거짓인 명제인 것만을 |보기|에서 있는 대로 고른 것은?

|보기|

ㄱ. $y \neq z$이면 $xy \neq xz$이다.

ㄴ. 실수 a, b에 대하여 $a^2 - b^2 = 0$이면 $a^3 - b^3 = 0$이다.

ㄷ. 두 집합 A, B에 대하여 $A - B = \varnothing$이면 $A = B$이다.

① ㄱ   ② ㄴ   ③ ㄱ, ㄷ

④ ㄴ, ㄷ   ⑤ ㄱ, ㄴ, ㄷ

365

전체집합 U에 대하여 두 조건 p, q의 진리집합을 각각 P, Q라 하자. 명제 $\sim q \longrightarrow p$의 역이 참일 때, 다음 중 항상 옳은 것은?

① $P \subset Q$ ② $P \subset Q^C$ ③ $P^C \subset Q^C$

④ $Q^C \subset P$ ⑤ $Q^C \subset P^C$

366 ☆중요

실수 x, y에 대하여 다음 명제 중 역과 대우가 모두 참인 것은?

① $|x| + |y| = 0$이면 $xy = 0$이다.

② $x^2 = y^2$이면 $x = y$이다.

③ $xy = 0$이면 $x = 0$ 또는 $y = 0$이다.

④ $x + y\sqrt{2} = 0$이면 $x = 0$이고 $y = 0$이다.

⑤ $|x - y| = y - x$이면 $x > y$이다.

유형 9 대우를 이용하여 명제가 참이 되도록 하는 상수 구하기 [개념 07-5]

367

명제 '$x + y < 7$이면 $x < 6$ 또는 $y < k - 1$이다.'가 참이 되도록 하는 실수 k의 최솟값은?

① 1   ② 2   ③ 3

④ 4   ⑤ 5

368

명제 '$x^3 - 11x + 10 \neq 0$이면 $x \neq 2a - 1$이다.'가 참이 되도록 하는 모든 실수 a의 값의 합은?

① $\dfrac{1}{2}$ ② 1 ③ $\dfrac{3}{2}$

④ 2 ⑤ $\dfrac{5}{2}$

369

두 조건 $p : |x + 2| > 1$, $q : |x - 2k| \geq 3$에 대하여 명제 $q \longrightarrow p$가 참이 되도록 하는 정수 k의 값을 구하시오.

유형 ⑩ 삼단논법과 명제의 추론 [개념 07-5]

370

세 조건 p, q, r에 대하여 두 명제 $p \longrightarrow q$, $q \longrightarrow \sim r$
이 모두 참일 때, 다음 중 항상 참인 명제는?

① $q \longrightarrow p$ ② $p \longrightarrow r$

③ $r \longrightarrow \sim p$ ④ $\sim r \longrightarrow p$

⑤ $\sim q \longrightarrow \sim r$

371

네 조건 p, q, r, s에 대하여 세 명제 $p \longrightarrow r$,
$\sim s \longrightarrow \sim r$, $s \longrightarrow q$가 모두 참일 때, **│보기│**에서 항
상 참인 것만을 있는 대로 고른 것은?

┌─│보기│
│ ㄱ. $p \longrightarrow q$ ㄴ. $p \longrightarrow \sim s$
│ ㄷ. $q \longrightarrow \sim r$ ㄹ. $r \longrightarrow s$
└─

① ㄱ, ㄴ   ② ㄱ, ㄹ   ③ ㄴ, ㄷ

④ ㄱ, ㄴ, ㄹ   ⑤ ㄴ, ㄷ, ㄹ

372

다음 두 진술이 모두 참이라 할 때, 반드시 참인 것은?

┌─
│ ㈎ 수학을 좋아하는 학생은 물리를 좋아한다.
│ ㈏ 수학을 좋아하지 않는 학생은 영어 또는 미술을 좋아
│   한다.
└─

① 물리를 좋아하는 학생은 수학을 좋아한다.
② 영어를 좋아하지 않는 학생은 수학을 좋아한다.
③ 물리를 좋아하는 학생은 영어와 미술을 좋아하지 않는다.
④ 미술을 좋아하는 학생은 수학과 물리를 좋아하지 않는다.
⑤ 영어와 미술을 좋아하지 않는 학생은 물리를 좋아한다.

유형 ⑪ 충분조건, 필요조건, 필요충분조건 [개념 07-6]

373 ☆중요

두 조건 p, q에 대하여 다음 중 p는 q이기 위한 필요조건
이지만 충분조건이 <u>아닌</u> 것은? (단, x, y, z는 실수이다.)

① p: $x>0$, $y>0$ q: $xy>0$

② p: $|x|<1$ q: $x<1$

③ p: $x>y$ q: $x^2>y^2$

④ p: $xy=yz$ q: $x=z$

⑤ p: $x+y=0$, $xy=0$ q: $x=y=0$

374

실수 a, b에 대하여 세 조건 p, q, r은

    p: $a^2+b^2=0$,

    q: $a^2b+ab^2=0$,

    r: $|a+b|=|a-b|$

이다. ㈎, ㈏, ㈐에 들어갈 알맞은 것은?

┌─
│ • p는 q이기 위한 ☐㈎☐ 조건이다.
│ • $\sim p$는 $\sim r$이기 위한 ☐㈏☐ 조건이다.
│ • q는 r이기 위한 ☐㈐☐ 조건이다.
└─

① ㈎ 필요   ㈏ 충분   ㈐ 필요충분
② ㈎ 필요   ㈏ 충분   ㈐ 충분
③ ㈎ 충분   ㈏ 충분   ㈐ 필요충분
④ ㈎ 충분   ㈏ 필요   ㈐ 충분
⑤ ㈎ 충분   ㈏ 필요   ㈐ 필요

● 바른답·알찬풀이 **72**쪽

유형 12 충분조건, 필요조건과 진리집합 사이의 관계 [개념 07-6]

375

전체집합 U에 대하여 세 조건 p, q, r의 진리집합을 각각 P, Q, R이라 하자. 세 집합 P, Q, R 사이의 포함 관계가 오른쪽 벤 다이어그램과 같을 때, 옳은 것만을 **| 보기 |**에서 있는 대로 고른 것은?

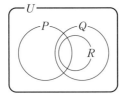

┌─ 보기 ┐
ㄱ. p는 q이기 위한 충분조건이다.
ㄴ. p는 $\sim r$이기 위한 필요조건이다.
ㄷ. q는 r이기 위한 필요조건이다.
└──────┘

① ㄱ   ② ㄷ   ③ ㄱ, ㄷ
④ ㄴ, ㄷ   ⑤ ㄱ, ㄴ, ㄷ

376

전체집합 U에 대하여 세 조건 p, q, r의 진리집합을 각각 P, Q, R이라 하자. p는 q이기 위한 충분조건이고 q는 r이기 위한 필요조건일 때, 다음 중 항상 옳은 것은?

① $P \subset R$ ② $P \cap Q = Q$
③ $R \cap Q^C = R$ ④ $(P \cap Q) \subset R$
⑤ $R \subset (P \cup Q)$

유형 13 충분조건, 필요조건이 되도록 하는 상수 구하기 [개념 07-6]

377

실수 k에 대한 두 조건
$$p: k-2 \leq x < k+1, \quad q: x^2 - 3x + 2 > 0$$
에 대하여 p가 $\sim q$이기 위한 필요조건이 되도록 하는 모든 정수 k의 값의 합을 구하시오.

378 ☆중요

$-4 \leq x \leq 2$는 $0 < x \leq a$이기 위한 필요조건이고, $-5 \leq x \leq b$이기 위한 충분조건일 때, a의 최댓값과 b의 최솟값의 합을 구하시오. (단, a, b는 실수이다.)

379 교육청 기출

실수 x에 대한 두 조건
$$p: x^2 - 6x + 9 \leq 0, \quad q: |x - a| \leq 2$$
에 대하여 p가 q이기 위한 충분조건이 되도록 하는 실수 a의 최댓값과 최솟값의 합은?

① 6   ② 7   ③ 8
④ 9   ⑤ 10

시험에서 출제율이 높은 서술형 문제를 엄선하여 수록하였습니다.

● 바른답·알찬풀이 **73쪽**

380

전체집합 $U=\{x\,|\,-2\leq x\leq 2$인 정수$\}$에 대하여 두 조건 p, q가 $p\colon x^2-x-2=0$, $q\colon x^2=1$일 때, 다음 물음에 답하시오.

⑴ 조건 p의 진리집합을 구하시오.

[풀이]

⑵ 조건 q의 진리집합을 구하시오.

[풀이]

⑶ 조건 'p 또는 $\sim q$'의 진리집합을 구하시오.

[풀이]

381

명제

'모든 실수 x에 대하여 $2x^2+8x+a\geq0$이다.'

가 거짓이 되도록 하는 정수 a의 최댓값을 구하시오.

[풀이]

382

실수 x에 대한 두 조건 p, q가

$$p\colon x^2-4kx+3k^2\leq0,\ q\colon |x-3|\leq k$$

일 때, 명제 $p\longrightarrow q$의 역이 참이 되도록 하는 실수 k의 값의 범위를 구하시오.

[풀이]

383

두 조건

$$p\colon 2x-a\leq0,\ q\colon x^2-5x+4>0$$

에 대하여 p가 $\sim q$이기 위한 필요조건이 되도록 하는 실수 a의 최솟값을 구하시오.

[풀이]

07. 명제 **95**

384

x, y, z가 모두 실수일 때, 다음 중 조건

'$(x-y)^2+(y-z)^2+(z-x)^2=0$'

의 부정과 같은 것은?

① $(x-y)(y-z)(z-x)\neq 0$

② x, y, z는 서로 다르다.

③ $x\neq y$이고 $y\neq z$

④ $(x-y)(y-z)(z-x)>0$

⑤ $x\neq y$ 또는 $y\neq z$ 또는 $z\neq x$

385

두 조건

$p: -1\leq x\leq 4$, $q: a-3\leq x\leq a+6$

의 진리집합을 각각 P, Q라 할 때, $P\cap Q\neq\varnothing$이 되도록 하는 정수 a의 개수를 구하시오.

386

오른쪽 그림에서 사각형 ABCD는 한 변의 길이가 1인 정사각형이고, 세 점 A, B, E는 수직선 위에 있다.

세 점 A, B, E에 대응하는 수를 각각 p, q, r이라 할 때, 옳은 것만을 **보기**에서 있는 대로 고른 것은?

(단, $\overline{AC}=\overline{AE}$)

|보기|

ㄱ. p가 유리수이면 q는 유리수, r은 무리수이다.

ㄴ. p가 무리수이면 q는 무리수, r은 유리수이다.

ㄷ. q가 유리수이면 r은 무리수이다.

① ㄱ   ② ㄴ   ③ ㄱ, ㄴ

④ ㄱ, ㄷ   ⑤ ㄴ, ㄷ

387

전체집합 U에 대하여 세 조건 p, q, r의 진리집합을 각각 P, Q, R이라 하자.

$P-Q\neq P$, $R^C\cup Q=U$

일 때, 참인 명제인 것만을 **보기**에서 있는 대로 고른 것은?

|보기|

ㄱ. $p \longrightarrow \sim q$ ㄴ. $\sim q \longrightarrow \sim r$

ㄷ. $p \longrightarrow \sim r$

① ㄱ   ② ㄴ   ③ ㄱ, ㄷ

④ ㄴ, ㄷ   ⑤ ㄱ, ㄴ, ㄷ

388

다음 조건을 만족시키는 집합 A의 개수는?

> (가) $\{0\} \subset A \subset \{x \mid x$는 실수$\}$
> (나) $(a-2)^2 \notin A$이면 $a \notin A$이다.
> (다) $n(A) = 3$

① 2   ② 3   ③ 4

④ 5   ⑤ 6

389

양수 a, b에 대하여 두 집합 A, B가

$$A = \{x \mid x^2 - a^2 > 0\}, \ B = \{x \mid |x-1| \leq b\}$$

일 때, $B \subset A$이기 위한 필요충분조건은?

① $a - b < 1$ ② $a - b > 1$ ③ $a + b = 1$

④ $a + b < 1$ ⑤ $a + b > 1$

390

자연수 a, b에 대하여 세 조건 p, q, r이 다음과 같다.

> p: ab는 홀수이다.
> q: $a+b$는 짝수이다.
> r: $a^2 + b^2$은 짝수이다.

옳은 것만을 |보기|에서 있는 대로 고르시오.

> ─|보기|─
> ㄱ. p는 q이기 위한 충분조건이지만 필요조건이 아니다.
> ㄴ. q는 r이기 위한 필요충분조건이다.
> ㄷ. $\sim r$은 $\sim p$이기 위한 필요조건이지만 충분조건은 아니다.

391 교육청 기출

실수 x에 대한 두 조건

$$p: x^2 + 2ax + 1 \geq 0, \ q: x^2 + 2bx + 9 \leq 0$$

이 있다. 다음 두 문장이 모두 참인 명제가 되도록 하는 정수 a, b의 순서쌍 (a, b)의 개수는?

> • 모든 실수 x에 대하여 p이다.
> • p는 $\sim q$이기 위한 충분조건이다.

① 15   ② 18   ③ 21

④ 24   ⑤ 27

도전 1등급 최고난도

392

실수 x에 대한 세 조건

$p: x^2+2ax+9<0$, $q: |x-a| \leq 2$, $r: x \neq 4$

가 있다. 세 명제 $p \longrightarrow q$, $p \longrightarrow \sim q$, $\sim r \longrightarrow \sim q$

가 모두 참이 되도록 하는 모든 정수 a의 값의 합을 구하시오.

393

전체집합 $U=\{(x, y)\}|x, y$는 실수$\}$에 대하여 두 조건 p, q가

$p: 3y=4x$,

$q: (x-k)^2+(y-k+1)^2=(k-1)^2$

이다. p는 $\sim q$이기 위한 충분조건이 되도록 하는 실수 k의 값의 범위가 $a<k<b$일 때, $a+b$의 값을 구하시오.

394

전체집합 $U=\{(x, y)|x, y$는 실수$\}$에 대하여 두 조건 p, q가

$p: |x| \leq 3$, $|y| \leq 3$,

$q: |x-a| \leq 1$, $|y-b| \leq 1$

이다. p는 q이기 위한 필요조건이 되도록 하는 두 실수 a, b에 대하여 좌표평면에서 점 (a, b)가 나타내는 영역의 넓이는?

① 12   ② 14   ③ 16

④ 18   ⑤ 20

08 Ⅱ 집합과 명제

명제의 증명

Ⅱ

핵심 개념

08)-1 대우를 이용한 증명법과 귀류법 [유형 1, 2]

1 대우를 이용한 증명법: 명제 $p \longrightarrow q$가 참임을 증명할 때, 그 명제의 대우 $\sim q \longrightarrow \sim p$가 참임을 보여 증명하는 방법❶

2 귀류법: 어떤 명제가 참임을 증명할 때, 그 명제의 부정이 참이라 가정하면 이미 알려진 사실에 모순이 생긴다는 것을 보이는 방법❷

08)-2 절대부등식 [유형 3]

1 절대부등식: 주어진 집합의 모든 원소에 대하여 성립하는 부등식❸

2 부등식의 증명에 이용되는 실수의 성질: a, b가 실수일 때,

(1) $a > b \Longleftrightarrow a - b > 0$

(2) $a^2 \geq 0$, $a^2 + b^2 \geq 0$

(3) $a^2 + b^2 = 0 \Longleftrightarrow a = b = 0$

(4) $|a|^2 = a^2$, $|ab| = |a||b|$

(5) $a \geq 0$, $b \geq 0$일 때, $a \geq b \Longleftrightarrow a^2 \geq b^2$

08)-3 여러 가지 절대부등식 [유형 4~7]

1 a, b, c가 실수일 때,

(1) $a^2 \pm ab + b^2 \geq 0$ (단, 등호는 $a = b = 0$일 때 성립)

(2) $a^2 + b^2 + c^2 - ab - bc - ca \geq 0$ (단, 등호는 $a = b = c$일 때 성립)

(3) $|a| + |b| \geq |a + b|$ (단, 등호는 $ab \geq 0$일 때 성립)

2 산술평균과 기하평균의 관계❹

$a > 0$, $b > 0$일 때, $\dfrac{a+b}{2} \geq \sqrt{ab}$ (단, 등호는 $a = b$일 때 성립)

→ a와 b의 기하평균

→ a와 b의 산술평균

3 코시-슈바르츠의 부등식❺

a, b, x, y가 실수일 때,

$$(a^2 + b^2)(x^2 + y^2) \geq (ax + by)^2 \left(\text{단, 등호는 } \frac{x}{a} = \frac{y}{b}\text{일 때 성립}\right)$$

참고 a, b, c, x, y, z가 실수일 때,

$$(a^2 + b^2 + c^2)(x^2 + y^2 + z^2) \geq (ax + by + cz)^2 \left(\text{단, 등호는 } \frac{x}{a} = \frac{y}{b} = \frac{z}{c}\text{일 때 성립}\right)$$

❶ 명제 $p \longrightarrow q$가 참임을 증명하는 것보다 대우 $\sim q \longrightarrow \sim p$가 참임을 증명하는 것이 더 편리한 경우에는 대우를 이용한 증명법을 이용하여 증명한다.

❷ 무리수의 증명 또는 부등식의 증명과 같이 명제의 결론을 부정하면 모순이 생긴다는 것을 보이는 것이 더 편리한 경우에는 귀류법을 이용하여 증명한다.

❸ 주어진 부등식이 절대부등식임을 증명할 때에는 그 부등식이 주어진 집합의 모든 원소에 대하여 항상 성립함을 보여야 한다.

❹ 두 양수에 대하여 곱의 최댓값이나 합의 최솟값을 구할 때는 산술평균과 기하평균의 관계를 이용한다.

❺ 실수의 조건과 제곱의 합이 주어진 문제에서 일차식의 최댓값과 최솟값을 구할 때는 코시-슈바르츠의 부등식을 이용한다.

유형 ① 대우를 이용한 증명법 [개념 08-1]

395 ☆중요

다음은 명제 '자연수 n에 대하여 n^2+3n이 9의 배수가 아니면 n은 3의 배수가 아니다.'가 참임을 대우를 이용하여 증명하는 과정이다.

┤증명├

주어진 명제의 대우는 '자연수 n에 대하여 n이 3의 배수이면 n^2+3n은 9의 배수이다.'이다.

$n=$ ☐(가) (k는 자연수)라 하면

$n^2+3n=($ ☐(가) $)^2+3\times$ ☐(가) $=9($ ☐(나) $)$

이때 ☐(나) 는 자연수이므로 n^2+3n은 ☐(다) 의 배수이다.

따라서 주어진 명제의 대우가 참이므로 주어진 명제도 참이다.

위의 과정에서 (가), (나), (다)에 알맞은 것을 써넣으시오.

396

명제 '자연수 x, y에 대하여 x^2+y^2이 홀수이면 xy는 짝수이다.'가 성립함을 대우를 이용하여 증명하시오.

유형 ② 귀류법 [개념 08-1]

397

다음은 명제 '유리수 a, b에 대하여 $a+b\sqrt{2}=0$이면 $a=0$이고 $b=0$이다.'가 성립함을 증명하는 과정이다.

┤증명├

$b\neq0$이라 가정하면

$b\sqrt{2}=-a$ $\therefore \sqrt{2}=-\dfrac{a}{b}$

이때 a, b는 유리수이므로 $-\dfrac{a}{b}$도 ☐(가) 가 되어 $\sqrt{2}$가 ☐(가) 가 된다.

이것은 $\sqrt{2}$가 ☐(나) 라는 사실에 모순되므로 $b=0$이다.

$b=0$을 $a+b\sqrt{2}=0$에 대입하여 정리하면 $a=$ ☐(다) 이 성립한다.

따라서 유리수 a, b에 대하여 $a+b\sqrt{2}=0$이면 $a=0$이고 $b=0$이다.

위의 과정에서 (가), (나), (다)에 알맞은 것을 써넣으시오.

398

다음은 소수가 무한히 많음을 증명하는 과정이다.

┤증명├

소수의 개수가 유한하다고 가정하면 모든 소수를 크기 순으로 나열하여 p_1, p_2, $\cdots$, p_n과 같이 쓸 수 있다.

이제 $P=p_1\times p_2\times\cdots\times p_n+$ ☐(가) 이라는 새로운 수 P를 생각해 보자.

P를 p_1로 나누었을 때의 나머지는 1이다.

P를 p_2로 나누었을 때의 나머지는 1이다.

$\vdots$

P를 p_n으로 나누었을 때의 나머지는 1이다.

즉, P는 어떤 소수로도 나누어떨어지지 않으므로 모든 소수와 ☐(나) 이다.

이것은 P가 p_1, p_2, $\cdots$, p_n과 서로 다른 소수이거나 다른 소수의 곱으로 되어 있음을 의미하므로 p_1, p_2, $\cdots$, p_n이 모든 소수를 나열한 것이라는 가정에 모순이다.

따라서 소수는 무한히 많다.

위의 과정에서 (가), (나)에 알맞은 것을 써넣으시오.

유형 ③ 절대부등식의 증명 [개념 08-2]

399

다음은 실수 a, b, c에 대하여 부등식

$$a^2+b^2+c^2 \geq ab+bc+ca$$

가 성립함을 증명하는 과정이다.

┤ 증명 ├

$a^2+b^2+c^2-ab-bc-ca$

$=\dfrac{1}{2}\{2a^2+2b^2+2c^2-2(\boxed{\quad(\text{가})\quad})\}$

$=\dfrac{1}{2}\{(a-b)^2+(b-c)^2+(c-a)^2\}$

a, b, c가 실수이므로

$(a-b)^2 \geq 0$, $(b-c)^2 \geq 0$, $(c-a)^2 \geq 0$

따라서 $a^2+b^2+c^2-ab-bc-ca \boxed{\ (\text{나})\ } 0$이므로

$a^2+b^2+c^2 \boxed{\ (\text{나})\ } ab+bc+ca$

이때 등호는 $\boxed{\ (\text{다})\ }$일 때 성립한다.

위의 과정에서 (가), (나), (다)에 알맞은 것을 써넣으시오.

400 ☆중요

a, b가 실수일 때, 항상 옳은 것만을 **┤보기├**에서 있는 대로 고른 것은?

┤ 보기 ├

ㄱ. $|a-b| \leq |a|+|b|$

ㄴ. $|a-b| \geq |a|-|b|$

ㄷ. $|a-b| \leq |a+b|$

① ㄱ   ② ㄴ   ③ ㄱ, ㄴ

④ ㄴ, ㄷ   ⑤ ㄱ, ㄴ, ㄷ

유형 ④ 산술평균과 기하평균의 관계
; 합 또는 곱이 일정할 때 [개념 08-3]

401

$a>0$, $b>0$이고 $a+2b=4$일 때, $\dfrac{2}{a}+\dfrac{1}{b}$의 최솟값을 구하시오.

402

$5a+b=10$을 만족시키는 양수 a, b에 대하여 ab의 최댓값을 M, 그때의 a, b의 값을 각각 α, β라 할 때, $M+\alpha+\beta$의 값은?

① 10   ② 11   ③ 12

④ 13   ⑤ 14

403 실력 UP

양수 x, y에 대하여 $3x^2+12y^2=15$라 하자. xy의 값이 최대가 되도록 하는 x, y의 값을 각각 α, β라 할 때, $\alpha-\beta$의 값을 구하시오.

유형 **5** 산술평균과 기하평균의 관계
; 식의 전개, 식의 변형
[개념 08-3]

404 ⭐중요

양수 a, b에 대하여 $\left(a+\dfrac{1}{b}\right)\left(\dfrac{4}{a}+b\right)$의 최솟값은?

① 3   ② 5   ③ 7

④ 9   ⑤ 11

405

양수 x에 대하여 $x+\dfrac{4}{x}+\dfrac{25x}{x^2+4}$의 최솟값은?

① 10   ② 12   ③ 14

④ 16   ⑤ 18

406

양수 a에 대하여 $\left(a-\dfrac{5}{a}\right)\left(5a-\dfrac{1}{a}\right)$의 최솟값을 m, 그때의 a의 값을 k라 할 때, $m+k$의 값을 구하시오.

407

$a>0$, $b>0$, $c>0$일 때, $\left(\dfrac{b}{a}+\dfrac{c}{b}\right)\left(\dfrac{c}{b}+\dfrac{a}{c}\right)\left(\dfrac{a}{c}+\dfrac{b}{a}\right)$의 최솟값은?

① 1   ② 2   ③ 4

④ 8   ⑤ 10

408

$x>0$일 때, $\dfrac{x}{x^2+8x+16}$의 최댓값은?

① $\dfrac{1}{16}$ ② $\dfrac{1}{8}$ ③ 1

④ 8   ⑤ 16

409 🔺실력 UP 교육청 기출

두 양의 실수 a, b에 대하여 두 일차함수

$$f(x)=\dfrac{a}{2}x-\dfrac{1}{2},\ g(x)=\dfrac{1}{b}x+1$$

이 있다. 직선 $y=f(x)$와 직선 $y=g(x)$가 서로 평행할 때, $(a+1)(b+2)$의 최솟값을 구하시오.

유형 6 코시-슈바르츠의 부등식 [개념 08-3]

410

실수 a, b에 대하여 $a^2+b^2=100$일 때, $2a+3b$의 최솟값을 구하시오.

411

$a \geq 0$, $b \geq 0$이고 $a+b=5$일 때, $\sqrt{a}+2\sqrt{b}$의 최댓값을 구하시오.

유형 7 절대부등식의 활용 [개념 08-3]

412 ☆중요

길이가 12 cm인 철사를 모두 사용하여 오른쪽 그림과 같은 네 개의 직사각형을 만들 때, 직사각형 전체의 넓이의 최댓값은?

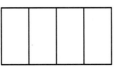

(단, 철사의 굵기는 고려하지 않는다.)

① $\frac{1}{2}$ cm²   ② $\frac{8}{5}$ cm²   ③ 2 cm²

④ $\frac{18}{5}$ cm²   ⑤ 4 cm²

413

빗변의 길이가 4인 직각삼각형의 넓이의 최댓값을 구하시오.

414 교육청 기출

두 양수 a, b에 대하여 좌표평면 위의 점 $P(a, b)$를 지나고 직선 OP에 수직인 직선이 y축과 만나는 점을 Q라 하자. 점 $R\left(-\dfrac{1}{a}, 0\right)$에 대하여 삼각형 OQR의 넓이의 최솟값은? (단, O는 원점이다.)

① $\frac{1}{2}$ ② 1   ③ $\frac{3}{2}$

④ 2   ⑤ $\frac{5}{2}$

415

대각선의 길이가 3인 직사각형의 둘레의 길이의 최댓값은?

① $3\sqrt{2}$ ② $4\sqrt{2}$ ③ $5\sqrt{2}$

④ $6\sqrt{2}$ ⑤ $7\sqrt{2}$

서술형

416

실수 x, y에 대하여 명제

'$x+y$가 무리수이면

x, y 중 적어도 하나는 무리수이다.'

가 참임을 대우를 이용하여 증명하시오.

[풀이]

417

양수 a, b에 대하여 $\sqrt{\dfrac{a+b}{2}} \geq \dfrac{\sqrt{a}+\sqrt{b}}{2}$가 성립함을 증명

하시오.

[풀이]

418

$x>3$인 실수 x에 대하여 $x-1+\dfrac{4}{x-3}$의 최솟값을 구하

시오.

[풀이]

419

오른쪽 그림과 같이 큰 직사각
형을 4개의 직사각형으로 나누
었을 때, 색칠한 두 직사각형의
넓이가 각각 6 m^2, 24 m^2이다.
넓이가 6 m^2인 직사각형의 가

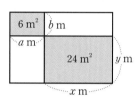

로, 세로의 길이를 각각 $a \text{ m}$, $b \text{ m}$라 하고, 넓이가 24 m^2
인 직사각형의 가로, 세로의 길이를 각각 $x \text{ m}$, $y \text{ m}$라 할
때, 다음 물음에 답하시오.

⑴ 큰 직사각형의 넓이를 a, b, x, y에 대한 식으로 나타
내시오.

[풀이]

⑵ 큰 직사각형의 넓이의 최솟값을 구하시오.

[풀이]

1등급 실력 완성

출제율이 높은 문제 중 1등급을 결정하는 고난도 문제를 수록하였습니다.

II

420 교육청 기출

다음은 $n \geq 2$인 자연수 n에 대하여 $\sqrt{n^2-1}$이 무리수임을 증명한 것이다.

| 증명 |

$\sqrt{n^2-1}$이 유리수라고 가정하면

$\sqrt{n^2-1} = \dfrac{q}{p}$ (p, q는 서로소인 자연수)

로 놓을 수 있다.

이 식의 양변을 제곱하여 정리하면 $p^2(n^2-1)=q^2$이다.

p는 q^2의 약수이고 p, q는 서로소인 자연수이므로

$n^2 = \boxed{\text{(가)}}$ 이다.

자연수 k에 대하여

(ⅰ) $q=2k$일 때,

  $(2k)^2 < n^2 < \boxed{\text{(나)}}$ 인 자연수 n이 존재하지 않는다.

(ⅱ) $q=2k+1$일 때,

  $\boxed{\text{(나)}} < n^2 < (2k+2)^2$인 자연수 n이 존재하지 않는다.

(ⅰ)과 (ⅱ)에 의하여 $\sqrt{n^2-1}=\dfrac{q}{p}$ (p, q는 서로소인 자연수)를 만족하는 자연수 n은 존재하지 않는다.

따라서 $\sqrt{n^2-1}$은 무리수이다.

위의 (가), (나)에 알맞은 식을 각각 $f(q)$, $g(k)$라 할 때, $f(2)+g(3)$의 값은?

① 50   ② 52   ③ 54

④ 56   ⑤ 58

421

$x>2$, $y>3$일 때, $(x+y-5)\left(\dfrac{9}{x-2}+\dfrac{4}{y-3}\right)$의 최솟값을 구하시오.

422

이차방정식 $x^2-4x+a=0$이 허근을 가질 때,

$a-4+\dfrac{49}{a-4}$가 최솟값 m을 갖게 하는 실수 a의 값은 p이다. mp의 값을 구하시오.

423

종이를 사용하여 뚜껑이 없는 직육면체 모양의 상자를 한 개 만들려고 한다. 이 상자의 밑면의 가로의 길이는 16 cm, 부피는 6400 cm³이고, 밑면에 사용되는 종이의 가격은 1 cm²당 4원, 옆면에 사용되는 종이의 가격은 1 cm²당 8원이라 할 때, 상자를 한 개 만드는 데 드는 비용의 최솟값은? (단, 종이의 두께는 생각하지 않는다.)

① 11040원   ② 11160원   ③ 11280원

④ 11400원   ⑤ 11520원

424

오른쪽 그림과 같이 양수 a에 대하여 이차함수 $f(x)=x^2-2ax$의 그래프와 직선 $g(x)=\dfrac{2}{a}x$가 두 점 O, A에서 만난다. 선분 OA의 중점을 M이라 하고 점 M에서 y축에 내린 수선의 발을 H라 할 때, 선분 MH의 길이의 최솟값은? (단, O는 원점이다.)

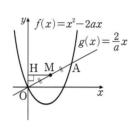

① $\sqrt{2}$ ② $\sqrt{3}$ ③ 2

④ $\sqrt{5}$ ⑤ $\sqrt{6}$

425

오른쪽 그림과 같이 $\angle B=90°$이고 $\overline{AB}=3$, $\overline{BC}=4$인 직각삼각형의 내부의 점 P에서 세 변 AB, BC, CA에 내린 수선의 발을 각각 H_1, H_2, H_3이라 하자. $3\overline{PH_1}^2+4\overline{PH_2}^2+5\overline{PH_3}^2$의 최솟값을 구하시오.

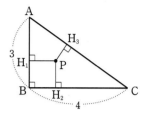

III
함수와
그래프

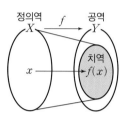

09 함수

Ⅲ 함수와 그래프

핵심 개념

1등급 비법

09-1 함수 [유형 1~4]

1 대응: 공집합이 아닌 두 집합 X, Y에 대하여 X의 원소에 Y의 원소를 짝 지어 주는 것을 집합 X에서 Y로의 **대응**이라 하며, X의 원소 x에 Y의 원소 y가 대응하는 것을 기호 $x \longrightarrow y$로 나타낸다.

2 함수: 두 집합 X, Y에 대하여 X의 각 원소에 Y의 원소가 오직 하나씩 대응할 때, 이 대응을 'X에서 Y로의 함수'라 하며, 기호 $f : X \longrightarrow Y$로 나타낸다. 이때 집합 X를 함수 f의 **정의역**, 집합 Y를 함수 f의 **공역**, 함숫값 전체의 집합 $\{f(x) | x \in X\}$를 함수 f의 **치역**이라 한다.

참고 함수 $y = f(x)$의 정의역이나 공역이 주어져 있지 않은 경우의 정의역은 함수가 정의되는 실수 x의 값 전체의 집합으로, 공역은 실수 전체의 집합으로 생각한다.

3 서로 같은 함수: 두 함수 $f : X \longrightarrow Y$, $g : X \longrightarrow Y$에서 정의역의 모든 원소 x에 대하여 $f(x) = g(x)$일 때, 두 함수 'f와 g는 서로 같다'고 하며, 기호 $f = g$로 나타낸다.

4 함수의 그래프: 함수 $f : X \longrightarrow Y$에 대하여 정의역 X의 원소 x와 이에 대응하는 함숫값 $f(x)$의 순서쌍 $(x, f(x))$ 전체의 집합 $\{(x, f(x)) | x \in X\}$를 함수 f의 그래프라 한다.❶ → 정의역과 공역이 모두 실수 전체의 부분집합인 함수의 그래프는 좌표평면 위에 나타낼 수 있다.

❶ 함수의 그래프는 정의역의 각 원소 a에 대하여 x축에 수직인 직선 $x = a$와 오직 한 점에서 만난다.
즉, x축에 수직인 직선 $x = a$를 그었을 때, 교점이 1개이면 그 그래프는 함수의 그래프이고, 교점이 없거나 2개 이상이면 그 그래프는 함수의 그래프가 아니다.

✩ 09-2 여러 가지 함수 [유형 5~8]

1 일대일함수: 함수 $f : X \longrightarrow Y$에서 정의역 X의 원소 x_1, x_2에 대하여 $x_1 \neq x_2$이면 $f(x_1) \neq f(x_2)$가 성립하는 함수❷

참고 명제 '$x_1 \neq x_2$이면 $f(x_1) \neq f(x_2)$'의 대우 '$f(x_1) = f(x_2)$이면 $x_1 = x_2$'가 성립해도 함수 f는 일대일함수이다.

2 일대일대응: 함수 $f : X \longrightarrow Y$가 일대일함수이고, 치역과 공역이 같은 함수
↳ 일대일대응이면 일대일함수이지만 일대일함수라고 해서 모두 일대일대응인 것은 아니다.

3 항등함수: 함수 $f : X \longrightarrow X$에서 정의역 X의 각 원소 x에 그 자신인 x가 대응할
↳ 항등함수는 일대일대응이다.
때, 즉 $f(x) = x$인 함수

4 상수함수: 함수 $f : X \longrightarrow Y$에서 정의역 X의 모든 원소 x에 공역 Y의 단 하나의 원소가 대응할 때, 즉 $f(x) = c$ (c는 상수)인 함수 → 상수함수의 치역은 원소가 한 개인 집합이다.

참고 **절댓값 기호를 포함한 함수의 그래프를 그리는 순서**
(ⅰ) 절댓값 기호 안의 식의 값이 0이 되는 x의 값을 구한다.
(ⅱ) 구한 x의 값을 경계로 범위를 나누어 절댓값 기호를 포함하지 않은 함수의 식으로 나타낸다.
(ⅲ) 각 범위에서 구한 함수의 그래프를 그린다.

❷ 일대일함수의 그래프는 치역의 각 원소 a에 대하여 x축에 평행한 직선 $y = a$와 오직 한 점에서 만난다.
즉, x축에 평행한 직선 $y = a$를 그었을 때, 교점이 1개이면 그 그래프는 일대일함수의 그래프이다.

유형 **1** 함수의 정의와 그래프 [개념 09-1]

426

다음 중 함수의 그래프인 것은?

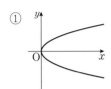

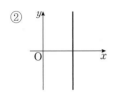

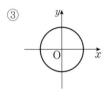

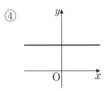

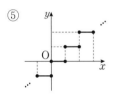

427 ☆중요

두 집합 $X=\{-1, 0, 1\}$, $Y=\{0, 1, 2, 3\}$에 대하여 다음 중 X에서 Y로의 함수가 아닌 것은?

① $f(x)=|x|+1$　　　② $f(x)=-x+2$
③ $f(x)=x^2$　　　　　④ $f(x)=x^2+2$
⑤ $f(x)=(x+1)^2-1$

428

두 집합 $X=\{x|-1\leq x\leq 1\}$, $Y=\{y|-1\leq y\leq 3\}$에 대하여 다음 중 X에서 Y로의 함수가 아닌 것은?

① $f(x)=x$　　　　　　② $f(x)=-2x+1$
③ $f(x)=2|x|-1$　　　④ $f(x)=-3|x|+1$
⑤ $f(x)=3x^2-1$

유형 **2** 함숫값 [개념 09-1]

429

함수 $f(x)$에 대하여 $f\left(\dfrac{x+3}{2}\right)=-x^2+4x$일 때, $f(4)$의 값은?

① -5　　　　② -3　　　　③ 0
④ 3　　　　　⑤ 5

430

음이 아닌 정수 전체의 집합에서 정의된 함수 $f(x)$가

$$f(x)=\begin{cases} x-2 & (0\leq x\leq 5) \\ f(x-5) & (x>5) \end{cases}$$

일 때, $f(3)+f(17)$의 값을 구하시오.

431

자연수 n에 대하여 함수 f가 다음 조건을 만족시킬 때, $f(99)+f(100)$의 값은?

> (가) $f(2n)=f(n)$
> (나) $f(2n-1)=n+1$

① 50   ② 55   ③ 60
④ 65   ⑤ 70

432 ★실력UP 교육청 기출

집합 $X=\{1, 2, 3, 4, 5\}$에서 집합 $Y=\{0, 2, 4, 6, 8\}$로의 함수 f를

$$f(x)=(2x^2\text{의 일의 자리의 숫자})$$

로 정의하자. $f(a)=2$, $f(b)=8$을 만족시키는 X의 원소 a, b에 대하여 $a+b$의 최댓값은?

① 5   ② 6   ③ 7
④ 8   ⑤ 9

유형 3 함수의 정의역, 공역, 치역   [개념 09-1]

433

집합 $X=\{-2, -1, 0, 1, 2\}$를 정의역으로 하는 함수 f에 대하여

$$f(x)=\begin{cases} -2x+1 & (x<0) \\ 2 & (x=0) \\ x^2+1 & (x>0) \end{cases}$$

일 때, 함수 f의 치역의 모든 원소의 합은?

① 7   ② 8   ③ 9
④ 10   ⑤ 11

434 ☆중요

집합 $X=\{-1, 1, 3, a\}$에서 실수 전체의 집합 R로의 함수 $f(x)=3x-1$의 치역이 $\{-4, 2, 5, b\}$일 때, $a+b$의 값을 구하시오.

435

집합 $X=\{x\,|\,-3\leq x\leq 1\}$에 대하여 X에서 X로의 함수 $f(x)=ax+b$의 공역과 치역이 서로 같을 때, 상수 a, b에 대하여 ab의 값을 구하시오. (단, $ab\neq 0$)

유형 4 서로 같은 함수 [개념 09-1]

436

집합 $X=\{-1, 1\}$에 대하여 X에서 X로의 두 함수 f, g 가 **보기**와 같을 때, $f=g$인 것만을 있는 대로 고른 것은?

┤보기├
ㄱ. $f(x)=x, g(x)=x^3$
ㄴ. $f(x)=|-x|, g(x)=x^2$
ㄷ. $f(x)=2, g(x)=|x+1|$

① ㄱ   ② ㄴ   ③ ㄱ, ㄴ
④ ㄴ, ㄷ   ⑤ ㄱ, ㄴ, ㄷ

437

집합 $\{-1, 2\}$를 정의역으로 하는 두 함수
$$f(x)=ax+3, g(x)=x^3-2x+b$$
에 대하여 $f=g$일 때, $a-b$의 값은?

(단, a, b는 상수이다.)

① -5 ② -2 ③ 0
④ 2 ⑤ 5

438

집합 $X=\{-1, 0, a\}$를 정의역으로 하는 두 함수
$$f(x)=x^3-4x, g(x)=x^2-2x$$
에 대하여 $f=g$일 때, 실수 a의 값을 구하시오.

(단, $n(X)=3$)

유형 5 일대일함수와 일대일대응 [개념 09-2]

439 ⭐중요

보기의 함수의 그래프 중 일대일함수의 그래프인 것의 개수를 a, 일대일대응의 그래프인 것의 개수를 b라 할 때, $a+b$의 값은?

(단, 정의역과 공역은 실수 전체의 집합이다.)

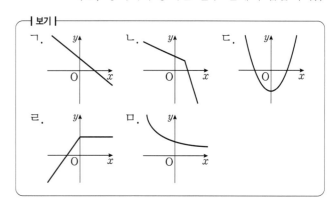

┤보기├
ㄱ. ㄴ. ㄷ.
ㄹ. ㅁ.

① 2 ② 3 ③ 4
④ 5 ⑤ 6

440

보기의 함수 중 일대일대응인 것만을 있는 대로 고르시오. (단, 정의역과 공역은 실수 전체의 집합이다.)

┤보기├
ㄱ. $y=4$ ㄴ. $y=-|x|$
ㄷ. $y=3x+2$ ㄹ. $y=-x^2+x$
ㅁ. $y=\begin{cases} \dfrac{1}{2}x-1 & (x \le 2) \\ 3x-6 & (x>2) \end{cases}$

441

정의역이 $\{x \mid x \leq a$인 실수$\}$이고, 공역이 실수 전체의 집합인 함수 $f(x) = -x^2 + 8x - 12$가 일대일함수가 되도록 하는 실수 a의 최댓값을 구하시오.

442

함수 $f(x) = 3x + a|x| + 2$가 일대일대응이 되도록 하는 정수 a의 개수는?

① 1   ② 2   ③ 3

④ 4   ⑤ 5

443

정의역과 공역이 모두 실수 전체의 집합인 함수

$$f(x) = \begin{cases} mx+1 & (x<1) \\ (m-4)x+m^2 & (x \geq 1) \end{cases}$$

이 일대일대응일 때, 상수 m의 값은?

① $-\sqrt{5}$ ② $-\sqrt{2}$ ③ $\sqrt{2}$

④ $\sqrt{5}$ ⑤ 3

444 ☆중요

집합 $X = \{x \mid 0 \leq x \leq 4\}$에 대하여 X에서 X로의 함수

$$f(x) = \begin{cases} \dfrac{1}{2}x & (0 \leq x < 2) \\ ax+b & (2 \leq x \leq 4) \end{cases}$$

가 일대일대응일 때, $a+b+f(3)$의 값은?

(단, $a<0$이고, a, b는 상수이다.)

① 5   ② 6   ③ 7

④ 8   ⑤ 9

445 🔺실력 UP

집합 $X = \{1, 2, 3, 4, 5, 6\}$에 대하여 X에서 X로의 함수 f가 다음 조건을 만족시킬 때, $f(3)$의 값을 구하시오.

㈎ 함수 f는 일대일대응이다.

㈏ $f(1)f(6) = \{f(4)\}^2$

㈐ $f(1)f(5) = f(2)f(4)$

● 바른답·알찬풀이 **85**쪽

446 교육청 기출

집합 $X=\{3, 4, 5, 6, 7\}$에 대하여 함수 $f:X \longrightarrow X$는 일대일대응이다. $3 \leq n \leq 5$인 모든 자연수 n에 대하여 $f(n)f(n+2)$의 값이 짝수일 때, $f(3)+f(7)$의 최댓값을 구하시오.

447

집합 $X=\{1, 2, 3, 4\}$에 대하여 함수 $f:X \longrightarrow X$는 일대일대응이다. X의 임의의 원소 x에 대하여 $f(x) \neq x$일 때, 함수 f의 개수는?

① 6 　　　② 7 　　　③ 8
④ 9 　　　⑤ 10

448

실수 전체의 집합에서 정의된 함수

$$f(x)=\begin{cases} x^2-1 & (x \geq 2) \\ ax-3x+b & (x < 2) \end{cases}$$

가 일대일대응일 때, 정수 b의 최댓값을 구하시오.

(단, a는 상수이다.)

유형 6 항등함수와 상수함수　　　[개념 09-2]

449

집합 X를 정의역으로 하는 함수 $f(x)=x^2-30$이 항등함수가 되도록 하는 집합 X의 개수는? (단, $X \neq \varnothing$)

① 1 　　　② 2 　　　③ 3
④ 4 　　　⑤ 5

450 교육청 기출

집합 $X=\{0, 2, 4\}$에 대하여 X에서 X로의 함수

$$f(x)=\begin{cases} 3x+2 & (x < 2) \\ x^2+ax+b & (x \geq 2) \end{cases}$$

가 상수함수일 때, $a+b$의 값은? (단, a, b는 상수이다.)

① 1 　　　② 2 　　　③ 3
④ 4 　　　⑤ 5

451

집합 $X=\{2, 4, 8\}$에 대하여 X에서 X로의 일대일대응, 항등함수, 상수함수를 각각 $f(x)$, $g(x)$, $h(x)$라 하자. 세 함수 $f(x)$, $g(x)$, $h(x)$가 다음 조건을 만족시킬 때, $f(2)+h(2)$의 값은?

> ㈎ $f(4)=g(4)=h(4)$
> ㈏ $f(8)f(4)=f(2)$

① 4   ② 6   ③ 8
④ 10   ⑤ 12

유형 7 함수의 개수   [개념 09-2]

452

두 집합 $X=\{1, 2, 3, 4, 5\}$, $Y=\{a, b\}$에 대하여 X에서 Y로의 함수 중 공역과 치역이 같은 함수의 개수를 구하시오.

453 ⭐중요

집합 $X=\{a, b, c\}$에서 집합 Y로의 일대일함수의 개수가 210일 때, X에서 Y로의 상수함수의 개수는?

① 3   ② 4   ③ 5
④ 6   ⑤ 7

454

두 집합
$$X=\{-1, 0, 1\},$$
$$Y=\{-3, -2, -1, 0, 1, 2, 3\}$$
에 대하여 다음 조건을 만족시키는 함수 $f : X \longrightarrow Y$의 개수는?

> ㈎ $x_1 \neq x_2$이면 $f(x_1) \neq f(x_2)$
> ㈏ $|f(x)| \leq 2$

① 6   ② 24   ③ 60
④ 120   ⑤ 210

455 📢실력 UP

집합 $X=\{-2, -1, 0, 1, 2\}$에 대하여 X에서 X로의 함수 f 중
$$f(x)-f(-x)=0$$
을 만족시키는 함수 f의 개수를 구하시오.

456 교육청 기출

집합 $X=\{1,\ 2,\ 3,\ 4\}$일 때, 함수 $f:X \longrightarrow X$ 중에서 집합 X의 모든 원소 x에 대하여 $x+f(x) \geq 4$를 만족시키는 함수 f의 개수를 구하시오.

457

집합 $X=\{-1,\ 0,\ 1\}$에 대하여 X에서 X로의 함수 중 $\{f(-1)+1\}\{f(1)-1\} \neq 0$을 만족시키는 함수 f의 개수를 구하시오.

유형 **8** 절댓값 기호를 포함한 함수의 그래프 [개념 09-2]

458 ⭐중요

함수 $y=|x-4|-|x+2|$의 최댓값을 M, 최솟값 m이라 할 때, Mm의 값을 구하시오.

459

함수 $y=f(x)$의 그래프가 오른쪽 그림과 같을 때, 다음 중 함수 $y=f(|x|)$의 그래프의 개형으로 알맞은 것은?

① 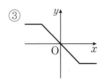 ②

③ 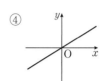 ④

⑤

460 실력 UP

다음 중 함수 $y=|2x+3|$의 그래프와 직선 $y=a(x-1)-2$가 만나도록 하는 상수 a의 값으로 적당하지 <u>않은</u> 것은?

① $-\dfrac{5}{4}$　　② $-\dfrac{4}{5}$　　③ $\dfrac{1}{2}$

④ $\dfrac{5}{2}$　　⑤ 3

461

함수 f가 임의의 두 실수 x, y에 대하여
$f(x+y)=f(x)+f(y)$를 만족시키고 $f(1)=3$일 때,
$f(-10)+f(15)$의 값을 구하시오.

[풀이]

462

집합 X를 정의역으로 하는 두 함수

$$f(x)=x^2+2x-3, \; g(x)=2x^2-3x+1$$

에 대하여 $f=g$가 되도록 하는 집합 X를 모두 구하시오.

(단, $X \neq \varnothing$)

[풀이]

463

집합 $X=\{1, 2, 3\}$에 대하여 X에서 X로의 함수의 개수
를 a, 일대일대응의 개수를 b, 상수함수의 개수를 c라 할
때, $a+b+c$의 값을 구하시오.

[풀이]

464

함수 $y=|x+3|+|x-2|$의 그래프에 대하여 다음 물음
에 답하시오.

(1) 함수 $y=|x+3|+|x-2|$의 그래프를 그리시오.

[풀이]

(2) 함수 $y=|x+3|+|x-2|$의 그래프와 직선 $y=9$로
둘러싸인 도형의 넓이를 구하시오.

[풀이]

465

함수 $f(x) = \begin{cases} x^2+2 & (x<1) \\ -x^2+1 & (x \geq 1) \end{cases}$ 의 치역이

$\{-8, 0, 6, 11\}$일 때, 함수 f의 정의역의 모든 원소의 합을 구하시오.

466

집합 $X=\{1, 2, 3, 4, 5, 6\}$에 대하여 함수

$f : X \longrightarrow X$가 다음 조건을 만족시킨다.

> (가) 함수 f의 치역의 원소의 개수는 5이다.
> (나) $f(1)+f(2)+f(3)+f(4)+f(5)+f(6)=24$
> (다) 함수 f의 치역의 원소 중 최댓값과 최솟값의 차는 4 이다.

집합 X의 서로 다른 두 원소 a, b에 대하여

$$f(a)=f(b)=n$$

을 만족시키는 자연수 n의 값을 구하시오.

467

공집합이 아닌 집합 X를 정의역으로 하는 두 함수

$$f(x)=x^3-3x^2+2x, \quad g(x)=ax^2-3ax+2a$$

에 대하여 $f=g$가 되도록 하는 집합 X의 개수는 n이고,

$n(X)$의 값이 최대인 집합 X의 모든 원소의 합은 2이다.

이때 $a+n$의 값은? (단, a는 상수이다.)

① 5   ② 6   ③ 7

④ 8   ⑤ 9

468 교육청 기출

집합 $X=\{x \,|\, x \geq a\}$에서 집합 $Y=\{y \,|\, y \geq b\}$로의 함수

$f(x)=x^2-4x+3$이 일대일대응이 되도록 하는 두 실수

a, b에 대하여 $a-b$의 최댓값은 $\dfrac{q}{p}$이다. $p+q$의 값을 구

하시오. (단, p와 q는 서로소인 자연수이다.)

● 바른답·알찬풀이 **90**쪽

469

집합 $X=\{-2, -1, 0, 1, 2\}$에서 실수 전체의 집합 R로의 함수 $f(x)$가 다음 조건을 만족시킨다.

> (가) 함수 f는 일대일함수이다.
> (나) 집합 X의 모든 원소 x에 대하여
> $\quad \{f(x)+x^2-5\}\{f(x)+4x\}=0$이다.
> (다) $f(0)f(1)f(2)<0$

$f(-2)f(1)$의 값을 구하시오.

470

집합 $X=\{1, 2, 3\}$에 대하여 함수 $f : X \longrightarrow X$가 다음 조건을 만족시킨다.

> 집합 X의 임의의 두 원소 a, b에 대하여
> $f(a)\geq b$이면 $f(a)\geq f(b)$

$f(1)=3$일 때, $f(2)+f(3)$의 값은?

① 2   ② 3   ③ 4

④ 5   ⑤ 6

471

집합 $X=\{-3, -2, -1, 0, 1, 2, 3\}$에 대하여 다음 조건을 만족시키는 함수 $f : X \longrightarrow X$의 개수는?

> (가) 집합 X의 모든 원소 x에 대하여
> $\quad x\geq 0$일 때 $f(x)>0$이다.
> (나) 집합 X의 모든 원소 x에 대하여
> $\quad |f(x)+f(-x)|=2$이다.

① 8   ② 27   ③ 48

④ 64   ⑤ 125

472

함수 $y=|x|-|x-2|$의 그래프와 직선 $y=mx+1$이 서로 다른 세 점에서 만나도록 하는 실수 m의 값의 범위를 구하시오.

도전 1등급 최고난도

1등급을 결정하는 문제 중 최고난도 문제를 수록하였습니다.

473

실수 x에 대하여 두 조건

$$p: x^2+x-12\leq0, \ q: |x-2|>3$$

의 진리집합을 각각 P, Q라 할 때, 두 함수 f, g를 다음과 같이 정의하자.

$$f(x)=\begin{cases}1 & (x\in P)\\0 & (x\notin P)\end{cases}, \ g(x)=\begin{cases}1 & (x\in Q)\\0 & (x\notin Q)\end{cases}$$

두 함수 f, g가 서로 같은 함수가 되도록 하는 모든 정수 x의 값의 합은?

① 0   ② 1   ③ 2

④ 3   ⑤ 4

474 교육청 기출

두 실수 a, b와 두 함수

$$f(x)=-x^2-2x+1, \ g(x)=x^2-2x-1$$

에 대하여 함수 $h(x)$를

$$h(x)=\begin{cases}f(x) & (x<a)\\g(x+b) & (x\geq a)\end{cases}$$

라 하자. 함수 $h(x)$가 실수 전체의 집합에서 실수 전체의 집합으로의 일대일대응이 되도록 하는 a, b의 모든 순서쌍 (a, b)만을 원소로 하는 집합을 A라 할 때, **보기**에서 옳은 것만을 있는 대로 고른 것은?

┌─ **보기** ──────────────────────┐

ㄱ. $(0, k)\in A$를 만족시키는 실수 k는 존재하지 않는다.

ㄴ. $(-1, 4)\in A$

ㄷ. 집합 $\{m+b|(m, b)\in A$이고 m은 정수$\}$의 모든 원소의 합은 $5+\sqrt{3}$이다.

└──────────────────────────────┘

① ㄱ   ② ㄷ   ③ ㄱ, ㄴ

④ ㄱ, ㄷ   ⑤ ㄱ, ㄴ, ㄷ

10 합성함수와 역함수

10-1 합성함수 [유형 1~4]

1 합성함수: 세 집합 X, Y, Z에 대하여 두 함수 $f : X \longrightarrow Y$, $g : Y \longrightarrow Z$가 주어질 때, X의 각 원소 x에 Z의 원소 $g(f(x))$를 대응 시키는 함수를 f와 g의 **합성함수**라 하며, 기호 $g \circ f$로 나타낸다. 즉,

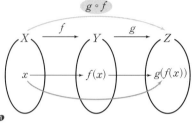

$$g \circ f : X \longrightarrow Z, \ (g \circ f)(x) = g(f(x))^{❶}$$

주의 합성함수 $g \circ f$가 정의되려면 f의 치역이 g의 정의역에 포함되어야 한다.

2 합성함수의 성질

세 함수 f, g, h에 대하여

(1) $f \circ g \neq g \circ f$ ← 교환법칙이 성립하지 않는다.

(2) $(f \circ g) \circ h = f \circ (g \circ h)$ ← 결합법칙이 성립한다.

(3) $f : X \longrightarrow X$일 때, $f \circ I = I \circ f = f$ (단, I는 X에서의 항등함수이다.)

❶ ① $f \circ g = h$를 만족시키는 함수 $g(x)$를 구할 때, $f(g(x)) = h(x)$이므로 $f(x)$의 x 대신 $g(x)$를 대입하여 $g(x)$를 구한다.

② $f \circ g = h$를 만족시키는 함수 $f(x)$를 구할 때, $f(g(x)) = h(x)$이므로 $g(x) = t$로 치환하여 $f(t)$를 구한다.

10-2 역함수 [유형 5~10]

1 역함수: 함수 $f : X \longrightarrow Y$가 일대일대응일 때, Y의 각 원 소 y에 $f(x) = y$인 X의 원소 x를 대응시키는 함수를 f의 **역함수**라 하며, 기호 f^{-1}로 나타낸다. 즉,

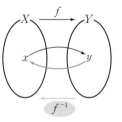

$$f^{-1} : Y \longrightarrow X, \ x = f^{-1}(y)^{❷}$$

참고 함수 f의 정의역 X는 역함수 f^{-1}의 치역이고, 함수 f의 치역 Y는 역 함수 f^{-1}의 정의역이다.

❷ 함수 f의 역함수가 존재하기 위한 필요충분조건은 함수 f가 일대일대 응인 것이다.

2 역함수 구하는 방법 → 먼저 주어진 함수가 일대일대응인지 확인한다.

$$y = f(x) \xrightarrow[x\text{에 대하여 푼다.}]{} x = f^{-1}(y) \xrightarrow[x\text{와 }y\text{를 서로 바꾼다.}]{} y = f^{-1}(x)$$

3 역함수의 성질

(1) 함수 $f : X \longrightarrow Y$가 일대일대응이고 그 역함수가 f^{-1}일 때

① $(f^{-1} \circ f)(x) = x \ (x \in X)$, $(f \circ f^{-1})(y) = y \ (y \in Y)$

② $(f^{-1})^{-1}(x) = f(x) \ (x \in X)$ ← f^{-1}의 역함수는 f이다.

(2) 두 함수 f, g의 역함수 f^{-1}, g^{-1}가 각각 존재할 때, $(g \circ f)^{-1} = f^{-1} \circ g^{-1}$

4 함수와 그 역함수의 그래프 사이의 성질❸

함수 $y = f(x)$의 그래프와 그 역함수 $y = f^{-1}(x)$의 그래프는 직선 $y = x$에 대하여 대칭 이다.

❸ 함수 $y = f(x)$의 그래프가 점 (a, b)를 지나면 그 역함수 $y = f^{-1}(x)$의 그래프는 점 (b, a)를 지난다.

유형 1 합성함수 [개념 10-1]

475

집합 $X=\{1, 2, 3, 4, 5\}$에 대하여 X에서 X로의 함수 f가 오른쪽 그림과 같을 때,

$$(f \circ f)(3)+(f \circ f \circ f)(4)$$

의 값을 구하시오.

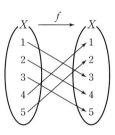

476 ☆중요

실수 전체의 집합에서 정의된 함수 $f(x)$가

$$f(x)=\begin{cases} -x^2 & (x\text{는 유리수}) \\ x^2 & (x\text{는 무리수}) \end{cases}$$

일 때, $(f \circ f)(\sqrt{3})$의 값을 구하시오.

유형 2 합성함수를 이용하여 상수 구하기 [개념 10-1]

477

두 함수 $f(x)=3x-2$, $g(x)=ax-1$에 대하여 $(f \circ g)(2)=7$일 때, $g(1)$의 값은? (단, a는 상수이다.)

① -2 ② -1 ③ 0
④ 1 ⑤ 2

478 교육청 기출

집합 $X=\{2, 3\}$을 정의역으로 하는 함수 $f(x)=ax-3a$와 함수 $f(x)$의 치역을 정의역으로 하고 집합 X를 공역으로 하는 함수 $g(x)=x^2+2x+b$가 있다. 함수 $g \circ f : X \longrightarrow X$가 항등함수일 때, $a+b$의 값을 구하시오. (단, a, b는 상수이다.)

479

두 함수

$$f(x)=x+a, \quad g(x)=\begin{cases} -4x+3 & (x<a) \\ x^2 & (x\geq a) \end{cases}$$

에 대하여 $(g \circ f)(1)+(f \circ g)(3)=20$을 만족시키는 모든 실수 a의 값의 합을 구하시오.

480 실력UP

두 함수

$$f(x)=x^2-6x+12, \quad g(x)=-x^2+4x+k$$

에 대하여 합성함수 $(g \circ f)(x)$의 최댓값이 6일 때, 상수 k의 값은?

① 1 ② 2 ③ 3
④ 4 ⑤ 5

481

두 함수 $f(x)=2x-4$, $g(x)=-4x+2$에 대하여 $(f \circ h)(x)=g(x)$를 만족시키는 함수 $h(x)$는?

① $h(x)=-2x+3$ ② $h(x)=-2x-3$

③ $h(x)=2x+3$ ④ $h(x)=2x+5$

⑤ $h(x)=2x+7$

482 ⭐중요

세 함수 f, g, h에 대하여

$$(h \circ g)(x)=2x-1, \quad (h \circ (g \circ f))(x)=2x-5$$

일 때, $f(4)$의 값을 구하시오.

483

두 함수 $f(x)=x+2$, $g(x)=3x-1$에 대하여 $(h \circ g \circ f)(x)=f(x)$일 때, $h(2)$의 값은?

① 1 ② 2 ③ 3

④ 4 ⑤ 5

484

집합 $X=\{1, 2, 3, 4\}$에 대하여 함수 $f : X \longrightarrow X$는

$$f(x)=\begin{cases} x-1 & (x>2) \\ x+2 & (x \leq 2) \end{cases}$$

이다. $f^1=f$, $f^{n+1}=f \circ f^n$ (n은 자연수)으로 정의할 때, $f^{98}(1)$의 값을 구하시오.

485

함수 $f : X \longrightarrow X$가 오른쪽 그림과 같고, 함수 f에 대하여

$$f^1=f, \quad f^{n+1}=f \circ f^n$$

$$(n\text{은 자연수})$$

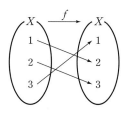

으로 정의할 때,

$f^{200}(1)+f^{201}(2)+f^{202}(3)$의 값을 구하시오.

486

함수 $f(x)=3x+k$의 역함수 $f^{-1}(x)$에 대하여 $f^{-1}(1)=2$일 때, $f(1)$의 값은? (단, k는 상수이다.)

① -2 ② -1 ③ 1

④ 2 ⑤ 3

487

오른쪽 그림과 같은 함수
$f : X \longrightarrow X$에 대하여
$$f^{-1}(a)+f^{-1}(b)=5$$
일 때, $a+b$의 값을 구하시오.

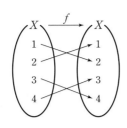

488

두 함수 $f(x)=\dfrac{1}{2}x+a$, $g(x)=bx+2$에 대하여

$(f \circ g)(x)=x+2$일 때, $f^{-1}(3)$의 값을 구하시오.

(단, a, b는 상수이다.)

489

실수 전체의 집합에서 정의된 함수 f가
$$f\left(\dfrac{x-1}{2}\right)=-2x+1$$
을 만족시킬 때, $f^{-1}(3)$의 값을 구하시오.

490 ☆중요

실수 전체의 집합에서 정의된 두 함수 f, g가
$$f(x)=\begin{cases} x^2-2x & (x \geq 1) \\ x-2 & (x < 1) \end{cases}, \ g(x)=x-6$$
일 때, $(f^{-1} \circ g)(3)$의 값은?

① -3 ② -1 ③ 1
④ 3 ⑤ 5

유형 6 역함수가 존재하기 위한 조건 [개념 10-2]

491

정의역이 $X=\{x \mid -8 \leq x \leq a\}$, 공역이 $Y=\{y \mid b \leq y \leq 1\}$
인 함수 $f(x)=\dfrac{1}{2}x+3$의 역함수가 존재할 때, 상수 a, b에
대하여 ab의 값을 구하시오.

492

실수 전체의 집합에서 정의된 함수
$$f(x)=\begin{cases} x-2 & (x \geq 1) \\ 2x^2-x+a & (x < 1) \end{cases}$$
의 역함수가 존재할 때, $a+f(f(-2))$의 값을 구하시오.
(단, a는 상수이다.)

493 🔊실력UP 교육청 기출

집합 $X=\{-2, -1, 0, 1, 2\}$에 대하여 함수
$f : X \longrightarrow X$가 역함수가 존재하고 다음 조건을 만족시킨다.

> (가) $(f \circ f)(-1)+f^{-1}(-2)=4$
> (나) $k=0, 1$일 때, $f(k) \times f(k-2) \leq 0$이다.

$6f(0)+5f(1)+2f(2)$의 값을 구하시오

유형 ⑦ 역함수 구하기 [개념 10-2]

494

함수 $y=\dfrac{2}{3}x-1$의 역함수가 $y=ax+b$일 때, 상수 a, b에 대하여 $a-b$의 값은?

① -2 ② -1 ③ 0
④ 1 ⑤ 2

495

두 함수 $f(x)=ax+b$, $g(x)=-x-3$의 합성함수 $(g \circ f)(x)$의 역함수가 $y=-\dfrac{1}{2}x-\dfrac{11}{2}$일 때, 상수 a, b에 대하여 $b-a$의 값을 구하시오. (단, $a \neq 0$)

유형 ⑧ 역함수의 성질 [개념 10-2]

496

집합 $X=\{1, 2, 3, 4\}$에 대하여 X에서 X로의 두 함수 f, g가 아래 그림과 같을 때, 다음 중 옳은 것은?

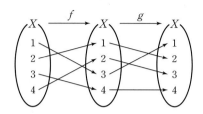

① $g(2)=1$ ② $(f \circ g)(1)=3$
③ $(f \circ g)^{-1}(3)=1$ ④ $(g \circ g)(4)=3$
⑤ $(f \circ g^{-1})(4)=2$

497 ☆중요

실수 전체의 집합에서 정의된 두 함수 f, g가
$$f(x)=\begin{cases} 3x & (x \geq 0) \\ -2x^2 & (x < 0) \end{cases}, \quad g(x)=-2x+6$$
일 때, $(f \circ (g \circ f)^{-1} \circ f)(-1)$의 값을 구하시오.

498

세 함수 $f(x)=-2x+1$, $g(x)=\dfrac{1}{3}x-5$, $h(x)$에 대하여
$(g^{-1} \circ f^{-1} \circ h)(x)=f(x)$가 성립할 때, $h(-1)$의 값을 구하시오.

유형 9 $f=f^{-1}$인 함수 [개념 10-2]

499

| 보기 |에서 $f=f^{-1}$를 만족시키는 함수인 것만을 있는 대로 고른 것은?

┌─| 보기 |─────────────────────────┐
ㄱ. $f(x)=x$ ㄴ. $f(x)=x+1$
ㄷ. $f(x)=-x$ ㄹ. $f(x)=-x+1$
└──────────────────────────────┘

① ㄱ, ㄴ   ② ㄱ, ㄷ   ③ ㄴ, ㄹ
④ ㄱ, ㄴ, ㄹ   ⑤ ㄱ, ㄷ, ㄹ

500

함수 f의 역함수 f^{-1}가 존재하고 $(f \circ f)(x)=x$, $f(2)=1$일 때, $f^{-1}(2)+f(1)$의 값은?

① -2 ② -1 ③ 1
④ 2 ⑤ 3

501

함수 $f(x)=ax+3$에 대하여 $f=f^{-1}$일 때, $f(1)$의 값을 구하시오. (단, a는 상수이다.)

유형 10 역함수의 그래프 [개념 10-2]

502 ☆중요

오른쪽 그림은 함수 $y=f(x)$의 그래프와 직선 $y=x$를 나타낸 것이다. 이때
$$f(2)+(f \circ f)^{-1}(a)$$
의 값을 구하시오. (단, 모든 점선은 x축 또는 y축에 평행하다.)

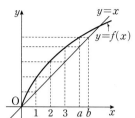

503

함수 $f(x)=\dfrac{1}{4}(x^2+3)$ $(x \geq 0)$의 그래프와 그 역함수 $y=g(x)$의 그래프가 서로 다른 두 점에서 만날 때, 이 두 점 사이의 거리를 구하시오.

504 교육청 기출

$k<0$인 실수 k에 대하여 함수 $f(x)=x^2-2x+k$ $(x \geq 1)$의 그래프와 그 역함수 $y=f^{-1}(x)$의 그래프가 만나는 점을 P라 하고, 점 P에서 x축에 내린 수선의 발을 H라 하자. 삼각형 POH의 넓이가 8일 때, k의 값은?
(단, O는 원점이다.)

① -6 ② -5 ③ -4
④ -3 ⑤ -2

내신 적중 서술형

505

두 함수 $f(x)=ax-3$, $g(x)=2x+1$에 대하여
$f \circ g = g \circ f$가 성립할 때, 다음 물음에 답하시오.

(1) 상수 a의 값을 구하시오.

[풀이]

(2) $f(-2)$의 값을 구하시오.

[풀이]

506

집합 $X=\{x|x$는 한 자리 자연수$\}$에 대하여 X에서 X로의 함수 f는
$$f(x)=(3^x 의 \ 일의 \ 자리의 \ 숫자)$$
이다. $f^1=f$, $f^{n+1}=f \circ f^n$ (n은 자연수)으로 정의할 때,
$f^{1000}(2)$의 값을 구하시오.

[풀이]

507

실수 전체의 집합에서 정의된 함수 $f(x)=|x|+ax+4$의 역함수가 존재하도록 하는 실수 a의 값의 범위를 구하시오.

[풀이]

508

실수 전체의 집합에서 정의된 함수 f가
$$f(2x-1)=4x+3$$
을 만족시킬 때, $f^{-1}(x)=ax+b$이다. 상수 a, b에 대하여 $a-b$의 값을 구하시오.

[풀이]

출제율이 높은 문제 중 1등급을 결정하는 고난도 문제를 수록하였습니다.

509 교육청 기출

실수 전체의 집합에서 정의된 함수

$$f(x) = \begin{cases} 2x+2 & (x<2) \\ x^2-7x+16 & (x \geq 2) \end{cases}$$

에 대하여 $(f \circ f)(a) = f(a)$를 만족시키는 모든 실수 a 의 값의 합을 구하시오.

510

함수 $f(x) = |x-3|$에 대하여 $(f \circ f \circ f)(x) = 0$을 만족시키는 모든 실수 x의 값의 합은?

① 5   ② 6   ③ 7

④ 8   ⑤ 9

511

이차함수 $y=f(x)$의 그래프가 점 $(3, -6)$을 꼭짓점으로 하고 점 $(0, -2)$를 지날 때, 방정식 $f(f(x)) = -2$를 만족시키는 모든 실근의 합은?

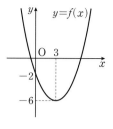

① 6   ② 8   ③ 10

④ 12   ⑤ 14

512

두 함수 $f(x)=3x-2$, $g(x)=ax+b$에 대하여 $f \circ g = g \circ f$가 성립할 때, 함수 $y=g(x)$의 그래프는 a 의 값에 관계없이 항상 점 (p, q)를 지난다. 이때 $p-q$의 값을 구하시오. (단, a, b는 상수이다.)

513 교육청 기출

집합 $X=\{1, 2, 3, 4, 5\}$에 대하여 X에서 X로의 함수 f의 역함수가 존재하고

$$f(1)+2f(3)=12,\ f^{-1}(1)-f^{-1}(3)=2$$

일 때, $f(4)+f^{-1}(4)$의 값은?

① 5   ② 6   ③ 7

④ 8   ⑤ 9

514

집합 $X=\{a, b, c, d\}$에 대하여 다음 조건을 만족시키는 X에서 X로의 함수 f의 개수를 구하시오.

> ㈎ 집합 X의 임의의 원소 x_1, x_2에 대하여
> $x_1 \neq x_2$이면 $f(x_1) \neq f(x_2)$이다.
> ㈏ 치역이 X이다.
> ㈐ $f(a)=f^{-1}(a)$

515

두 함수 $f(x)$, $g(x)$가

$$f(x)=2x-5,\ g(x)=-x+a$$

일 때, 모든 실수 x에 대하여 $(f^{-1} \circ (g^{-1} \circ f) \circ g)(x)=x$가 성립하도록 하는 상수 a의 값을 구하시오.

516

함수 $f(x)=\dfrac{1}{4}x^2+a\ (x \geq 1)$의 그래프와 그 역함수 $y=g(x)$의 그래프가 서로 다른 두 점에서 만나도록 하는 실수 a의 값의 범위는?

① $a<1$ ② $a \leq \dfrac{3}{4}$ ③ $a \geq \dfrac{3}{4}$

④ $\dfrac{3}{4} \leq a < 1$ ⑤ $1 < a \leq \dfrac{4}{3}$

517

함수 $f(x)=\dfrac{2x-|x|}{2}+3$의 역함수를 $g(x)$라 할 때, 두 함수 $y=f(x)$와 $y=g(x)$의 그래프로 둘러싸인 부분의 넓이를 구하시오.

518

집합 $X=\{1, 2, 3, 4, 5\}$에 대하여 다음 조건을 만족시키는 함수 $f : X \longrightarrow X$의 개수를 구하시오.

> (가) 함수 f는 일대일대응이다.
> (나) 집합 $A=\{x \mid f(x)=x,\ x\in X\}$의 원소의 개수는 2이다.
> (다) 임의의 $x\in X$에 대하여 $(f\circ f\circ f)(x)=x$이다.

519

$0\leq x\leq 2$에서 정의된 함수 $y=f(x)$의 그래프가 오른쪽 그림과 같을 때, 방정식 $(f\circ f)(x)=x$를 만족시키는 실수 x의 개수를 구하시오.

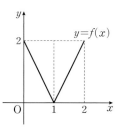

520 교육청 기출

세 집합

$$X=\{1, 2, 3, 4\},\ Y=\{2, 3, 4, 5\},\ Z=\{3, 4, 5\}$$

에 대하여 두 함수 $f : X \longrightarrow Y$, $g : Y \longrightarrow Z$가 다음 조건을 만족시킨다.

> (가) 함수 f는 일대일대응이다.
> (나) $x\in(X\cap Y)$이면 $g(x)-f(x)=1$이다.

| 보기 |에서 옳은 것만을 있는 대로 고른 것은?

> ┤보기├
> ㄱ. 함수 $g\circ f$의 치역은 Z이다.
> ㄴ. $f^{-1}(5)\geq 2$
> ㄷ. $f(3)<g(2)<f(1)$이면 $f(4)+g(2)=6$이다.

① ㄱ   ② ㄱ, ㄴ   ③ ㄱ, ㄷ

④ ㄴ, ㄷ   ⑤ ㄱ, ㄴ, ㄷ

Ⅲ 함수와 그래프

유리함수

11-1 유리식과 유리함수 [유형 1]

1 유리식

(1) 유리식: 두 다항식 A, B $(B \neq 0)$에 대하여 $\dfrac{A}{B}$ 꼴로 나타낸 식

(2) 유리식의 사칙연산: 다항식 A, B, C, D $(B \neq 0, D \neq 0)$에 대하여

① 덧셈과 뺄셈: $\dfrac{A}{B} \pm \dfrac{C}{B} = \dfrac{A \pm C}{B}$, $\dfrac{A}{B} \pm \dfrac{C}{D} = \dfrac{AD \pm BC}{BD}$ (복부호 동순)

② 곱셈과 나눗셈: $\dfrac{A}{B} \times \dfrac{C}{D} = \dfrac{AC}{BD}$, $\dfrac{A}{B} \div \dfrac{C}{D} = \dfrac{A}{B} \times \dfrac{D}{C} = \dfrac{AD}{BC}$ (단, $C \neq 0$)

2 유리함수

(1) 유리함수: 함수 $y = f(x)$에서 $f(x)$가 x에 대한 유리식인 함수

(2) 다항함수: 함수 $y = f(x)$에서 $f(x)$가 x에 대한 다항식인 함수

(3) 다항함수가 아닌 유리함수에서 정의역이 주어져 있지 않은 경우에는 분모가 0이 되지 않도록 하는 실수 전체의 집합을 정의역으로 한다.

11-2 유리함수의 그래프 [유형 2~8]

1 유리함수 $y = \dfrac{k}{x}$ $(k \neq 0)$의 그래프[1]

(1) 정의역과 치역은 모두 0이 아닌 실수 전체의 집합이다.

(2) $k > 0$이면 그래프는 제1사분면과 제3사분면에 있고,

$k < 0$이면 그래프는 제2사분면과 제4사분면에 있다.

(3) 원점에 대하여 대칭이다.

(4) 점근선은 x축과 y축이다.

└─ 곡선이 어떤 직선에 한없이 가까워질 때, 이 직선을 그 곡선의 점근선이라 한다.

참고 유리함수 $y = \dfrac{k}{x}$ $(k \neq 0)$의 그래프는 k의 절댓값이 커질수록 원점에서 멀어진다.

2 유리함수 $y = \dfrac{k}{x-p} + q$ $(k \neq 0)$의 그래프[2]

(1) 유리함수 $y = \dfrac{k}{x}$의 그래프를 x축의 방향으로 p만큼,

y축의 방향으로 q만큼 평행이동한 것이다.

(2) 정의역: $\{x \,|\, x \neq p$인 실수$\}$, 치역: $\{y \,|\, y \neq q$인 실수$\}$

(3) 점 (p, q)에 대하여 대칭이다.

(4) 점근선은 두 직선 $x = p$와 $y = q$이다.

3 유리함수 $y = \dfrac{ax+b}{cx+d}$ $(ad - bc \neq 0, c \neq 0)$의 그래프[3]

유리함수 $y = \dfrac{ax+b}{cx+d}$ $(ad - bc \neq 0, c \neq 0)$의 그래프는 $y = \dfrac{k}{x-p} + q$ 꼴로 변형하여 그린다.

[1] 유리함수 $y = \dfrac{k}{x}$의 그래프는 두 직선 $y = x$, $y = -x$에 대하여 각각 대칭이므로 유리함수 $y = \dfrac{k}{x-p} + q$의 그래프는 두 점근선의 교점 (p, q)를 지나면서 기울기가 ± 1인 직선에 대하여 대칭이다.

[2] 유리함수 $y = \dfrac{ax+b}{cx+d}$ $(ad - bc \neq 0, c \neq 0)$의 역함수 $y = \dfrac{-dx+b}{cx-a}$는 원래 함수의 식에서 분자의 x의 계수인 a와 분모의 상수인 d의 위치가 서로 바뀌고, 그 부호가 각각 바뀐 것과 같다.

[3] 함수 $y = \dfrac{ax+b}{cx+d}$에서

① $ad - bc = 0$, $c \neq 0$인 경우

⇨ $y = \dfrac{a}{c}$이므로 상수함수

② $c = 0$, $d \neq 0$인 경우

⇨ $y = \dfrac{a}{d}x + \dfrac{b}{d}$이므로 일차함수

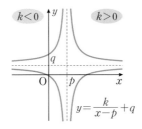

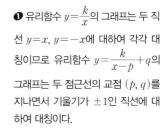

● 바른답·알찬풀이 102쪽

III

유형 1 유리식의 계산 [개념 11-1]

521

$\dfrac{x^2+x-2}{x^2-9} \div \dfrac{x^2-3x+2}{x+3} \times \dfrac{x-2}{x^2+2x}$ 를 간단히 하면?

① $\dfrac{4}{(x-2)(x-3)}$ ② $\dfrac{1}{x(x+3)}$

③ $\dfrac{1}{x(x-3)}$ ④ $\dfrac{1}{(x-2)(x+3)}$

⑤ $\dfrac{5}{x(x-2)}$

522 ⭐중요

분모가 0이 되지 않도록 하는 모든 실수 x에 대하여 등식

$$\dfrac{2x-3}{x^2(x+1)} = \dfrac{a}{x} - \dfrac{b}{x^2} - \dfrac{c}{x+1}$$

가 성립할 때, $a+b+c$의 값을 구하시오.

(단, a, b, c는 상수이다.)

523

$\dfrac{1}{a(a+1)} + \dfrac{2}{(a+1)(a+3)} + \dfrac{3}{(a+3)(a+6)}$ 을 간단히

하면?

① $\dfrac{7a+6}{a(a+6)}$ ② $\dfrac{2(a+3)}{a(a+6)}$

③ $\dfrac{6}{a(a+6)}$ ④ $\dfrac{6-5a}{a(a+6)}$

⑤ $\dfrac{a+12}{a(a+6)}$

524

네 자연수 a, b, c, d에 대하여

$$\dfrac{33}{13} = a + \cfrac{1}{b + \cfrac{1}{c + \cfrac{1}{d}}}$$

이 성립할 때, $a^2+b^2+c^2+d^2$의 값을 구하시오.

525

$x^2+x+1=0$일 때, $3x^2+5x-1+\dfrac{5}{x}+\dfrac{3}{x^2}$의 값은?

① -13 ② -9 ③ -5

④ -1 ⑤ 3

유형 2 유리함수의 정의역과 치역 [개념 11-2]

526

함수 $y=\dfrac{bx-5}{x+2a}$의 정의역이 $\{x|x \neq 3$인 실수$\}$, 치역이

$\left\{y \middle| y \neq -\dfrac{1}{2}$인 실수$\right\}$일 때, 상수 a, b에 대하여 $a+b$의

값을 구하시오.

527

함수 $y=\dfrac{2x-1}{x-2}$ 의 정의역이 $\{x \mid 0 \le x < 2 \text{ 또는 } 2 < x \le 3\}$ 일 때, 치역은?

① $\left\{y \mid \dfrac{1}{2} \le y \le 5\right\}$ ② $\left\{y \mid \dfrac{1}{2} < y < 5\right\}$

③ $\left\{y \mid y \le \dfrac{1}{2} \text{ 또는 } y \ge 5\right\}$ ④ $\left\{y \mid y < \dfrac{1}{2} \text{ 또는 } y > 5\right\}$

⑤ $\left\{y \mid \dfrac{1}{2} \le y < 4 \text{ 또는 } 4 < y \le 5\right\}$

유형 ③ 유리함수의 그래프의 점근선   [개념 11-2]

528 교육청 기출

함수 $y=\dfrac{b}{x-a}$ 의 그래프가 점 $(2, 4)$ 를 지나고 한 점근선의 방정식이 $x=4$일 때, $a-b$의 값은?

(단, a, b는 상수이다.)

① 6   ② 8   ③ 10

④ 12   ⑤ 14

529

두 함수 $f(x)=\dfrac{6x+4}{2x+a}$, $g(x)=\dfrac{bx+6}{3x+c}$ 에 대하여 두 함수 $y=f(x)$, $y=g(x)$의 그래프의 두 점근선의 교점이 일치하고 $g(3)=11$일 때, 상수 a, b, c에 대하여 $a+b+c$의 값을 구하시오.

---

530 ⭐중요

함수 $y=\dfrac{ax+b}{x-c}$ 의 그래프가 오른쪽 그림과 같이 원점을 지날 때, 상수 a, b, c에 대하여 $a+b+c$의 값을 구하시오.

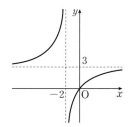

---

531 🔊실력 UP 교육청 기출

유리함수 $f(x)=\dfrac{4}{x-a}-4\ (a>1)$ 에 대하여 좌표평면에서 함수 $y=f(x)$의 그래프가 x축, y축과 만나는 점을 각각 A, B라 하고 함수 $y=f(x)$의 그래프의 두 점근선이 만나는 점을 C라 하자. 사각형 OBCA의 넓이가 24일 때, 상수 a의 값은? (단, O는 원점이다.)

① 3   ② $\dfrac{7}{2}$ ③ 4

④ $\dfrac{9}{2}$ ⑤ 5

유형 ④ 유리함수의 그래프의 평행이동과 대칭성   [개념 11-2]

532

다음 함수 중 그 그래프가 평행이동에 의하여 함수 $y=\dfrac{1}{x}$ 의 그래프와 완전히 겹쳐질 수 있는 것은?

① $y=\dfrac{x}{x+1}$ ② $y=\dfrac{2x}{x+1}$

③ $y=\dfrac{x-2}{x-1}$ ④ $y=\dfrac{x+3}{x+1}$

⑤ $y=\dfrac{2-x}{x-1}$

533

함수 $y=\dfrac{3x+4}{x+2}$의 그래프를 x축의 방향으로 m만큼, y축의 방향으로 n만큼 평행이동하면 함수 $y=-\dfrac{2x}{x-1}$의 그래프와 일치한다. 이때 $m+n$의 값은?

① -3 ② -2 ③ -1

④ 0 ⑤ 1

534

함수 $y=\dfrac{2x}{x-a}$의 그래프는 점 $(4, 2)$에 대하여 대칭이고, y축의 방향으로 b만큼 평행이동하면 y축과 점 $(0, -1)$에서 만난다. $a+b$의 값을 구하시오. (단, a, b는 상수이다.)

유형 5 **유리함수의 그래프의 성질** [개념 11-2]

535

함수 $y=-\dfrac{4}{x-2}+1$에 대한 다음 설명 중 옳지 <u>않은</u> 것은?

① 그래프는 점 $(0, 3)$을 지난다.

② 그래프의 점근선의 방정식은 $x=2$, $y=1$이다.

③ 그래프는 제2사분면을 지나지 않는다.

④ 치역은 $y\neq 1$인 실수 전체의 집합이다.

⑤ 그래프는 직선 $y=x-1$ 또는 직선 $y=-x+3$에 대하여 대칭이다.

536 ☆중요

함수 $y=\dfrac{2x+5}{x+1}$에 대한 설명으로 옳은 것만을 | 보기 |에서 있는 대로 고른 것은?

| 보기 |
ㄱ. 정의역은 $\{x\,|\,x\neq 1$인 실수$\}$이다.

ㄴ. 그래프는 점 $(-1, 2)$에 대하여 대칭이다.

ㄷ. 그래프는 함수 $y=\dfrac{3}{x}$의 그래프를 x축의 방향으로 -1만큼, y축의 방향으로 2만큼 평행이동한 것이다.

ㄹ. 그래프는 모든 사분면을 지난다.

① ㄴ   ② ㄷ   ③ ㄱ, ㄹ

④ ㄴ, ㄷ   ⑤ ㄴ, ㄷ, ㄹ

537

함수 $y=\dfrac{b}{x+a}+c$의 그래프가 오른쪽 그림과 같을 때, 옳은 것만을 | 보기 |에서 있는 대로 고른 것은? (단, a, b, c는 상수이다.)

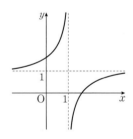

| 보기 |
ㄱ. $a+b+c<0$ ㄴ. $bc>0$

ㄷ. $abc+b=0$

① ㄱ   ② ㄴ   ③ ㄱ, ㄷ

④ ㄴ, ㄷ   ⑤ ㄱ, ㄴ, ㄷ

유형 6 유리함수의 최대, 최소 [개념 11-2]

538

$0 \leq x \leq 2$에서 함수 $y = \dfrac{3x+a}{x+1}$의 최댓값이 1일 때, 상수 a의 값을 구하시오.

539

$3 \leq x \leq a$에서 함수 $y = \dfrac{3x-1}{x-1}$의 최댓값이 b, 최솟값이 $\dfrac{7}{2}$일 때, $a+b$의 값을 구하시오.

540 실력 UP

유리함수 $f(x) = \dfrac{ax+b}{cx+d}$의 그래프가 다음 조건을 만족시킬 때, $-3 \leq x \leq 1$에서 함수 $f(x)$의 최댓값과 최솟값의 합은? (단, a, b, c, d는 상수이다.)

> (가) 점근선의 방정식은 $x=3$, $y=2$이다.
> (나) 점 $(4, 4)$를 지난다.

① $\dfrac{2}{3}$ ② $\dfrac{3}{4}$ ③ $\dfrac{4}{3}$

④ $\dfrac{5}{2}$ ⑤ $\dfrac{8}{3}$

유형 7 유리함수의 그래프와 직선의 위치 관계 [개념 11-2]

541

함수 $y = \dfrac{2}{x}$의 그래프와 직선 $y = -3x + k$가 한 점에서 만날 때, 양수 k의 값을 구하시오.

542 ★중요

정의역이 $\{x \mid 2 \leq x \leq 4\}$인 함수 $y = \dfrac{x+1}{x-1}$의 그래프와 직선 $y = ax+1$이 만나도록 하는 실수 a의 최댓값과 최솟값의 합은?

① $\dfrac{1}{6}$ ② $\dfrac{1}{2}$ ③ $\dfrac{5}{6}$

④ 1 ⑤ $\dfrac{7}{6}$

543

두 집합
$$A = \left\{ (x, y) \,\middle|\, y = \frac{x+2}{x-1} \right\}, \quad B = \{ (x, y) \mid y = ax+1 \}$$
에 대하여 $A \cap B = \varnothing$이 성립하도록 하는 정수 a의 개수를 구하시오.

544

함수 $f(x) = \dfrac{ax+1}{x-1}$과 그 역함수 $f^{-1}(x)$에 대하여

$f(x) = f^{-1}(x)$일 때, 상수 a의 값을 구하시오.

545 ☆중요

함수 $f(x) = \dfrac{ax+b}{x+2}$의 그래프와 그 역함수의 그래프가

모두 점 $(3, 1)$을 지날 때, 상수 a, b에 대하여 $b-a$의 값은?

① -13 ② -11 ③ 9

④ 11 ⑤ 13

546

함수 $f(x) = \dfrac{1}{x+1}$에 대하여 $(f \circ f \circ f)(a) = \dfrac{2}{5}$를 만족시키는 상수 a의 값은?

① -3 ② $-\dfrac{7}{2}$ ③ -4

④ $-\dfrac{9}{2}$ ⑤ -5

547

함수 $f(x) = \dfrac{ax-1}{bx+1}$과 그 역함수 $f^{-1}(x)$에 대하여

$$f^{-1}(1) = 2, \ (f \circ f)(2) = \dfrac{1}{2}$$

일 때, $f(-2)$의 값을 구하시오. (단, a, b는 상수이다.)

548

함수 $f(x) = \dfrac{bx-4}{ax+3}$의 그래프의 한 점근선의 방정식이

$x = -3$이고, 모든 실수 x에 대하여 $f(f(x)) = x$가 성립할 때, $a+b$의 값은? (단, a, b는 상수이다.)

① -2 ② -1 ③ 1

④ $\dfrac{3}{2}$ ⑤ 2

549 ☆실력 UP

함수 $f(x) = \dfrac{4x+a}{x+b}$의 역함수를 $g(x)$라 할 때, 두 함수 $f(x)$, $g(x)$가 다음 조건을 만족시킨다.

㈎ $g(1) = -2$
㈏ $x \neq 4$인 모든 실수 x에 대하여 $f(x+1) = g(x) - 1$ 이다.

$f(6)$의 값을 구하시오.

(단, a, b는 상수이고, $a \neq 4b$이다.)

550

0이 아닌 실수 x, y, z에 대하여 $\dfrac{2x+y}{7}=\dfrac{y}{5}=\dfrac{6z+x}{4}$일 때,

$\dfrac{-2x+5y-4z}{x+y+2z}$의 값을 구하시오.

[풀이]

551

함수 $y=\dfrac{bx-2}{x-a}$의 그래프가 두 직선 $y=x+2$,

$y=-x+4$에 대하여 대칭일 때, $a+2b$의 값을 구하시오.

(단, a, b는 상수이다.)

[풀이]

552

함수 $y=\dfrac{k}{x-1}+2$의 그래프가 제3사분면을 지나지 않

도록 하는 실수 k의 값의 범위를 구하시오. (단, $k\neq0$)

[풀이]

553

$0\leq x\leq4$에서 함수 $y=\dfrac{2x+k}{x+1}$의 최솟값이 3일 때, 다음

물음에 답하시오.

(1) 상수 k의 값을 구하시오.

[풀이]

(2) $0\leq x\leq4$에서 함수 $y=\dfrac{2x+k}{x+1}$의 최댓값을 구하시오.

[풀이]

1등급 실력 완성

출제율이 높은 문제 중 1등급을 결정하는 고난도 문제를 수록하였습니다.

554

50 이하의 자연수 n에 대하여 다항식 $f(x)$가

$$f(n) \neq -1, \; f(n)f(51-n) = 1$$

을 만족시킬 때, 다음 식의 값을 구하시오.

$$\frac{4}{1+f(1)} + \frac{4}{1+f(2)} + \frac{4}{1+f(3)} + \cdots + \frac{4}{1+f(50)}$$

555

함수 $y = \dfrac{2x+1}{x-1}$의 그래프의 두 점근선의 교점을 A, 두 점근선과 직선 $y = mx - 3m$의 교점을 각각 B, C라 할 때, 삼각형 ABC의 넓이의 최솟값을 구하시오.

(단, m은 $m > 0$인 상수이다.)

556

점 P(3, 4)와 곡선 $y = \dfrac{4x-11}{x-3}$ 위를 움직이는 점 Q에 대하여 선분 PQ의 길이의 최솟값을 구하시오.

557 교육청 기출

두 양수 a, k에 대하여 함수 $f(x) = \dfrac{k}{x}$의 그래프 위의 두 점 P(a, $f(a)$), Q($a+2$, $f(a+2)$)가 다음 조건을 만족시킬 때, k의 값은?

(가) 직선 PQ의 기울기는 -1이다.
(나) 두 점 P, Q를 원점에 대하여 대칭이동한 점을 각각 R, S라 할 때, 사각형 PQRS의 넓이는 $8\sqrt{5}$이다.

① $\dfrac{5}{2}$　　　　② 3　　　　③ $\dfrac{7}{2}$

④ 4　　　　⑤ $\dfrac{9}{2}$

● 바른답·알찬풀이 109쪽

558

$x \neq -a$인 모든 실수 x에 대하여 다항함수가 아닌 유리함수 $f(x) = \dfrac{bx+c}{x+a}$가

$$f(5-x) + f(5+x) = 2, \ f(6) = 6$$

을 만족시킨다. $-1 \leq x \leq 1$에서 이 함수의 최댓값을 M, 최솟값을 m이라 할 때, $6M - m$의 값을 구하시오.

559

함수 $f(x) = \dfrac{x-3}{x+1}$에 대하여

$$f^1 = f, \ f^{n+1} = f \circ f^n \ (n\text{은 자연수})$$

으로 정의할 때, $f^{200}(f^{300}(3))$의 값을 구하시오.

560

함수 $f(x) = \dfrac{7x}{1+|x-1|}$의 역함수가 존재하기 위한 x의 값의 범위와 이때의 함수 $f(x)$의 역함수 $f^{-1}(x)$를 차례대로 구하면?

① $x \leq 1, \ f^{-1}(x) = \dfrac{x}{x+7} \ (-7 < x \leq 7)$

② $x \leq 1, \ f^{-1}(x) = \dfrac{2x}{x+7} \ (-7 < x \leq 7)$

③ $x \geq 1, \ f^{-1}(x) = \dfrac{2x}{x+7} \ (-7 < x \leq 7)$

④ $1 \leq x \leq 7, \ f^{-1}(x) = \dfrac{x}{x+7} \ (-7 < x \leq 7)$

⑤ $1 \leq x \leq 7, \ f^{-1}(x) = \dfrac{7x}{x+7} \ (-7 < x \leq 7)$

561

함수 $f(x) = \dfrac{x+3}{ax+b}$에 대하여 함수

$$g(x) = f(x+3) - 5$$

가 $g(2) = 3$, $g = g^{-1}$를 만족시킬 때, $a+b$의 값은?

(단, a, b는 상수이다.)

① -1 ② $-\dfrac{1}{3}$ ③ $-\dfrac{1}{5}$

④ $-\dfrac{1}{7}$ ⑤ $-\dfrac{1}{8}$

도전 1등급 최고난도

1등급을 결정하는 문제 중 최고난도 문제를 수록하였습니다.

● 바른답·알찬풀이 110쪽

562

$2 \le x \le 3$인 임의의 실수 x에 대하여 부등식

$$ax^2-2ax+a+1 \le \frac{x+1}{x-1} \le bx^2-2bx+b+1$$

이 항상 성립할 때, a의 최댓값과 b의 최솟값의 곱을 구하시오. (단, $a \ne 0$, $b \ne 0$)

563 교육청 기출

함수 $f(x)=\frac{a}{x}+b\ (a \ne 0)$이 다음 조건을 만족시킨다.

> (가) 곡선 $y=|f(x)|$는 직선 $y=2$와 한 점에서만 만난다.
>
> (나) $f^{-1}(2)=f(2)-1$

$f(8)$의 값은? (단, a, b는 상수이다.)

① $-\frac{1}{2}$ ② $-\frac{1}{4}$ ③ 0

④ $\frac{1}{4}$ ⑤ $\frac{1}{2}$

Ⅲ

III 함수와 그래프

무리함수

핵심 개념

1등급 비법

12-1 무리식과 무리함수   [유형 1]

1 무리식

(1) 무리식: 근호 안에 문자가 포함되어 있는 식 중에서 유리식으로 나타낼 수 없는 식

(2) 무리식의 값이 실수가 되기 위한 조건은

$$(근호\ 안에\ 있는\ 식의\ 값) \geq 0,\ (분모) \neq 0$$

(3) 무리식의 계산: 무리식의 계산은 무리수의 계산과 마찬가지로 제곱근의 성질[1], 분모의 유리화를 이용한다.

2 무리함수

(1) 무리함수: 함수 $y = f(x)$에서 $f(x)$가 x에 대한 무리식인 함수

(2) 무리함수에서 정의역이 주어져 있지 않은 경우에는 근호 안에 있는 식의 값이 0 이상이 되도록 하는 실수 전체의 집합을 정의역으로 한다.[2]

❶ 제곱근의 성질

$a > 0$, $b > 0$일 때

① $\sqrt{a}\sqrt{b} = \sqrt{ab}$ ② $\dfrac{\sqrt{a}}{\sqrt{b}} = \sqrt{\dfrac{a}{b}}$

❷ $\sqrt{A}$의 값이 실수 $\Longleftrightarrow A \geq 0$

$\dfrac{1}{\sqrt{A}}$의 값이 실수 $\Longleftrightarrow A > 0$

✦ 12-2 무리함수의 그래프   [유형 2~7]

1 무리함수 $y = \pm\sqrt{ax}\ (a \neq 0)$의 그래프

(1) 무리함수 $y = \sqrt{ax}\ (a \neq 0)$의 그래프

① $a > 0$일 때, 정의역: $\{x \mid x \geq 0\}$, 치역: $\{y \mid y \geq 0\}$

② $a < 0$일 때, 정의역: $\{x \mid x \leq 0\}$, 치역: $\{y \mid y \geq 0\}$

(2) 무리함수 $y = -\sqrt{ax}\ (a \neq 0)$의 그래프

① $a > 0$일 때, 정의역: $\{x \mid x \geq 0\}$, 치역: $\{y \mid y \leq 0\}$

② $a < 0$일 때, 정의역: $\{x \mid x \leq 0\}$, 치역: $\{y \mid y \leq 0\}$

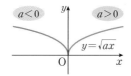

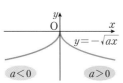

참고 무리함수의 그래프의 성질

① 무리함수 $y = \pm\sqrt{ax}$의 그래프는 a의 절댓값이 커질수록 x축으로부터 멀어진다.

② 무리함수 $y = -\sqrt{ax}$, $y = \sqrt{-ax}$, $y = -\sqrt{-ax}$의 그래프는 무리함수 $y = \sqrt{ax}$의 그래프를 각각 x축, y축, 원점에 대하여 대칭이동한 것과 같다.

2 무리함수 $y = \sqrt{a(x-p)} + q\ (a \neq 0)$의 그래프

(1) 무리함수 $y = \sqrt{ax}$의 그래프를 x축의 방향으로 p만큼, y축의 방향으로 q만큼 평행이동한 것이다.

(2) $a > 0$일 때, 정의역: $\{x \mid x \geq p\}$, 치역: $\{y \mid y \geq q\}$

$a < 0$일 때, 정의역: $\{x \mid x \leq p\}$, 치역: $\{y \mid y \geq q\}$

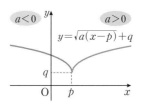

3 무리함수 $y = \sqrt{ax+b} + c\ (a \neq 0)$의 그래프[3]

무리함수 $y = \sqrt{ax+b} + c\ (a \neq 0)$의 그래프는 $y = \sqrt{a(x-p)} + q$ 꼴로 변형하여 그린다.

❸ 무리함수 $y = \sqrt{ax+b} + c\ (a \neq 0)$의 치역은 $\{y \mid y \geq c\}$이므로 그 역함수 $y = \dfrac{1}{a}(x-c)^2 - \dfrac{b}{a}$의 정의역은 $\{x \mid x \geq c\}$이다.

유형 1 무리식의 계산 [개념 12-1]

564

무리식 $\sqrt{2-x}+\dfrac{1}{\sqrt{x+4}}$ 의 값이 실수가 되도록 하는 정수

x의 개수는?

① 3   ② 4   ③ 5

④ 6   ⑤ 7

565

$\sqrt{8x^2+2x-3}$의 값이 실수가 되도록 하는 x의 값의 범위

가 $x \leq a$ 또는 $x \geq b$일 때, $a+b$의 값을 구하시오.

566

$\dfrac{x}{\sqrt{x+1}+\sqrt{x}}-\dfrac{x}{\sqrt{x+1}-\sqrt{x}}$ 를 간단히 하면?

① $-2x\sqrt{x}$ ② $-x\sqrt{x}$ ③ 1

④ $x\sqrt{x}$ ⑤ $2x\sqrt{x}$

567

$x=\sqrt{2}+1$일 때, $\dfrac{\sqrt{x}}{\sqrt{x}-1}+\dfrac{\sqrt{x}}{\sqrt{x}+1}$의 값은?

① $\sqrt{2}-2$ ② $\sqrt{2}$ ③ $\sqrt{2}+2$

④ $2\sqrt{2}$ ⑤ $2\sqrt{2}+2$

568

$f(x)=\sqrt{x}+\sqrt{x+1}$일 때,

$$\frac{1}{f(1)}+\frac{1}{f(2)}+\frac{1}{f(3)}+\cdots+\frac{1}{f(80)}$$

의 값을 구하시오.

569 ⭐중요

$x=\dfrac{\sqrt{3}+1}{\sqrt{3}-1},\ y=\dfrac{\sqrt{3}-1}{\sqrt{3}+1}$일 때, $\dfrac{\sqrt{x}}{\sqrt{x}-\sqrt{y}}+\dfrac{\sqrt{y}}{\sqrt{x}+\sqrt{y}}$의 값

을 구하시오.

유형 2 무리함수의 그래프 [개념 12-2]

570

함수 $y=\sqrt{6-3x}+3+b$의 정의역이 $\{x|x\le a\}$, 치역이 $\{y|y\ge 7\}$일 때, 상수 a, b에 대하여 $a+b$의 값을 구하시오.

571

함수 $y=\sqrt{ax+3a}+b$의 정의역이 $\{x|x\ge -3\}$, 치역이 $\{y|y\ge 2\}$이고, 그래프가 y축과 만나는 점의 y좌표가 5일 때, $a+b$의 값은? (단, a, b는 상수이다.)

① -3　　　② -1　　　③ 1
④ 3　　　⑤ 5

572 교육청 기출

함수 $y=-\sqrt{x-a}+a+2$의 그래프가 점 $(a, -a)$를 지날 때, 이 함수의 치역은? (단, a는 상수이다.)

① $\{y|y\le 1\}$　　② $\{y|y\ge 1\}$　　③ $\{y|y\le 0\}$
④ $\{y|y\le -1\}$　　⑤ $\{y|y\ge -1\}$

573 ★중요

함수 $f(x)=\sqrt{ax+b}+c$가 다음 조건을 만족시킬 때, 함수 $y=f(x)$의 치역을 구하시오. (단, a, b, c는 상수이다.)

(가) 함수 $y=\dfrac{-5x+7}{x-2}$의 그래프의 점근선의 방정식이 $x=a$, $y=b$이다.

(나) 함수 $y=f(x)$의 그래프가 점 $(7, 4)$를 지난다.

574

함수 $y=\dfrac{ax+b}{x+c}$의 그래프가 오른쪽 그림과 같을 때, 다음 중 함수 $y=\sqrt{ax+b}+c$의 그래프의 개형으로 알맞은 것은?

(단, a, b, c는 상수이다.)

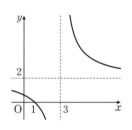

① 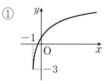　　②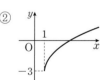

③ 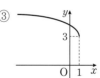　　④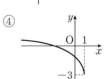

⑤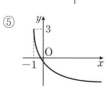

유형 **3** 무리함수의 그래프의 평행이동과 대칭이동 [개념 12-2]

575

함수 $y=\sqrt{-4x+12}-2$의 그래프는 함수 $y=a\sqrt{-x}$의 그래프를 x축의 방향으로 b만큼, y축의 방향으로 c만큼 평행이동한 것이다. 상수 a, b, c에 대하여 $a+b+c$의 값을 구하시오.

576

| 보기 |의 함수 중 그 그래프가 평행이동 또는 대칭이동에 의하여 함수 $y=-\sqrt{x}$의 그래프와 겹쳐지는 것만을 있는 대로 고른 것은?

┌─| 보기 |──────────────────────┐
ㄱ. $y=-\sqrt{-x}$ ㄴ. $y=\sqrt{x+1}-2$
ㄷ. $y=\sqrt{-x+1}$ ㄹ. $y=-2\sqrt{x-1}$
└──────────────────────────────┘

① ㄱ, ㄴ   ② ㄱ, ㄷ
③ ㄱ, ㄴ, ㄷ   ④ ㄴ, ㄷ, ㄹ
⑤ ㄱ, ㄴ, ㄷ, ㄹ

577 ☆중요

함수 $y=\sqrt{x+2}$의 그래프를 x축의 방향으로 1만큼, y축의 방향으로 -3만큼 평행이동한 후, y축에 대하여 대칭이동하면 $y=\sqrt{ax+b}-c$의 그래프와 일치한다. 상수 a, b, c에 대하여 abc의 값을 구하시오.

유형 **4** 무리함수의 최대, 최소 [개념 12-2]

578

$-2\le x\le 10$에서 함수 $y=\sqrt{2x+5}-3$의 최댓값을 a, 최솟값을 b라 할 때, $a+b$의 값은?

① -2 ② -1 ③ 0
④ 1 ⑤ 2

579

$0\le x\le 5$에서 함수 $y=2\sqrt{x+4}+k$의 최댓값을 M, 최솟값을 m이라 할 때, $M+m=36$이다. 상수 k의 값은?

① 10 ② 11 ③ 12
④ 13 ⑤ 14

580 교육청 기출

$-5\le x\le -1$에서 함수 $f(x)=\sqrt{-ax+1}$ $(a>0)$의 최댓값이 4가 되도록 하는 상수 a의 값을 구하시오.

유형 5 무리함수의 그래프의 성질 [개념 12-2]

581 ☆중요

함수 $y=\sqrt{x+1}-2$에 대한 다음 설명 중 옳지 <u>않은</u> 것은?

① 그래프는 함수 $y=\sqrt{x}$의 그래프를 평행이동한 것이다.

② 정의역은 $\{x\,|\,x\geq-1\}$이다.

③ 치역은 $\{y\,|\,y\leq-2\}$이다.

④ 그래프는 제2사분면을 지나지 않는다.

⑤ 그래프가 x축과 만나는 점의 x좌표는 3이고, y축과 만나는 점의 y좌표는 -1이다.

582

무리함수 $y=a\sqrt{bx+c}$에 대하여 옳은 것만을 **| 보기 |**에서 있는 대로 고른 것은? (단, a, b, c는 상수이다.)

┌─ **보기** ─────────────────────────────┐

ㄱ. $b>0$이면 정의역은 $\left\{x\,\middle|\,x\geq-\dfrac{c}{b}\right\}$이다.

ㄴ. $a>0$, $b<0$, $c>0$이면 그래프는 제3사분면을 지난다.

ㄷ. 그래프는 $y=-a\sqrt{bx+c}$의 그래프와 y축에 대하여 대칭이다.

└──────────────────────────────────┘

① ㄱ   ② ㄴ   ③ ㄷ

④ ㄱ, ㄴ   ⑤ ㄱ, ㄴ, ㄷ

583

함수 $y=\sqrt{6-2x}+a$의 그래프가 제1, 2, 4사분면을 지나도록 하는 정수 a의 개수를 구하시오.

유형 6 무리함수의 그래프와 직선의 위치 관계 [개념 12-2]

584

함수 $y=\sqrt{2x+k}$의 그래프와 직선 $y=x$가 접할 때, 상수 k의 값은?

① -2 ② -1 ③ 0

④ 1   ⑤ 2

585 ☆중요

두 집합

$$A=\{(x,y)\,|\,y=\sqrt{-x-3}\},$$
$$B=\left\{(x,y)\,\middle|\,y=\frac{1}{6}x+k\right\}$$

에 대하여 $A\cap B\neq\varnothing$일 때, 실수 k의 값의 범위를 구하시오.

586 실력UP

함수 $y=\sqrt{2x-3}$의 그래프와 직선 $y=kx+1$이 만나도록 하는 실수 k의 값의 범위가 $a\leq k\leq b$일 때, $a+b$의 값은?

① $-\dfrac{1}{6}$ ② $-\dfrac{1}{5}$ ③ $-\dfrac{1}{4}$

④ $-\dfrac{1}{3}$ ⑤ $-\dfrac{1}{2}$

유형 **7** 무리함수의 합성함수와 역함수 [개념 12-2]

587

함수 $f(x)=\sqrt{4x-7}$의 역함수 $f^{-1}(x)$에 대하여 $(f^{-1}\circ f^{-1}\circ f)(3)$의 값을 구하시오.

588 ⭐중요

함수 $f(x)=\sqrt{ax+b}+2$의 역함수를 $g(x)$라 하자.
곡선 $y=f(x)$와 곡선 $y=g(x)$가 점 $(2, 4)$에서 만날 때, $g(6)$의 값은? (단, a, b는 상수이다.)

① -5 ② -4 ③ -3

④ -2 ⑤ -1

589

함수 $f(x)=\sqrt{2x-9}$에 대하여 함수 $g(x)$가 2 이상의 모든 실수 x에 대하여 $f^{-1}(g(x))=3x$를 만족시킬 때, $g(3)$의 값은?

① -3 ② $-\sqrt{3}$ ③ 0

④ $\sqrt{3}$ ⑤ 3

590

정의역이 $\{x|x>1\}$인 두 함수

$$f(x)=\frac{x+2}{x-1}, \ g(x)=\sqrt{2x+1}$$

에 대하여 $(f\circ(g\circ f)^{-1}\circ f)(2)$의 값을 구하시오.

591 🔔실력 UP

오른쪽 그림은 함수
$f(x)=\sqrt{x+a}+b$의 그래프이다.
함수 $y=f(x)$의 그래프와 그 역함수 $y=f^{-1}(x)$의 그래프의 교점이
(p, q)일 때, $p+q$의 값은? (단, a, b는 상수이다.)

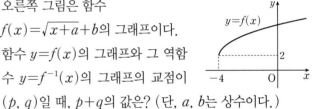

① 4 ② 6 ③ 8

④ 10 ⑤ 12

592

두 함수 $f(x)=\dfrac{x}{x+1}, \ g(x)=\sqrt{x}$에 대하여
$(g\circ f)(a)=\dfrac{1}{3}$일 때, $(f\circ g)^{-1}(4a)$의 값을 구하시오.

내신 적중 서술형

593

함수 $y=-\sqrt{ax+b}+c$의 그래프가 오른쪽 그림과 같을 때, 상수 a, b, c에 대하여 $a+b+c$의 값을 구하시오.

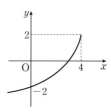

[풀이]

594

$0 \le x \le 8$에서 함수 $y=\sqrt{9-x}+k$의 최솟값이 3일 때, 최댓값을 구하시오. (단, k는 상수이다.)

[풀이]

595

함수 $y=\sqrt{x+2}$의 그래프와 직선 $y=x+k$가 서로 다른 두 점에서 만나도록 하는 실수 k의 값의 범위를 구하시오.

[풀이]

596

함수 $y=\sqrt{2x-4}+2$의 그래프와 그 역함수의 그래프가 서로 다른 두 점에서 만날 때, 다음 물음에 답하시오.

(1) 두 점의 좌표를 구하시오.

[풀이]

(2) 두 점 사이의 거리를 구하시오.

[풀이]

1등급 실력 완성

597

오른쪽 그림과 같이 함수 $y=\sqrt{3x}+1$의 그래프의 위의 점 $P(a, b)$에서 x축, y축에 내린 수선의 발을 각각 Q, R이라 하자. 원점 O와 점 $A(0, 1)$에 대하여 삼각형 APR의 넓이를 S_1, 사각형 AOQP의 넓이를 S_2라 하면 $S_2=2S_1$일 때, $\dfrac{b}{a}$의 값을 구하시오.

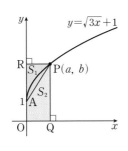

598

두 함수

$$f(x)=\sqrt{x+1}, g(x)=\dfrac{p}{x-4}+q$$

에 대하여 두 집합

$$A=\{f(x)\,|\,-1\le x\le 0\}, B=\{g(x)\,|\,-4\le x\le 0\}$$

가 서로 같다. 양수 p, q에 대하여 $p+q$의 값은?

① 2   ② 4   ③ 6

④ 8   ⑤ 10

599

세 함수 $y=\sqrt{x+5}-1, y=\sqrt{5-x}-1, y=-1$의 그래프로 둘러싸인 부분에 내접하는 직사각형의 한 변이 직선 $y=-1$ 위에 있을 때, 직사각형의 둘레의 길이의 최댓값은?

① $\dfrac{39}{2}$ ② $\dfrac{79}{4}$ ③ 20

④ $\dfrac{81}{4}$ ⑤ $\dfrac{41}{2}$

III

600

함수 $y=\sqrt{ax}\ (a>0)$의 그래프를 x축의 방향으로 -1만큼, y축의 방향으로 -1만큼 평행이동한 그래프가 함수 $y=\dfrac{-x+1}{x+2}$의 그래프와 제2사분면에서 만날 때, 정수 a의 최솟값을 구하시오.

● 바른답·알찬풀이 117쪽

601 교육청 기출

그림과 같이 $k>1$인 상수 k에 대하여 점 $A(k, 0)$을 지나고 y축에 평행한 직선이 두 곡선 $y=\sqrt{x}$, $y=\sqrt{kx}$와 만나는 점을 각각 B, C라 하자. 삼각형 OBC의 넓이가 삼각형 OAB의 넓이의 2배일 때, 삼각형 OBC의 넓이는?

(단, O는 원점이다.)

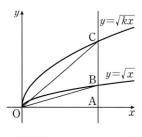

① 15   ② 18   ③ 21

④ 24   ⑤ 27

602

오른쪽 그림과 같이 함수 $y=\sqrt{6x-6}$의 그래프 위의 점 P가 두 점 $A(1, 0)$, $B(7, 6)$ 사이를 움직일 때, 삼각형 ABP의 넓이의 최댓값을 구하시오.

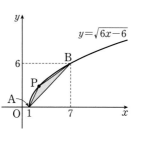

603

함수 $y=\sqrt{|x|-2}$의 그래프와 직선 $y=-x+a$가 만나지 않도록 하는 실수 a의 값의 범위를 구하시오.

604

두 함수 $f(x)=\dfrac{1}{x+1}$, $g(x)=\sqrt{x}+1$에 대하여

$0\leq x\leq 4$에서 함수 $y=(f\circ g)(x)$의 최댓값과 최솟값의 합을 구하시오.

605

오른쪽 그림과 같이 자연수 n에 대하여 함수 $f(x)=\sqrt{2x+n^2}-n$ $(x\geq 0)$의 그래프와 그 역함수 $y=g(x)$의 그래프는 원점에서만 만난다. 직선 $y=-x+2n+4$와 두 곡선 $y=f(x)$, $y=g(x)$가 만나는 점을 각각 P_n, Q_n이라 할 때, $l_n=\overline{P_nQ_n}$이라 하자. $l_1+l_2+l_3+l_4+l_5$의 값은?

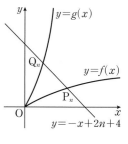

① $30\sqrt{2}$ ② $32\sqrt{2}$ ③ $34\sqrt{2}$

④ $36\sqrt{2}$ ⑤ $38\sqrt{2}$

![도전 1등급 최고난도]

1등급을 결정하는 문제 중 최고난도 문제를 수록하였습니다.

606

실수 전체의 집합에서 정의된 함수

$$f(x)=\begin{cases} \dfrac{2x+1}{x-2} & (x>4) \\ \sqrt{4-x}+a & (x\leq 4) \end{cases}$$

가 다음 조건을 만족시킨다. $f(3)f(k)=22$일 때, k의 값을 구하시오. (단, a는 상수이다.)

> ㈎ 함수 f의 치역은 $\{y|y>2\}$이다.
>
> ㈏ 임의의 실수 x_1, x_2에 대하여
> $x_1 \neq x_2$이면 $f(x_1) \neq f(x_2)$이다.

607

오른쪽 그림과 같이 함수 $f(x)=\sqrt{2x+3}$의 그래프와 함수 $g(x)=\dfrac{1}{2}(x^2-3)$ $(x\geq 0)$의 그래프가 만나는 점을 A라 하자. 함수 $y=f(x)$의 그래프 위의 점 $B\left(\dfrac{1}{2}, 2\right)$를 지나고 기울기가 -1인 직선 l이 함수 $y=g(x)$의 그래프와 만나는 점을 C라 할 때, 삼각형 ABC의 넓이를 구하시오.

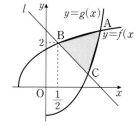

절실함이 만든다

외로운 신하와 서자로 태어난 사람은
그들의 마음가짐이 절실할 수밖에 없다.
그 어려움을 극복하려는 생각이
다른 사람보다 깊을 수밖에 없다.
그런 사람은 남보다 큰 사람이 될 수밖에 없다.

— 맹자

MEMO

MEMO

기출 분석 문제집

1등급 만들기

빠른답 체크

Speed Check

공통수학2 607제

◀ 이곳을 열면 정답을 바로 확인할 수 있습니다.

167 1   168 ④
169 (1) $r_1=2,\ r_2=10$ (2) $y=x+6$ (3) $2\sqrt{2}$
170 $\dfrac{35}{2}$ 171 39   172 3   173 ①
174 ②   175 ④   176 $4\sqrt{2}$ 177 80
178 ①   179 ④   180 $\dfrac{25}{2}(1+\sqrt{2})$
181 $41-2\sqrt{37}$ 182 $\dfrac{8\sqrt{5}}{5}$
183 $\dfrac{20}{3}$ 184 ②   185 ③   186 17
187 $\dfrac{5}{3}$

04 도형의 이동

188 ④   189 ①   190 4   191 ①
192 ④   193 ④   194 ④   195 10
196 ②   197 $-\dfrac{2}{5}$ 198 9   199 1
200 ①   201 -1 202 ①   203 ⑤
204 ③   205 ④   206 4   207 ⑤
208 18   209 ④   210 ①   211 4
212 ①   213 14   214 3   215 ①
216 5   217 ③   218 ④   219 3
220 ⑤   221 ①   222 ④   223 $-\dfrac{1}{2}$
224 5
225 (1) 중심의 좌표: $(0,0)$, 반지름의 길이: $\sqrt{10}$
    (2) $\sqrt{26}$
226 -5 227 -1 228 ③   229 ③
230 ③   231 4   232 5
233 $(-5,1)$ 234 ②   235 $\dfrac{5}{2}$
236 ①   237 12   238 ④   239 $3\sqrt{2}$
240 ③   241 ④   242 ④   243 ④

05 집합

244 ④,⑤   245 ③   246 ⑤   247 ④
248 8   249 9   250 ①   251 ⑤
252 ④   253 ⑤   254 ③   255 ⑤
256 9   257 10
258 $\varnothing$, $\{1\}$, $\{2\}$, $\{3\}$, $\{1,2\}$, $\{1,3\}$, $\{2,3\}$
259 48   260 -3 261 ⑤   262 ②
263 ④   264 ④   265 256   266 ②
267 16   268 62   269 ④   270 11
271 ④   272 ③   273 37   274 6
275 5   276 15
277 (1) 1024 (2) 128 (3) 896   278 ④
279 27   280 ②   281 105   282 114
283 ③   284 48   285 ③   286 10
287 ①

06 집합의 연산

288 ①   289 4   290 15
291 $\{2,5,6,7\}$ 292 ⑤   293 ③
294 $\{1,2,3,5\}$ 295 3   296 ②
297 ④   298 ②   299 ⑤
300 $-6\le a\le 6$ 301 ⑤   302 64
303 ②   304 4   305 ③   306 ④
307 ⑤   308 ②   309 6   310 32
311 ⑤   312 ③   313 ②   314 ②
315 4   316 15   317 $\{2,3,7,8\}$

318 ②   319 ④   320 ④   321 20
322 93   323 ③   324 11   325 ④
326 90   327 -3 328 (1) 3 (2) 9
329 4   330 최댓값: 24, 최솟값: 15
331 ⑤   332 3   333 ④   334 ②
335 22   336 ②   337 ⑤   338 8
339 ①   340 ③

07 명제

341 ㄱ, ㄷ, ㅁ   342 ⑤   343 ③
344 ⑤   345 ㄴ, ㄷ   346 ③   347 ④
348 ②   349 5   350 ⑤   351 ⑤
352 9   353 ①   354 ⑤   355 ⑤
356 ②   357 ②   358 ④   359 ⑤
360 ③   361 $1\le a\le 3$ 362 ②
363 12   364 ⑤   365 ②   366 ③
367 ⑤   368 ③   369 -1 370 ⑤
371 ④   372 ⑤   373 ④   374 ⑤
375 ④   376 ⑤   377 5   378 4
379 ①   380 (1) $\{-1,2\}$ (2) $\{-1,1\}$
(3) $\{-2,-1,0,2\}$ 381 7
382 $k<0$ 또는 $k=\dfrac{3}{2}$ 383 8   384 ⑤
385 15   386 ④   387 ⑤   388 ①
389 ④   390 ㄱ, ㄴ   391 ④   392 -5
393 $\dfrac{7}{3}$ 394 ③

08 명제의 증명

395 (가) $3k$ (나) k^2+k (다) 9
396 풀이 참조
397 (가) 유리수 (나) 무리수 (다) 0
398 (가) 1 (나) 서로소
399 (가) $ab+bc+ca$ (나) $\ge$ (다) $a=b=c$
400 ③   401 2   402 ②   403 $\dfrac{\sqrt{10}}{4}$
404 ④   405 ①   406 -15 407 ④
408 ①   409 8   410 $-10\sqrt{13}$
411 5   412 ④   413 4   414 ②
415 ④   416 풀이 참조
417 풀이 참조   418 6
419 (1) $(a+x)(b+y)\,\mathrm{m}^2$ (2) $54\,\mathrm{m}^2$ 420 ③
421 25   422 154   423 ⑤   424 ③
425 12

09 함수

426 ④   427 ⑤   428 ④   429 ①
430 1   431 ④   432 ③   433 ④
434 10   435 2   436 ③   437 ③
438 2   439 ④   440 ㄷ, ㅁ   441 ④
442 ⑤   443 ①   444 ④   445 5
446 12   447 ④   448 2   449 ③
450 ④   451 ⑤   452 30   453 ⑤
454 -36 455 125   456 96   457 12
458 -36 459 ②   460 ④   461 15
462 $\{1\}$, $\{4\}$, $\{1,4\}$ 463 36
464 (1) 풀이 참조 (2) 28   465 -1 466 4

467 ②   468 17   469 -32 470 ⑤
471 ④   472 $0<m<\dfrac{1}{2}$ 473 ①
474 ⑤

10 합성함수와 역함수

475 7   476 -9 477 ④   478 4
479 1   480 ③   481 ①   482 2
483 ①   484 2   485 6   486 ①
487 5   488 4   489 -1 490 ②
491 4   492 ④   493 13   494 ④
495 6   496 ③   497 4   498 9
499 ⑤   500 ③   501 2   502 5
503 $2\sqrt{2}$ 504 ③   505 (1) -2 (2) 1
506 7   507 $a<-1$ 또는 $a>1$ 508 3
509 6   510 ④   511 ④   512 0
513 ②   514 12   515 10   516 ④
517 36   518 20   519 ④   520 ①

11 유리함수

521 ③   522 13   523 ③   524 42
525 ②   526 -2 527 ④   528 ②
529 -1 530 1   531 ④   532 ③
533 ②   534 3   535 ③   536 ④
537 ③   538 -3 539 9   540 ⑤
541 $2\sqrt{6}$ 542 ⑤   543 12   544 1
545 ④   546 ③   547 5   548 ①
549 25   550 ④   551 7
552 $k<0$ 또는 $0<k\le 2$ 553 (1) 7 (2) 7
554 100   555 8   556 $\sqrt{2}$ 557 ④
558 $\dfrac{5}{4}$ 559 -3 560 ②   561 ④
562 $\dfrac{1}{2}$ 563 ①

12 무리함수

564 ④   565 $-\dfrac{1}{4}$ 566 ①   567 ③
568 8   569 $\dfrac{3+\sqrt{3}}{3}$ 570 6
571 ⑤   572 ①   573 $\{y\,|\,y\ge 1\}$
574 ④   575 3   576 ④   577 -3
578 ④   579 ④   580 ⑤   581 ③
582 ①   583 2   584 ②   585 $k\ge\dfrac{1}{2}$
586 ④   587 4   588 ②   589 ④
590 $\dfrac{15}{2}$ 591 ④   592 1   593 14
594 5   595 $2\le k<\dfrac{9}{4}$
596 (1) $(2,2),(4,4)$ (2) $2\sqrt{2}$ 597 4
598 ⑤   599 ④   600 ③   601 ⑤
602 $\dfrac{9}{2}$ 603 $-\dfrac{7}{4}<a<2$ 604 $\dfrac{3}{4}$
605 ①   606 $\dfrac{9}{2}$ 607 $\dfrac{21}{8}$

빠른답 체크 후 틀린 문제는
바른답·알찬풀이에서 꼭 확인하세요.

빠른답 체크

Speed Check

공통수학2 607제

빠른답 체크 후 틀린 문제는
바른답·알찬풀이에서 꼭 확인하세요.

당신이 어떤 일을 해낼 수 있는지
누군가가 물어보면 대답해라.
'물론이죠!'
그 다음 어떻게 그 일을 해낼 수
있는지 부지런히 고민하라.

-시어도어 루스벨트-

기출 분석 문제집

1등급 만들기

MiraeN 에듀

수학 공통수학1, 공통수학2, 대수,
확률과 통계*, 미적분 Ⅰ*

2022 개정
교육과정에서는

1등급
만들기 가

더 중요합니다.

각양각색의 학교 시험에서도
꼭 출제되는 유형이 있습니다.
『1등급 만들기』는 고빈출 유형을 분석하여,
1등급을 만드는 비결을 전수합니다.

 1200개 학교의 고빈출 유형을
치밀하게 분석했습니다.

 정리하기 어려운 개념과 문제를
단계별로 제시했습니다.

 1등급을 가르는 고난도 유형까지
시험 직전 실전력을 점검할 수 있습니다.

기출 분석 문제집
1등급 만들기

수학 공통수학1, 공통수학2, 대수,
확률과 통계*, 미적분 Ⅰ*

사회 통합사회1, 통합사회2*, 한국사1, 한국사2*,
세계시민과 지리, 사회와 문화, 세계사,
현대사회와 윤리

과학 통합과학1, 통합과학2

*2025년 상반기 출간 예정

고등 도서 안내

문학 입문서

손쉬운

작품 이해에서 문제 해결까지
손쉬운 비법을 담은 문학 입문서

현대 문학, 고전 문학

비주얼 개념서

룩 LOOK

이미지 연상으로 필수 개념을 쉽게 익히는
비주얼 개념서

국어   문법
영어   분석독해

수학 개념 기본서

수학중심

개념과 유형을 한 번에 잡는 강력한
개념 기본서

수학Ⅰ, 수학Ⅱ, 확률과 통계, 미적분, 기하

수학 문제 기본서

유형중심

체계적인 유형별 학습으로 실전에서 강력한
문제 기본서

수학Ⅰ, 수학Ⅱ, 확률과 통계, 미적분

사회·과학 필수 기본서

개념 학습과 유형 학습으로 내신과 수능을 잡는
필수 기본서

엔픽

[2022 개정]
사회   통합사회1, 통합사회2*, 한국사1, 한국사2*
과학   통합과학1, 통합과학2, 물리학*, 화학*, 생명과학*,
        지구과학*

*2025년 상반기 출간 예정

올리드

[2015 개정]
사회   한국지리, 사회·문화, 생활과 윤리, 윤리와 사상
과학   물리학Ⅰ, 화학Ⅰ, 생명과학Ⅰ, 지구과학Ⅰ

기출 분석 문제집

완벽한 기출 문제 분석으로 시험에 대비하는 1등급 문제집

 1등급 만들기

[2022 개정]
수학   공통수학1, 공통수학2, 대수, 확률과 통계*, 미적분Ⅰ*
사회   통합사회1, 통합사회2*, 한국사1, 한국사2*,
        세계시민과 지리, 사회와 문화, 세계사, 현대사회와 윤리
과학   통합과학1, 통합과학2

*2025년 상반기 출간 예정

[2015 개정]
국어   문학, 독서
수학   수학Ⅰ, 수학Ⅱ, 확률과 통계, 미적분, 기하
사회   한국지리, 세계지리, 생활과 윤리, 윤리와 사상,
        사회·문화, 정치와 법, 경제, 세계사, 동아시아사
과학   물리학Ⅰ, 화학Ⅰ, 생명과학Ⅰ, 지구과학Ⅰ,
        물리학Ⅱ, 화학Ⅱ, 생명과학Ⅱ, 지구과학Ⅱ

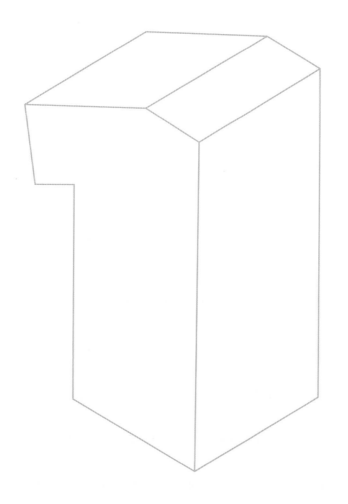

기 출 분 석 문 제 집

1등급 만들기

공통수학2
607제

바른답·
알찬풀이

Mirae N 에듀

바른답 •
알찬풀이

Study Point

1. 알찬 해설
정확하고 자세한 해설을 통해 문제의 핵심을 찾을 수 있습니다.

2. 1등급 비법
1등급을 달성할 수 있는 노하우를 수록하였습니다.

3. 개념 보충
놓치기 쉬운 개념을 다시 한번 정리하였습니다.

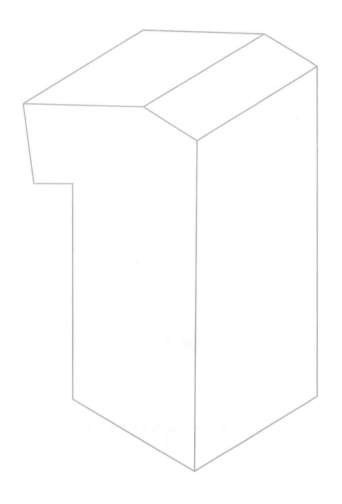

기 출 분 석 문 제 집

1등급 만들기

공통수학2
607제

바른답·알찬풀이

Mirae N 에듀

I 도형의 방정식

01 평면좌표

001 14	**002** ②	**003** 3	**004** 4	**005** ③
006 ⑤	**007** ⑤	**008** ③	**009** -1	
010 $(3, 3\sqrt{3})$		**011** ④	**012** -26	**013** ②
014 ①	**015** ④	**016** 10	**017** ③	**018** ②
019 ④	**020** ②	**021** ②	**022** ④	**023** 4
024 ④	**025** 2	**026** ⑤	**027** ⑤	**028** -3
029 4	**030** 4	**031** ③	**032** 9	**033** ①
034 $3x+2y-15=0$		**035** 17	**036** ②	

001

$\overline{AB}=\sqrt{\{5-(a-1)\}^2+\{(a-4)-4\}^2}=\sqrt{10}$ 에서

$\sqrt{(6-a)^2+(a-8)^2}=\sqrt{10}$

$\sqrt{2a^2-28a+100}=\sqrt{10}$

양변을 제곱하면 $2a^2-28a+100=10$

$\therefore a^2-14a+45=0$

따라서 모든 실수 a의 값의 합은 이차방정식의 근과 계수의 관계에 의하여 14이다.

002

$\overline{OA}=\overline{OB}$에서 $\overline{OA}^2=\overline{OB}^2$이므로

$(5-0)^2+(-5-0)^2=(1-0)^2+(a-0)^2$

$50=a^2+1,\ a^2=49$

$\therefore a=7\ (\because a>0)$

003

$\overline{OA}=5$에서 $\overline{OA}^2=25$이므로

$a^2+3^2=25,\ a^2=16$

$\therefore a=-4$ 또는 $a=4$

$\overline{OB}=5$에서 $\overline{OB}^2=25$

$(-4)^2+b^2=25,\ b^2=9$

$\therefore b=-3$ 또는 $b=3$

따라서 조건을 만족시키는 순서쌍 (a, b)는

$(-4, -3), (4, -3), (4, 3)$

의 3개이다.

오답 피하기 $a=-4$, $b=3$이면 두 점 A, B가 서로 같은 점이 되므로 문제의 조건을 만족시키지 않는다.

004

$\overline{AB}=2\overline{CD}$ 에서 $\overline{AB}^2=4\overline{CD}^2$이므로

$(-2-a)^2+(a-2)^2=4[(2-1)^2+\{2-(-1)\}^2]$

$2a^2+8=40,\ a^2=16$

$\therefore a=4\ (\because a>0)$

005

$\overline{AB}$를 한 변으로 하는 정육각형의 넓이는 $\overline{AB}$를 한 변으로 하는 정삼각형의 넓이의 6배이므로

$\overline{AB}=\sqrt{\{4-(-1)\}^2+(7-4)^2}=\sqrt{34}$

따라서 구하는 정육각형의 넓이는

$\left\{\dfrac{\sqrt{3}}{4}\times(\sqrt{34})^2\right\}\times6=51\sqrt{3}$

006

점 P의 좌표를 $(a, 0)$이라 하면

$\overline{AP}=\overline{BP}$에서 $\overline{AP}^2=\overline{BP}^2$이므로

$\{a-(-2)\}^2+(0-1)^2=(a-1)^2+(0-5)^2$

$a^2+4a+5=a^2-2a+26$

$6a=21$ $\therefore a=\dfrac{7}{2}$

따라서 점 P의 좌표는 $\left(\dfrac{7}{2}, 0\right)$이다.

1등급 비법

여러 점으로부터 같은 거리에 있는 한 점의 좌표를 구하는 경우에는 그 점의 위치를 생각하여 다음과 같이 좌표를 정해야 계산을 쉽게 할 수 있다.

① x축 위의 점이면 ⇨ $(a, 0)$
② y축 위의 점이면 ⇨ $(0, a)$
③ 함수 $y=f(x)$의 그래프 위의 점이면 ⇨ $(a, f(a))$

007

점 P의 좌표를 $(a, 0)$이라 하면

$\overline{AP}=\overline{BP}$에서 $\overline{AP}^2=\overline{BP}^2$이므로

$(a-1)^2+(0-2)^2=(a-3)^2+(0-4)^2$

$a^2-2a+5=a^2-6a+25$

$4a=20$ $\therefore a=5$

$\therefore$ P$(5, 0)$

점 Q의 좌표를 $(0, b)$라 하면

$\overline{AQ}=\overline{BQ}$에서 $\overline{AQ}^2=\overline{BQ}^2$이므로

$(0-1)^2+(b-2)^2=(0-3)^2+(b-4)^2$

$b^2-4b+5=b^2-8b+25$

$4b=20$ $\therefore b=5$

$\therefore$ Q$(0, 5)$

$\therefore \overline{PQ}=\sqrt{(0-5)^2+(5-0)^2}=\sqrt{50}=5\sqrt{2}$

008

점 P(a, b)가 직선 $y=2x-1$ 위의 점이므로

$b=2a-1$ $\therefore 2a-b=1$ ······ ㉠

또, $\overline{AP}=\overline{BP}$에서 $\overline{AP}^2=\overline{BP}^2$이므로

$\{a-(-2)\}^2+(b-0)^2=(a-2)^2+(b-4)^2$

$a^2+4a+b^2+4=a^2-4a+b^2-8b+20$

$8a+8b=16$ $\therefore a+b=2$ $\qquad$ ...... ㉡

㉠, ㉡을 연립하여 풀면

$a=1,\ b=1$

$\therefore a-b=1-1=0$

009

삼각형 ABC의 외심을 $P(a, b)$라 하면 점 P에서 세 점 A, B, C에 이르는 거리가 같으므로

$\overline{AP}=\overline{BP}=\overline{CP}$

$\overline{AP}=\overline{BP}$에서 $\overline{AP}^2=\overline{BP}^2$이므로

$(a-2)^2+(b-2)^2=\{a-(-2)\}^2+(b-0)^2$

$a^2-4a+b^2-4b+8=a^2+4a+b^2+4$

$-8a-4b=-4$

$\therefore 2a+b=1$ $\qquad$ ...... ㉠

또, $\overline{BP}=\overline{CP}$에서 $\overline{BP}^2=\overline{CP}^2$이므로

$\{a-(-2)\}^2+(b-0)^2=(a-4)^2+(b-0)^2$

$a^2+4a+b^2+4=a^2-8a+b^2+16$

$12a=12$ $\therefore a=1$

$a=1$을 ㉠에 대입하면

$b=-1$

$\therefore ab=1\times(-1)=-1$

010

삼각형 OAB가 정삼각형이므로

$\overline{OA}=\overline{OB}=\overline{AB}$

점 B의 좌표를 $(a, b)\ (a>0, b>0)$라 하면

$\overline{OA}=\overline{OB}$에서 $\overline{OA}^2=\overline{OB}^2$이므로

$6^2=a^2+b^2$ $\qquad$ ...... ㉠

$\overline{OB}=\overline{AB}$에서 $\overline{OB}^2=\overline{AB}^2$이므로

$a^2+b^2=(a-6)^2+b^2$

$a^2+b^2=a^2-12a+b^2+36$

$12a=36$ $\therefore a=3$

$a=3$을 ㉠에 대입하면

$36=9+b^2,\ b^2=27$

$\therefore b=3\sqrt{3}\ (\because b>0)$

따라서 점 B의 좌표는 $(3, 3\sqrt{3})$이다.

011

삼각형 ABC의 세 변의 길이를 각각 구하면

$\overline{AB}=\sqrt{\{1-(-1)\}^2+(1-5)^2}$
$\quad=\sqrt{20}=2\sqrt{5}$

$\overline{BC}=\sqrt{(3-1)^2+(2-1)^2}=\sqrt{5}$

$\overline{CA}=\sqrt{\{3-(-1)\}^2+(2-5)^2}$
$\quad=\sqrt{25}=5$

$\therefore \overline{AB}^2+\overline{BC}^2=\overline{CA}^2$

따라서 삼각형 ABC는 빗변이 $\overline{CA}$인 직각삼각형이다.

세 점을 꼭짓점으로 하는 삼각형의 모양을 알아볼 때는 다음과 같이 해결한다.

(i) 두 점 사이의 거리를 구하는 공식을 이용하여 세 변의 길이를 각각 구한다.

(ii) (i)에서 구한 세 변의 길이 사이의 관계를 알아본다.

삼각형 ABC의 세 변의 길이가 a, b, c일 때

① $a=b=c$ ⇨ 정삼각형

② $a=b$ 또는 $b=c$ 또는 $c=a$ ⇨ 이등변삼각형

③ $a^2=b^2+c^2$ ⇨ 빗변의 길이가 a인 직각삼각형

012

삼각형 ABC의 세 변의 길이를 각각 구하면

$\overline{AB}=\sqrt{\{2-(-2)\}^2+\{2-(-1)\}^2}=5$

$\overline{BC}=|a-2|$

$\overline{CA}=\sqrt{\{2-(-2)\}^2+\{a-(-1)\}^2}$
$\quad=\sqrt{a^2+2a+17}$

(i) $\overline{AB}=\overline{BC}$일 때,

$\overline{AB}^2=\overline{BC}^2$이므로

$25=(a-2)^2$

$a^2-4a-21=0,\ (a+3)(a-7)=0$

$\therefore a=-3\ (\because a<0)$

(ii) $\overline{BC}=\overline{CA}$일 때,

$\overline{BC}^2=\overline{CA}^2$이므로

$(a-2)^2=a^2+2a+17$

$a^2-4a+4=a^2+2a+17,\ -6a=13$

$\therefore a=-\dfrac{13}{6}$

(iii) $\overline{CA}=\overline{AB}$일 때,

$\overline{CA}^2=\overline{AB}^2$이므로

$a^2+2a+17=25$

$a^2+2a-8=0,\ (a+4)(a-2)=0$

$\therefore a=-4\ (\because a<0)$

(i), (ii), (iii)에서 삼각형 ABC가 이등변삼각형이 되게 하는 모든 a의 값의 곱은

$(-3)\times(-4)\times\left(-\dfrac{13}{6}\right)=-26$

013

점 P의 좌표를 $(a, 0)$이라 하면

$\overline{AP}^2+\overline{BP}^2$

$=\{(a-2)^2+(0-3)^2\}+[\{a-(-4)\}^2+(0-5)^2]$

$=2a^2+4a+54$

$=2(a+1)^2+52$

따라서 $a=-1$, 즉 점 P의 좌표가 $(-1, 0)$일 때 $\overline{AP}^2+\overline{BP}^2$의 값이 최소가 된다.

개념 보충

이차함수의 최댓값과 최솟값

이차함수 $y=a(x-m)^2+n$에서

① $a>0$이면 $x=m$일 때, 최솟값 n을 갖는다.

② $a<0$이면 $x=m$일 때, 최댓값 n을 갖는다.

014

직선 $y=x+2$ 위의 점 P의 좌표를 $(a, a+2)$라 하면
$$\overline{AP}^2+\overline{BP}^2$$
$$=\{(a-2)^2+(a+2-6)^2\}+\{(a-4)^2+(a+2-8)^2\}$$
$$=4a^2-32a+72$$
$$=4(a-4)^2+8$$
따라서 $a=4$, 즉 점 P의 좌표가 $(4, 6)$일 때 $\overline{AP}^2+\overline{BP}^2$은 최솟값 8을 갖는다.

015

직선 $y=x$ 위의 점 P의 좌표를 (b, b)라 하면
$$\overline{AP}^2+\overline{BP}^2$$
$$=\{(b-1)^2+(b-a)^2\}+(b-a)^2+\{b-(-3)\}^2$$
$$=4b^2-4(a-1)b+2a^2+10 \qquad \cdots\cdots \text{㉠}$$
한편, 조건에서 $\overline{AP}^2+\overline{BP}^2$은 점 P의 x좌표가 $\dfrac{3}{2}$일 때, 최솟값 m을 가지므로
$$\overline{AP}^2+\overline{BP}^2=4\left(x-\dfrac{3}{2}\right)^2+m=4x^2-12x+m+9$$
점 P의 x좌표가 b이므로
$$\overline{AP}^2+\overline{BP}^2=4b^2-12b+m+9 \qquad \cdots\cdots \text{㉡}$$
㉠, ㉡에서
$$-4(a-1)=-12, \ 2a^2+10=m+9$$
두 식을 연립하여 풀면 $a=4$, $m=33$
$$\therefore a+m=4+33=37$$

016

$\overline{AP}+\overline{BP}$의 값이 최소인 경우는 점 P가 $\overline{AB}$ 위에 있을 때이므로
$$\overline{AP}+\overline{BP}\geq\overline{AB}$$
$$=\sqrt{\{4-(-2)\}^2+\{(-5-3)\}^2}=10$$
따라서 구하는 최솟값은 10이다.

017

$O(0, 0)$, $A(x, y)$, $B(1, 4)$라 하면
$$\sqrt{x^2+y^2}=\overline{OA}, \ \sqrt{(x-1)^2+(y-4)^2}=\overline{AB}$$
$$\therefore \sqrt{x^2+y^2}+\sqrt{(x-1)^2+(y-4)^2}$$
$$=\overline{OA}+\overline{AB}$$
$$\geq\overline{OB}$$
$$=\sqrt{1^2+4^2}=\sqrt{17}$$
따라서 구하는 최솟값은 $\sqrt{17}$이다.

018

$A(3, -1)$, $B(-4, 6)$, $P(x, y)$라 하면
$$\sqrt{x^2+y^2-6x+2y+10}+\sqrt{x^2+y^2+8x-12y+52}$$
$$=\sqrt{(x-3)^2+(y+1)^2}+\sqrt{(x+4)^2+(y-6)^2}$$
$$=\overline{AP}+\overline{BP}$$
$$\geq\overline{AB}$$
$$=\sqrt{(-4-3)^2+(6+1)^2}=7\sqrt{2}$$

019

두 점 $A(a, -1)$, $B(-6, b)$에 대하여 선분 AB의 중점의 좌표가 $(-2, 1)$이므로
$$\dfrac{a+(-6)}{2}=-2 \text{에서 } a-6=-4 \qquad \therefore a=2$$
$$\dfrac{-1+b}{2}=1 \text{에서 } -1+b=2 \qquad \therefore b=3$$
$$\therefore a+b=2+3=5$$

020

선분 AB를 $2 : 1$로 내분하는 점의 좌표를 (a, b)라 하면
$$a=\dfrac{2\times6+1\times0}{2+1}=4, \ b=\dfrac{2\times1+1\times4}{2+1}=2$$
따라서 점 $(4, 2)$와 원점 사이의 거리는
$$\sqrt{4^2+2^2}=2\sqrt{5}$$

021

선분 AB를 $3 : b$로 내분하는 점의 좌표가 $(4, -5)$이므로
$$\dfrac{3\times6+b\times a}{3+b}=4 \text{에서}$$
$$18+ab=4(3+b)$$
$$\therefore ab-4b=-6 \qquad \cdots\cdots \text{㉠}$$
$$\dfrac{3\times(-8)+b\times4}{3+b}=-5 \text{에서}$$
$$-24+4b=-5(3+b)$$
$$9b=9 \qquad \therefore b=1$$
$b=1$을 ㉠에 대입하면
$$a-4=-6 \qquad \therefore a=-2$$
$$\therefore a+b=(-2)+1=-1$$

022

$\overline{AC}=3\overline{BC}$에서 $\overline{AC} : \overline{BC}=3 : 1$이므로 점 C는 선분 AB를 $3 : 1$로 내분하는 점이다.

점 C의 좌표를 (a, b)라 하면
$$a=\dfrac{3\times3+1\times(-1)}{3+1}=2, \ b=\dfrac{3\times(-2)+1\times2}{3+1}=-1$$
$$\therefore C(2, -1)$$

1등급 비법

선분 AB 위의 점 C에 대하여
$n\overline{AC}=m\overline{BC}$ (단, $m>0, n>0$)
$\Rightarrow \overline{AC} : \overline{BC}=m : n$
$\Rightarrow$ 점 C는 선분 AB를 $m : n$으로 내분하는 점이다.

023

선분 AB를 $(1-t) : t$로 내분하는 점의 좌표는
$$\left(\dfrac{(1-t)\times1+t\times(-4)}{(1-t)+t}, \ \dfrac{(1-t)\times3+t\times1}{(1-t)+t}\right)$$

$$\therefore (-5t+1, -2t+3)$$
이 점이 직선 $y=x+14$ 위에 있으므로
$$-2t+3=(-5t+1)+14$$
$$3t=12$$
$$\therefore t=4$$

024

$\overline{OP_1}, \overline{OP_2}, \overline{OP_3}, \overline{OP_4}$ 중에서 가장 긴 선분은 $\overline{OP_4}$이다.
이때 점 P_4는 선분 AB를 $4:1$로 내분하는 점이므로 점 P_4의 좌표를 (a, b)라 하면
$$a=\frac{4\times20+1\times0}{4+1}=16, \quad b=\frac{4\times0+1\times10}{4+1}=2$$
$$\therefore P_4(16, 2)$$
따라서 구하는 선분의 길이는
$$\overline{OP_4}=\sqrt{16^2+2^2}=2\sqrt{65}$$

025

삼각형 ABP의 넓이가 삼각형 APC의 넓이의 2배이고, 높이가 같은 두 삼각형의 넓이의 비는 밑변의 길이의 비와 같으므로
$$\overline{BP} : \overline{PC}=2:1$$
즉, 점 $P(a, b)$는 선분 BC를 $2:1$로 내분하는 점이므로

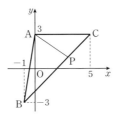

$$a=\frac{2\times5+1\times(-1)}{2+1}=3, \quad b=\frac{2\times3+1\times(-3)}{2+1}=1$$
$$\therefore a-b=3-1=2$$

026

평행사변형의 두 대각선은 서로를 이등분하므로 대각선 AC의 중점과 대각선 BD의 중점이 일치한다. 즉,
$$\frac{2+a}{2}=\frac{0+5}{2}$$ 에서 $a=3$
$$\frac{5+(-1)}{2}=\frac{0+b}{2}$$ 에서 $b=4$
$$\therefore a+b=3+4=7$$

> **개념 보충**
>
> **평행사변형의 정의와 그 성질**
> - 정의: 마주 보는 두 변이 서로 평행한 사각형
> - 성질: 두 대각선은 서로를 이등분한다.

027

마름모의 두 대각선은 서로를 이등분하므로 대각선 AC의 중점과 대각선 BD의 중점이 일치한다. 즉,
$$\frac{a+5}{2}=\frac{-a+7}{2}$$ 에서
$$2a=2 \qquad \therefore a=1$$

$\frac{a+(-a)}{2}=\frac{-b+b}{2}$ 는 항상 성립한다.
또, 마름모는 네 변의 길이가 같으므로
$\overline{AB}=\overline{AD}$에서 $\overline{AB}^2=\overline{AD}^2$
$$(-a-a)^2+(-b-a)^2=(7-a)^2+(b-a)^2$$
위의 식에 $a=1$을 대입하면
$$4+(1+b)^2=36+(b-1)^2$$
$$b^2+2b+5=b^2-2b+37$$
$$4b=32 \qquad \therefore b=8$$
$$\therefore a+b=1+8=9$$

028

대각선 BD의 중점의 좌표는
$$\left(\frac{c+d}{2}, \frac{2+(-4)}{2}\right), \text{ 즉 } \left(\frac{c+d}{2}, -1\right)$$
이 점이 직선 $y=x-2$ 위에 있으므로
$$-1=\frac{c+d}{2}-2$$
$$\therefore c+d=2$$
또, 대각선 AC의 중점의 좌표는
$$\left(\frac{a+4}{2}, \frac{b+1}{2}\right)$$
이 점은 대각선 BD의 중점의 좌표 $(1, -1)$과 일치하므로
$$\frac{a+4}{2}=1, \quad \frac{b+1}{2}=-1$$
$$\therefore a=-2, \quad b=-3$$
$$\therefore a+b+c+d=(-2)+(-3)+2=-3$$

029

오른쪽 그림에서 선분 AB를 $m:n$으로 내분하는 점 P의 좌표는
$$\left(\frac{-6m+4n}{m+n}, \frac{5m}{m+n}\right)$$
삼각형 OAB의 넓이는
$$\frac{1}{2}\times4\times5=10$$
삼각형 OPB의 넓이가 8이므로 삼각형 OAP의 넓이는
$$10-8=2$$
즉, $\frac{1}{2}\times4\times\frac{5m}{m+n}=2$에서
$$5m=m+n \qquad \therefore n=4m$$
$$\therefore \frac{n}{m}=4$$

> **다른 풀이** 위의 그림에서 두 삼각형 OAP와 OPB는 각각 선분 AP, 선분 PB를 밑변으로 하면 높이가 같으므로 두 삼각형의 넓이의 비는 밑변의 길이의 비와 같다.
> 즉, 두 삼각형 OAP, OPB의 넓이가 각각 2, 8이므로
> $\overline{AP}:\overline{PB}=2:8=m:n$
> $$\therefore \frac{n}{m}=4$$

030

삼각형 ABC와 세 점 D, E, F
를 나타내면 오른쪽 그림과 같다.
삼각형 ABC의 넓이를 S라 하
면 $\overline{AD}:\overline{DB}=2:1$이므로 삼각
형 ADC의 넓이는 $\frac{2}{3}S$이고, 점

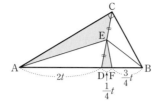

E가 선분 CD의 중점이므로 삼각형 AEC의 넓이를 S_1이라 하면

$$S_1=\frac{1}{2}\times\frac{2}{3}S=\frac{1}{3}S$$

삼각형 BCD의 넓이가 $\frac{1}{3}S$이고, 점 E가 선분 CD의 중점이므로
삼각형 BED의 넓이는

$$\frac{1}{2}\times\frac{1}{3}S=\frac{1}{6}S$$

$\overline{DF}:\overline{FB}=1:3$이므로 삼각형 DFE의 넓이를 S_2라 하면

$$S_2=\frac{1}{4}\times\frac{1}{6}S=\frac{1}{24}S$$

따라서 $\dfrac{S_1}{S_2}=\dfrac{\frac{1}{6}S}{\frac{1}{24}S}=4$이므로 삼각형 AEC의 넓이는 삼각형

DFE의 넓이의 4배이다.

$$\therefore k=4$$

031

삼각형 ABC의 무게중심의 좌표가 $(2,1)$이므로

$$\frac{a+(-1)+5}{3}=2\text{에서 }a+4=6 \qquad \therefore a=2$$

$$\frac{2+b+(-2)}{3}=1\text{에서 }b=3$$

$$\therefore a+b=2+3=5$$

032

점 B의 좌표를 (x,y)라 하면 $\overline{AB}$의 중점의 좌표가 $(2,1)$이므로

$$\frac{3+x}{2}=2\text{에서 }x=1$$

$$\frac{0+y}{2}=1\text{에서 }y=2$$

$$\therefore B(1,2)$$

세 점 $A(3,0)$, $B(1,2)$, $C(a,b)$를 세 꼭짓점으로 하는 삼각형
ABC의 무게중심의 좌표가 $(2,3)$이므로

$$\frac{3+1+a}{3}=2\text{에서 }a=2$$

$$\frac{0+2+b}{3}=3\text{에서 }b=7$$

$$\therefore a+b=2+7=9$$

다른풀이 선분 AB의 중점을 $M(2,1)$이라 하면 삼각형 ABC의 무
게중심은 선분 CM을 $2:1$로 내분하는 점이므로

$$\frac{2\times2+1\times a}{2+1}=2\text{에서 }a+4=6 \qquad \therefore a=2$$

$$\frac{2\times1+1\times b}{2+1}=3\text{에서 }b+2=9 \qquad \therefore b=7$$

$$\therefore a+b=2+7=9$$

033

선분 BC의 중점을 $M(a,b)$라 하면 삼각형 ABC의 무게중심은
선분 AM을 $2:1$로 내분하는 점이므로

$$\frac{2\times a+1\times1}{2+1}=-1\text{에서 }2a+1=-3$$

$$\therefore a=-2$$

$$\frac{2\times b+1\times(-2)}{2+1}=2\text{에서 }2b-2=6$$

$$\therefore b=4$$

따라서 선분 BC의 중점의 좌표는 $(-2,4)$이다.

034

점 P의 좌표를 (x,y)라 하면 $\overline{PA}^2-\overline{PB}^2=12$이므로

$$(1-x)^2+(-2-y)^2-\{(7-x)^2+(2-y)^2\}=12$$

$$x^2-2x+y^2+4y+5-(x^2-14x+y^2-4y+53)=12$$

$$12x+8y-48=12$$

$$\therefore 3x+2y-15=0$$

035

점 P의 좌표를 (x,y)라 하면
$\overline{PA}=\overline{PB}$에서 $\overline{PA}^2=\overline{PB}^2$이므로

$$(3-x)^2+(-2-y)^2=(-4-x)^2+(7-y)^2$$

$$x^2-6x+y^2+4y+13=x^2+8x+y^2-14y+65$$

$$14x-18y+52=0$$

$$\therefore 7x-9y+26=0$$

따라서 $a=-9$, $b=26$이므로
$$a+b=(-9)+26=17$$

036

실수 t에 대하여 점 A의 좌표를 $\left(t,\frac{1}{2}t+5\right)$라 하고, 선분 AB를
$3:1$로 내분하는 점을 $P(x,y)$라 하면

$$x=\frac{3\times3+1\times t}{3+1}=\frac{9+t}{4} \qquad\qquad \cdots\cdots ㉠$$

$$y=\frac{3\times2+1\times\left(\frac{1}{2}t+5\right)}{3+1}=\frac{t+22}{8} \qquad\qquad \cdots\cdots ㉡$$

㉠에서 $t=4x-9$이고 이를 ㉡에 대입하면

$$y=\frac{(4x-9)+22}{8}=\frac{4x+13}{8}$$

$$\therefore 4x-8y+13=0$$

037

삼각형 ABC가 $\angle C = 90°$인 직각이등변삼각형이므로

$\overline{AC} = \overline{BC}$이고 $\overline{AC}^2 + \overline{BC}^2 = \overline{AB}^2$

$\overline{AC} = \overline{BC}$에서 $\overline{AC}^2 = \overline{BC}^2$이므로

$\{1-(-1)\}^2 + (a-1)^2 = \{1-(-2a)\}^2 + (a-0)^2$

$a^2 - 2a + 5 = 5a^2 + 4a + 1$

$2a^2 + 3a - 2 = 0$

$(a+2)(2a-1) = 0$

$\therefore a = -2$ 또는 $a = \dfrac{1}{2}$ ······ ㉠ ······ ㉮

또, $\overline{AC}^2 + \overline{BC}^2 = \overline{AB}^2$이므로

$[\{1-(-1)\}^2 + (a-1)^2] + [\{1-(-2a)\}^2 + (a-0)^2]$

$= \{-2a-(-1)\}^2 + (0-1)^2$

$6a^2 + 2a + 6 = 4a^2 - 4a + 2$

$a^2 + 3a + 2 = 0$

$(a+2)(a+1) = 0$

$\therefore a = -2$ 또는 $a = -1$ ······ ㉡ ······ ㉯

㉠, ㉡에서 $a = -2$ ······ ㉰

채점 기준	배점 비율
㉮ $\overline{AC} = \overline{BC}$를 만족시키는 a의 값 구하기	40 %
㉯ $\overline{AC}^2 + \overline{BC}^2 = \overline{AB}^2$을 만족시키는 a의 값 구하기	40 %
㉰ a의 값 구하기	20 %

038

$4\overline{AB} = 3\overline{BC}$에서 $\overline{AB} : \overline{BC} = 3 : 4$

이때 $a < 0$이므로 점 A는 선분 CB를
1 : 3으로 내분하는 점이다. ······ ㉮

따라서

$\dfrac{1 \times 3 + 3 \times a}{1+3} = -2$에서

$3 + 3a = -8$

$\therefore a = -\dfrac{11}{3}$

$\dfrac{1 \times 1 + 3 \times b}{1+3} = -3$에서

$1 + 3b = -12$

$\therefore b = -\dfrac{13}{3}$ ······ ㉯

$\therefore a + b = \left(-\dfrac{11}{3}\right) + \left(-\dfrac{13}{3}\right) = -8$ ······ ㉰

채점 기준	배점 비율
㉮ 점 A가 선분 CB를 1 : 3으로 내분하는 점임을 알기	50 %
㉯ a, b의 값 구하기	40 %
㉰ $a+b$의 값 구하기	10 %

참고 세 점 A, B, C의 위치가 오른쪽 그림
과 같을 때에도 $\overline{AB} : \overline{BC} = 3 : 4$이지만 좌
표평면 위에 나타내면 점 C의 x좌표인 a가
$a > 0$이므로 조건을 만족시키지 않는다.

039

(1) 점 B가 이차함수 $y = \dfrac{1}{4}x^2$의 그래프 위의 점이므로 점 B의 좌

표를 $\left(t, \dfrac{1}{4}t^2\right)$이라 하면 선분 AB를 1 : 2로 내분하는 점 C의

좌표는

$\left(\dfrac{1 \times t + 2 \times \sqrt{3}}{1+2}, \dfrac{1 \times \frac{1}{4}t^2 + 2 \times 0}{1+2}\right)$

$\therefore C\left(\dfrac{t + 2\sqrt{3}}{3}, \dfrac{t^2}{12}\right)$ ······ ㉮

이때 점 C가 y축 위에 있으므로

$\dfrac{t + 2\sqrt{3}}{3} = 0$ $\therefore t = -2\sqrt{3}$

$\therefore B(-2\sqrt{3}, 3), C(0, 1)$ ······ ㉯

(2) 점 D의 좌표를 $(0, k)$라 하면

$\overline{BD} = \overline{CD}$에서 $\overline{BD}^2 = \overline{CD}^2$이므로

$(-2\sqrt{3}-0)^2 + (3-k)^2 = (1-k)^2$ ······ ㉰

$21 - 6k + k^2 = k^2 - 2k + 1$

$-4k = -20$ $\therefore k = 5$

따라서 점 D의 y좌표는 5이다. ······ ㉱

	채점 기준	배점 비율
(1)	㉮ 두 점 B, C의 좌표를 구하는 식 세우기	30 %
	㉯ 두 점 B, C의 좌표를 각각 구하기	40 %
(2)	㉰ 점 D의 좌표를 구하는 식 세우기	20 %
	㉱ 점 D의 y좌표 구하기	10 %

040

변 AB를 2 : 1로 내분하는 점 P의 좌표를 (x_1, y_1)이라 하면

$x_1 = \dfrac{2 \times 1 + 1 \times (-1)}{2+1} = \dfrac{1}{3}$, $y_1 = \dfrac{2 \times 6 + 1 \times 2}{2+1} = \dfrac{14}{3}$

$\therefore P\left(\dfrac{1}{3}, \dfrac{14}{3}\right)$ ······ ㉮

변 BC를 2 : 1로 내분하는 점 Q의 좌표를 (x_2, y_2)라 하면

$x_2 = \dfrac{2 \times 3 + 1 \times 1}{2+1} = \dfrac{7}{3}$, $y_2 = \dfrac{2 \times (-14) + 1 \times 6}{2+1} = -\dfrac{22}{3}$

$\therefore Q\left(\dfrac{7}{3}, -\dfrac{22}{3}\right)$ ······ ㉯

변 CA를 2 : 1로 내분하는 점 R의 좌표를 (x_3, y_3)이라 하면

$x_3 = \dfrac{2 \times (-1) + 1 \times 3}{2+1} = \dfrac{1}{3}$, $y_3 = \dfrac{2 \times 2 + 1 \times (-14)}{2+1} = -\dfrac{10}{3}$

$\therefore R\left(\dfrac{1}{3}, -\dfrac{10}{3}\right)$ ······ ㉰

따라서 삼각형 PQR의 무게중심의 좌표는

$\left(\dfrac{\frac{1}{3} + \frac{7}{3} + \frac{1}{3}}{3}, \dfrac{\frac{14}{3} + \left(-\frac{22}{3}\right) + \left(-\frac{10}{3}\right)}{3}\right)$

$\therefore (1, -2)$ ······ ㉱

채점 기준	배점 비율
㉮ 점 P의 좌표 구하기	25 %
㉯ 점 Q의 좌표 구하기	25 %
㉰ 점 R의 좌표 구하기	25 %
㉱ 삼각형 PQR의 무게중심의 좌표 구하기	25 %

다른풀이 세 점 P, Q, R은 세 변 AB, BC, CA를 각각 2 : 1로 내분하는 점이므로 삼각형 PQR의 무게중심은 삼각형 ABC의 무게중심과 일치한다.

따라서 삼각형 PQR의 무게중심의 좌표는

$$\left(\frac{-1+1+3}{3}, \frac{2+6+(-14)}{3}\right)$$

$$\therefore (1, -2)$$

1등급 비법

삼각형 ABC에서 세 변 AB, BC, CA를 각각 $m : n$ $(m>0, n>0)$으로 내분하는 점을 P, Q, R이라 할 때, 삼각형 PQR의 무게중심의 좌표는 세 점 P, Q, R의 좌표를 직접 구한 후에 공식을 이용하여 구할 수도 있지만 삼각형 ABC의 무게중심과 같음을 이용하면 좀 더 간단히 구할 수 있다.

 **실력 완성** ─────── ● 16쪽~18쪽

041 ④	**042** ②	**043** ⑤	**044** ②	**045** 14
046 3	**047** 1	**048** ③	**049** ①	**050** ②
051 ③	**052** 10	**053** ④		

041

두 점 사이의 거리

(전략) 주어진 정사각형을 좌표평면 위에 나타내고, 점 P의 좌표를 (x, y), 점 C의 좌표를 $(a, 0)$이라 한 후 주어진 조건을 두 점 사이의 거리로 나타내어 본다.

(풀이) 주어진 정사각형을 점 B가 원점, 변 BC가 x축, 변 AB가 y축에 놓이도록 좌표평면 위에 나타내면 오른쪽 그림과 같다.

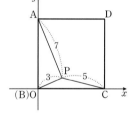

$P(x, y), C(a, 0), A(0, a), D(a, a)$라 하면

$\overline{AP}=7$에서 $\sqrt{(x-0)^2+(y-a)^2}=7$

$\therefore x^2+(y-a)^2=49$ ...... ㉠

$\overline{BP}=3$, 즉 $\overline{OP}=3$에서 $\sqrt{x^2+y^2}=3$

$\therefore x^2+y^2=9$ ...... ㉡

$\overline{CP}=5$에서 $\sqrt{(x-a)^2+(y-0)^2}=5$

$\therefore (x-a)^2+y^2=25$ ...... ㉢

㉠-㉡을 하면 $a^2-2ay=40$

$-2ay=-a^2+40$ $\therefore y=\frac{a^2-40}{2a}$ ...... ㉣

㉢-㉡을 하면 $a^2-2ax=16$

$-2ax=-a^2+16$ $\therefore x=\frac{a^2-16}{2a}$ ...... ㉤

㉣, ㉤을 ㉡에 대입하면

$$\left(\frac{a^2-16}{2a}\right)^2+\left(\frac{a^2-40}{2a}\right)^2=9$$

$a^4-74a^2+928=0, (a^2-16)(a^2-58)=0$

$(a+4)(a-4)(a+\sqrt{58})(a-\sqrt{58})=0$

$\therefore a=4$ 또는 $a=\sqrt{58}$ $(\because a>0)$

그런데 $a=4$이면 삼각형 OAP에서 $3+4=7$, 즉 가장 긴 변의 길이가 나머지 두 변의 길이의 합과 같으므로 삼각형이 만들어지지 않는다.

$$\therefore a=\sqrt{58}$$

따라서 정사각형 ABCD의 한 변의 길이는 $\sqrt{58}$이므로 구하는 넓이는

$$(\sqrt{58})^2=58$$

042

같은 거리에 있는 점의 좌표

(전략) 주어진 삼각형이 직각삼각형임을 알고 삼각형의 외심에서 세 꼭짓점에 이르는 거리가 같음을 이용한다.

(풀이) 삼각형 ABC의 외심 P가 변 BC 위에 있으므로 삼각형 ABC는 변 BC를 빗변으로 하는 직각삼각형이다.

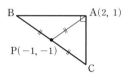

$$\therefore \overline{AB}^2+\overline{AC}^2=\overline{BC}^2 \quad ...... ㉠$$

이때 삼각형 ABC의 외심 P에서 세 꼭짓점에 이르는 거리가 같으므로

$\overline{BC}=2\overline{PA}$

$=2\sqrt{\{2-(-1)\}^2+\{1-(-1)\}^2}$

$=2\sqrt{13}$

따라서 $\overline{BC}^2=(2\sqrt{13})^2=52$이므로 ㉠에서

$$\overline{AB}^2+\overline{AC}^2=\overline{BC}^2=52$$

043

거리의 제곱의 합의 최솟값

(전략) 주어진 직각삼각형을 좌표평면 위에 나타내어 거리의 제곱의 합의 최솟값을 구한다.

(풀이) 주어진 직각삼각형을 꼭짓점 C가 원점, 변 AC가 x축, 변 BC가 y축에 놓이도록 좌표평면 위에 나타내면 오른쪽 그림과 같다.

$\overline{AC}=3, \overline{BC}=6$이므로

$A(3, 0), B(0, 6)$

점 P의 좌표를 (a, b)라 하면

$\overline{AP}^2+\overline{BP}^2+\overline{CP}^2$

$=\{(a-3)^2+b^2\}+\{a^2+(b-6)^2\}+(a^2+b^2)$

$=3a^2-6a+3b^2-12b+45$

$=3(a-1)^2+3(b-2)^2+30$

따라서 $a=1, b=2$일 때 구하는 최솟값은 30이다.

044

선분의 내분점

(전략) 내분점 공식을 이용하여 점 P의 좌표를 구하고, 점 P가 제2사분면 위에 있기 위한 x좌표와 y좌표의 조건을 이용한다.

(풀이) 선분 AB를 $t : (2-t)$로 내분하는 점 P의 좌표는

$$\left(\frac{t\times 7+(2-t)\times(-3)}{t+(2-t)}, \frac{t\times 4+(2-t)\times 1}{t+(2-t)}\right)$$

$$\therefore \left(5t-3, \frac{3}{2}t+1\right)$$

이때 점 P가 제2사분면 위에 있으므로

$5t-3<0, \dfrac{3}{2}t+1>0$

$5t-3<0$에서 $t<\dfrac{3}{5}$ ⋯⋯ ㉠

$\dfrac{3}{2}t+1>0$에서 $t>-\dfrac{2}{3}$ ⋯⋯ ㉡

㉠, ㉡의 공통부분을 구하면 $-\dfrac{2}{3}<t<\dfrac{3}{5}$

그런데 $0<t<1$이므로 $0<t<\dfrac{3}{5}$

$0<15t<9$에서 $15t$가 될 수 있는 정수는 1, 2, 3, ⋯, 8이므로 각각에 대하여 실수 t의 값은 $\dfrac{1}{15}, \dfrac{2}{15}, \dfrac{3}{15}, \cdots, \dfrac{8}{15}$이다.

따라서 조건을 만족시키는 실수 t의 개수는 8이다.

045
선분의 내분점의 활용

(전략) 곡선의 방정식과 직선의 방정식을 연립하여 구한 해가 교점의 x좌표임을 이해하고 이를 이용하여 내분점의 좌표를 구한다.

(풀이) 곡선 $y=x^2-2x$와 직선 $y=3x+k\ (k>0)$가 두 점 P, Q에서 만나므로 두 점 P, Q의 x좌표를 각각 α, β라 하면 이차방정식 $x^2-2x=3x+k$, 즉 $x^2-5x-k=0$의 실근이 α, β이다.

이차방정식의 근과 계수의 관계에 의하여

$\alpha+\beta=5$ ⋯⋯ ㉠

$\alpha\beta=-k$ ⋯⋯ ㉡

또, 선분 PQ를 $1:2$로 내분하는 점의 x좌표가 1이므로

$\dfrac{1\times\beta+2\times\alpha}{1+2}=1$ ∴ $2\alpha+\beta=3$ ⋯⋯ ㉢

㉠, ㉢을 연립하여 풀면

$\alpha=-2, \beta=7$

㉡에서 $k=-\alpha\beta=-(-2)\times7=14$

> **개념 보충**
>
> **이차방정식의 근과 계수의 관계**
>
> 이차방정식 $ax^2+bx+c=0$의 두 근을 α, β라 하면
>
> $\alpha+\beta=-\dfrac{b}{a}, \alpha\beta=\dfrac{c}{a}$

046
선분의 내분점의 활용

(전략) $k\overline{\mathrm{AC}}=\overline{\mathrm{BC}}$를 비례식으로 나타내어 점 C가 어떤 점인지 파악한다.

(풀이) $k\overline{\mathrm{AC}}=\overline{\mathrm{BC}}$에서 $\overline{\mathrm{AC}}:\overline{\mathrm{BC}}=1:k$이므로 점 C는 선분 AB를 $1:k$로 내분하는 점이다.

즉, 점 C의 좌표는

$\left(\dfrac{1\times0+k\times(-2)}{1+k}, \dfrac{1\times5+k\times0}{1+k}\right)$

∴ $\left(\dfrac{-2k}{1+k}, \dfrac{5}{1+k}\right)$

점 C가 직선 $x+2y=1$ 위에 있으므로

$\dfrac{-2k}{1+k}+2\times\dfrac{5}{1+k}=1$, $-2k+10=1+k$

$-3k=-9$ ∴ $k=3$

047
선분의 내분점의 활용

(전략) 두 점 A, B의 좌표를 각각 $(\alpha, 2-\alpha^2), (\beta, 2-\beta^2)$으로 놓고, 한 점의 좌표를 구한 후 그 점이 직선 $y=kx$ 위의 점임을 이용한다.

(풀이) $\mathrm{A}(\alpha, 2-\alpha^2), \mathrm{B}(\beta, 2-\beta^2)\ (\alpha<0, \beta>0)$이라 하면 $\overline{\mathrm{OA}}:\overline{\mathrm{OB}}=2:1$이므로 원점 O는 선분 AB를 $2:1$로 내분하는 점이다.

$\dfrac{2\times\beta+1\times\alpha}{2+1}=0$에서 $\alpha=-2\beta$ ⋯⋯ ㉠

$\dfrac{2\times(2-\beta^2)+1\times(2-\alpha^2)}{2+1}=0$에서

$6-2\beta^2-\alpha^2=0$ ⋯⋯ ㉡

㉠을 ㉡에 대입하면 $6-2\beta^2-(-2\beta)^2=0$

$-6\beta^2=-6, \beta^2=1$ ∴ $\beta=1\ (\because \beta>0)$

∴ $\mathrm{B}(1, 1)$

이때 점 $\mathrm{B}(1, 1)$이 직선 $y=kx$ 위의 점이므로

$k=1$

048
선분의 내분점의 사각형에서의 활용

(전략) 평행사변형의 두 대각선의 중점은 서로 일치하는 성질과 평행사변형 ABCD의 둘레의 길이를 이용하여 점 D의 좌표를 구한다.

(풀이) 점 D의 좌표를 (a, b)라 하면 대각선 AC의 중점과 대각선 BD의 중점이 일치하므로

$\dfrac{2+1}{2}=\dfrac{3+a}{2}$에서 $a=0$

$\dfrac{3+k}{2}=\dfrac{5+b}{2}$에서 $k=b+2$ ⋯⋯ ㉠

평행사변형 ABCD의 둘레의 길이가 $6\sqrt{5}$이므로

$\overline{\mathrm{AB}}+\overline{\mathrm{AD}}=3\sqrt{5}$

$\sqrt{(3-2)^2+(5-3)^2}+\sqrt{(a-2)^2+(b-3)^2}=3\sqrt{5}$

$\sqrt{b^2-6b+13}=2\sqrt{5}\ (\because a=0)$

양변을 제곱하면 $b^2-6b+13=20$

$b^2-6b-7=0, (b+1)(b-7)=0$

∴ $b=-1$ 또는 $b=7$

(i) $b=-1$일 때, ㉠에서 $k=1$

(ii) $b=7$일 때, ㉠에서 $k=9$

(i), (ii)에서 가능한 실수 k의 값의 합은

$1+9=10$

049
선분의 내분점의 삼각형에서의 활용

(전략) $\triangle\mathrm{ABC}, \triangle\mathrm{ADE}$의 닮음비를 이용하여 두 점 A, D의 특징을 파악한다.

(풀이) 다음 그림에서 직선 BC와 직선 DE가 서로 평행하므로

$\triangle\mathrm{ABC}\backsim\triangle\mathrm{ADE}$ (AA 닮음)

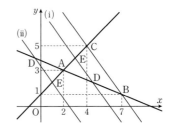

두 삼각형 ABC와 ADE의 넓이의 비가 $4 : 1 = 2^2 : 1^2$이므로 닮음비는
$$\overline{AB} : \overline{AD} = 2 : 1$$
따라서 점 D는 선분 AB의 중점이거나 점 A가 선분 BD를 $2 : 1$로 내분하는 점이다.

(i) 점 D가 선분 AB의 중점일 때,
선분 AB의 중점의 좌표는
$$\left(\frac{2+7}{2}, \frac{3+1}{2}\right), \ \text{즉} \ \left(\frac{9}{2}, 2\right)$$
따라서 점 D의 좌표는 $\left(\frac{9}{2}, 2\right)$이다.

(ii) 점 A가 선분 BD를 $2 : 1$로 내분하는 점일 때,
점 D의 좌표를 (a, b)라 하면 점 A는 선분 BD를 $2 : 1$로 내분하는 점이므로
$$\frac{2 \times a + 7 \times 1}{2+1} = 2\text{에서} \ 2a + 7 = 6$$
$$\therefore a = -\frac{1}{2}$$
$$\frac{2 \times b + 1 \times 1}{2+1} = 3\text{에서} \ 2b + 1 = 9$$
$$\therefore b = 4$$
따라서 점 D의 좌표는 $\left(-\frac{1}{2}, 4\right)$이다.

(i), (ii)에서 모든 점 D의 y좌표의 곱은 $2 \times 4 = 8$

050
선분의 내분점의 삼각형에서의 활용

전략 각의 이등분선의 성질을 이용하여 두 선분 OB와 BH의 길이를 구하고, 내분점의 공식을 이용하여 두 점 C, D의 좌표를 구한다.

풀이 $\overline{OA} = \sqrt{12^2 + 16^2} = 20$, $\overline{AH} = 12$
각의 이등분선의 성질에 의하여
$\overline{OB} : \overline{BH} = \overline{OA} : \overline{AH} = 20 : 12 = 5 : 3$이므로
$$\overline{OB} = \frac{5}{8}\overline{OH} = \frac{5}{8} \times 16 = 10$$
$$\overline{BH} = \frac{3}{8}\overline{OH} = \frac{3}{8} \times 16 = 6$$
$B(10, 0)$이고, 두 점 C, D는 각각 두 선분 AB, BO를 $(1-k) : k$로 내분하는 점이므로 점 C의 좌표는
$$\left(\frac{(1-k) \times 10 + k \times 16}{(1-k)+k}, \frac{(1-k) \times 0 + k \times 12}{(1-k)+k}\right)\text{에서}$$
$(6k+10, 12k)$
점 D의 좌표는
$$\left(\frac{0 \times (1-k) + k \times 10}{(1-k)+k}, 0\right)\text{에서} \ (10k, 0)$$
삼각형 BCD의 밑변의 길이를 $\overline{BD} = 10 - 10k$라 하면 높이는 $12k$이므로 삼각형 BCD의 넓이는
$$\frac{1}{2} \times (10 - 10k) \times 12k = \frac{45}{4}$$
$$\therefore 16k^2 - 16k + 3 = 0$$
따라서 이차방정식의 근과 계수의 관계에 의하여 모든 실수 k의 값의 곱은 $\frac{3}{16}$이다.

051
삼각형의 무게중심

전략 두 점 B, C의 좌표를 임의로 놓고 주어진 조건을 이용하여 관계식을 구한다.

풀이 $B(a_1, b_1)$, $C(a_2, b_2)$라 하면 두 점 M, N은 두 변 AB, AC의 중점이므로
$$x_1 = \frac{1+a_1}{2}, \ y_1 = \frac{6+b_1}{2}$$
$$x_2 = \frac{1+a_2}{2}, \ y_2 = \frac{6+b_2}{2}$$
$x_1 + x_2 = 2$, $y_1 + y_2 = 4$이므로
$$\frac{1+a_1}{2} + \frac{1+a_2}{2} = 2 \quad \therefore a_1 + a_2 = 2$$
$$\frac{6+b_1}{2} + \frac{6+b_2}{2} = 4 \quad \therefore b_1 + b_2 = -4$$
따라서 삼각형 ABC의 무게중심의 좌표는
$$\left(\frac{1+a_1+a_2}{3}, \frac{6+b_1+b_2}{3}\right)\text{에서} \left(\frac{1+2}{3}, \frac{6+(-4)}{3}\right)$$
$$\therefore \left(1, \frac{2}{3}\right)$$

052
삼각형의 무게중심

전략 직선의 방정식을 연립하여 두 점 A, B의 좌표를 구한다.

풀이 두 직선 $y = 3x$와 $y = -2x + k$의 교점 A의 좌표는
$3x = -2x + k$에서
$$x = \frac{k}{5}, \ y = 3 \times \frac{k}{5} = \frac{3}{5}k$$
$$\therefore A\left(\frac{k}{5}, \frac{3}{5}k\right)$$
또, 두 직선 $y = \frac{1}{2}x$와 $y = -2x + k$의 교점 B의 좌표는
$\frac{1}{2}x = -2x + k$에서
$$x = \frac{2}{5}k, \ y = \frac{1}{2} \times \frac{2}{5}k = \frac{k}{5}$$
$$\therefore B\left(\frac{2}{5}k, \frac{k}{5}\right)$$
이때 삼각형 OAB의 무게중심의 좌표가 $\left(2, \frac{8}{3}\right)$이므로
$$\frac{0 + \frac{k}{5} + \frac{2}{5}k}{3} = 2, \ \frac{0 + \frac{3}{5}k + \frac{k}{5}}{3} = \frac{8}{3}$$
$$\therefore k = 10$$

053
삼각형의 무게중심

(전략) 두 점 C, D가 각각 두 선분 OA, OB의 중점임을 이용하여 점 E의 좌표와 $\triangle$OAB 사이의 관계를 파악한다.

(풀이) $A(x_1, y_1)$, $B(x_2, y_2)$라 하면 두 점 C, D의 좌표는 각각

$\left(\dfrac{x_1}{2}, \dfrac{y_1}{2}\right)$, $\left(\dfrac{x_2}{2}, \dfrac{y_2}{2}\right)$이다.

삼각형 OCD의 무게중심의 좌표가 (3, 4)이므로

$\dfrac{0+\dfrac{x_1}{2}+\dfrac{x_2}{2}}{3}=3$, $\dfrac{0+\dfrac{y_1}{2}+\dfrac{y_2}{2}}{3}=4$

$\therefore x_1+x_2=18$, $y_1+y_2=24$

두 점 C, D는 각각 선분 AO, BO의 중점이므로 두 선분 AD, BC는 삼각형 OAB의 중선이고, 점 $E(p, q)$는 삼각형 OAB의 무게중심이다.

따라서 $p=\dfrac{0+x_1+x_2}{3}=\dfrac{18}{3}=6$, $q=\dfrac{0+y_1+y_2}{3}=\dfrac{24}{3}=8$이므로

$p+q=6+8=14$

도전 1등급 최고난도 ━━━━━━━━━━━━ ●19쪽

054 ①   **055** $(6, -6)$

054
삼각형의 무게중심

(1단계) 점 D가 선분 BC의 중점이므로 중선정리를 이용하여 선분 AC의 길이를 구한다.

점 D가 선분 BC의 중점이므로 중선정리에 의하여

$\overline{AB}^2+\overline{AC}^2=2(\overline{AD}^2+\overline{CD}^2)$에서

$(2\sqrt{3})^2+\overline{AC}^2=2\{(\sqrt{7})^2+1^2\}$

$\overline{AC}^2=4$

$\therefore \overline{AC}=2 \ (\because \overline{AC}>0)$

(2단계) $\overline{AP}$, $\overline{DP}$, $\overline{CP}$, $\overline{PE}$의 길이를 구한다.

즉, 삼각형 ABC는 $\overline{AC}=\overline{BC}$인 이등변삼각형이므로 선분 CE는 선분 AB의 수직이등분선이다.

직각삼각형 CEB에서 $\overline{BE}=\sqrt{3}$이고

$\overline{CE}=\sqrt{\overline{BC}^2-\overline{BE}^2}=\sqrt{2^2-(\sqrt{3})^2}=1$

이때 점 P가 삼각형 ABC의 무게중심이므로

$\overline{AP}=\dfrac{2}{3}\overline{AD}=\dfrac{2}{3}\times\sqrt{7}=\dfrac{2\sqrt{7}}{3}$

$\overline{DP}=\dfrac{1}{3}\overline{AD}=\dfrac{1}{3}\times\sqrt{7}=\dfrac{\sqrt{7}}{3}$

$\overline{CP}=\dfrac{2}{3}\overline{CE}=\dfrac{2}{3}\times1=\dfrac{2}{3}$

$\overline{PE}=\dfrac{1}{3}\overline{CE}=\dfrac{1}{3}\times1=\dfrac{1}{3}$

(3단계) 삼각형의 각의 이등분선의 성질을 이용하여 S_1, S_2를 S에 대한 식으로 나타낸다.

삼각형 APE에서 선분 PR이 각 APE의 이등분선이므로

$\overline{AR}:\overline{ER}=\overline{AP}:\overline{PE}$

$=\dfrac{2\sqrt{7}}{3}:\dfrac{1}{3}$

$=2\sqrt{7}:1$

삼각형 ABC의 넓이를 S라 하면 삼각형 APE의 넓이는 $\dfrac{1}{6}S$이므로

$S_1=\dfrac{1}{6}S\times\dfrac{1}{2\sqrt{7}+1}$

$=\dfrac{S}{6(2\sqrt{7}+1)}$ $\cdots\cdots$ ㉠

같은 방법으로 삼각형 CPD에서

$\overline{DQ}:\overline{CQ}=\overline{PD}:\overline{CP}$

$=\dfrac{\sqrt{7}}{3}:\dfrac{2}{3}$

$=\sqrt{7}:2$

삼각형 CPD의 넓이도 $\dfrac{1}{6}S$이므로

$S_2=\dfrac{1}{6}S\times\dfrac{2}{\sqrt{7}+2}$

$=\dfrac{S}{3(\sqrt{7}+2)}$ $\cdots\cdots$ ㉡

(4단계) $\dfrac{S_2}{S_1}$의 값을 구하고 이를 이용하여 a, b의 값을 구한다.

㉠, ㉡에서

$\dfrac{S_2}{S_1}=\dfrac{\dfrac{S}{3(\sqrt{7}+2)}}{\dfrac{S}{6(2\sqrt{7}+1)}}$

$=\dfrac{2(2\sqrt{7}+1)}{\sqrt{7}+2}$

$=\dfrac{2(2\sqrt{7}+1)(\sqrt{7}-2)}{(\sqrt{7}+2)(\sqrt{7}-2)}$

$=8-2\sqrt{7}$

따라서 $a=8$, $b=-2$이므로

$ab=8\times(-2)=-16$

055
삼각형의 무게중심

(1단계) 두 직선 l_1, l_2를 이용하여 세 점 A, B, C의 좌표를 구하고, 세 변 AB, BC, CA의 길이를 이용하여 삼각형 ABC의 특징을 파악한다.

두 직선 l_1, l_2의 교점의 좌표는 연립방정식 $\begin{cases} 2x-y+2=0 \\ x+2y-4=0 \end{cases}$의 해와 같으므로 $x=0$, $y=2$

$\therefore A(0, 2)$

직선 $l_1 : 2x-y+2=0$의 x절편은 -1이므로 $B(-1, 0)$이고, 직선 $l_2 : x+2y-4=0$의 x절편은 4이므로 $C(4, 0)$이다.

$\overline{AB}=\sqrt{(-1-0)^2+(0-2)^2}=\sqrt{5}$

$\overline{BC}=4-(-1)=5$

$\overline{CA}=\sqrt{(4-0)^2+(0-2)^2}=2\sqrt{5}$

$\therefore \overline{BC}^2=\overline{AB}^2+\overline{CA}^2$

따라서 삼각형 ABC는 변 BC를 빗변으로 하는 직각삼각형이고, 삼각형 ABC의 외접원의 중심을 M이라 하면 점 M은 선분 BC의 중점이므로 점 M의 좌표는 $\left(\dfrac{-1+4}{2},\,0\right)$, 즉 $\left(\dfrac{3}{2},\,0\right)$이다.

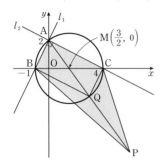

(2단계) 삼각형 BPC의 넓이 조건을 이용하여 점 P의 y좌표를 구하고, 이를 이용하여 점 Q의 y좌표를 유추한다.

삼각형 BPC와 삼각형 ABC는 변 BC를 공통으로 가지므로 두 삼각형의 넓이의 비는 높이의 비와 같다.

즉, 삼각형 BPC의 넓이가 삼각형 ABC의 넓이의 3배이므로 삼각형 BPC의 높이가 삼각형 ABC의 높이의 3배이다.

삼각형 ABC의 높이가 2이므로 삼각형 BPC의 높이는 6이고, 점 P의 y좌표는 -6이다.

또, 점 Q가 삼각형 BPC의 무게중심이므로 점 Q의 y좌표는

$$\dfrac{0+0+(-6)}{3}=-2$$

(3단계) 점 Q가 삼각형 ABC의 외접원 위에 있음을 이용하여 점 Q의 좌표를 구하고, 이를 이용하여 점 P의 좌표를 구한다.

점 Q가 삼각형 ABC의 외접원 위에 있으므로 삼각형 ABC와 삼각형 QCB는 RHS 합동이다.

사각형 ABQC는 직사각형이므로 점 $\mathrm{M}\left(\dfrac{3}{2},\,0\right)$은 선분 AQ의 중점이다.

점 Q의 x좌표를 a라 하면

$$\dfrac{0+a}{2}=\dfrac{3}{2}$$

$$\therefore a=3$$

$$\therefore \mathrm{Q}(3,\,-2)$$

점 P의 좌표를 $(p,\,-6)$이라 하면 점 Q가 삼각형 BPC의 무게중심이므로

$$\dfrac{(-1)+4+p}{3}=3$$

$$\therefore p=6$$

따라서 점 P의 좌표는 $(6,\,-6)$이다.

02 직선의 방정식

유형 분석 기출 ● 21쪽~28쪽

056 ②	**057** 16	**058** ⑤	**059** ①	**060** 2
061 ①	**062** ③	**063** ②	**064** 1	**065** 2
066 ⑤	**067** ②	**068** 18	**069** ④	**070** -25
071 ②	**072** ⑤	**073** ④	**074** ②	**075** -48
076 ②	**077** $\left(-\dfrac{3}{5},\,\dfrac{14}{5}\right)$		**078** 0	**079** ⑤
080 $\dfrac{1}{25}$	**081** -10	**082** $-\dfrac{7}{4}$	**083** ②	**084** ③
085 ①	**086** ①	**087** ⑤	**088** -18	**089** ②
090 14	**091** $\sqrt{5}$	**092** ⑤	**093** ③	**094** 4
095 125	**096** $\dfrac{11}{2}$	**097** 30	**098** $\dfrac{15}{4}$	

056

$\tan 60°=\sqrt{3}$ 이므로 직선의 기울기는 $\sqrt{3}$ 이다.

따라서 점 $(-\sqrt{3},\,-1)$을 지나고 기울기가 $\sqrt{3}$ 인 직선의 방정식은

$$y-(-1)=\sqrt{3}\{x-(-\sqrt{3})\}$$

$$y+1=\sqrt{3}(x+\sqrt{3})$$

$$\therefore y=\sqrt{3}\,x+2$$

개념 보충

직선이 x축의 양의 방향과 이루는 각의 크기가 $x°$일 때,
⇨ (기울기)$=\tan x°$ (단, $0°\leq x°<90°$)

057

두 점 $(3,\,-8)$, $(5,\,4)$를 이은 선분의 중점의 좌표는

$$\left(\dfrac{3+5}{2},\,\dfrac{-8+4}{2}\right)\qquad\therefore (4,\,-2)$$

따라서 점 $(4,\,-2)$를 지나고 기울기가 -6인 직선의 방정식은

$$y-(-2)=-6(x-4)\qquad\therefore y=-6x+22$$

즉, $a=-6$, $b=22$이므로

$$a+b=-6+22=16$$

개념 보충

좌표평면 위의 두 점 $\mathrm{A}(x_1,\,y_1)$, $\mathrm{B}(x_2,\,y_2)$에 대하여 선분 AB의 중점의 좌표는
⇨ $\left(\dfrac{x_1+x_2}{2},\,\dfrac{y_1+y_2}{2}\right)$

058

두 점 $(-3,\,4)$, $(2,\,-6)$을 지나는 직선의 방정식은

$$y-4=\dfrac{-6-4}{2-(-3)}\{x-(-3)\}$$

$$y-4=-2(x+3)\qquad\therefore y=-2x-2$$

직선 $y=-2x-2$가 점 $(a, a+1)$을 지나므로

$a+1=-2a-2$, $3a=-3$

$\therefore a=-1$

059

세 점이 한 직선 위에 있으려면 직선 AB의 기울기와 직선 AC의 기울기가 서로 같아야 하므로

$\dfrac{1-a}{1-(-1)}=\dfrac{-7-a}{a-(-1)}$

$(1-a)(a+1)=2(-7-a)$

$-a^2+1=-2a-14$

$a^2-2a-15=0$, $(a-5)(a+3)=0$

$\therefore a=5 \;(\because a>0)$

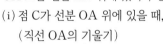

세 점 $A(x_1, y_1)$, $B(x_2, y_2)$, $C(x_3, y_3)$이 한 직선 위에 있으면

① (직선 AB의 기울기)=(직선 BC의 기울기)=(직선 CA의 기울기)

$\Rightarrow \dfrac{y_2-y_1}{x_2-x_1}=\dfrac{y_3-y_2}{x_3-x_2}=\dfrac{y_1-y_3}{x_1-x_3}$

② 두 점 A, B를 지나는 직선 위에 점 C가 있다.

060

점 C의 x좌표가 2이므로 주어진 조건을 만족시키려면 오른쪽 그림과 같이 점 C가 선분 OA 또는 선분 AB 위에 있어야 한다.

(i) 점 C가 선분 OA 위에 있을 때,

　(직선 OA의 기울기)

　=(직선 OC의 기울기)

　이므로

　$\dfrac{1}{3}=\dfrac{a}{2}$　$\therefore a=\dfrac{2}{3}$

(ii) 점 C가 선분 AB 위에 있을 때,

　(직선 AB의 기울기)=(직선 AC의 기울기)

　이므로

　$\dfrac{6}{-3}=\dfrac{a-1}{2-3}$, $-2=1-a$　$\therefore a=3$

(i), (ii)에서 모든 a의 값의 곱은

$\dfrac{2}{3}\times 3=2$

061

$2x+3y-k=0$에

$y=0$을 대입하여 풀면 $x=\dfrac{k}{2}$

$x=0$을 대입하여 풀면 $y=\dfrac{k}{3}$

즉, x절편이 $\dfrac{k}{2}$, y절편이 $\dfrac{k}{3}$이고 k는 양수이므로 직선 $2x+3y-k=0$은 오른쪽 그림과 같다.

이때 $\triangle$OAB의 넓이가 12이므로

$\dfrac{1}{2}\times\dfrac{k}{2}\times\dfrac{k}{3}=12$, $k^2=144$

$\therefore k=12 \;(\because k>0)$

따라서 두 점 $(12, 1)$, $(12, 3)$을 지나는 직선의 방정식은

$x=12$

062

직사각형 ABCD의 세로의 길이를 a라 하면 가로의 길이는 $3a$이고, 둘레의 길이가 32이므로

$2(a+3a)=32$, $8a=32$　$\therefore a=4$

즉, 직사각형 ABCD의 세로의 길이는 4, 가로의 길이는 12이므로 $B(-8, -1)$, $D(4, 3)$

따라서 두 점 B, D를 지나는 직선의 방정식은

$y-(-1)=\dfrac{3-(-1)}{4-(-8)}\{x-(-8)\}$

$y+1=\dfrac{1}{3}(x+8)$　$\therefore y=\dfrac{1}{3}x+\dfrac{5}{3}$

063

오른쪽 그림에서 두 대각선 AD, BC의 교점을 P'이라 하면

$\overline{PA}+\overline{PD}\geq\overline{P'A}+\overline{P'D}=\overline{AD}$

$\overline{PB}+\overline{PC}\geq\overline{P'B}+\overline{P'C}=\overline{BC}$

따라서 $\overline{PA}+\overline{PB}+\overline{PC}+\overline{PD}$의 값이 최소가 되도록 하는 점 P는 사각형 ABDC의 두 대각선 AD, BC의 교점 P'과 일치해야 한다.

두 점 A, D를 지나는 직선의 방정식은

$\dfrac{x}{2}+\dfrac{y}{2}=1$　$\therefore y=-x+2$　……㉠

두 점 B, C를 지나는 직선의 방정식은

$\dfrac{x}{4}+y=1$　$\therefore y=-\dfrac{1}{4}x+1$　……㉡

㉠, ㉡을 연립하여 풀면 $x=\dfrac{4}{3}$, $y=\dfrac{2}{3}$

따라서 점 P의 좌표는 $\left(\dfrac{4}{3}, \dfrac{2}{3}\right)$이므로 $a=\dfrac{4}{3}$, $b=\dfrac{2}{3}$

$\therefore a-b=\dfrac{4}{3}-\dfrac{2}{3}=\dfrac{2}{3}$

064

$5x+6y=30$에서 $\dfrac{x}{6}+\dfrac{y}{5}=1$

직선 $\dfrac{x}{6}+\dfrac{y}{5}=1$이 x축과 만나는 점을 A, y축과 만나는 점을 B라 하자.

직선 $\dfrac{x}{6}+\dfrac{y}{5}=1$과 x축, y축으로 둘러싸인 부분은 위의 그림에서 삼각형 OAB이므로 원점을 지나는 직선 $y=\dfrac{n}{m}x$가 삼각형 OAB의 넓이를 이등분하려면 직선 $y=\dfrac{n}{m}x$가 선분 AB의 중점 M을 지나야 한다.

이때 $A(6, 0)$, $B(0, 5)$이므로 선분 AB의 중점 M의 좌표는

$\left(\dfrac{6+0}{2}, \dfrac{0+5}{2}\right)$ $\therefore \left(3, \dfrac{5}{2}\right)$

따라서 $x=3$, $y=\dfrac{5}{2}$를 $y=\dfrac{n}{m}x$에 대입하면

$\dfrac{5}{2}=\dfrac{n}{m}\times 3$ $\therefore \dfrac{n}{m}=\dfrac{5}{6}$

즉, $m=6$, $n=5$이므로

$m-n=6-5=1$

065

두 직사각형의 넓이를 동시에 이등분하는 직선은 두 직사각형의 대각선의 교점을 모두 지나야 한다.
오른쪽 직사각형의 네 꼭짓점의 좌표는
$(2, 3)$, $(2, 7)$, $(8, 3)$, $(8, 7)$
왼쪽 직사각형의 네 꼭짓점의 좌표는
$(-4, 3)$, $(-4, -5)$, $(-2, 3)$, $(-2, -5)$
이때 두 직사각형의 대각선의 교점의 좌표는 각각
$\left(\dfrac{2+8}{2}, \dfrac{3+7}{2}\right)$에서 $(5, 5)$ → 두 대각선의 교점은 한 대각선의 중점과 같다.

$\left(\dfrac{-4+(-2)}{2}, \dfrac{3+(-5)}{2}\right)$에서 $(-3, -1)$

따라서 두 점 $(5, 5)$, $(-3, -1)$을 지나는 직선의 방정식은

$y-5=\dfrac{-1-5}{-3-5}(x-5)$, $y-5=\dfrac{3}{4}(x-5)$

$\therefore y=\dfrac{3}{4}x+\dfrac{5}{4}$

따라서 $a=\dfrac{3}{4}$, $b=\dfrac{5}{4}$이므로

$a+b=\dfrac{3}{4}+\dfrac{5}{4}=2$

066

두 점 $A(5, 3)$, $C(4, -1)$을 지나는 직선의 방정식은

$y-3=\dfrac{-1-3}{4-5}(x-5)$

$\therefore y=4x-17$

두 점 $B(-2, 3)$, $C(4, -1)$을 지나는 직선의 방정식은

$y-3=\dfrac{-1-3}{4-(-2)}\{x-(-2)\}$

$\therefore y=-\dfrac{2}{3}x+\dfrac{5}{3}$

오른쪽 그림과 같이 직선 $y=k$가 두
직선 AC, BC와 만나는 점을 각각 D,
E라 하자.
점 D의 x좌표는 $4x-17=k$에서

$x=\dfrac{k+17}{4}$

점 E의 x좌표는 $-\dfrac{2}{3}x+\dfrac{5}{3}=k$에서

$x=\dfrac{5-3k}{2}$

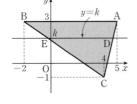

$\therefore \overline{DE}=\dfrac{k+17}{4}-\dfrac{5-3k}{2}=\dfrac{7(k+1)}{4}$

$\triangle CDE=\dfrac{1}{2}\triangle ABC=\dfrac{1}{2}\times\dfrac{1}{2}\times 7\times 4=7$

이므로 $\dfrac{1}{2}\times\dfrac{7(k+1)}{4}\times(k+1)=7$

$(k+1)^2=8$ $\therefore k=2\sqrt{2}-1 (\because -1<k<3)$

067

직선 $y=m(x-3)+1$은 m의 값에 관계없이 항상 점 $(3, 1)$을 지나므로 이 직선은 항상 점 A를 지난다.
따라서 이 직선이 삼각형 OAB의 넓이를 이등분하려면 오른쪽 그림과 같이 선분 OB의 중점 $M\left(-\dfrac{1}{2}, \dfrac{3}{2}\right)$을 지나야 한다.

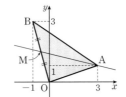

$\dfrac{3}{2}=m\left(-\dfrac{1}{2}-3\right)+1$에서

$\dfrac{7}{2}m=-\dfrac{1}{2}$ $\therefore m=-\dfrac{1}{7}$

068

주어진 식을 m에 대하여 정리하면
$m(x+1)+(y-1)=0$
이 등식이 m에 대한 항등식이므로
$x+1=0$, $y-1=0$ $\therefore x=-1$, $y=1$
즉, 주어진 직선은 실수 m의 값에 관계없이 항상 점 $(-1, 1)$을 지난다.
이 직선이 m의 값에 관계없이 항상 직사각형 ABCD의 넓이를 이등분하려면 점 $(-1, 1)$이 대각선 AC의 중점과 일치해야 한다.
이때 선분 AC의 중점의 좌표는 $\left(\dfrac{p+1}{2}, \dfrac{q+5}{2}\right)$이므로

$\dfrac{p+1}{2}=-1$, $\dfrac{q+5}{2}=1$

따라서 $p=-3$, $q=-3$이므로
$p^2+q^2=9+9=18$

1등급 비법

등식이 실수 k의 값에 관계없이 항상 성립하면 이 등식은 k에 대한 항등식이므로 ▲$\times k+$■$=0$ 꼴로 정리하여 항등식의 성질을 이용한다.

069

직선 $y=2m(x-2)+1$은 실수 m의 값에 관계없이 항상 점 $(2, 1)$을 지난다.
이때 주어진 직선이 삼각형 ABC와 만나도록 움직여 보면
(i) 직선 $y=2m(x-2)+1$이 점 $B(1, -1)$을 지날 때,

$-1=-2m+1$

$\therefore m=1$

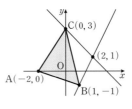

(ii) 직선 $y=2m(x-2)+1$이 점 $C(0, 3)$을 지날 때,

$$3=-4m+1 \qquad \therefore m=-\frac{1}{2}$$

(i), (ii)에서 실수 m의 값의 범위는

$$-\frac{1}{2} \leq m \leq 1$$

따라서 실수 m의 최댓값은 1이다.

070

주어진 두 직선의 교점을 지나는 직선의 방정식을
$x+7y+5+k(x+2y-1)=0$ (k는 실수)이라 하면
$(k+1)x+(2k+7)y-k+5=0$ ······ ㉠

이 직선의 기울기가 7이므로

$$-\frac{k+1}{2k+7}=7, \ -k-1=14k+49$$

$$15k=-50 \qquad \therefore k=-\frac{10}{3}$$

이것을 ㉠에 대입하면

$$-\frac{7}{3}x+\frac{1}{3}y+\frac{25}{3}=0 \qquad \therefore y=7x-25$$

따라서 구하는 y절편은 -25이다.

071

직선 $y=-x+10$의 y절편이 10이므로 점 A의 좌표는 $(0, 10)$
직선 $y=3x-6$의 x절편이 2이므로 점 B의 좌표는 $(2, 0)$
x축 위의 점 $D(a, 0)$ $(a>2)$에 대하여 삼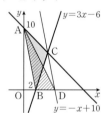
각형 ABD의 넓이가 삼각형 ABC의 넓이
와 같으려면 점 C를 지나고 기울기가 직선
AB와 같은 직선이 x축과 만나는 점이 D
이면 된다.

두 직선 $y=-x+10$, $y=3x-6$의 교점 C
를 지나는 직선의 방정식을
$x+y-10+k(3x-y-6)=0$ (k는 실수)이라 하면
$(1+3k)x+(1-k)y-10-6k=0$ ······ ㉠

이 직선의 기울기가 직선 AB의 기울기 $\frac{0-10}{2-0}=-5$와 같아야 하므로

$$\frac{1+3k}{k-1}=-5, \ 1+3k=5-5k \qquad \therefore k=\frac{1}{2}$$

$k=\frac{1}{2}$을 ㉠에 대입하면

$$\frac{5}{2}x+\frac{1}{2}y-13=0$$

따라서 점 D의 좌표는 $\left(\frac{26}{5}, 0\right)$이므로 $a=\frac{26}{5}$

072

두 직선이 서로 수직이므로
$3 \times (k-1)+(-k) \times 1=0$
$3k-3-k=0, \ 2k=3 \qquad \therefore k=\frac{3}{2}$

073

두 직선이 평행하려면

$$\frac{k}{1}=\frac{k+3}{k-1} \neq \frac{-3}{3} \qquad \text{······ ㉠}$$

두 직선이 일치하려면

$$\frac{k}{1}=\frac{k+3}{k-1}=\frac{-3}{3} \qquad \text{······ ㉡}$$

$\frac{k}{1}=\frac{k+3}{k-1}$에서 $k^2-k=k+3$

$k^2-2k-3=0, \ (k+1)(k-3)=0$

$\therefore k=-1$ 또는 $k=3$

(i) $k=-1$일 때, ㉡을 만족시키므로 두 직선은 일치한다.

(ii) $k=3$일 때, ㉠을 만족시키므로 두 직선은 서로 평행하다.

따라서 $a=3, b=-1$이므로

$a-b=3-(-1)=4$

074

주어진 두 직선이 서로 평행하므로

$$\frac{1-m}{2}=\frac{3}{-m} \neq \frac{1-2m}{5}$$

$\frac{1-m}{2}=\frac{3}{-m}$에서 $-m+m^2=6$

$m^2-m-6=0, \ (m+2)(m-3)=0$

$\therefore m=-2$ 또는 $m=3$

(i) $m=-2$일 때,

$$\frac{1-(-2)}{2}=\frac{3}{-(-2)} \neq \frac{1-2 \times (-2)}{5}$$

이므로 두 직선은 서로 평행하다.

(ii) $m=3$일 때,

$$\frac{1-3}{2}=\frac{3}{-3}=\frac{1-2 \times 3}{5}$$

이므로 두 직선은 일치한다.

(i), (ii)에서 $m=-2$일 때, 두 직선이 서로 평행하므로 구하는 직선의 기울기는

$$\frac{m-1}{3}=\frac{-2-1}{3}=-1$$

오답 피하기 두 직선의 기울기가 같을 때, 두 직선은 서로 평행할 수도 있고 일치할 수도 있다.
따라서 $m=-2$일 때와 $m=3$일 때로 나누어 각각의 경우에 두 직선의 위치 관계를 정확하게 파악해야 한다.

075

두 점 $(-2, 5), (1, -4)$를 지나는 직선의 기울기는

$$\frac{-4-5}{1-(-2)}=-3$$

기울기가 -3이고 점 $(3, 7)$을 지나는 직선의 방정식은

$y-7=-3(x-3) \qquad \therefore -3x-y+16=0$

따라서 $a=-3, b=16$이므로

$ab=(-3) \times 16=-48$

076

두 점 A, B를 지나는 직선의 기울기는 $\dfrac{2-4}{7-3}=-\dfrac{1}{2}$ 이므로 직선

AB에 수직인 직선의 기울기는 2이다.

선분 AB를 1 : 3으로 내분하는 점의 좌표는

$\left(\dfrac{1\times 7+3\times 3}{1+3},\ \dfrac{1\times 2+3\times 4}{1+3}\right)$, 즉 $\left(4,\ \dfrac{7}{2}\right)$

따라서 기울기가 2이고 점 $\left(4,\ \dfrac{7}{2}\right)$을 지나는 직선의 방정식은

$y-\dfrac{7}{2}=2(x-4)$

$\therefore y=2x-\dfrac{9}{2}$

위의 식에 $y=0$을 대입하면

$2x-\dfrac{9}{2}=0$　　$\therefore x=\dfrac{9}{4}$

따라서 구하는 x절편은 $\dfrac{9}{4}$이다.

077

직선 $y=2x+4$의 기울기는 2이고, 이 직선과 직선 AH가 서로 수직이므로 직선 AH의 기울기는 $-\dfrac{1}{2}$이다.

또, 직선 AH가 점 A$(3,\ 1)$을 지나므로 직선 AH의 방정식은

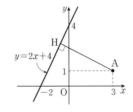

$y-1=-\dfrac{1}{2}(x-3)$

$\therefore y=-\dfrac{1}{2}x+\dfrac{5}{2}$

이때 점 H는 두 직선 $y=2x+4$와 $y=-\dfrac{1}{2}x+\dfrac{5}{2}$의 교점이므로 두 직선의 교점의 x좌표는

$2x+4=-\dfrac{1}{2}x+\dfrac{5}{2}$에서

$\dfrac{5}{2}x=-\dfrac{3}{2}$　　$\therefore x=-\dfrac{3}{5}$

$x=-\dfrac{3}{5}$을 $y=2x+4$에 대입하면 $y=\dfrac{14}{5}$

따라서 점 H의 좌표는 $\left(-\dfrac{3}{5},\ \dfrac{14}{5}\right)$이다.

다른 풀이 수선의 발 H는 직선 $y=2x+4$ 위의 점이므로 점 H의 좌표를 $(p,\ 2p+4)$로 놓으면 직선 AH의 기울기는

$\dfrac{(2p+4)-1}{p-3}=\dfrac{2p+3}{p-3}$

그런데 직선 AH가 직선 $y=2x+4$에 수직이므로 직선 AH의 기울기는 $-\dfrac{1}{2}$이다. 즉,

$\dfrac{2p+3}{p-3}=-\dfrac{1}{2}$, $4p+6=-p+3$, $5p=-3$

$\therefore p=-\dfrac{3}{5}$

따라서 점 H의 좌표는 $\left(-\dfrac{3}{5},\ \dfrac{14}{5}\right)$이다.

1등급 비법

점 A에서 직선 l에 내린 수선의 발을 H라 하면 점 H는 직선 l과 직선 AH의 교점이다.

따라서 주어진 문제에서 직선 AH와 직선 l이 서로 수직임을 이용하여 직선 AH의 방정식을 구한 후, 직선 l의 방정식과 연립하여 풀면 점 H의 좌표를 구할 수 있다.

078

두 점 A$(-2,\ 1)$, B$(2,\ 3)$을 지나는 직선의 기울기는

$\dfrac{3-1}{2-(-2)}=\dfrac{2}{4}=\dfrac{1}{2}$

이므로 선분 AB를 수직이등분하는 직선의 기울기는 -2이다.

한편, 선분 AB의 중점의 좌표는

$\left(\dfrac{-2+2}{2},\ \dfrac{1+3}{2}\right)$　　$\therefore (0,\ 2)$

이때 선분 AB를 수직이등분하는 직선은 선분 AB의 중점 $(0,\ 2)$를 지나므로 구하는 직선의 방정식은

$y-2=-2(x-0)$

$\therefore 2x+y-2=0$

따라서 $a=2$, $b=-2$이므로

$a+b=2+(-2)=0$

1등급 비법

선분 AB의 수직이등분선을 l이라 하면

① $l\perp\overline{AB}$이므로 직선 l과 직선 AB의 기울기의 곱은 -1이다.

② 직선 l은 선분 AB의 중점을 지난다.

079

$x+3y+6=0$에서 $y=-\dfrac{1}{3}x-2$

직선 $x+3y+6=0$의 기울기는 $-\dfrac{1}{3}$이므로 선분 AB의 수직이등분선의 기울기는 3이다.

한편, A$(-6,\ 0)$, B$(0,\ -2)$이므로 선분 AB의 중점의 좌표는

$\left(\dfrac{-6+0}{2},\ \dfrac{0+(-2)}{2}\right)$　　$\therefore (-3,\ -1)$

이때 선분 AB의 수직이등분선은 선분 AB의 중점 $(-3,\ -1)$을 지나므로 선분 AB의 수직이등분선의 방정식은

$y-(-1)=3\{x-(-3)\}$

$\therefore y=3x+8$

080

선분 AB의 중점의 좌표는

$\left(\dfrac{4+0}{2},\ \dfrac{0+4}{2}\right)$　　$\therefore (2,\ 2)$

두 점 A$(4,\ 0)$, B$(0,\ 4)$를 지나는 직선의 기울기는

$\dfrac{4-0}{0-4}=-1$

따라서 선분 AB의 수직이등분선은 기울기가 1이고 점 $(2,\ 2)$를 지나므로 방정식은

$y-2=x-2$　　$\therefore y=x$　　　　……㉠

선분 BC의 중점의 좌표는

$$\left(\frac{0-2}{2}, \frac{4-4}{2}\right) \qquad \therefore (-1, 0)$$

두 점 B$(0, 4)$, C$(-2, -4)$를 지나는 직선의 기울기는

$$\frac{-4-4}{-2-0} = 4$$

따라서 선분 BC의 수직이등분선은 기울기가 $-\frac{1}{4}$이고 점
$(-1, 0)$을 지나므로 방정식은

$$y-0 = -\frac{1}{4}\{x-(-1)\} \qquad \therefore y = -\frac{1}{4}x - \frac{1}{4} \qquad \cdots\cdots \text{ⓛ}$$

㉠, ⓛ을 연립하여 풀면 $x = -\frac{1}{5}$, $y = -\frac{1}{5}$

따라서 구하는 교점의 좌표는 $\left(-\frac{1}{5}, -\frac{1}{5}\right)$이므로

$$a = -\frac{1}{5}, \ b = -\frac{1}{5}$$

$$\therefore ab = -\frac{1}{5} \times \left(-\frac{1}{5}\right) = \frac{1}{25}$$

081

$$x+y-1=0 \qquad\qquad\qquad\qquad \cdots\cdots \text{㉠}$$
$$2x-ay+1=0 \qquad\qquad\qquad\quad \cdots\cdots \text{ⓛ}$$
$$(a-3)x+2y+2=0 \qquad\qquad \cdots\cdots \text{ⓒ}$$

세 직선에 의하여 생기는 교점이 2개가 되려면 세 직선 중 두 직선
이 서로 평행해야 한다.

(i) 두 직선 ㉠, ⓛ이 서로 평행할 때,

$$\frac{1}{2} = \frac{1}{-a} \ne \frac{-1}{1}$$에서 $a = -2$

$a = -2$이면 직선 ⓒ은 직선 ㉠, ⓛ과 평행하지 않으므로 조
건을 만족시킨다.

(ii) 두 직선 ⓛ, ⓒ이 서로 평행할 때,

$$\frac{2}{a-3} = \frac{-a}{2} \ne \frac{1}{2}$$에서 $4 = -a^2 + 3a$

$$\therefore a^2 - 3a + 4 = 0$$

이 이차방정식의 판별식을 D라 하면

$$D = (-3)^2 - 4 \times 4 = -7 < 0$$

이므로 실수 a는 존재하지 않는다.

(iii) 두 직선 ㉠, ⓒ이 서로 평행할 때,

$$\frac{1}{a-3} = \frac{1}{2} \ne \frac{-1}{2}$$에서 $2 = a-3$

$$\therefore a = 5$$

$a = 5$이면 직선 ⓛ은 직선 ㉠, ⓒ과 평행하지 않으므로 조건을
만족시킨다.

(i), (ii), (iii)에서 모든 실수 a의 값의 곱은

$$(-2) \times 5 = -10$$

082

$$3x-4y+6=0 \qquad\qquad \cdots\cdots \text{㉠}$$
$$x+2y+2=0 \qquad\qquad\quad \cdots\cdots \text{ⓛ}$$
$$ax+3y-2=0 \qquad\qquad\quad \cdots\cdots \text{ⓒ}$$

직선 ㉠의 기울기는 $\frac{3}{4}$, 직선 ⓛ의 기울기는 $-\frac{1}{2}$이고 두 직선
㉠, ⓛ의 기울기는 다르므로 세 직선이 모두 평행한 경우는 없다.
따라서 세 직선이 한 점에서 만나는 경우와 세 직선 중 두 직선이
서로 평행한 경우만 생각하면 된다.

(i) 세 직선이 한 점에서 만나는 경우

㉠, ⓛ을 연립하여 풀면

$$x = -2, \ y = 0$$

즉, 두 직선의 교점의 좌표가 $(-2, 0)$이므로 직선 ⓒ도
점 $(-2, 0)$을 지나야 한다.

$$-2a-2 = 0 \qquad \therefore a = -1$$

(ii) 세 직선 중 두 직선이 서로 평행한 경우

두 직선 ㉠, ⓒ이 서로 평행할 때,

$$\frac{3}{a} = \frac{-4}{3} \ne \frac{6}{-2}$$에서 $-4a = 9 \qquad \therefore a = -\frac{9}{4}$

두 직선 ⓛ, ⓒ이 서로 평행할 때,

$$\frac{1}{a} = \frac{2}{3} \ne \frac{2}{-2}$$에서 $2a = 3 \qquad \therefore a = \frac{3}{2}$

(i), (ii)에서 모든 실수 a의 값의 합은

$$(-1) + \left(-\frac{9}{4}\right) + \frac{3}{2} = -\frac{7}{4}$$

> **참고** 서로 다른 세 직선이 삼각형을 이루지 않는 경우는 다음과
> 같다.
> ① 서로 다른 세 직선이 모두 평행할 때
> ② 서로 다른 세 직선 중 두 직선이 서로 평행할 때
> ③ 서로 다른 세 직선이 한 점에서 만날 때

083

(i) $a = 2$일 때,

$2x+y+5=0$, $2x+y-4=0$, $2x+y+3=0$에서 세 직선의 기
울기가 모두 같고, y절편이 서로 다르므로 세 직선이 모두 평행
하다. 즉, 세 직선은 좌표평면을 4개의 영역으로 나눈다.

$$\therefore p = 4$$

(ii) $a = 3$일 때,

$3x+y+5=0$, $3x+y-4=0$, $2x+y+3=0$에서 두 직선
$3x+y+5=0$, $3x+y-4=0$이 서로 평행하다. 즉, 세 직선은
좌표평면을 6개의 영역으로 나눈다.

$$\therefore q = 6$$

(i), (ii)에서 $pq = 4 \times 6 = 24$

개념 보충

세 직선의 위치 관계와 좌표평면의 분할

① 세 직선이 한 점에서 만난다.
 ⇨ 좌표평면을 6개의 영역으로 나눈다.
② 세 직선 중 두 직선이 서로 평행하다.
 ⇨ 좌표평면을 6개의 영역으로 나눈다.
③ 세 직선이 모두 평행하다.
 ⇨ 좌표평면을 4개의 영역으로 나눈다.
④ 세 직선으로 삼각형이 만들어진다.
 ⇨ 좌표평면을 7개의 영역으로 나눈다.

084

$2x-3y-12=0$, $x-2y-7=0$을 연립하여 풀면

$x=3$, $y=-2$

따라서 점 $(3, -2)$와 직선 $2x-y-2=0$ 사이의 거리는

$$\frac{|2\times3+(-1)\times(-2)-2|}{\sqrt{2^2+(-1)^2}}=\frac{6}{\sqrt{5}}=\frac{6\sqrt{5}}{5}$$

085

직선 $4x+3y-1=0$, 즉 $y=-\frac{4}{3}x+\frac{1}{3}$의 기울기는 $-\frac{4}{3}$이므로

이 직선과 수직인 직선의 기울기는 $\frac{3}{4}$이다.

따라서 구하는 직선의 방정식을 $y=\frac{3}{4}x+k$로 놓으면

$3x-4y+4k=0$ $\qquad$ ...... ㉠

이때 원점과 직선 ㉠ 사이의 거리가 2이므로

$$\frac{|4k|}{\sqrt{3^2+(-4)^2}}=2$$

$$\frac{|4k|}{5}=2, \ 4k=\pm10 \qquad \therefore \ k=\pm\frac{5}{2}$$

$$\therefore \ k^2=\frac{25}{4}$$

086

$x+y-2+k(x-y)=0$에서

$(1+k)x+(1-k)y-2=0$ $\qquad$ ...... ㉠

원점과 직선 ㉠ 사이의 거리 $f(k)$는

$$f(k)=\frac{|-2|}{\sqrt{(1+k)^2+(1-k)^2}}=\frac{2}{\sqrt{2k^2+2}}$$

이때 $f(k)$의 값이 최대가 되려면 분모 $\sqrt{2k^2+2}$가 최솟값을 가져야 한다.

임의의 실수 k에 대하여 $k^2\geq0$이므로 $k=0$일 때 분모는 최솟값 $\sqrt{2}$를 갖는다.

따라서 $f(k)$의 최댓값은 $\frac{2}{\sqrt{2}}=\sqrt{2}$

087

두 점 $(6, 0)$, $(0, 3)$을 지나는 직선 l의 방정식은

$$\frac{x}{6}+\frac{y}{3}=1 \qquad \therefore \ x+2y-6=0$$

점 $A(a, 6)$과 직선 l 사이의 거리는

$$\frac{|a+2\times6-6|}{\sqrt{1^2+2^2}}=\frac{|a+6|}{\sqrt{5}}$$

정사각형 ABCD의 넓이는 $\frac{81}{5}$이므로 $\overline{AB}=\frac{9}{\sqrt{5}}$

이때 정사각형 ABCD의 한 변의 길이는 점 A와 직선 l 사이의 거리와 같으므로 $\frac{|a+6|}{\sqrt{5}}=\frac{9}{\sqrt{5}}$, $|a+6|=9$

$a+6=\pm9$

$\therefore \ a=3 \ (\because \ a>0)$

088

직선 $y=4x+k$ 가 이차함수 $y=x^2+2x$의 그래프와 만나지 않으므로 이차방정식 $x^2+2x=4x+k$, 즉 $x^2-2x-k=0$의 판별식을 D라 하면 $D<0$이어야 한다.

$$\frac{D}{4}=(-1)^2-1\times(-k)<0 \qquad \therefore \ k<-1 \qquad ...... ㉠$$

이차함수 $y=f(x)$의 그래프 위의 점 P와 직선 $y=4x+k$ 사이의 거리가 최소가 될 때는 기울기가 4인 직선이 이차함수 $y=f(x)$의 그래프와 접할 때의 접점이 P일 때이다.

이차함수 $y=x^2+2x$의 그래프에 접하고 기울기가 4인 직선을 $y=4x+t$라 하면 이차방정식 $x^2+2x=4x+t$, 즉 $x^2-2x-t=0$의 판별식 D에서

$$\frac{D}{4}=(-1)^2-1\times(-t)=0 \qquad \therefore \ t=-1$$

$x^2+2x=4x-1$에서 $x^2-2x+1=0$

$(x-1)^2=0 \qquad \therefore \ x=1$

$\therefore \ \mathrm{P}(1, 3)$

이때 점 $\mathrm{P}(1, 3)$과 직선 $y=4x+k$, 즉 $4x-y+k=0$ 사이의 거리가 $\sqrt{17}$이므로

$$\frac{|4\times1-3+k|}{\sqrt{4^2+(-1)^2}}=\sqrt{17}$$

$|k+1|=17$이므로 $k+1=-17$ 또는 $k+1=17$

$\therefore \ k=-18$ 또는 $k=16$

그런데 ㉠에서 $k<-1$이므로 $k=-18$

오답 피하기 $k=16$이면 직선 $y=4x+16$이고, 이 직선은 이차함수 $y=x^2+2x$의 그래프와 서로 다른 두 점에서 만나므로 주어진 조건을 만족시키지 않는다.

089

두 직선 $3x-4y-2=0$, $3x-4y+2k=0$이 서로 평행하므로 두 직선 사이의 거리는 직선 $3x-4y-2=0$ 위의 한 점 $\left(0, -\frac{1}{2}\right)$과 직선 $3x-4y+2k=0$ 사이의 거리와 같다. 즉,

$$\frac{|2+2k|}{\sqrt{3^2+(-4)^2}}=2$$

$|1+k|=5$이므로 $1+k=-5$ 또는 $1+k=5$

$\therefore \ k=-6$ 또는 $k=4$

따라서 모든 실수 k의 값의 합은

$-6+4=-2$

1등급 비법

평행한 두 직선 $ax+by+c=0$, $ax+by+d=0$ $(a, b, c, d$는 상수, $c\neq d)$ 사이의 거리는 직선 $ax+by+c=0$ 위의 한 점과 직선 $ax+by+d=0$ 사이의 거리와 같다.

090

직선 m 위의 한 점 $(2, 0)$과 직선 $l:3x+4y+a=0$ 사이의 거리가 4이므로 $\qquad$ ↳직선 m의 x절편이 2이다.

$\dfrac{|6+a|}{\sqrt{3^2+4^2}}=4$

$|6+a|=20$이므로 $6+a=-20$ 또는 $6+a=20$

$\therefore a=-26$ 또는 $a=14$

그런데 $a>0$이므로 $a=14$

091

두 직선 $x+(a-3)y+3a=0,\ ax-2y+a+7=0$이 서로 평행하므로

$\dfrac{1}{a}=\dfrac{a-3}{-2}\neq\dfrac{3a}{a+7}$

$\dfrac{1}{a}=\dfrac{a-3}{-2}$에서 $-2=a^2-3a$

$a^2-3a+2=0,\ (a-1)(a-2)=0$

$\therefore a=1\ (\because a<2)$

따라서 두 직선의 방정식은

$x-2y+3=0,\ x-2y+8=0$

이므로 두 직선 사이의 거리는 직선 $x-2y+3=0$ 위의 한 점 $(-3,0)$과 직선 $x-2y+8=0$ 사이의 거리와 같다.

$\therefore \dfrac{|-3+8|}{\sqrt{1^2+(-2)^2}}=\dfrac{5}{\sqrt5}=\sqrt5$

092

두 점 $A(0,-2),\ B(4,0)$을 지나는 직선의 방정식은

$\dfrac{x}{4}+\dfrac{y}{-2}=1$

$\therefore x-2y-4=0$

직선 CD는 직선 AB와 평행하고 두 점 C, D는 서로 다른 사분면에 있으므로 직선 CD의 방정식을

$x-2y+k=0\ (k>0)$

이라 하면 두 직선 AB, CD 사이의 거리는 정사각형 ABCD의 한 변의 길이 $\overline{AB}$와 같다.

$\overline{AB}=\sqrt{(4-0)^2+(0+2)^2}=2\sqrt5$

이므로 점 $(0,-2)$와 직선 CD 사이의 거리가 $2\sqrt5$이다. 즉,

$\dfrac{|4+k|}{\sqrt{1^2+(-2)^2}}=2\sqrt5$

$|4+k|=10$이므로 $4+k=-10$ 또는 $4+k=10$

$\therefore k=-14$ 또는 $k=6$

그런데 $k>0$이므로 $k=6$

따라서 직선 CD의 방정식은

$x-2y+6=0$

이 식에 $y=0$을 대입하면

$x+6=0 \qquad \therefore x=-6$

따라서 구하는 x절편은 -6이다.

1등급 비법

정사각형의 네 변의 길이가 같고 네 각은 모두 수직이므로 이러한 도형의 성질을 이용하면 두 점 A, B의 좌표가 주어졌을 때, 두 점 C, D의 좌표가 각각 $(-2,2),\ (2,4)$임을 알 수 있다.

093

$\overline{AB},\ \overline{AC}$ 위의 점 D, E에 대하여 조건 (가)에 의하여 두 삼각형 ABC와 ADE는 닮음이다.

조건 (나)에서 삼각형 ADE와 삼각형 ABC의 넓이의 비가 $1:9=1^2:3^2$이므로 삼각형 ADE와 삼각형 ABC의 닮음비는 $1:3$이다.

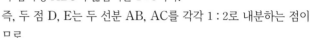

즉, 두 점 D, E는 두 선분 AB, AC를 각각 $1:2$로 내분하는 점이므로

$D\left(\dfrac{1\times1+2\times4}{1+2},\ \dfrac{1\times0+2\times4}{1+2}\right) \qquad \therefore D\left(3,\dfrac{8}{3}\right)$

$E\left(\dfrac{1\times7+2\times4}{1+2},\ \dfrac{1\times(-2)+2\times4}{1+2}\right) \qquad \therefore E(5,2)$

두 점 D, E를 지나는 직선의 기울기는

$\dfrac{2-\dfrac{8}{3}}{5-3}=\dfrac{-\dfrac{2}{3}}{2}=-\dfrac{1}{3}$

이므로 직선 DE의 방정식은

$y-2=-\dfrac{1}{3}(x-5) \qquad \therefore x+3y-11=0$

따라서 직선 BC와 직선 DE 사이의 거리는 점 $B(1,0)$과 직선 $x+3y-11=0$ 사이의 거리와 같으므로

$\dfrac{|1-11|}{\sqrt{1^2+3^2}}=\sqrt{10}$

다른 풀이 삼각형 ADE와 삼각형 ABC의 닮음비가 $1:3$이므로 두 직선 BC와 DE 사이의 거리는 점 A와 직선 BC 사이의 거리의 $\dfrac{2}{3}$이다.

직선 BC의 방정식은 $y=-\dfrac{1}{3}(x-1)$에서 $x+3y-1=0$이고, 이 직선과 점 $A(4,4)$ 사이의 거리는

$\dfrac{|4+12-1|}{\sqrt{1^2+3^2}}=\dfrac{3\sqrt{10}}{2}$

따라서 두 직선 BC와 DE 사이의 거리는

$\dfrac{2}{3}\times\dfrac{3\sqrt{10}}{2}=\sqrt{10}$

094

직선 OA의 방정식은 $y=-\dfrac{1}{6}x$에서 $x+6y=0$

$\overline{OA}=\sqrt{6^2+(-1)^2}=\sqrt{37}$이고, 점 $B(2,a)$와 직선 OA 사이의 거리는

$\dfrac{|2+6a|}{\sqrt{1^2+6^2}}=\dfrac{|2+6a|}{\sqrt{37}}$

이므로 삼각형 OAB의 넓이는

$\dfrac{1}{2}\times\sqrt{37}\times\dfrac{|2+6a|}{\sqrt{37}}=13$

$|2+6a|=26$이므로 $2+6a=-26$ 또는 $2+6a=26$

$\therefore a=-\dfrac{14}{3}$ 또는 $a=4$

그런데 $a>0$이므로 $a=4$

095

직선 l_1의 기울기를 m이라 하면 직선 l_1의 방정식은
$$y-1=m(x-1)$$
$$\therefore y=mx-m+1 \qquad \cdots\cdots \text{㉠}$$
이 접선이 이차함수 $y=x^2$의 그래프에 접하므로 이차방정식
$x^2=mx-m+1$, 즉 $x^2-mx+m-1=0$의 판별식을 D라 하면
$$D=m^2-4m+4=0$$
$$(m-2)^2=0 \qquad \therefore m=2$$
$m=2$를 ㉠에 대입하면 직선 l_1의 방정식은 $y=2x-1$
따라서 점 Q의 좌표는 $(0,-1)$이다.

직선 l_2는 직선 l_1과 수직이므로 기울기는 $-\dfrac{1}{2}$이고, 점 P$(1,1)$을
지나므로 직선 l_2의 방정식은
$$y-1=-\frac{1}{2}(x-1) \qquad \therefore y=-\frac{1}{2}x+\frac{3}{2}$$
또, 이차함수 $y=x^2$의 그래프와 직선 l_2가 만나는 점의 x좌표는
$x^2=-\dfrac{1}{2}x+\dfrac{3}{2}$에서
$$2x^2+x-3=0, (2x+3)(x-1)=0$$
$$\therefore x=-\frac{3}{2} \ \text{또는} \ x=1$$
따라서 점 R의 좌표는 $\left(-\dfrac{3}{2},\dfrac{9}{4}\right)$이다.
$$\overline{PQ}=\sqrt{(0-1)^2+(-1-1)^2}=\sqrt{5}$$
$$\overline{PR}=\sqrt{\left(-\frac{3}{2}-1\right)^2+\left(\frac{9}{4}-1\right)^2}=\frac{5\sqrt{5}}{4}$$
이므로 $S=\dfrac{1}{2}\times\sqrt{5}\times\dfrac{5\sqrt{5}}{4}=\dfrac{25}{8}$
$$\therefore 40S=40\times\frac{25}{8}=125$$

096

두 직선 $x+7y-4=0$, $5x+5y+7=0$이 이루는 각의 이등분선
위의 임의의 점을 P(x,y)라 하자.
점 P에서 두 직선에 이르는 거리가 같아야 하므로
$$\frac{|x+7y-4|}{\sqrt{1^2+7^2}}=\frac{|5x+5y+7|}{\sqrt{5^2+5^2}}$$
$$|x+7y-4|=|5x+5y+7|$$
(i) $x+7y-4=5x+5y+7$일 때,
$4x-2y+11=0$에서 $y=2x+\dfrac{11}{2}$이고, 기울기가 2이므로 기
울기가 양수이다.
(ii) $x+7y-4=-(5x+5y+7)$일 때,
$2x+4y+1=0$에서 $y=-\dfrac{1}{2}x-\dfrac{1}{4}$이고, 기울기가 $-\dfrac{1}{2}$이므로
기울기가 음수이다.
(i), (ii)에서 구하는 직선은 $y=2x+\dfrac{11}{2}$이므로 y절편은 $\dfrac{11}{2}$이다.

1등급 비법

두 직선 l, l'이 이루는 각의 이등분선의 방정식은 각의 이등분선 위의 점에
서 두 직선 l, l'까지의 거리가 같음을 이용하여 구한다.

097

선분 AC의 중점을 M이라 하면 각의 이등분선의 성질에 의하여
$$\overline{AB}:\overline{BC}=\overline{AM}:\overline{MC}=1:1$$
$$\therefore \overline{AB}=\overline{BC}$$
$$\sqrt{(-15-0)^2+(0-a)^2}=17$$
$$225+a^2=289, a^2=64$$
$$\therefore a=8 \ (\because a>0)$$
점 M은 선분 AC의 중점이므로 점 M의 좌표는
$$\left(\frac{0+2}{2},\frac{8+0}{2}\right) \qquad \therefore (1,4)$$
직선 l은 두 점 B, M을 지나므로 직선 l의 방정식은
$$y=\frac{4-0}{1-(-15)}\{x-(-15)\}$$
$$\therefore y=\frac{1}{4}x+\frac{15}{4}$$
따라서 직선 l의 y절편은 $\dfrac{15}{4}$이므로 $k=\dfrac{15}{4}$
$$\therefore ak=8\times\frac{15}{4}=30$$

098

두 직선 l_1, l_2와 각의 두 이등분선은 l_1과 l_2의 교점을 지나므로 네
직선은 한 점을 지난다.
$x+7y-10=0$, $3x-4y-5=0$을 연립하여 풀면
$x=3$, $y=1$이므로 네 직선의 교점의 좌표는 $(3,1)$이다.
이때 두 직선 l_1, l_2가 이루는 각의 두 이등분선은 서로 수직이므로
기울기가 음수인 각의 이등분선은 직선 $3x-4y-5=0$에 수직이
다.
직선 $3x-4y-5=0$, 즉 $y=\dfrac{3}{4}x-\dfrac{5}{4}$의 기울기가 $\dfrac{3}{4}$이므로 구하
는 직선의 기울기는 $-\dfrac{4}{3}$이다.
즉, 구하는 직선은 점 $(3,1)$을 지나고 기울기가 $-\dfrac{4}{3}$이므로
$$y-1=-\frac{4}{3}(x-3)$$
$$\therefore y=-\frac{4}{3}x+5$$
위의 식에 $y=0$을 대입하면
$$-\frac{4}{3}x+5=0 \qquad \therefore x=\frac{15}{4}$$
따라서 구하는 x절편은 $\dfrac{15}{4}$이다.

내신 적중 서술형 ●29쪽

099 $y=-\dfrac{2}{3}x+\dfrac{8}{3}$ **100** $2\sqrt{2}$ **101** 4

102 (1) E$\left(-\dfrac{2}{7}a,\dfrac{4}{7}a\right)$ (2) $\dfrac{21}{2}$

099

두 점 $A(6, 1)$, $B(-2, -3)$을 이은 선분 AB를 $1:3$으로 내분하는 점의 좌표는

$$\left(\frac{1\times(-2)+3\times6}{1+3}, \frac{1\times(-3)+3\times1}{1+3}\right) \quad \therefore (4, 0) \quad \cdots\cdots ㉮$$

따라서 두 점 $(4, 0)$, $(7, -2)$를 지나는 직선의 방정식은

$$y=\frac{-2-0}{7-4}(x-4) \quad \therefore y=-\frac{2}{3}x+\frac{8}{3} \quad \cdots\cdots ㉯$$

채점 기준	배점 비율
㉮ 선분 AB를 $1:3$으로 내분하는 점의 좌표 구하기	50 %
㉯ 두 점을 지나는 직선의 방정식 구하기	50 %

100

주어진 식을 k에 대하여 정리하면

$$k(x+4y+6)+(x-3y-8)=0$$

이 등식이 k에 대한 항등식이므로

$$x+4y+6=0, \ x-3y-8=0 \quad \cdots\cdots ㉮$$

두 식을 연립하여 풀면 $x=2$, $y=-2$

즉, 주어진 직선은 실수 k의 값에 관계없이 항상 점 $P(2, -2)$를 지난다. $\quad \cdots\cdots ㉯$

$$\therefore \overline{OP}=\sqrt{2^2+(-2)^2}=\sqrt{8}=2\sqrt{2} \quad \cdots\cdots ㉰$$

채점 기준	배점 비율
㉮ 주어진 직선의 방정식이 실수 k의 값에 관계없이 항상 성립할 조건 알기	50 %
㉯ 점 P의 좌표 구하기	30 %
㉰ 원점 O와 점 P 사이의 거리 구하기	20 %

101

선분 BD는 마름모 ABCD의 대각선이고 직선 l은 두 점 B, D를 지나므로 직선 l은 직선 AC와 수직이고 선분 AC의 중점

$$\left(\frac{1+5}{2}, \frac{3+1}{2}\right), 즉 점 (3, 2)를 지난다. \quad \cdots\cdots ㉮$$

한편, 직선 AC의 기울기는

$$\frac{1-3}{5-1}=-\frac{1}{2} \quad \cdots\cdots ㉯$$

따라서 직선 l은 기울기가 2이고 점 $(3, 2)$를 지나므로 직선 l의 방정식은

$$y-2=2(x-3)$$

$$\therefore 2x-y-4=0 \quad \cdots\cdots ㉰$$

즉, $a=-1$, $b=-4$이므로

$$ab=(-1)\times(-4)=4 \quad \cdots\cdots ㉱$$

채점 기준	배점 비율
㉮ 마름모의 두 대각선의 교점 구하기	30 %
㉯ 직선 AC의 기울기 구하기	30 %
㉰ 직선 l의 방정식 구하기	30 %
㉱ ab의 값 구하기	10 %

102

(1) 점 A의 좌표를 (a, a) $(a>0)$라 하면

$$B(-2a, -2a), C(0, a),$$
$$D(-2a, 0) \quad \cdots\cdots ㉮$$

직선 AD의 방정식은

$$y-0=\frac{0-a}{-2a-a}\{x-(-2a)\}$$

$$\therefore x-3y+2a=0 \quad \cdots\cdots ㉠$$

직선 BC의 방정식은

$$y-a=\frac{a-(-2a)}{0-(-2a)}x$$

$$\therefore 3x-2y+2a=0 \quad \cdots\cdots ㉡ \quad \cdots\cdots ㉯$$

㉠, ㉡을 연립하여 풀면

$$x=-\frac{2}{7}a, y=\frac{4}{7}a$$

$$\therefore E\left(-\frac{2}{7}a, \frac{4}{7}a\right) \quad \cdots\cdots ㉰$$

(2) $\overline{AB}=\sqrt{(-2a-a)^2+(-2a-a)^2}$

$$=3\sqrt{2}a$$

점 E와 직선 $y=x$, 즉 $x-y=0$ 사이의 거리는

$$\frac{\left|-\frac{2}{7}a-\frac{4}{7}a\right|}{\sqrt{1^2+(-1)^2}}=\frac{3\sqrt{2}}{7}a \quad \cdots\cdots ㉱$$

삼각형 AEB의 넓이가 9이므로

$$\frac{1}{2}\times3\sqrt{2}a\times\frac{3\sqrt{2}}{7}a=9$$

$$\therefore a^2=7 \quad \cdots\cdots ㉲$$

따라서 삼각형 ACB의 넓이는

$$\frac{1}{2}\times3a\times a=\frac{3}{2}a^2$$

$$=\frac{3}{2}\times7=\frac{21}{2} \quad \cdots\cdots ㉳$$

	채점 기준	배점 비율
(1)	㉮ 세 점 B, C, D의 좌표를 a로 나타내기	10 %
	㉯ 두 직선 AD, BC의 방정식 구하기	20 %
	㉰ 점 E의 좌표 구하기	20 %
	㉱ $\overline{AB}$의 길이, 점 E와 직선 $y=x$ 사이의 거리 구하기	20 %
(2)	㉲ a^2의 값 구하기	20 %
	㉳ 삼각형 ACB의 넓이 구하기	10 %

1등급 실력 완성 ● 30쪽~32쪽

103 $\frac{1}{2}$	**104** ④	**105** ①	**106** 6	**107** $\frac{3}{5}$
108 ④	**109** 25	**110** ④	**111** 9	**112** ①
113 -1	**114** $x=2$ 또는 $3x-4y+10=0$		**115** ①	
116 $\frac{3}{4}$				

103

직선의 방정식

전략 두 점 A, B의 좌표를 문자로 놓고 주어진 조건으로 관계식을 세워 직선 AB의 기울기를 구한다.

풀이 제2사분면 위의 두 점 A, B를
$A(x_1, y_1)$, $B(x_2, y_2)$ $(x_1<0, y_1>0, x_2<0, y_2>0)$라 하면
직선 OA의 기울기는 -1이므로

$$\frac{y_1}{x_1}=-1 \qquad \therefore y_1=-x_1$$

직선 OB의 기울기는 -7이므로

$$\frac{y_2}{x_2}=-7 \qquad \therefore y_2=-7x_2$$

$$\therefore A(x_1, -x_1), B(x_2, -7x_2)$$

이때 $\overline{OA}=\overline{OB}$에서 $\overline{OA}^2=\overline{OB}^2$이므로

$$x_1{}^2+(-x_1)^2=x_2{}^2+(-7x_2)^2$$
$$2x_1{}^2=50x_2{}^2, x_1{}^2=25x_2{}^2$$
$$\therefore x_1=5x_2 \ (\because x_1<0, x_2<0)$$

따라서 직선 AB의 기울기는

$$\frac{y_2-y_1}{x_2-x_1}=\frac{-7x_2-(-x_1)}{x_2-x_1}$$
$$=\frac{-7x_2+5x_2}{x_2-5x_2}$$
$$=\frac{-2x_2}{-4x_2}=\frac{1}{2}$$

104

직선의 방정식

전략 색칠한 두 부분의 넓이의 합과 사다리꼴의 넓이를 각각 구한 후, 두 넓이가 같음을 이용한다.

풀이 $D(0, a)$, $E(b, 0)$ $(0<a<6, b>0)$이라 하면 색칠한 두 부분의 넓이의 합은

$$\frac{1}{2}\times(6-a)\times6+\frac{1}{2}\times a\times b=18-3a+\frac{1}{2}ab \qquad \cdots\cdots \text{㉠}$$

사다리꼴 ODBC의 넓이는

$$\frac{1}{2}\times(6+a)\times6=18+3a \qquad \cdots\cdots \text{㉡}$$

㉠, ㉡의 넓이가 같으므로

$$18-3a+\frac{1}{2}ab=18+3a$$
$$ab-12a=0, a(b-12)=0$$
$$\therefore b=12 \ (\because 0<a<6)$$

따라서 $B(-6, 6)$, $E(12, 0)$이고, 직선 BD는 직선 BE와 같으므로 직선 BD의 방정식은

$$y-6=\frac{0-6}{12-(-6)}\{x-(-6)\}$$
$$y=-\frac{1}{3}x+4$$
$$\therefore x+3y-12=0$$

참고 직선 BD는 직선 BE와 같으므로 a의 값을 구하지 않아도 된다.

105

직선의 방정식

전략 두 사각형의 넓이의 차를 삼각형 DEF를 포함하는 두 삼각형의 넓이의 차로 생각하여 식을 세운다. 이를 이용하여 선분 BE의 길이를 선분 DC의 길이로 나타낸다.

풀이 삼각형 ODC와 삼각형 ABE는 삼각형 DEF를 공통으로 포함하고 있으므로 삼각형 ODC의 넓이는 삼각형 ABE의 넓이보다 6만큼 크다.

즉, $\frac{1}{2}\times\overline{OC}\times\overline{CD}=\frac{1}{2}\times\overline{AB}\times\overline{BE}+6$이므로

$$\frac{1}{2}\times6\times\overline{CD}=\frac{1}{2}\times6\times\overline{BE}+6$$
$$3\overline{CD}=3\overline{BE}+6$$
$$\therefore \overline{CD}=\overline{BE}+2$$

$\overline{CD}=k$라 하면 $\overline{BE}=\overline{CD}-2=k-2$

이때 직선 OD의 기울기는 $\dfrac{\overline{OC}}{\overline{CD}}=\dfrac{6}{k}$

직선 AE의 기울기는 $-\dfrac{\overline{AB}}{\overline{BE}}=-\dfrac{6}{k-2}$

두 직선 OD, AE의 기울기의 곱이 $-\dfrac{36}{35}$이므로

$$\frac{6}{k}\times\left(-\frac{6}{k-2}\right)=-\frac{36}{35}, k^2-2k-35=0$$
$$(k+5)(k-7)=0$$
$$\therefore k=7 \ (\because k>0)$$

직선 OD의 방정식은 $y=\dfrac{6}{7}x$, 직선 AE의 방정식은

$y=-\dfrac{6}{5}(x-9)$, 즉 $y=-\dfrac{6}{5}x+\dfrac{54}{5}$이므로 두 식을 연립하여 풀면

$$x=\frac{21}{4}, y=\frac{9}{2}$$

따라서 $F\left(\dfrac{21}{4}, \dfrac{9}{2}\right)$이므로

$$a=\frac{21}{4}, y=\frac{9}{2}$$
$$\therefore a+b=\frac{21}{4}+\frac{9}{2}=\frac{39}{4}$$

106

도형의 넓이를 삼등분하는 직선의 방정식

전략 직선 l이 점 A를 지나면서 삼각형 AOB를 삼등분하려면 선분 OB를 삼등분하는 점 중 하나를 지나야 함을 이용한다.

→ $\overline{OB}$를 $1:2$로 내분하는 경우

풀이 (i) 직선 l이 점 A와 점 $(0, 2)$를 지날 때,

조건 (나)에서 직선 m은 직선 l과 y축에서 만나므로 조건 (다)를 만족시키려면 직선 m은 점 $(0, 2)$와 선분 AB의 중점 $(-1, 3)$을 지나야 한다.

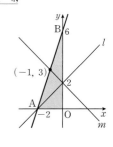

직선 l의 기울기는 1이고, 직선 m의 기울기는 $\dfrac{3-2}{-1-0}=-1$이므로 두 직선 l, m의 기울기의 합은 $1+(-1)=0$

(ii) 직선 l이 점 A와 점 $(0, 4)$를 지날 때, → $\overline{OB}$를 2:1로 내분하는 경우

조건 (나)에서 직선 m은 직선 l과 y축에서 만나므로 조건 (다)를 만족시키려면 직선 m은 점 $(0, 4)$와 선분 AO의 중점 $(-1, 0)$을 지나야 한다.

직선 l의 기울기는 2이고, 직선 m의 기울기는 4이므로 두 직선 l, m의 기울기의 합은 $2+4=6$

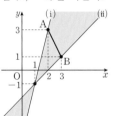

(i), (ii)에서 두 직선 l, m의 기울기의 합의 최댓값은 6이다.

107

정점을 지나는 직선

(전략) 직선 $(k+1)x+(k-1)y-2=0$이 실수 k의 값에 관계없이 항상 지나는 점을 이용하여 그래프를 그려 본다.

(풀이) 주어진 식을 k에 대하여 정리하면

$k(x+y)+(x-y-2)=0$ ⋯⋯ ㉠

이 등식이 k의 값에 관계없이 항상 성립하려면

$x+y=0$, $x-y-2=0$

두 식을 연립하여 풀면 $x=1$, $y=-1$

즉, 직선 ㉠은 실수 k의 값에 관계없이 항상 점 $(1, -1)$을 지난다.

이때 직선 ㉠이 선분 AB와 만나려면 직선 ㉠이 오른쪽 그림의 색칠한 부분에 있어야 한다.

(i) 직선 ㉠이 점 A$(2, 3)$을 지날 때,
$k(2+3)+(2-3-2)=0$
$5k=3$ ∴ $k=\dfrac{3}{5}$

(ii) 직선 ㉠이 점 B$(3, 1)$을 지날 때,
$k(3+1)+(3-1-2)=0$
$4k=0$ ∴ $k=0$

(i), (ii)에서 선분 AB와 직선 ㉠이 만나도록 하는 실수 k의 값의 범위는 $0 \le k \le \dfrac{3}{5}$

따라서 $\alpha=0$, $\beta=\dfrac{3}{5}$이므로

$\alpha+\beta=0+\dfrac{3}{5}=\dfrac{3}{5}$

108

정점을 지나는 직선 ⊕ 두 직선의 위치 관계

(전략) k에 대한 항등식이므로 ▲$\times k+$■$=0$ 꼴로 정리하여 항등식의 성질을 이용한다.

(풀이) ㄱ. 주어진 식을 k에 대하여 정리하면
$(y-1)k+(2x-y+5)=0$
이 등식이 k의 값에 관계없이 항상 성립하려면
$y-1=0$, $2x-y+5=0$
∴ $x=-2$, $y=1$
즉, 주어진 직선은 k의 값에 관계없이 항상 점 $(-2, 1)$을 지난다. (참)

ㄴ. $k=0$이면 $2x-y+5=0$, 즉 $y=2x+5$이므로 이 직선의 기울

기는 2이다.

이때 두 직선 $y=2x+5$, $y=x$의 기울기의 곱은 $2 \times 1 \neq -1$이므로 직선 $2x-y+5=0$은 직선 $y=x$와 수직이 아니다. (거짓)

ㄷ. 두 점 $(0, 4)$, $(-4, -2)$를 지나는 직선의 방정식은

$y-4=\dfrac{-2-4}{-4-0}(x-0)$ ∴ $y=\dfrac{3}{2}x+4$

이 식에 $x=-2$, $y=1$을 대입하면

$1=\dfrac{3}{2} \times (-2)+4$

즉, 점 $(-2, 1)$이 직선 $y=\dfrac{3}{2}x+4$ 위의 점이므로 두 직선은

적어도 한 점에서 만난다. (참)

이상에서 옳은 것은 ㄱ, ㄷ이다.

109

정점을 지나는 직선 ⊕ 두 직선의 위치 관계

(전략) 두 직선 l_1, l_2가 실수 m의 값에 관계없이 항상 지나는 점 A, B의 좌표를 구하고, 두 직선 l_1, l_2가 항상 수직임을 이용한다.

(풀이) 두 직선 l_1, l_2를 각각 m에 대하여 정리하면

$l_1: x-my=0$

$l_2: (x-6)m+(y-8)=0$

이므로 A$(0, 0)$, B$(6, 8)$

이때 직선 l_1의 기울기는 $\dfrac{1}{m}$, 직선 l_2의 기울기는 $-m$이므로

$\dfrac{1}{m} \times (-m)=-1$

즉, 두 직선 l_1, l_2는 실수 m의 값에 관계없이 항상 수직이다.

삼각형 ABC는 $\overline{AB}$를 지름으로 하는 원에 내접하는 직각삼각형이므로 삼각형 ABC의 넓이가 최대가 되는 경우는 삼각형 ABC가 직각이등변삼각형이 될 때이다.

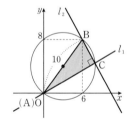

따라서 삼각형 ABC의 넓이의 최댓값은 $\dfrac{1}{2} \times 10 \times 5=25$

(참고) 원의 지름을 밑변으로 하고 원에 내접하는 삼각형 중 넓이가 가장 큰 삼각형은 반지름을 높이로 하는 삼각형이다.

110

두 직선의 평행과 수직

(전략) 이등변삼각형의 꼭지각의 이등분선은 밑변을 수직이등분함을 이용한다.

(풀이) 선분 BC의 중점을 M이라 하면 삼각형 ABC는 $\overline{AB}=\overline{AC}$인 이등변삼각형이므로 직선 AM과 직선 BC는 서로 수직이다.

이때 점 M은 y축 위에 있고, 직선 $y=m(x+8)$ 위의 점이므로 M$(0, 8m)$이다.

또, 직선 BC의 기울기가 m이므로 직선 AM의 기울기는

$\dfrac{8m-(-2)}{0-1}=-\dfrac{1}{m}$

$8m^2+2m-1=0$, $(2m+1)(4m-1)=0$

∴ $m=\dfrac{1}{4}$ (∵ $m>0$)

111

두 직선의 평행과 수직

전략 두 직선이 평행하면 기울기가 서로 같음을 이용한다.

풀이 조건 (가)에서 직선 CD의 기울기가 음수이므로

$$\frac{q-p}{3\sqrt{2}-\sqrt{2}}<0 \qquad \therefore q<p$$

조건 (나)에서 $\overline{AB}=\overline{CD}$이므로 $\overline{AB}^2=\overline{CD}^2$에서

$$3^2=(3\sqrt{2}-\sqrt{2})^2+(q-p)^2$$
$$9=8+(q-p)^2, \ (q-p)^2=1$$
$$\therefore q-p=-1 \ (\because q<p) \qquad \cdots\cdots \ \text{㉠}$$

$\overline{AD}/\!\!/\overline{BC}$에서 직선 AD와 직선 BC의 기울기가 같으므로

$$\frac{q-1}{3\sqrt{2}-0}=\frac{p-4}{\sqrt{2}-0}$$
$$\therefore 3p-q=11 \qquad \cdots\cdots \ \text{㉡}$$

㉠, ㉡을 연립하여 풀면 $p=5$, $q=4$

$$\therefore p+q=5+4=9$$

112

두 직선의 평행과 수직

전략 좌표평면 위에 사각형 ABCD를 놓고 직선 BP가 직선 AC와 수직이고 점 P가 선분 AD를 2 : 1로 내분함을 이용하여 점 Q의 좌표를 구한다.

풀이 오른쪽 그림과 같이 좌표평면 위에 변 BC를 x축, 변 AB를 y축에 오도록 놓으면

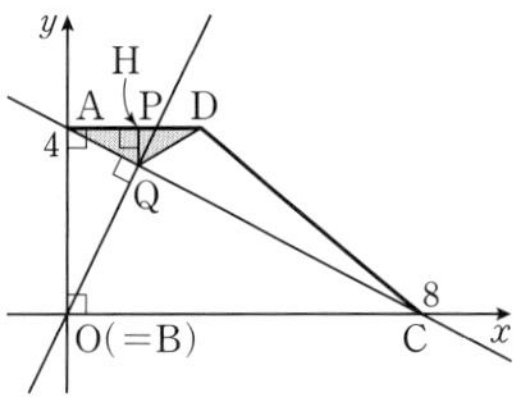

A$(0, 4)$, C$(8, 0)$

직선 AC의 방정식은

$$\frac{x}{8}+\frac{y}{4}=1$$
$$\therefore y=-\frac{1}{2}x+4$$

점 B$(0, 0)$을 지나고 직선 AC에 수직인 직선 BP의 방정식은

$$y=2x$$

점 D의 좌표를 $(t, 4)$라 하면 점 P는 선분 AD를 2 : 1로 내분하는 점이므로 점 P의 좌표는

$$\left(\frac{2\times t+1\times 0}{2+1}, \frac{2\times 4+1\times 4}{2+1}\right) \qquad \therefore P\left(\frac{2}{3}t, 4\right)$$

점 P가 직선 BP 위의 점이므로

$$4=2\times\frac{2}{3}t \qquad \therefore t=3$$

즉, D$(3, 4)$이므로 $\overline{AD}=3$

점 Q는 두 직선 AC, BP의 교점이므로 두 직선의 방정식을 연립하여 풀면

$$x=\frac{8}{5}, y=\frac{16}{5} \qquad \therefore Q\left(\frac{8}{5}, \frac{16}{5}\right)$$

그림과 같이 점 Q에서 선분 AD에 내린 수선의 발을 H라 하면

$$\overline{HQ}=4-\frac{16}{5}=\frac{4}{5}$$

따라서 삼각형 AQD의 넓이는

$$\frac{1}{2}\times\overline{AD}\times\overline{HQ}=\frac{1}{2}\times 3\times\frac{4}{5}=\frac{6}{5}$$

113

세 직선의 위치 관계

전략 세 직선이 좌표평면을 6개의 영역으로 나누는 경우는 세 직선 중 두 직선이 서로 평행하거나 세 직선이 한 점에서 만나는 경우임을 이용한다.

풀이
$$y=x+1 \qquad \cdots\cdots \ \text{㉠}$$
$$y=-2x+4 \qquad \cdots\cdots \ \text{㉡}$$
$$y=ax+2 \qquad \cdots\cdots \ \text{㉢}$$

이 세 직선이 좌표평면을 6개의 영역으로 나누므로 세 직선 중 두 직선이 서로 평행하거나 세 직선이 한 점에서 만난다.

(i) 세 직선 중 두 직선이 서로 평행한 경우

두 직선 ㉠, ㉢이 서로 평행할 때, $a=1$

두 직선 ㉡, ㉢이 서로 평행할 때, $a=-2$

(ii) 세 직선이 한 점에서 만나는 경우

두 직선 ㉠, ㉡의 교점의 좌표는 $(1, 2)$이므로 직선 ㉢이 점 $(1, 2)$를 지나야 한다.

$$2=a+2 \qquad \therefore a=0$$

(i), (ii)에서 모든 상수 a의 값의 합은

$$1+(-2)+0=-1$$

114

두 직선의 교점을 지나는 직선의 방정식 ⊕ 점과 직선 사이의 거리

전략 두 직선의 교점을 지나는 직선의 방정식을 세우고, 점 $(1, 2)$와 이 직선 사이의 거리가 1임을 이용한다.

풀이 주어진 두 직선의 교점을 지나는 직선의 방정식은

$$(x-2y+6)+k(x-y+2)=0 \ (\text{단, } k\text{는 실수})$$
$$\therefore (1+k)x+(-2-k)y+6+2k=0 \qquad \cdots\cdots \ \text{㉠}$$

점 $(1, 2)$와 직선 ㉠ 사이의 거리가 1이므로

$$\frac{|1+k-4-2k+6+2k|}{\sqrt{(1+k)^2+(-2-k)^2}}=1$$
$$\frac{|k+3|}{\sqrt{2k^2+6k+5}}=1$$
$$|k+3|=\sqrt{2k^2+6k+5}$$

양변을 제곱하면

$$k^2+6k+9=2k^2+6k+5$$
$$k^2=4 \qquad \therefore k=-2 \text{ 또는 } k=2 \qquad \cdots\cdots \ \text{㉡}$$

㉡을 ㉠에 대입하면 구하는 직선의 방정식은

$$-x+2=0 \text{ 또는 } 3x-4y+10=0$$
$$\therefore x=2 \text{ 또는 } 3x-4y+10=0$$

다른 풀이 $x-2y+6=0 \qquad \cdots\cdots \ \text{㉠}$
$$x-y+2=0 \qquad \cdots\cdots \ \text{㉡}$$

㉠, ㉡을 연립하여 풀면 $x=2$, $y=4$

즉, 두 직선 ㉠, ㉡의 교점의 좌표는 $(2, 4)$이다.

(i) 구하는 직선이 y축과 평행할 때,

점 $(2, 4)$를 지나고 y축과 평행한 직선의 방정식은 $x=2$

이때 점 $(1, 2)$와 직선 $x=2$ 사이의 거리는 1이므로 주어진 조건을 만족시킨다.

$$\therefore x=2$$

(ii) 구하는 직선이 y축과 평행하지 않을 때,

점 $(2, 4)$를 지나는 직선의 기울기를 m이라 하면 직선의 방정식은

$y-4=m(x-2)$ $\therefore y=mx-2m+4$

이때 점 $(1, 2)$와 직선 $y=mx-2m+4$, 즉

$mx-y-2m+4=0$ 사이의 거리가 1이므로

$\dfrac{|m-2-2m+4|}{\sqrt{m^2+(-1)^2}}=1$

$|-m+2|=\sqrt{m^2+1}$

양변을 제곱하면 $m^2-4m+4=m^2+1$

$-4m=-3$ $\therefore m=\dfrac{3}{4}$

따라서 직선의 방정식은 $\dfrac{3}{4}x-y-\dfrac{3}{2}+4=0$

$\therefore 3x-4y+10=0$

(i), (ii)에서 구하는 직선의 방정식은

$x=2$ 또는 $3x-4y+10=0$

115

점과 직선 사이의 거리 ⊕ 꼭짓점의 좌표가 주어진 삼각형의 넓이

전략 $\triangle\text{ABC}=\dfrac{1}{2}\times\overline{\text{AC}}\times$(점 B와 직선 AC 사이의 거리)임을 이용한다.

풀이 두 점 $\text{A}(-2, 1)$, $\text{C}(6, -3)$ 사이의 거리는

$\overline{\text{AC}}=\sqrt{\{6-(-2)\}^2+(-3-1)^2}=\sqrt{80}=4\sqrt{5}$

직선 AC의 방정식은

$y-1=\dfrac{-3-1}{6-(-2)}\{x-(-2)\}$

$y=-\dfrac{1}{2}x$ $\therefore x+2y=0$

이때 점 $\text{B}(a, 5)$에서 직선 AC에 내린 수선의 발을 H라 하면

$\overline{\text{BH}}=\dfrac{|a+10|}{\sqrt{1^2+2^2}}=\dfrac{|a+10|}{\sqrt{5}}$

삼각형 ABC의 넓이가 22이므로

$\dfrac{1}{2}\times\overline{\text{AC}}\times\overline{\text{BH}}=\dfrac{1}{2}\times4\sqrt{5}\times\dfrac{|a+10|}{\sqrt{5}}=22$

$|a+10|=11$

$a+10=-11$ 또는 $a+10=11$

$\therefore a=-21$ 또는 $a=1$

그런데 $a>0$이므로 $a=1$

116

점과 직선 사이의 거리

전략 삼각형의 무게중심의 성질과 삼각형의 닮음을 이용한다.

풀이 오른쪽 그림과 같이 직선 BG가 선분 OA와 만나는 점을 M이라 하고, 두 점 B, G에서 선분 OA에 내린 수선의 발을 각각 H, I라 하자.

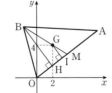

두 삼각형 MBH와 MGI는 서로 닮음이고 닮음비가 $\overline{\text{MB}}:\overline{\text{MG}}=3:1$이다.

이때 $\overline{\text{BH}}=6$이므로 $\overline{\text{BH}}:\overline{\text{GI}}=3:1$에서

$6:\overline{\text{GI}}=3:1$ $\therefore \overline{\text{GI}}=2$

따라서 직선 OA의 방정식이 $y=kx$, 즉 $kx-y=0$이므로

점 $\text{G}(2, 4)$와 직선 OA 사이의 거리는

$\dfrac{|2k-4|}{\sqrt{k^2+(-1)^2}}=2$ ↳ $\overline{\text{GI}}$의 길이와 같다.

$|2k-4|=2\sqrt{k^2+1}$

양변을 제곱하면 $4k^2-16k+16=4k^2+4$

$16k=12$ $\therefore k=\dfrac{3}{4}$

● 33쪽

117 3 **118** 43

117

두 직선의 평행과 수직 ⊕ 꼭짓점의 좌표가 주어진 삼각형의 넓이

〔1단계〕 삼각형 ABC의 좌표를 이용하여 네 직선 AB, BC, AH, CI의 방정식을 구한다.

직선 AB의 기울기는 $-\sqrt{3}$이고 점 $\text{B}(0, a\sqrt{3})$을 지나므로

$y=-\sqrt{3}x+a\sqrt{3}$

직선 BC의 기울기는 1이고 점 $\text{B}(0, a\sqrt{3})$을 지나므로

$y=x+a\sqrt{3}$

$\overline{\text{BC}}\perp\overline{\text{AH}}$이므로 직선 AH의 기울기는 -1이고 점 $\text{A}(a, 0)$을 지나므로

$y=-(x-a)$ $\therefore y=-x+a$

$\overline{\text{AB}}\perp\overline{\text{CI}}$이므로 직선 CI의 기울기는 $\dfrac{1}{\sqrt{3}}$이고 점 $\text{C}(-a\sqrt{3}, 0)$을 지나므로

$y=\dfrac{1}{\sqrt{3}}(x+a\sqrt{3})$ $\therefore y=\dfrac{1}{\sqrt{3}}x+a$

〔2단계〕 점 P의 좌표를 구하고 삼각형 APC의 넓이를 이용하여 a의 값을 구한다.

두 직선 AH와 CI의 방정식을 연립하여 풀면

$x=0, y=a$이므로 $\text{P}(0, a)$

이때 삼각형 APC의 넓이는 $6(1+\sqrt{3})$이므로

$\dfrac{1}{2}\times\overline{\text{AC}}\times\overline{\text{OP}}=\dfrac{1}{2}\times\{a-(-a\sqrt{3})\}\times a$

$=\dfrac{a^2}{2}(1+\sqrt{3})=6(1+\sqrt{3})$

$a^2=12$ $\therefore a=2\sqrt{3}$ $(\because a>0)$

〔3단계〕 삼각비를 이용하여 두 삼각형 BPI, BHP의 넓이를 구한다.

$\overline{\text{BP}}=\overline{\text{OB}}-\overline{\text{OP}}=6-2\sqrt{3}$

$\overline{\text{OA}}=\overline{\text{OP}}$이므로 $\angle\text{PAO}=\angle\text{APO}=45°$

$\triangle\text{OAB}$에서 $\overline{\text{OA}}:\overline{\text{OB}}=1:\sqrt{3}$이므로

$\angle\text{BAO}=60°$, $\angle\text{OBA}=30°$

즉, $\angle\text{BPI}=60°$이므로 삼각형 BPI에서

$\overline{\text{BP}}:\overline{\text{PI}}:\overline{\text{IB}}=2:1:\sqrt{3}$

따라서 삼각형 BPI의 넓이는

$\dfrac{1}{2}\times\overline{\text{PI}}\times\overline{\text{BI}}=\dfrac{1}{2}\times\dfrac{1}{2}\overline{\text{BP}}\times\dfrac{\sqrt{3}}{2}\overline{\text{BP}}=\dfrac{\sqrt{3}}{8}\overline{\text{BP}}^2$

$=\dfrac{\sqrt{3}}{8}(6-2\sqrt{3})^2=6\sqrt{3}-9$

또, $\overline{OB}:\overline{OC}=1:1$이므로 $\angle OBC=45°$

즉, $\triangle BHP$에서 $\angle HPB=45°$, $\angle PBH=45°$

따라서 직각이등변삼각형 BHP의 넓이는

$$\frac{1}{2}\times\overline{BH}\times\overline{HP}=\frac{1}{2}\times\left(\frac{\sqrt{2}}{2}\overline{BP}\right)^2=\frac{1}{4}\overline{BP}^2$$

$$=\frac{1}{4}(6-2\sqrt{3})^2$$

$$=12-6\sqrt{3}$$

〔4단계〕 사각형 BHPI의 넓이를 구한다.

따라서 사각형 BHPI의 넓이는

$$\triangle BPI+\triangle BHP=(6\sqrt{3}-9)+(12-6\sqrt{3})=3$$

118

점과 직선 사이의 거리

〔1단계〕 선분 PQ의 길이를 a라 하고, 두 삼각형 ABC, PQC의 닮음비를 이용하여 사다리꼴 PRSQ의 높이를 a로 나타낸다.

$$\overline{AB}=\sqrt{(-3)^2+4^2}=5$$

$\overline{PQ}=a$라 하면 사각형 PRSQ는 사다리꼴이므로

$$\frac{5}{2}<a<5\,(\because \overline{AP}<\overline{PC})$$

직선 AB의 방정식은 $\dfrac{x}{-3}+\dfrac{y}{4}=1$, 즉 $4x-3y+12=0$이므로 점 $C(4,-3)$과 직선 AB 사이의 거리는

$$\frac{|4\times4-3\times(-3)+12|}{\sqrt{4^2+(-3)^2}}=\frac{37}{5}$$

$\overline{AB}/\!/\overline{PQ}$이므로 삼각형 ABC와 삼각형 PQC는 닮음이고 닮음비가 $\overline{AB}:\overline{PQ}=5:a$이므로 점 C와 직선 PQ 사이의 거리는

$$\frac{37}{5}\times\frac{a}{5}=\frac{37}{25}a$$

따라서 사다리꼴 PRSQ의 높이는 $\dfrac{37}{5}-\dfrac{37}{25}a$이다.

〔2단계〕 두 사각형 BQPR, SQPA가 모두 평행사변형임을 이용하여 선분 SR의 길이를 a로 나타낸다.

두 사각형 BQPR, SQPA가 모두 평행사변형이므로

$$\overline{BS}+\overline{SR}=a=\overline{AR}+\overline{SR}\quad\therefore \overline{BS}=\overline{AR}$$

$$\overline{BS}+\overline{SR}+\overline{AR}=\overline{BS}+a=5\quad\therefore \overline{BS}=5-a$$

$$\therefore \overline{SR}=5-2\overline{BS}=5-2(5-a)=2a-5$$

〔3단계〕 사각형 PRSQ의 넓이를 a로 나타내고, 이차함수의 최댓값을 이용하여 넓이의 최댓값을 구한다.

사다리꼴 PRSQ의 넓이를 $S(a)$라 하면

$$S(a)=\frac{1}{2}\{(2a-5)+a\}\left(\frac{37}{5}-\frac{37}{25}a\right)$$

$$=-\frac{1}{50}(3a-5)(37a-185)$$

$$=-\frac{111}{50}\left(a-\frac{10}{3}\right)^2+\frac{37}{6}\left(\frac{5}{2}<a<5\right)$$

이므로 $a=\dfrac{10}{3}$일 때, $S(a)$의 최댓값은 $\dfrac{37}{6}$이다.

따라서 $p=6$, $q=37$이므로

$$p+q=6+37=43$$

03 원의 방정식

유형 분석 기출 ———————— ● 36쪽 ~ 44쪽

119

$x^2+y^2-4x+2y-31=0$에서

$$(x^2-4x+4)+(y^2+2y+1)=36$$

$$\therefore (x-2)^2+(y+1)^2=6^2$$

따라서 중심의 좌표는 $(2,-1)$, 반지름의 길이는 6이므로

$$a=2, b=-1, r=6$$

$$\therefore a+b+r=2+(-1)+6=7$$

1등급 비법

원의 중심의 좌표와 반지름의 길이는 원의 방정식을 $(x-a)^2+(y-b)^2=r^2$ 꼴로 고쳐서 구한다.

120

중심의 좌표를 $(a,0)$, 반지름의 길이를 $r\,(r>0)$이라 하면 원의 방정식은

$$(x-a)^2+y^2=r^2 \qquad\qquad \cdots\cdots ㉠$$

이 원이 두 점 $(0,4)$, $(6,2)$를 지나므로

㉠에 $x=0$, $y=4$를 대입하면

$$a^2+4^2=r^2 \qquad\qquad \cdots\cdots ㉡$$

㉠에 $x=6$, $y=2$를 대입하면

$$(6-a)^2+2^2=r^2 \qquad\qquad \cdots\cdots ㉢$$

㉡을 ㉢에 대입하면

$$(6-a)^2+2^2=a^2+4^2,\ a^2-12a+40=a^2+16$$

$$-12a=-24\quad\therefore a=2$$

$a=2$를 ㉡에 대입하면

$$2^2+4^2=r^2,\ r^2=20\quad\therefore r=2\sqrt{5}\,(\because r>0)$$

따라서 주어진 원의 방정식은 $(x-2)^2+y^2=20$

ㄱ. 중심의 좌표는 $(2,0)$이다. (참)

ㄴ. $x=-2$, $y=-2$를 대입하면 $(-2-2)^2+(-2)^2=20$이므로 주어진 원은 점 $(-2,-2)$를 지난다. (참)

ㄷ. 원의 반지름의 길이가 $2\sqrt{5}$이므로 원의 둘레의 길이는 $4\sqrt{5}\,\pi$이다. (거짓)

이상에서 옳은 것은 ㄱ, ㄴ이다.

121

원의 중심이 직선 $x+2y=0$, 즉 $y=-\dfrac{1}{2}x$ 위에 있으므로 중심의 좌표를 $(2a,\ -a)$라 하고, 반지름의 길이를 r이라 하면 원의 방정식을

$(x-2a)^2+(y+a)^2=r^2$ ...... ㉠

으로 놓을 수 있다.

이 원이 두 점 $(0,\ 3)$, $(4,\ 3)$을 지나므로

㉠에 $x=0$, $y=3$을 대입하면

$(-2a)^2+(3+a)^2=r^2$ ...... ㉡

㉠에 $x=4$, $y=3$을 대입하면

$(4-2a)^2+(3+a)^2=r^2$ ...... ㉢

㉡$-$㉢을 하면 $4a^2-(4-2a)^2=0$

$16a-16=0$ ∴ $a=1$

$a=1$을 ㉡에 대입하면 $r^2=20$

따라서 구하는 원의 넓이는

$\pi r^2=20\pi$

122

두 점 A, B는 각각 직선 $3x-2y=a$와 x축, y축이 만나는 점이므로

두 점 A, B의 좌표는 각각 $\left(\dfrac{a}{3},\ 0\right)$, $\left(0,\ -\dfrac{a}{2}\right)$이다.

$\overline{\text{AB}}=2\sqrt{13}$이므로

$\sqrt{\left(0-\dfrac{a}{3}\right)^2+\left(-\dfrac{a}{2}-0\right)^2}=2\sqrt{13}$

양변을 제곱하면 $\dfrac{13}{36}a^2=52$, $a^2=144$

∴ $a=12$ ($\because a>0$)

A$(4,\ 0)$, B$(0,\ -6)$이고 선분 AB의 중점의 좌표는

$\left(\dfrac{4+0}{2},\ \dfrac{0+(-6)}{2}\right)$ ∴ $(2,\ -3)$

따라서 중심의 좌표가 $(2,\ -3)$이고 반지름의 길이가 $\sqrt{13}$인 원의 방정식은

$(x-2)^2+(y+3)^2=13$

123

원의 중심은 선분 AB의 중점과 일치하므로 원의 중심의 좌표는

$\left(\dfrac{-5+3}{2},\ \dfrac{-2+4}{2}\right)$ ∴ $(-1,\ 1)$

또, 원의 반지름의 길이는

$\dfrac{1}{2}\overline{\text{AB}}=\dfrac{1}{2}\sqrt{\{3-(-5)\}^2+\{4-(-2)\}^2}=\dfrac{1}{2}\times10=5$

따라서 중심의 좌표가 $(-1,\ 1)$이고 반지름의 길이가 5인 원의 방정식은

$(x+1)^2+(y-1)^2=25$

124

외접원의 방정식을 $x^2+y^2+Ax+By+C=0$으로 놓으면 이 원이 세 점 O$(0,\ 0)$, P$(-1,\ 3)$, Q$(4,\ -2)$를 지나므로

$C=0$ ...... ㉠

$-A+3B+C=-10$ ...... ㉡

$4A-2B+C=-20$ ...... ㉢

㉠을 ㉡, ㉢에 각각 대입하면

$-A+3B=-10$, $4A-2B=-20$

두 식을 연립하여 풀면

$A=-8$, $B=-6$

즉, 원의 방정식은

$x^2+y^2-8x-6y=0$ ∴ $(x-4)^2+(y-3)^2=25$

따라서 외접원의 중심의 좌표는 $(4,\ 3)$, 반지름의 길이는 5이므로

$a=4$, $b=3$, $r=5$

∴ $a+b+r=4+3+5=12$

1등급 비법

세 점을 지나는 원의 방정식을 구할 때는 원의 방정식을 $x^2+y^2+Ax+By+C=0$으로 놓고, 세 점의 좌표를 각각 대입하여 A, B, C의 값을 구한다.

125

삼각형 OAB의 세 변의 길이를 각각 구하면

$\overline{\text{OA}}=5$, $\overline{\text{OB}}=\sqrt{\left(\dfrac{16}{5}\right)^2+\left(\dfrac{12}{5}\right)^2}=4$,

$\overline{\text{AB}}=\sqrt{\left(\dfrac{16}{5}-5\right)^2+\left(\dfrac{12}{5}-0\right)^2}=3$

오른쪽 그림과 같이 삼각형 OAB의 내접원의 반지름의 길이를 r이라 하면

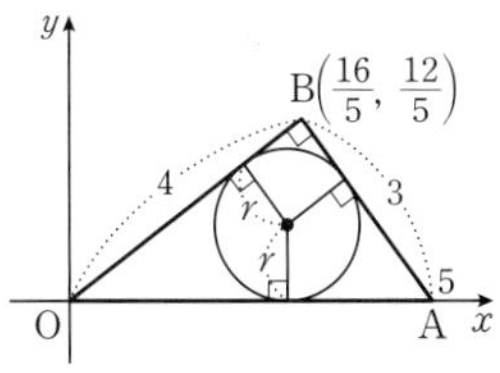

삼각형 OAB가 $\angle$B$=90°$인 직각삼각형이므로

$\dfrac{1}{2}\times3\times4=\dfrac{1}{2}\times r\times(5+4+3)$

$6=6r$ ∴ $r=1$

삼각형 OAB의 내접원의 중심의 좌표를 $(k,\ 1)$ $\left(0<k<\dfrac{12}{5}\right)$이라 하면 직선 OB의 방정식이 $y=\dfrac{3}{4}x$이므로 점 $(k,\ 1)$과 직선 $3x-4y=0$ 사이의 거리가 1이다.

$1=\dfrac{|3k-4|}{\sqrt{3^2+(-4)^2}}$

$|3k-4|=5$ ∴ $k=3$

즉, 중심의 좌표가 $(3,\ 1)$이고 반지름의 길이가 1인 삼각형 OAB의 내접원의 방정식은

$(x-3)^2+(y-1)^2=1$

∴ $x^2+y^2-6x-2y+9=0$

따라서 $a=-6$, $b=-2$, $c=9$이므로

$a+b+c=-6+(-2)+9=1$

개념 보충

삼각형의 내심과 넓이

① 삼각형의 내접원의 중심에서 세 변에 이르는 거리는 내접원의 반지름의 길이와 같다.
② 삼각형 ABC의 내접원의 반지름의 길이를 r이라 하면

$$\triangle ABC=\frac{1}{2}r(\overline{AB}+\overline{BC}+\overline{CA})$$

126

점 $\left(0, \frac{a+1}{2}\right)$은 선분 AB의 중점이므로 주어진 원은 선분 AB를 지름으로 하는 원이고, 삼각형 OAB는 $\angle BOA=90°$인 직각삼각형이다.
즉, 두 직선 OA, OB는 서로 수직이고 두 직선 OA, OB의 기울기는 각각 $\frac{1}{2}$, $-\frac{a}{2}$이므로

$\frac{1}{2}\times\left(-\frac{a}{2}\right)=-1$ $\therefore a=4$

$\therefore B(-2, 4)$

이때 구하는 원의 지름의 길이는

$\overline{AB}=\sqrt{(-2-2)^2+(4-1)^2}=5$

이므로 반지름의 길이는 $\frac{5}{2}$이다.

따라서 중심의 좌표가 $\left(0, \frac{5}{2}\right)$이고 반지름의 길이가 $\frac{5}{2}$인 원의 방정식은

$x^2+\left(y-\frac{5}{2}\right)^2=\frac{25}{4}$

개념 보충

원주각의 성질

원의 지름에 대한 원주각의 크기는 $90°$이다.

127

$x^2+y^2-2x-ay-b=0$에서

$(x-1)^2+\left(y-\frac{a}{2}\right)^2=\frac{a^2}{4}+b+1$

이므로 원 C의 중심의 좌표는 $\left(1, \frac{a}{2}\right)$이고,

반지름의 길이는 $\sqrt{\frac{a^2}{4}+b+1}$이다.

원 C의 중심이 직선 $y=2x-1$ 위에 있으므로

$\frac{a}{2}=2\times1-1$ $\therefore a=2$

따라서 원 C의 중심의 좌표는 $(1, 1)$이고, 반지름의 길이는 $\sqrt{b+2}$이다.

이때 삼각형 ABP의 밑변을 선분 AB라 하면 선분 AB는 원 C의 지름이므로 삼각형 ABP의 넓이가 최대가 되려면 높이는 원 C의 반지름의 길이와 같아야 한다. 삼각형 ABP의 넓이의 최댓값이 4이므로

$\frac{1}{2}\times2\sqrt{b+2}\times\sqrt{b+2}=4$

$b+2=4$ $\therefore b=2$

$\therefore a+b=2+2=4$

128

원의 중심이 직선 $y=x-1$ 위에 있으므로 중심의 좌표를 $(a, a-1)$이라 하면 원이 y축에 접하므로 원의 방정식을

$(x-a)^2+(y-a+1)^2=a^2$

으로 놓을 수 있다.

이 원이 점 $(3, -1)$을 지나므로

$(3-a)^2+(-1-a+1)^2=a^2$

$(3-a)^2=0$ $\therefore a=3$

따라서 원의 반지름의 길이는 3이다.

129

점 $(2, -1)$이 제4사분면 위의 점이므로 원의 반지름의 길이를 r이라 하면 두 직선 $x=0$, $y=0$, 즉 y축, x축에 접하는 원의 방정식을

$(x-r)^2+(y+r)^2=r^2$

으로 놓을 수 있다.

이 원이 점 $(2, -1)$을 지나므로

$(2-r)^2+(-1+r)^2=r^2$

$r^2-6r+5=0$, $(r-1)(r-5)=0$

$\therefore r=1$ 또는 $r=5$

따라서 구하는 작은 원의 넓이는

$\pi\times1^2=\pi$

130

원의 중심의 좌표를 (a, b)라 하면 원이 x축에 접하므로 원의 방정식을

$(x-a)^2+(y-b)^2=b^2$

으로 놓을 수 있다.

이 원이 두 점 A(0, 1), B(0, 2)를 지나므로

$a^2+(1-b)^2=b^2$ …… ㉠

$a^2+(2-b)^2=b^2$ …… ㉡

㉠－㉡을 하면 $(1-b)^2-(2-b)^2=0$

$2b-3=0$ $\therefore b=\frac{3}{2}$

$b=\frac{3}{2}$을 ㉠에 대입하면 $a^2+\left(-\frac{1}{2}\right)^2=\left(\frac{3}{2}\right)^2$

$a^2+\frac{1}{4}=\frac{9}{4}$, $a^2=2$ $\therefore a=-\sqrt{2}$ 또는 $a=\sqrt{2}$

즉, 두 원의 방정식은

$(x+\sqrt{2})^2+\left(y-\frac{3}{2}\right)^2=\frac{9}{4}$, $(x-\sqrt{2})^2+\left(y-\frac{3}{2}\right)^2=\frac{9}{4}$

이때 이 두 원이 x축에 접하여 생기는 두 접점의 좌표는 다음 그림과 같이 $(-\sqrt{2}, 0)$, $(\sqrt{2}, 0)$이다.

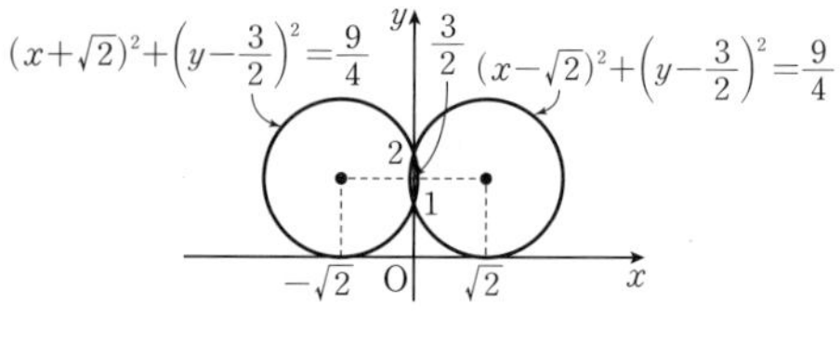

따라서 구하는 두 접점 사이의 거리는
$\sqrt{2}-(-\sqrt{2})=2\sqrt{2}$

131

$x^2+y^2-8x+2y+k=0$에서
$(x-4)^2+(y+1)^2=-k+17$
이 방정식이 원을 나타내려면
$-k+17>0$ $\therefore k<17$
따라서 자연수 k는 $1, 2, 3, \cdots, 16$의 16개이다.

132

$x^2+y^2-2ax+4y+2a^2-5=0$에서
$(x-a)^2+(y+2)^2=9-a^2$
이 방정식이 원을 나타내므로
$9-a^2>0, a^2-9<0$
$\therefore -3<a<3$
이때 원의 반지름의 길이 $\sqrt{9-a^2}$이 자연수이므로
$\sqrt{9-a^2}=1$ 또는 $\sqrt{9-a^2}=2$ 또는 $\sqrt{9-a^2}=3$
$\therefore a^2=8$ 또는 $a^2=5$ 또는 $a^2=0$
$a>0$이므로 $a=2\sqrt{2}$ 또는 $a=\sqrt{5}$
따라서 모든 양수 a의 값의 곱은
$2\sqrt{2}\times\sqrt{5}=2\sqrt{10}$

133

$x^2+y^2+(2k-4)x+4y+k+4=0$에서
$(x+k-2)^2+(y+2)^2=(k-2)^2-k$
$(x+k-2)^2+(y+2)^2=k^2-5k+4$
이 방정식이 나타내는 도형은 넓이가 4π 이하인 원이므로
$0<k^2-5k+4\le4$
(i) $k^2-5k+4>0$에서
  $(k-1)(k-4)>0$ $\therefore k<1$ 또는 $k>4$ ...... ㉠
(ii) $k^2-5k+4\le4$에서
  $k(k-5)\le0$ $\therefore 0\le k\le5$ ...... ㉡
㉠, ㉡에서
$0\le k<1$ 또는 $4<k\le5$
따라서 구하는 정수 k의 최댓값은 5이다.

134

점 P의 좌표를 (x, y)라 하면 $\overline{AP}^2=\overline{BP}^2+\overline{CP}^2$이므로
$(x+2)^2+y^2=\{(x-2)^2+(y+2)^2\}+\{(x-4)^2+(y-2)^2\}$
$x^2+y^2-16x+24=0$
$\therefore (x-8)^2+y^2=40$
따라서 점 P가 나타내는 도형은 중심의 좌표가 $(8, 0)$이고 반지름의 길이가 $2\sqrt{10}$인 원이므로 구하는 도형의 넓이는
$\pi\times(2\sqrt{10})^2=40\pi$

1등급 비법

점이 나타내는 도형의 방정식은 다음과 같은 순서로 구한다.
(i) 조건을 만족시키는 점을 (x, y)로 놓는다.
(ii) 주어진 조건을 이용하여 x와 y 사이의 관계식을 구한다.

135

원 $x^2+y^2=9$ 위의 점 P의 좌표를 (a, b)라 하면
$a^2+b^2=9$ ...... ㉠
삼각형 ABP의 무게중심 G의 좌표를 (x, y)라 하면
$x=\dfrac{-5+2+a}{3}, y=\dfrac{-2+5+b}{3}$
$\therefore a=3x+3, b=3y-3$ ...... ㉡
㉡을 ㉠에 대입하면 $(3x+3)^2+(3y-3)^2=9$
$\therefore (x+1)^2+(y-1)^2=1$
따라서 무게중심 G가 나타내는 도형은 중심의 좌표가 $(-1, 1)$이고 반지름의 길이가 1인 원이므로 구하는 도형의 길이는
$2\pi\times1=2\pi$

136

$\overline{AP}:\overline{BP}=1:2$이므로
$2\overline{AP}=\overline{BP}$에서 $4\overline{AP}^2=\overline{BP}^2$
점 P의 좌표를 (x, y)라 하면
$4\{(x-2)^2+(y-1)^2\}=\{x-(-4)\}^2+(y-1)^2$
$4(x-2)^2+3(y-1)^2=(x+4)^2$
$3x^2+3y^2-24x-6y+3=0$
$x^2+y^2-8x-2y+1=0$
$\therefore (x-4)^2+(y-1)^2=16$
따라서 점 P가 나타내는 도형은 중심의 좌표가 $(4, 1)$이고 반지름의 길이가 4인 원이므로 구하는 넓이는
$\pi\times4^2=16\pi$

137

두 원의 교점을 지나는 직선의 방정식은
$x^2+y^2-4-(x^2+y^2-4x-2y)=0$
$4x+2y-4=0$ $\therefore 2x+y-2=0$
이 직선이 점 $(-1, k)$를 지나므로
$-2+k-2=0$ $\therefore k=4$

138

두 원의 교점을 지나는 직선의 방정식은
$x^2+y^2-2x-(x^2+y^2-2ax-3ay+8)=0$
$\therefore 2(a-1)x+3ay-8=0$
이 직선과 직선 $3x-y-3=0$이 수직이므로
$2(a-1)\times3+3a\times(-1)=0, 3a=6$
$\therefore a=2$

개념 보충

두 직선 $ax+by+c=0, a'x+b'y+c'=0$이 수직이면
$\Rightarrow aa'+bb'=0$

139

$x^2+y^2=4$에서 $x^2+y^2-4=0$
$(x-1)^2+(y+1)^2=8$에서 $x^2+y^2-2x+2y-6=0$
따라서 두 원의 교점을 지나는 직선의 방정식은

$$x^2+y^2-4-(x^2+y^2-2x+2y-6)=0$$
$$2x-2y+2=0 \qquad \therefore x-y+1=0 \qquad \cdots\cdots \text{㉠}$$
한편, 두 원의 중심 $(0, 0)$, $(1, -1)$을 지나는 직선의 방정식은
$$y=-x \qquad\qquad\qquad\qquad\qquad \cdots\cdots \text{㉡}$$
이때 두 원의 중심을 지나는 직선은 두 원의 공통인 현을 수직이등분한다. 즉, 선분 AB의 중점은 두 직선 ㉠, ㉡의 교점과 같으므로 ㉠, ㉡을 연립하여 풀면
$$x=-\frac{1}{2}, \ y=\frac{1}{2}$$
따라서 선분 AB의 중점의 좌표는 $\left(-\frac{1}{2}, \frac{1}{2}\right)$이므로
$$a=-\frac{1}{2}, \ b=\frac{1}{2}$$
$$\therefore ab=\left(-\frac{1}{2}\right)\times\frac{1}{2}=-\frac{1}{4}$$

1등급 비법

두 원의 공통인 현의 중점은 두 원의 교점을 지나는 직선과 두 원의 중심을 지나는 직선의 교점과 같다.

140

두 원의 교점을 지나는 원의 방정식은
$$x^2+y^2-4+k(x^2+y^2-4x+4y)=0 \ (단, k\ne-1)$$
$$(k+1)x^2+(k+1)y^2-4kx+4ky-4=0$$
$$x^2+y^2-\frac{4k}{k+1}x+\frac{4k}{k+1}y-\frac{4}{k+1}=0 \qquad \cdots\cdots \text{㉠}$$
방정식 $x^2+y^2-3x+Ay+B=0$과 ㉠을 비교하면
$$-\frac{4k}{k+1}=-3 \qquad \therefore k=3$$
㉠에 $k=3$을 대입하면
$$x^2+y^2-3x+3y-1=0$$
이므로 $A=3$, $B=-1$
$$\therefore A+B=3+(-1)=2$$

1등급 비법

두 원 $x^2+y^2+ax+by+c=0$, $x^2+y^2+a'x+b'y+c'=0$의 교점을 지나는 원의 방정식은
$$x^2+y^2+ax+by+c+k(x^2+y^2+a'x+b'y+c')=0 \ (k\ne-1)$$
으로 놓고, 이 원이 지나는 점의 좌표를 방정식에 대입하여 실수 k의 값을 구한다.

141

$(x+1)^2+(y-1)^2-7=0$에서 $x^2+y^2+2x-2y-5=0$
따라서 주어진 두 원의 교점을 지나는 원의 방정식은
$$x^2+y^2+2x-2y-5+k(x^2+y^2-4x-6y-7)=0 \ (단, k\ne-1)$$
$$(k+1)x^2+(k+1)y^2+(2-4k)x-(2+6k)y-5-7k=0$$
$$x^2+y^2+\frac{2-4k}{k+1}x-\frac{2+6k}{k+1}y-\frac{5+7k}{k+1}=0 \qquad \cdots\cdots \text{㉠}$$
원 ㉠의 중심의 x좌표가 $\frac{1}{2}$이므로
$$-\frac{2-4k}{2(k+1)}=\frac{1}{2} \qquad \therefore k=1$$

㉠에 $k=1$을 대입하면
$$x^2+y^2-x-4y-6=0$$
$$\therefore \left(x-\frac{1}{2}\right)^2+(y-2)^2=\frac{41}{4}$$
따라서 구하는 원의 넓이는 $\frac{41}{4}\pi$이다.

142

두 원 $x^2+y^2+2ax+2y-6=0$, $x^2+y^2+2x-2y-2=0$을 각각 O, O'이라 하면
$$O: (x+a)^2+(y+1)^2=a^2+7$$
$$O': (x+1)^2+(y-1)^2=4$$
이때 원 O가 원 O'의 둘레의 길이를 이등분하려면 두 원의 교점을 지나는 직선이 원 O'의 중심을 지나야 한다.
두 원의 교점을 지나는 직선의 방정식은
$$x^2+y^2+2ax+2y-6-(x^2+y^2+2x-2y-2)=0$$
$$\therefore 2(a-1)x+4y-4=0$$
이 직선이 원 O'의 중심 $(-1, 1)$을 지나므로
$$-2(a-1)+4-4=0 \qquad \therefore a=1$$

143

오른쪽 그림과 같이 두 원
$$x^2+y^2-6=0,$$
$$x^2+y^2-8x-6y+4=0$$
의 중심을 각각 O, O'이라 하고 두 원의 교점을 P, Q, $\overline{OO'}$과 $\overline{PQ}$의 교점을 M이라 하면

$$\overline{PQ}\perp\overline{OM}, \ \overline{PM}=\overline{QM}$$
두 원의 교점을 지나는 직선 PQ의 방정식은
$$x^2+y^2-6-(x^2+y^2-8x-6y+4)=0$$
$$8x+6y-10=0$$
$$\therefore 4x+3y-5=0 \qquad\qquad\qquad \cdots\cdots \text{㉠}$$
점 $O(0, 0)$과 직선 ㉠ 사이의 거리는
$$\overline{OM}=\frac{|-5|}{\sqrt{4^2+3^2}}=1$$
직각삼각형 POM에서
$$\overline{PM}=\sqrt{\overline{OP}^2-\overline{OM}^2}=\sqrt{(\sqrt{6})^2-1^2}=\sqrt{5}$$
따라서 공통인 현을 지름으로 하는 원의 넓이는
$$\pi\times\overline{PM}^2=\pi\times(\sqrt{5})^2=5\pi$$

144

오른쪽 그림과 같이 두 원
$$x^2+y^2-8=0,$$
$$x^2+y^2-6x+6y+4=0$$
의 중심을 각각 O, O'이라 하고 $\overline{OO'}$과 $\overline{AB}$의 교점을 M이라 하면

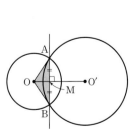

$$\overline{AB}\perp\overline{OM}, \ \overline{AM}=\overline{BM}$$
두 원의 교점을 지나는 직선 AB의 방정식은
$$x^2+y^2-8-(x^2+y^2-6x+6y+4)=0$$에서

$6x-6y-12=0$

$\therefore x-y-2=0$ ····· ㉠

원점 O와 직선 ㉠ 사이의 거리는

$$\overline{OM}=\frac{|-2|}{\sqrt{1^2+(-1)^2}}=\sqrt{2}$$

직각삼각형 AOM에서

$$\overline{AM}=\sqrt{\overline{OA}^2-\overline{OM}^2}=\sqrt{(2\sqrt{2})^2-(\sqrt{2})^2}=\sqrt{6}$$

$\therefore \overline{AB}=2\overline{AM}=2\sqrt{6}$

따라서 삼각형 OAB의 넓이는

$$\frac{1}{2}\times 2\sqrt{6}\times\sqrt{2}=2\sqrt{3}$$

145

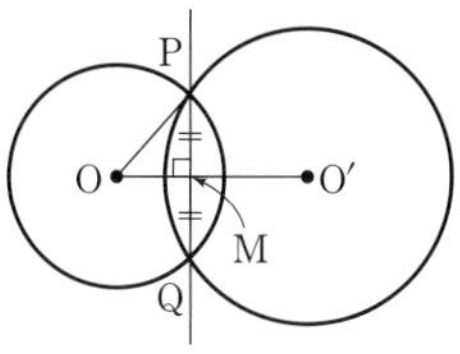

오른쪽 그림과 같이 두 원

$x^2+y^2-k=0$,

$x^2+y^2-3x+4y=0$

의 중심을 각각 O, O'이라 하고, 두 원의 교점을 P, Q, $\overline{OO'}$과 $\overline{PQ}$의 교점을

M이라 하면

$\overline{PQ}\perp\overline{OM}$, $\overline{PM}=\overline{QM}$

두 원의 교점을 지나는 직선 PQ의 방정식은

$x^2+y^2-k-(x^2+y^2-3x+4y)=0$

$\therefore 3x-4y-k=0$ ····· ㉠

점 O(0, 0)과 직선 ㉠ 사이의 거리는

$$\overline{OM}=\frac{|-k|}{\sqrt{3^2+(-4)^2}}=\frac{k}{5}\ (\because k>0)$$

직각삼각형 POM에서

$$\overline{PM}=\sqrt{\overline{OP}^2-\overline{OM}^2}=\sqrt{(\sqrt{k})^2-\left(\frac{k}{5}\right)^2}=\sqrt{k-\frac{k^2}{25}}$$

$$\therefore \overline{PQ}=2\overline{PM}=2\sqrt{k-\frac{k^2}{25}}$$

이때 공통인 현의 길이가 4이어야 하므로

$$2\sqrt{k-\frac{k^2}{25}}=4,\ \sqrt{k-\frac{k^2}{25}}=2$$

양변을 제곱하면 $k-\dfrac{k^2}{25}=4$

$k^2-25k+100=0$, $(k-5)(k-20)=0$

$\therefore k=5$ 또는 $k=20$

146

주어진 원과 직선이 서로 만나지 않으려면

원 $(x-2)^2+(y+1)^2=10$의 중심 $(2, -1)$과

직선 $kx-y+2+1=0$ 사이의 거리가 원의 반지름의 길이 $\sqrt{10}$

보다 커야 한다. 즉,

$$\frac{|2k+1+2k+1|}{\sqrt{k^2+(-1)^2}}>\sqrt{10}$$

$|4k+2|>\sqrt{10(k^2+1)}$

양변을 제곱하면 $16k^2+16k+4>10k^2+10$

$3k^2+8k-3>0$, $(k+3)(3k-1)>0$

$\therefore k<-3$ 또는 $k>\dfrac{1}{3}$

원과 직선이 만나지 않을 때는

(원의 중심과 직선 사이의 거리) > (원의 반지름의 길이)

임을 이용한다.

147

두 점 $(-3, 0)$, $(1, 0)$을 지름의 양 끝 점으로 하는 원을 C라 하면

원 C는 중심의 좌표가 $\left(\dfrac{-3+1}{2}, 0\right)$, 즉 $(-1, 0)$이고 반지름의

길이가 2인 원이다.

원 C와 직선 $kx+y-2=0$이 오직 한 점에서 만나려면 원 C의 중심

$(-1, 0)$과 직선 $kx+y-2=0$ 사이의 거리가 2이어야 한다. 즉,

$$\frac{|-k-2|}{\sqrt{k^2+1}}=2$$

$|-k-2|=2\sqrt{k^2+1}$

양변을 제곱하면 $k^2+4k+4=4(k^2+1)$

$3k^2-4k=0$, $k(3k-4)=0$

$\therefore k=\dfrac{4}{3}\ (\because k>0)$

148

직선 $ax+by+1=0$이 직선 $x-y+2=0$과 만나지 않으므로 두

직선은 평행하다.

즉, $\dfrac{a}{1}=\dfrac{b}{-1}\ne\dfrac{1}{2}$에서 $b=-a$ ····· ㉠

원의 중심 $(0, 0)$과 직선 $ax-ay+1=0$ 사이의 거리는 원의 반지

름의 길이 4와 같아야 하므로

$$\frac{|1|}{\sqrt{a^2+(-a)^2}}=4$$

$4\sqrt{2a^2}=1$, $\sqrt{2a^2}=\dfrac{1}{4}$ $\therefore a^2=\dfrac{1}{32}$

㉠에서 $b^2=a^2=\dfrac{1}{32}$

$\therefore a^2+b^2=\dfrac{1}{32}+\dfrac{1}{32}=\dfrac{1}{16}$

149

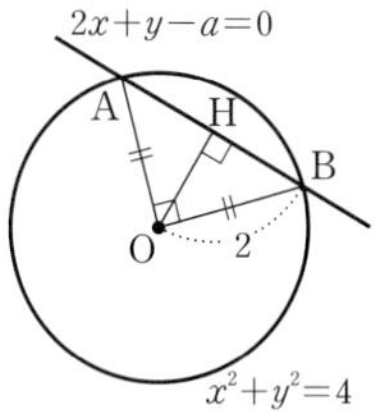

원의 중심이 원점 O이고 원의 반지름의

길이가 2이므로

$\overline{OA}=\overline{OB}=2$

또, $\angle AOB=90°$이므로

$\angle OAB=\angle OBA=45°$

따라서 원의 중심 O에서 직선

$2x+y-a=0$에 내린 수선의 발을 H라 하면

$\angle OAH=\angle AOH=45°$

$\therefore \overline{OH}=2\times\dfrac{1}{\sqrt{2}}=\sqrt{2}$

즉, 원점 O와 직선 $2x+y-a=0$ 사이의 거리가 $\sqrt{2}$이므로

$$\frac{|-a|}{\sqrt{2^2+1^2}}=\sqrt{2}$$

$|-a|=\sqrt{10}$ $\therefore a^2=10$

150

두 점 $A(0, 6)$, $B(9, 0)$을 잇는 선분 AB를 $2:1$로 내분하는 점 P의 좌표는

$\left(\dfrac{2 \times 9 + 1 \times 0}{2+1}, \dfrac{2 \times 0 + 1 \times 6}{2+1} \right)$ $\therefore$ P$(6, 2)$

점 P$(6, 2)$가 원 $x^2 + y^2 - 2ax - 2by = 0$ 위의 점이므로

$6^2 + 2^2 - 2a \times 6 - 2b \times 2 = 0$

$\therefore 3a + b = 10$ ...... ㉠

원의 중심과 점 P를 지나는 직선을 l이라 하면 직선 l은 직선 AB와 서로 수직이고 직선 AB의 기울기가 $-\dfrac{2}{3}$이므로 직선 l의 기울기는 $\dfrac{3}{2}$이다.

직선 l이 점 P$(6, 2)$를 지나므로 직선 l의 방정식은

$y = \dfrac{3}{2}(x - 6) + 2$

원 $x^2 + y^2 - 2ax - 2by = 0$에서

$(x - a)^2 + (y - b)^2 = a^2 + b^2$

원의 중심 (a, b)가 직선 l 위의 점이므로

$b = \dfrac{3}{2}(a - 6) + 2$ $\therefore 3a - 2b = 14$ ...... ㉡

㉠, ㉡을 연립하여 풀면 $a = \dfrac{34}{9}$, $b = -\dfrac{4}{3}$

$\therefore a + b = \dfrac{34}{9} + \left(-\dfrac{4}{3} \right) = \dfrac{22}{9}$

151

$A(1, 0)$, $B(5, 2)$라 하면 원의 중심의 좌표는

$\left(\dfrac{1+5}{2}, \dfrac{0+2}{2} \right)$ $\therefore (3, 1)$

또, 원의 반지름의 길이는

$\dfrac{1}{2}\overline{AB} = \dfrac{1}{2}\sqrt{(5-1)^2 + (2-0)^2} = \sqrt{5}$

즉, 원의 방정식은

$(x - 3)^2 + (y - 1)^2 = 5$ ...... ㉠

$y = 0$을 ㉠에 대입하면 $(x - 3)^2 + (-1)^2 = 5$

$x^2 - 6x + 5 = 0$, $(x - 1)(x - 5) = 0$

$\therefore x = 1$ 또는 $x = 5$

따라서 원과 x축이 만나는 두 점의 좌표가 $(1, 0)$, $(5, 0)$이므로 구하는 선분의 길이는

$|5 - 1| = 4$

152

원 $x^2 + y^2 = r^2$의 중심 O$(0, 0)$에서 직선 $2x - y + 5 = 0$에 내린 수선의 발을 H라 하면

$\overline{OH} = \dfrac{|5|}{\sqrt{2^2 + (-1)^2}} = \sqrt{5}$

원 $x^2 + y^2 = r^2$의 반지름의 길이는 r이므로 직각삼각형 OAH에서

$\overline{AH} = \sqrt{r^2 - (\sqrt{5})^2} = \sqrt{r^2 - 5}$

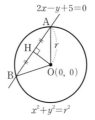

$\overline{AB} = 2\overline{AH}$이고 $\overline{AH} = \dfrac{1}{2}\overline{AB} = \dfrac{1}{2} \times 4 = 2$이므로

$\sqrt{r^2 - 5} = 2$, $r^2 - 5 = 4$, $r^2 = 9$

$\therefore r = 3$ $(\because r > 0)$

153

원 $(x+2)^2 + (y-1)^2 = 9$와 직선 $y = 2x + 10$, 즉 $2x - y + 10 = 0$의 두 교점을 A, B라 하고, 원의 중심 C$(-2, 1)$에서 선분 AB에 내린 수선의 발을 H라 하면

$\overline{CH} = \dfrac{|2 \times (-2) - 1 + 10|}{\sqrt{2^2 + (-1)^2}}$

$= \dfrac{5}{\sqrt{5}} = \sqrt{5}$

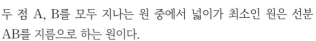

직각삼각형 CAH에서

$\overline{AH} = \sqrt{\overline{CA}^2 - \overline{CH}^2} = \sqrt{3^2 - (\sqrt{5})^2} = 2$

$\therefore \overline{AB} = 2\overline{AH} = 2 \times 2 = 4$

두 점 A, B를 모두 지나는 원 중에서 넓이가 최소인 원은 선분 AB를 지름으로 하는 원이다.

따라서 구하는 원의 반지름의 길이는

$\dfrac{1}{2}\overline{AB} = \dfrac{1}{2} \times 4 = 2$

1등급 비법

원과 직선의 교점을 지나는 원 중에서 원과 직선이 만나서 생기는 현을 지름으로 하는 원의 넓이가 최소가 된다.

154

$x^2 + y^2 + 2x - 3 = 0$에서 $(x+1)^2 + y^2 = 4$이므로 주어진 원은 중심의 좌표가 $(-1, 0)$이고 반지름의 길이가 2인 원이다.

이때 원의 중심 C$(-1, 0)$과 점 P$(2, 3)$ 사이의 거리는

$\overline{CP} = \sqrt{\{2 - (-1)\}^2 + (3 - 0)^2}$

$= \sqrt{18} = 3\sqrt{2}$

이므로

$M = 3\sqrt{2} + 2$, $m = 3\sqrt{2} - 2$

$\therefore Mm = (3\sqrt{2} + 2)(3\sqrt{2} - 2)$

$= 18 - 4 = 14$

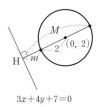

155

$x^2 + y^2 - 4y = 0$에서 $x^2 + (y-2)^2 = 4$이므로 주어진 원은 중심의 좌표가 $(0, 2)$이고 반지름의 길이가 2인 원이다.

원의 중심 $(0, 2)$와 직선 $3x + 4y + 7 = 0$ 사이의 거리는

$\dfrac{|3 \times 0 + 4 \times 2 + 7|}{\sqrt{3^2 + 4^2}} = 3$

이므로 선분 PH의 길이의 최댓값을 M, 최솟값을 m이라 하면

$M = 3 + 2 = 5$, $m = 3 - 2 = 1$

따라서 최댓값과 최솟값의 합은

$5 + 1 = 6$

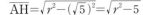

156

원의 중심 $(-2, 1)$과 직선 $4x+3y+a=0$ 사이의 거리는

$$\frac{|4\times(-2)+3\times1+a|}{\sqrt{4^2+3^2}}=\frac{|a-5|}{5}$$

원의 반지름의 길이가 3이고 점 P와 직선 $4x+3y+a=0$ 사이의 거리의 최댓값이 9이므로

$$\frac{|a-5|}{5}+3=9$$

$|a-5|=30$이므로 $a-5=-30$ 또는 $a-5=30$

$\therefore a=-25$ 또는 $a=35$

따라서 $M=35$, $m=-25$이므로

$M-m=35-(-25)=60$

157

중심이 직선 $y=x$ $(x>0)$ 위에 있으므로 중심의 좌표를 (a, a) $(a>0)$, 반지름의 길이를 r이라 하면 원의 방정식을

$$(x-a)^2+(y-a)^2=r^2$$

으로 놓을 수 있다.

이 원이 점 $(2, 0)$을 지나므로

$$(2-a)^2+a^2=r^2 \qquad\qquad \cdots\cdots ㉠$$

또, 원점과 이 원 위의 점 사이의 거리의 최댓값은

(원점과 원의 중심 (a, a) 사이의 거리)$+$(원의 반지름의 길이)

와 같으므로

$\sqrt{a^2+a^2}+r=2\sqrt{2}$

$\sqrt{2}a+r=2\sqrt{2}$ $(\because a>0)$

$\therefore r=\sqrt{2}(2-a) \qquad\qquad \cdots\cdots ㉡$

㉡을 ㉠에 대입하면 $(2-a)^2+a^2=2(2-a)^2$

$2a^2-4a+4=2a^2-8a+8$, $4a=4$

$\therefore a=1$

$a=1$을 ㉡에 대입하면 $r=\sqrt{2}$

따라서 구하는 원의 반지름의 길이는 $\sqrt{2}$이다.

158

직선 $x-2y+5=0$, 즉 $y=\frac{1}{2}x+\frac{5}{2}$와 수직인 직선의 기울기는 -2이고, 원의 반지름의 길이는 $\sqrt{20}=2\sqrt{5}$이므로 접선의 방정식은

$$y=-2x\pm2\sqrt{5}\times\sqrt{(-2)^2+1} \qquad \therefore y=-2x\pm10$$

따라서 두 접선이 y축과 만나는 점의 좌표는 각각 $(0, 10)$, $(0, -10)$이므로

$\overline{PQ}=|10-(-10)|=20$

159

기울기가 -1인 직선의 방정식을 $y=-x+k$라 하자.

원의 중심 $(2, -1)$과 직선 $y=-x+k$, 즉 $x+y-k=0$ 사이의 거리가 원의 반지름의 길이 $\sqrt{2}$와 같아야 하므로

$$\frac{|2-1-k|}{\sqrt{1^2+1^2}}=\sqrt{2}$$

$|1-k|=2$이므로 $1-k=-2$ 또는 $1-k=2$

$\therefore k=3$ 또는 $k=-1$

따라서 구하는 y절편의 곱은

$3\times(-1)=-3$

160

원의 방정식을 $x^2+y^2=r^2$이라 하면 이 원이 점 $(2, -1)$을 지나므로

$r^2=2^2+(-1)^2=5$ $\qquad \therefore x^2+y^2=5$

직선 $x-y+2=0$의 기울기는 1이므로 이 직선과 평행한 직선의 기울기도 1이다.

원 $x^2+y^2=5$에 접하고 기울기가 1인 직선의 방정식은

$y=x\pm\sqrt{5}\times\sqrt{1^2+1}$ $\qquad \therefore y=x\pm\sqrt{10}$

따라서 $a=1$, $b=\sqrt{10}$ 또는 $a=1$, $b=-\sqrt{10}$이므로

$ab^2=1\times10=10$

161

원 $x^2+y^2=5$ 위의 점 $(-1, 2)$에서의 접선의 방정식은

$$-x+2y=5 \qquad \therefore y=\frac{1}{2}x+\frac{5}{2}$$

이 직선이 점 $(5, a)$를 지나므로

$$a=\frac{1}{2}\times5+\frac{5}{2}=\frac{5}{2}+\frac{5}{2}=5$$

162

원 $x^2+y^2=r^2$ 위의 점 $(a, 4\sqrt{3})$에서의 접선의 방정식은

$ax+4\sqrt{3}y=r^2$

$\therefore ax+4\sqrt{3}y-r^2=0$

이 접선이 직선 $x-\sqrt{3}y+b=0$과 일치하므로

$$\frac{a}{1}=\frac{4\sqrt{3}}{-\sqrt{3}}=\frac{-r^2}{b}$$

$\therefore a=-4$, $r^2=4b \qquad\qquad \cdots\cdots ㉠$

한편, 점 $(-4, 4\sqrt{3})$이 원 $x^2+y^2=r^2$ 위의 점이므로

$(-4)^2+(4\sqrt{3})^2=r^2$, $r^2=64$

$\therefore r=8$ $(\because r>0)$

㉠에서 $b=\dfrac{r^2}{4}=\dfrac{64}{4}=16$

$\therefore a+b+r=(-4)+16+8=20$

개념 보충

두 직선의 위치 관계

두 직선 $ax+by+c=0$, $a'x+b'y+c'=0$ $(abc\neq0, a'b'c'\neq0)$이

① 평행하다. $\Rightarrow \dfrac{a}{a'}=\dfrac{b}{b'}\neq\dfrac{c}{c'}$

② 일치한다. $\Rightarrow \dfrac{a}{a'}=\dfrac{b}{b'}=\dfrac{c}{c'}$

③ 한 점에서 만난다. $\Rightarrow \dfrac{a}{a'}\neq\dfrac{b}{b'}$

④ 수직이다. $\Rightarrow aa'+bb'=0$

163

$x-y-1=0$에서 $y=x-1 \qquad\qquad \cdots\cdots ㉠$

㉠을 $x^2+y^2=13$에 대입하면 $x^2+(x-1)^2=13$

$x^2-x-6=0$, $(x+2)(x-3)=0$

$\therefore x=-2$ 또는 $x=3$

이를 ㉠에 대입하면 $y=-3$ 또는 $y=2$

즉, 주어진 원과 직선의 두 교점의 좌표는

$(-2,-3)$, $(3,2)$이다.

따라서 제1사분면 위의 점은 $(3,2)$이므로 이 점에서의 접선의 방정식은

$3x+2y=13$ $\therefore 3x+2y-13=0$

164

원 $x^2+y^2=10$ 위의 점 (a,b)에서의 접선의 방정식은

$ax+by=10$ $\therefore y=-\dfrac{a}{b}x+\dfrac{10}{b}$

이때 접선의 기울기가 -3이므로

$-\dfrac{a}{b}=-3$ $\therefore a=3b$

즉, 점 $(3b,b)$가 원 $x^2+y^2=10$ 위의 점이므로

$(3b)^2+b^2=10$, $b^2=1$ $\therefore b=\pm1$

그런데 $a>0$이므로 $a=3$, $b=1$

$\therefore a+b=3+1=4$

165

점 $P(-1,a)$가 원 $(x+2)^2+(y-2)^2=2$ 위의 점이므로

$(-1+2)^2+(a-2)^2=2$

$a^2-4a+3=0$, $(a-1)(a-3)=0$

$\therefore a=1$ 또는 $a=3$

(i) $a=1$일 때,

원의 중심 $(-2,2)$와 점 $P(-1,1)$을 지나는 직선의 기울기는

$\dfrac{1-2}{-1-(-2)}=-1$이므로 접선의 기울기는 1이다.

이때 접선의 방정식은 $y-1=x+1$, 즉 $y=x+2$이다.

(ii) $a=3$일 때,

원의 중심 $(-2,2)$와 점 $P(-1,3)$을 지나는 직선의 기울기는

$\dfrac{3-2}{-1-(-2)}=1$이므로 접선의 기울기는 -1이다.

그런데 기울기가 음수이므로 주어진 조건을 만족시키지 않는다.

(i), (ii)에서 직선 l의 방정식은 $y=x+2$

따라서 직선 l의 y절편은 2이다.

166

직선 $y=mx+n$이 점 $(5,0)$을 지나므로

$0=5m+n$ $\therefore n=-5m$ ㉠

즉, 접선의 방정식은 $y=mx-5m$

원의 중심 $(0,0)$과 직선 $y=mx-5m$, 즉 $mx-y-5m=0$

사이의 거리가 원의 반지름의 길이 $\sqrt{5}$와 같으므로

$\dfrac{|-5m|}{\sqrt{m^2+(-1)^2}}=\sqrt{5}$

$|-5m|=\sqrt{5(m^2+1)}$

양변을 제곱하면 $25m^2=5(m^2+1)$

$4m^2-1=0$, $(2m+1)(2m-1)=0$

$\therefore m=-\dfrac{1}{2}$ 또는 $m=\dfrac{1}{2}$

$m=-\dfrac{1}{2}$일 때, ㉠에서 $n=\dfrac{5}{2}$

$m=\dfrac{1}{2}$일 때, ㉠에서 $n=-\dfrac{5}{2}$

$\therefore mn=-\dfrac{5}{4}$

다른 풀이① 접점의 좌표를 (x_1,y_1)이라 하면 점 (x_1,y_1)에서의 접선의 방정식은

$x_1x+y_1y=5$ ㉠

이 직선이 점 $(5,0)$을 지나므로

$5x_1=5$ $\therefore x_1=1$

또, 점 (x_1,y_1)은 원 $x^2+y^2=5$ 위의 점이므로

$x_1{}^2+y_1{}^2=5$

위의 식에 $x_1=1$을 대입하면

$1+y_1{}^2=5$, $y_1{}^2=4$

$\therefore y_1=-2$ 또는 $y_1=2$

$\therefore x_1=1$, $y_1=-2$ 또는 $x_1=1$, $y_1=2$

이를 ㉠에 대입하면 접선의 방정식은

$x-2y=5$ 또는 $x+2y=5$

$\therefore y=\dfrac{1}{2}x-\dfrac{5}{2}$ 또는 $y=-\dfrac{1}{2}x+\dfrac{5}{2}$

따라서 $m=\dfrac{1}{2}$, $n=-\dfrac{5}{2}$ 또는 $m=-\dfrac{1}{2}$, $n=\dfrac{5}{2}$이므로

$mn=-\dfrac{5}{4}$

다른 풀이② 직선 $y=mx+n$이 점 $(5,0)$을 지나므로

$0=5m+n$ $\therefore n=-5m$ ㉠

즉, 접선의 방정식은 $y=mx-5m$

이 식을 $x^2+y^2=5$에 대입하면 $x^2+(mx-5m)^2=5$

$\therefore (m^2+1)x^2-10m^2x+25m^2-5=0$

이 이차방정식의 판별식을 D라 하면 원과 직선이 접하므로

$\dfrac{D}{4}=(-5m^2)^2-(m^2+1)(25m^2-5)=0$

$-20m^2+5=0$, $m^2=\dfrac{1}{4}$

$\therefore m=-\dfrac{1}{2}$ 또는 $m=\dfrac{1}{2}$

$m=-\dfrac{1}{2}$일 때, ㉠에서 $n=\dfrac{5}{2}$

$m=\dfrac{1}{2}$일 때, ㉠에서 $n=-\dfrac{5}{2}$

$\therefore mn=-\dfrac{5}{4}$

167

접선의 기울기를 m이라 하면 점 $P(-1,4)$를 지나는 접선의 방정식은

$y=m(x+1)+4$

$\therefore mx-y+m+4=0$

원의 중심 $(-2,1)$과 직선 $mx-y+m+4=0$ 사이의 거리가 원

의 반지름의 길이 $\sqrt{2}$와 같으므로

$$\frac{|-2m-1+m+4|}{\sqrt{m^2+(-1)^2}}=\sqrt{2}$$

$$|-m+3|=\sqrt{2m^2+2}$$

양변을 제곱하면

$$(-m+3)^2=2m^2+2,\ m^2+6m-7=0$$

$$(m+7)(m-1)=0$$

$$\therefore\ m=-7\ \text{또는}\ m=1$$

즉, 두 접선의 방정식은 각각

$$y=-7x-3,\ y=x+5$$

이고, 두 직선 $y=x+5$,

$y=-7x-3$이 y축과 만나는 점의

좌표는 각각 $(0,\,5),\ (0,\,-3)$이다.

$$\therefore\ \mathrm{A}(0,\,5),\ \mathrm{B}(0,\,-3)\ \text{또는}$$

$$\mathrm{A}(0,\,-3),\ \mathrm{B}(0,\,5)$$

한편, 두 직선 PG, AB의 교점은 선분 AB의 중점과 같으므로 구하는 y좌표는

$$\frac{5+(-3)}{2}=1$$

개념 보충

삼각형의 무게중심의 성질

① 삼각형의 세 중선은 한 점(무게중심)에서 만난다.

② 삼각형의 무게중심은 세 중선의 길이를 각 꼭짓점으로부터 각각 $2:1$로 나눈다.

168

접선의 기울기를 m이라 하면 점 $(6,\,0)$을 지나는 접선의 방정식은

$$y-0=m(x-6)\qquad\therefore\ mx-y-6m=0$$

원의 중심 $(2,\,0)$과 직선 $mx-y-6m=0$ 사이의 거리가 원의 반지름의 길이인 r과 같으므로

$$\frac{|2m-6m|}{\sqrt{m^2+(-1)^2}}=r$$

$$|-4m|=r\sqrt{m^2+1}$$

양변을 제곱하면 $16m^2=r^2(m^2+1)$

$$\therefore\ (16-r^2)m^2-r^2=0\qquad\cdots\cdots\ \boxdot$$

이때 두 접선이 서로 수직이므로 두 접선의 기울기의 곱은 -1이다.

따라서 m에 대한 이차방정식 $\boxdot$의 근과 계수의 관계에 의하여

$$\frac{-r^2}{16-r^2}=-1,\ -r^2=-16+r^2$$

$$r^2=8\qquad\therefore\ r=2\sqrt{2}\ (\because\ r>0)$$

내신 적중 서술형 — ● 45쪽

169 (1) $r_1=2,\ r_2=10$ (2) $y=x+6$ (3) $2\sqrt{2}$ **170** $\dfrac{35}{2}$

171 39 **172** 3

169

(1) 점 $\mathrm{A}(-2,\,4)$를 지나고 x축과 y축에 동시에 접하는 원의 중심은 제2사분면 위에 있다.

원의 반지름의 길이를 r $(r>0)$이라 하면 원의 중심의 좌표는 $(-r,\,r)$이므로 원의 방정식을

$$(x+r)^2+(y-r)^2=r^2$$

으로 놓을 수 있다.

이 원이 점 $\mathrm{A}(-2,\,4)$를 지나므로

$$(-2+r)^2+(4-r)^2=r^2$$

$$r^2-12r+20=0,\ (r-2)(r-10)=0$$

$$\therefore\ r=2\ \text{또는}\ r=10$$

$$\therefore\ r_1=2,\ r_2=10\ (\because\ r_1<r_2)\qquad\cdots\cdots\ ㉮$$

(2) 두 원 C_1, C_2의 방정식이 각각

$$C_1:(x+2)^2+(y-2)^2=4\text{에서}\ x^2+y^2+4x-4y+4=0$$

$$C_2:(x+10)^2+(y-10)^2=100\text{에서}$$

$$x^2+y^2+20x-20y+100=0$$

이므로 두 원 C_1, C_2의 교점을 지나는 직선의 방정식은

$$x^2+y^2+4x-4y+4-(x^2+y^2+20x-20y+100)=0$$

$$\therefore\ y=x+6\qquad\cdots\cdots\ ㉯$$

(3) 오른쪽 그림과 같이 원 C_1이 직선 $y=x+6$과 만나는 점을 A, B, 원 C_1의 중심 $C_1(-2,\,2)$에서 직선 $y=x+6$, 즉 $x-y+6=0$에 내린 수선의 발을 H라 하면

$$\overline{C_1H}=\frac{|-2-2+6|}{\sqrt{1^2+(-1)^2}}=\sqrt{2}$$

직각삼각형 C_1AH에서

$$\overline{AH}=\sqrt{2^2-(\sqrt{2})^2}=\sqrt{2}$$

따라서 구하는 공통인 현의 길이는

$$\overline{AB}=2\overline{AH}=2\sqrt{2}\qquad\cdots\cdots\ ㉰$$

	채점 기준	배점 비율
(1)	㉮ r_1, r_2의 값 구하기	40 %
(2)	㉯ 두 원의 교점을 지나는 직선의 방정식 구하기	30 %
(3)	㉰ 두 원의 공통인 현의 길이 구하기	30 %

170

구하는 원의 중심의 좌표를 $(a,\,b)$라 하면 x축에 접하므로 원의 방정식을 $(x-a)^2+(y-b)^2=b^2$으로 놓을 수 있다.

이때 이 원이 점 $(4,\,0)$을 지나므로

$$(4-a)^2+(0-b)^2=b^2$$

$$(a-4)^2=0\qquad\therefore\ a=4\qquad\cdots\cdots\ ㉮$$

또, 원의 중심 $(4,\,b)$와 직선 $4x-3y+12=0$ 사이의 거리가 원의 반지름의 길이인 $|b|$와 같아야 하므로

$$\frac{|4\times4-3\times b+12|}{\sqrt{4^2+(-3)^2}}=|b|$$

$$|28-3b|=5|b|$$

$$28-3b=-5b\ \text{또는}\ 28-3b=5b$$

$$\therefore\ b=-14\ \text{또는}\ b=\frac{7}{2}\qquad\cdots\cdots\ ㉯$$

따라서 두 원의 중심의 좌표는 각각 $(4, -14)$, $\left(4, \dfrac{7}{2}\right)$이므로 두

원의 중심 사이의 거리는

$\left|\dfrac{7}{2}-(-14)\right|=\dfrac{35}{2}$ ...... ⓓ

채점 기준	배점 비율
㉮ 원의 중심의 x좌표 구하기	30 %
㉯ 원의 중심의 y좌표 구하기	40 %
㉰ 두 원의 중심 사이의 거리 구하기	30 %

171

$A(8, 0)$, $B(0, 6)$이므로

$\overline{AB}=\sqrt{(0-8)^2+(6-0)^2}=10$ ...... ㉮

원의 중심 $(0, 0)$과 직선 $3x+4y-24=0$ 사이의 거리는

$\dfrac{|-24|}{\sqrt{3^2+4^2}}=\dfrac{24}{5}$ ...... ㉯

삼각형 ABP의 넓이가 최대가 되려
면 밑변을 $\overline{AB}$라 할 때 높이가 최대
이어야 한다.

이때 높이의 최댓값은

$\dfrac{24}{5}+3=\dfrac{39}{5}$

이므로 삼각형 ABP의 넓이의 최댓
값은

$\dfrac{1}{2}\times10\times\dfrac{39}{5}=39$ ...... ㉰

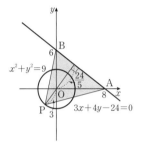

채점 기준	배점 비율
㉮ $\overline{AB}$의 길이 구하기	30 %
㉯ 원의 중심과 직선 사이의 거리 구하기	30 %
㉰ 삼각형 ABP의 넓이의 최댓값 구하기	40 %

172

점 $A(a, b)$는 원 $x^2+y^2=6$ 위의 점이므로

$a^2+b^2=6$ ...... ㉠ ...... ㉮

원 $x^2+y^2=6$ 위의 점 $A(a, b)$에서의 접선의 방정식은

$ax+by=6$

이 직선의 x절편은 $\dfrac{6}{a}$, y절편은 $\dfrac{6}{b}$이고 $a>0$, $b>0$이므로 접선과

x축 및 y축으로 둘러싸인 삼각형의 넓이는

$\dfrac{1}{2}\times\dfrac{6}{a}\times\dfrac{6}{b}=12$ ∴ $ab=\dfrac{3}{2}$ ...... ㉡ ...... ㉯

한편, $(a+b)^2=a^2+b^2+2ab$이므로 ㉠, ㉡에서

$(a+b)^2=6+2\times\dfrac{3}{2}=9$

$a>0$, $b>0$에서 $a+b>0$이므로

$a+b=3$ ...... ㉰

채점 기준	배점 비율
㉮ 점 A가 원 위의 점임을 이용하여 a, b 사이의 관계식 세우기	20 %
㉯ 접선의 방정식을 구하여 삼각형의 넓이에 대한 식 세우기	40 %
㉰ $a+b$의 값 구하기	40 %

● 46쪽 ~ 48쪽

173 ①	**174** ②	**175** ④	**176** $4\sqrt{2}$	**177** 80
178 ①	**179** ③	**180** $\dfrac{25}{2}(1+\sqrt{2})$		
181 $41-2\sqrt{37}$		**182** $\dfrac{8\sqrt{5}}{5}$	**183** $\dfrac{20}{3}$	**184** ②
185 ③				

173

원의 방정식

(전략) 선분 AB의 수직이등분선과 직선 AB가 서로 수직임을 이용한다.

(풀이) 선분 AB의 수직이등분선을 l이라 하면 직선 l은 선분 AB

의 중점 $\left(2, \dfrac{1+a}{2}\right)$를 지난다.

또, 직선 l은 주어진 원의 넓이를 이등분하므로 원의 중심 $(-2, 5)$

를 지난다.

따라서 직선 l의 기울기는

$\dfrac{\dfrac{1+a}{2}-5}{2-(-2)}=\dfrac{a-9}{8}$

직선 AB의 기울기는

$\dfrac{a-1}{3-1}=\dfrac{a-1}{2}$

직선 l과 직선 AB가 서로 수직이므로

$\dfrac{a-9}{8}\times\dfrac{a-1}{2}=-1$, $(a-1)(a-9)=-16$

$a^2-10a+25=0$, $(a-5)^2=0$

∴ $a=5$

174

좌표축에 접하는 원의 방정식 ➕ 두 원의 교점을 지나는 도형의 방정식

(전략) 직선 AB는 세 점 A, P, B를 지나는 원과 원 $x^2+y^2=16$의 교점을 지나
는 직선임을 이용한다.

(풀이) 세 점 A, P, B를 지나는 원은 반지름의 길이가 4이고, 점
$(2, 0)$에서 x축에 접하므로 중심의 좌표가 $(2, 4)$이다.

따라서 세 점 A, P, B를 지나는 원의 방정식은

$(x-2)^2+(y-4)^2=16$

∴ $x^2+y^2-4x-8y+4=0$ ...... ㉠

직선 AB는 원 ㉠과 원 $x^2+y^2=16$의 교점을 지나는 직선이므로
직선의 방정식은

$x^2+y^2-16-(x^2+y^2-4x-8y+4)=0$

$4x+8y-20=0$ ∴ $x+2y-5=0$

175

원의 방정식 ➕ 점이 나타내는 도형의 방정식

(전략) 좌표평면 위에 주어진 조건에 맞게 그림을 그리고 원의 성질을 이용한다.

(풀이) 원의 접선과 그 접점을 지나는 현이 이루는 각의 크기는 이
각의 내부에 있는 호에 대한 원주각의 크기와 같다.

그러므로 점 O를 지나고 직선 AB와 점 A에서 접하는 원을 C라 할 때, 삼각형 OAB의 내부에 있으며 $\angle AOP = \angle BAP$를 만족시키는 점 P는 원 C 위의 점이다.

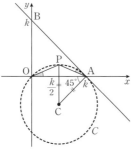

원 C의 중심을 C라 하면 $\angle OAC = 45°$이므로 점 C의 좌표는 $\left(\dfrac{k}{2}, \boxed{-\dfrac{k}{2}} \right)$이고 원 C의 반지름의 길이는 선분 AC의 길이와 같다.

$$\overline{AC} = \sqrt{\left(k - \dfrac{k}{2} \right)^2 + \left(0 + \dfrac{k}{2} \right)^2} = \dfrac{\sqrt{2}}{2} k$$

이므로 원 C의 반지름의 길이는 $\boxed{\dfrac{\sqrt{2}}{2} k}$이다.

점 P의 y좌표는 $\angle PCO = 45°$일 때 최대이고 점 P의 y좌표의 최댓값은 원 C의 중심의 y좌표와 원 C의 반지름의 길이의 합이므로

$$M(k) = -\dfrac{k}{2} + \dfrac{\sqrt{2}}{2} k = \left(\boxed{\dfrac{\sqrt{2}-1}{2}} \right) \times k$$

이다.

따라서 $f(k) = -\dfrac{k}{2}$, $g(k) = \dfrac{\sqrt{2}}{2} k$, $p = \dfrac{\sqrt{2}-1}{2}$이므로

$$f(p) + g\left(\dfrac{1}{2} \right) = f\left(\dfrac{\sqrt{2}-1}{2} \right) + g\left(\dfrac{1}{2} \right)$$
$$= -\dfrac{\sqrt{2}-1}{4} + \dfrac{\sqrt{2}}{4} = \dfrac{1}{4}$$

개념 보충

접선과 현이 이루는 각

원의 접선과 그 접점을 지나는 현이 이루는 각의 크기는 그 각의 내부에 있는 호에 대한 원주각의 크기와 같다. 즉, 오른쪽 그림에서 $\angle BAT = \angle BPA$

176

원과 직선의 위치 관계

(전략) $\dfrac{y}{x} = k$ (k는 상수)로 놓고, $(x-3)^2 + (y-3)^2 = 6$을 만족시키는 k의 값이 최대 또는 최소인 경우를 생각해 본다.

(풀이) $\dfrac{y}{x} = k$ (k는 상수)라 하면 $y = kx$이므로 직선 $y = kx$는 원점 $(0, 0)$과 원 $(x-3)^2 + (y-3)^2 = 6$ 위의 점 P를 지나는 직선이다.

이때 k는 직선 $y = kx$의 기울기이므로 오른쪽 그림과 같이 직선 $y = kx$가 원 $(x-3)^2 + (y-3)^2 = 6$에 접할 때, k의 값이 최대 또는 최소이다.

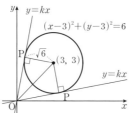

직선 $y = kx$가 원에 접하면 원의 중심 $(3, 3)$과 직선 $kx - y = 0$ 사이의 거리가 원의 반지름의 길이 $\sqrt{6}$과 같으므로

$$\dfrac{|3k-3|}{\sqrt{k^2 + (-1)^2}} = \sqrt{6}$$

$$|3k-3| = \sqrt{6(k^2+1)}$$

양변을 제곱하면 $9k^2 - 18k + 9 = 6k^2 + 6$

$$3k^2 - 18k + 3 = 0, \ k^2 - 6k + 1 = 0$$

$$\therefore k = 3 \pm 2\sqrt{2}$$

따라서 $M = 3 + 2\sqrt{2}$, $m = 3 - 2\sqrt{2}$이므로

$$M - m = (3 + 2\sqrt{2}) - (3 - 2\sqrt{2}) = 4\sqrt{2}$$

177

좌표축에 접하는 원의 방정식 ⊕ 원과 직선의 위치 관계

(전략) 원의 반지름의 길이를 이용하여 좌표축에 접하는 원의 중심의 좌표를 구한다.

(풀이) 오른쪽 그림에서 원의 중심을 A라 하고 $P(a, 0)$ $(a > 0)$이라 하면 점 A의 좌표는 $(a, 2)$

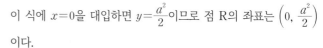

원점 O와 점 A를 지나는 직선을 l_1이라 하면 직선 l_1의 방정식은

$$y = \dfrac{2}{a} x$$

직선 PQ는 점 P를 지나고 직선 l_1과 수직이므로 직선 PQ의 방정식은

$$y = -\dfrac{a}{2}(x - a)$$

이 식에 $x = 0$을 대입하면 $y = \dfrac{a^2}{2}$이므로 점 R의 좌표는 $\left(0, \dfrac{a^2}{2} \right)$이다.

삼각형 ROP의 넓이가 16이므로

$$\dfrac{1}{2} \times a \times \dfrac{a^2}{2} = 16, \ a^3 = 64 \qquad \therefore a = 4 \ (\because a > 0)$$

점 $A(4, 2)$와 직선 $y = mx$, 즉 $mx - y = 0$ 사이의 거리는 원의 반지름의 길이 2와 같으므로

$$\dfrac{|4m-2|}{\sqrt{m^2 + (-1)^2}} = 2$$

$$|2m-1| = \sqrt{m^2+1}$$

양변을 제곱하면 $4m^2 - 4m + 1 = m^2 + 1$

$$3m^2 - 4m = 0, \ m(3m-4) = 0$$

$$\therefore m = \dfrac{4}{3} \ (\because m > 0)$$

$$\therefore 60m = 60 \times \dfrac{4}{3} = 80$$

178

원과 직선의 위치 관계

(전략) 실수 t에 대하여 직선 $x - 2y = t$가 원 $x^2 + y^2 = 5$와 교점을 가짐을 이용한다.

(풀이) $x - 2y = t$라 하면 점 P가 원 $x^2 + y^2 = 5$ 위의 점이므로 원 $x^2 + y^2 = 5$와 직선 $x - 2y = t$가 교점을 갖는다.

원의 중심 $(0, 0)$과 직선 $x - 2y = t$, 즉 $x - 2y - t = 0$ 사이의 거리가 $\sqrt{5}$ 이하이므로

$$\frac{|-t|}{\sqrt{1^2+(-2)^2}}\le\sqrt{5}$$

$|t|\le 5$ $\therefore -5\le t\le 5$

$k=(3+x-2y)(5-x+2y)$라 하면

$k=(3+t)(5-t)=-t^2+2t+15=-(t-1)^2+16$

$-5\le t\le 5$일 때, k는 $t=1$에서 최댓값 16을 갖고, $t=-5$에서 최솟값 -20을 갖는다.

따라서 최댓값과 최솟값의 합은

$16+(-20)=-4$

179

원과 직선의 위치 관계 ⊕ 현의 길이

(전략) 현의 길이를 이용하여 직선 l의 방정식을 먼저 구하고, 이를 이용하여 두 점 A, B를 좌표를 구한다.

(풀이) 직선 l의 방정식을 $2x-y+k=0$이라 하자.

오른쪽 그림과 같이 원점 O에서 직선 l에 내린 수선의 발을 H라 하면 원의 중심에서 현에 내린 수선은 그 현을 수직이등분하므로

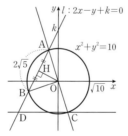

$$\overline{AH}=\frac{1}{2}\overline{AB}=\sqrt{5}$$

$\overline{OA}=\sqrt{10}$이고 삼각형 AHO가 직각삼각형이므로

$$\overline{OH}=\sqrt{(\sqrt{10})^2-(\sqrt{5})^2}=\sqrt{5}$$

또, $\overline{OH}$는 원점 O와 직선 l 사이의 거리와 같으므로

$$\frac{|k|}{\sqrt{2^2+(-1)^2}}=\sqrt{5},\ |k|=5 \quad \therefore k=5\ (\because k>0)$$

한편, 두 점 A, B는 원 $x^2+y^2=10$과 직선 $2x-y+5=0$이 만나는 점이므로

$x^2+(2x+5)^2=10,\ x^2+4x+3=0$

$(x+3)(x+1)=0 \quad \therefore x=-3$ 또는 $x=-1$

$\therefore A(-1,\ 3),\ B(-3,\ -1)$

또, 점 C의 좌표를 (p,q)라 하면 선분 AC는 원 $x^2+y^2=10$의 지름이므로

$$\frac{-1+p}{2}=0,\ \frac{3+q}{2}=0 \quad \therefore p=1,\ q=-3$$

$\therefore C(1,\ -3)$

따라서 점 C를 지나고 x축과 평행한 직선은 $y=-3$이므로 직선 l과 만나는 점 D의 좌표는 $(-4,\ -3)$

따라서 $a=-4,\ b=-3$이므로

$a+b=(-4)+(-3)=-7$

180

원 위의 점과 직선 사이의 거리

(전략) 원의 중심과 직선 AB 사이의 거리를 구해 삼각형 ABP의 넓이의 최댓값을 구한다.

(풀이) $\overline{AB}=\sqrt{(-4-1)^2+(-2-3)^2}=\sqrt{50}=5\sqrt{2}$

직선 AB의 방정식은

$$y-(-2)=\frac{3-(-2)}{1-(-4)}\{x-(-4)\}$$

$\therefore x-y+2=0$

이때 원의 중심 $C(-4,\ 3)$에서 변 AB에 내린 수선의 발을 H라 하면

$$\overline{CH}=\frac{|-4-3+2|}{\sqrt{1^2+(-1)^2}}=\frac{5\sqrt{2}}{2}$$

삼각형 ABP의 넓이가 최대가 되려면 밑변을 $\overline{AB}$라 할 때 높이가 최대이어야 하므로 삼각형 ABP의 넓이의 최댓값은

$$\frac{1}{2}\times\overline{AB}\times(\overline{CH}+5)=\frac{1}{2}\times5\sqrt{2}\times\left(\frac{5\sqrt{2}}{2}+5\right)$$
$$=\frac{25}{2}(1+\sqrt{2})$$

181

원 위의 점과 직선 사이의 거리

(전략) 중선정리를 이용하여 $\overline{PA}^2+\overline{PB}^2$의 값이 최소일 때를 파악한다.

(풀이) 오른쪽 그림과 같이 선분 AB의 중점을 M이라 하면 삼각형 PAB에서 중선정리에 의하여

$$\overline{PA}^2+\overline{PB}^2=2(\overline{PM}^2+\overline{AM}^2)$$

이때 $\overline{AM}$이 일정하므로 $\overline{PM}$이 최소일 때 $\overline{PA}^2+\overline{PB}^2$의 값이 최소이다.

즉, 점 P가 원과 선분 OM의 교점일 때, $\overline{PM}$이 최소가 된다.

점 M의 좌표는 $\left(\frac{1}{2},\ 3\right)$이므로

$$\overline{OM}=\sqrt{\left(\frac{1}{2}\right)^2+3^2}=\frac{\sqrt{37}}{2},\ \overline{OP}=1$$

즉, $\overline{PM}$의 최솟값은 $\overline{OM}-\overline{OP}=\frac{\sqrt{37}}{2}-1$이고,

$$\overline{AM}=\sqrt{\left(\frac{1}{2}+2\right)^2+(3-1)^2}=\frac{\sqrt{41}}{2}$$

따라서 구하는 최솟값은

$$2(\overline{PM}^2+\overline{AM}^2)=2\left\{\left(\frac{\sqrt{37}}{2}-1\right)^2+\left(\frac{\sqrt{41}}{2}\right)^2\right\}=41-2\sqrt{37}$$

182

기울기가 주어진 원의 접선의 방정식

전략 원 $x^2+y^2=4$는 정삼각형의 내접원이므로 정삼각형의 내심과 무게중심이 일치함을 이용한다.

풀이 직선 l의 방정식을 $y=2x+k$, 즉 $2x-y+k=0\ (k>0)$이라 하자.

원 $x^2+y^2=4$의 중심 $(0, 0)$과 직선 l 사이의 거리는 원의 반지름의 길이 2와 같으므로

$$\frac{|k|}{\sqrt{2^2+(-1)^2}}=2$$

$|k|=2\sqrt{5}$ $\therefore k=2\sqrt{5}\ (\because k>0)$

원 $x^2+y^2=4$는 정삼각형의 내접원이므로 원 $x^2+y^2=4$의 중심 $(0, 0)$은 정삼각형의 무게중심과 일치한다.

따라서 두 직선 m, n의 교점은 점 $(0, 0)$을 지나면서 직선 $l : 2x-y+2\sqrt{5}=0$에 수직인 직선 $y=-\dfrac{1}{2}x$ 위의 점이다.

두 직선 m, n의 교점의 좌표를 $(2a, -a)\ (a>0)$라 하면 점 $(2a, -a)$와 직선 l 사이의 거리는 $2\times3=6$이므로

$$\frac{|2\times2a-(-a)+2\sqrt{5}|}{\sqrt{2^2+(-1)^2}}=6$$

← 정삼각형의 내심은 무게중심과 일치하고, 무게중심은 중선을 2:1로 내분한다.

$|\sqrt{5}a+2|=6$이므로

$\sqrt{5}a+2=-6$ 또는 $\sqrt{5}a+2=6$

$\therefore a=\dfrac{4\sqrt{5}}{5}\ (\because a>0)$

따라서 구하는 x좌표는

$$2a=2\times\frac{4\sqrt{5}}{5}=\frac{8\sqrt{5}}{5}$$

개념 보충

삼각형의 무게중심의 성질

① 이등변삼각형의 무게중심, 외심, 내심은 모두 꼭지각의 이등분선 위에 있다.

② 정삼각형의 무게중심, 외심, 내심은 모두 일치한다.

183

원 위의 점에서의 접선의 방정식

전략 원 $x^2+y^2=r^2$ 위의 점 (x_1, y_1)에서의 접선의 방정식은 $x_1x+y_1y=r^2$임을 이용한다.

풀이 원 $x^2+y^2=25$ 위의 점 $P(-3, 4)$에서의 접선의 방정식은

$-3x+4y=25$

이 직선의 x절편은 $-\dfrac{25}{3}$이므로 점 A의 좌표는 $\left(-\dfrac{25}{3}, 0\right)$

점 A로부터의 거리가 가장 가까운 원 위의 점 B의 좌표는 $(-5, 0)$

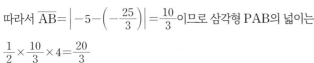

따라서 $\overline{AB}=\left|-5-\left(-\dfrac{25}{3}\right)\right|=\dfrac{10}{3}$이므로 삼각형 PAB의 넓이는

$$\frac{1}{2}\times\frac{10}{3}\times4=\frac{20}{3}$$

184

원과 직선의 위치 관계 ⊕ 원 밖의 한 점에서 원에 그은 접선의 방정식

전략 두 접선의 접점을 지나는 직선의 방정식을 구하고, 이 직선이 원 $x^2+y^2=1$의 접선임을 이용한다.

풀이 점 P에서 원 $x^2+y^2=9$에 그은 접선의 접점의 좌표를 (x_1, y_1)이라 하면 이 점에서의 접선의 방정식은

$x_1x+y_1y=9$ ⋯⋯ ㉠

직선 ㉠이 점 $P(3, a)$를 지나므로

$3x_1+ay_1=9$

따라서 두 접점을 지나는 직선의 방정식은

$3x+ay=9$ $\therefore 3x+ay-9=0$ ⋯⋯ ㉡

이때 원 $x^2+y^2=1$과 직선 ㉡이 접하므로 원의 중심 $(0, 0)$과 직선 ㉡ 사이의 거리는 원의 반지름의 길이 1과 같다. 즉,

$$\frac{|-9|}{\sqrt{3^2+a^2}}=1,\ 9=\sqrt{a^2+9}$$

양변을 제곱하면 $81=a^2+9$

$a^2=72$ $\therefore a=6\sqrt{2}\ (\because a>0)$

1등급 비법

원 $x^2+y^2=r^2$ 밖의 한 점 $P(a, b)$에서 이 원에 그은 두 접선의 접점을 각각 A, B라 할 때, 두 점 A, B를 지나는 직선의 방정식 ⇨ $ax+by=r^2$

185

원 밖의 한 점에서 원에 그은 접선의 방정식

전략 접선의 기울기를 m이라 하고 접선의 방정식을 세운 후, m에 대한 이차방정식의 두 근의 곱이 -1임을 이용한다.

풀이 접선의 기울기를 m이라 하면 점 (a, b)를 지나는 접선의 방정식은

$y-b=m(x-a)$ $\therefore mx-y-ma+b=0$ ⋯⋯ ㉠

원의 중심 $(0, 0)$과 직선 ㉠ 사이의 거리가 원의 반지름의 길이 $2\sqrt{2}$와 같으므로

$$\frac{|-ma+b|}{\sqrt{m^2+(-1)^2}}=2\sqrt{2}$$

$|-ma+b|=2\sqrt{2}\times\sqrt{m^2+1}$

양변을 제곱하면

$m^2a^2-2abm+b^2=8m^2+8$

$(a^2-8)m^2-2abm+b^2-8=0$

이때 두 접선이 이루는 각의 크기가 $90°$이므로 두 접선의 기울기의 곱은 -1이다.

따라서 m에 대한 이차방정식의 근과 계수의 관계에 의하여

$\dfrac{b^2-8}{a^2-8}=-1,\ b^2-8=-a^2+8$ $\therefore a^2+b^2=16$

따라서 점 P가 나타내는 도형은 중심이 원점이고 반지름의 길이가 4인 원이므로 구하는 도형의 길이는

$2\pi\times4=8\pi$

다른 풀이 원 밖의 점 $P(a, b)$에서 원 $x^2+y^2=8$에 그은 두 접선의 접점을 각각 A, B라 하면

$\angle OAP=\angle OBP=90°$

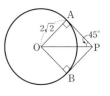

또, $\angle APB = 90°$이므로

$\angle APO = \angle BPO = 45°$

직각삼각형 AOP에서

$\overline{OP} \times \sin 45° = \overline{OA}$, $\overline{OP} \times \dfrac{\sqrt{2}}{2} = 2\sqrt{2}$

$\therefore \overline{OP} = 4$

따라서 점 P가 나타내는 도형은 중심이 원점이고 반지름의 길이가 4인 원이므로 구하는 도형의 길이는

$2\pi \times 4 = 8\pi$

● 49쪽

186 17   **187** $\dfrac{5}{3}$

186

원의 방정식 ⊕ 현의 길이

〔1단계〕 삼각형의 무게중심의 성질을 이용하여 선분 BC의 중점의 좌표를 구한다.

오른쪽 그림과 같이 삼각형 ABC에서 변 BC의 중점을 M(a, b), 삼각형 ABC의 무게중심을 G라 하면

점 G(-1, 1)은 선분 AM을 2 : 1로 내분하는 점이다.

$\dfrac{2 \times a + 1 \times (-5)}{2+1} = -1$에서

$\dfrac{2a-5}{3} = -1$ $\therefore a = 1$

$\dfrac{2 \times b + 1 \times (-1)}{2+1} = 1$에서

$\dfrac{2b-1}{3} = 1$ $\therefore b = 2$

$\therefore$ M(1, 2)

〔2단계〕 원의 중심과 반지름의 길이를 이용하여 직선 BC의 방정식을 구한다.

중심이 원점 O이고 세 점 A(-5, -1), B, C를 지나는 원을 C라 하면

$\overline{OA} = \sqrt{(-5)^2 + (-1)^2} = \sqrt{26}$

이므로 $C : x^2 + y^2 = 26$

원점 O, M(1, 2)를 지나는 직선을 l_1이라 하면

$l_1 : y = 2x$

점 M(1, 2)를 지나고 직선 l_1과 수직인 직선을 l_2라 하면

$l_2 : y = -\dfrac{1}{2}(x-1) + 2 = -\dfrac{1}{2}x + \dfrac{5}{2}$

원의 중심에서 현에 내린 수선은 그 현을 수직이등분하므로 삼각형 ABC의 두 점 B, C는 직선 l_2와 원 C가 만나는 점이다.

〔3단계〕 점과 직선 사이의 거리를 이용하여 삼각형의 넓이를 구한다.

삼각형 OMB는 직각삼각형이므로

$\overline{BM} = \sqrt{\overline{OB}^2 - \overline{OM}^2} = \sqrt{(\sqrt{26})^2 - (\sqrt{5})^2} = \sqrt{21}$

$\therefore \overline{BC} = 2\overline{BM} = 2\sqrt{21}$

점 A(-5, -1)과 직선 $l_2 : x + 2y - 5 = 0$ 사이의 거리를 h라 하면

$h = \dfrac{|-5 + 2 \times (-1) - 5|}{\sqrt{1^2 + 2^2}} = \dfrac{12\sqrt{5}}{5}$

이므로 삼각형 ABC의 넓이는

$\dfrac{1}{2} \times \overline{BC} \times h = \dfrac{1}{2} \times 2\sqrt{21} \times \dfrac{12\sqrt{5}}{5} = \dfrac{12}{5}\sqrt{105}$

따라서 $p = 5$, $q = 12$이므로

$p + q = 5 + 12 = 17$

187

원 위의 점에서의 접선의 방정식

〔1단계〕 원점과 원의 중심을 지나는 직선의 방정식을 구한다.

원점과 원의 중심 (4, 2)를 지나는 직선의 방정식은

$y = \dfrac{1}{2}x$ ······ ㉠

〔2단계〕 두 접점 A, B에서의 접선의 방정식을 구한 후, 네 점 C, D, E, F의 좌표를 구한다.

두 점 A, B에서의 접선은 모두 직선 ㉠과 수직이므로 기울기가 -2이다.

점 A에서의 접선의 방정식을

$y = -2x + a$ ($a > 0$), 즉 $2x + y - a = 0$ ······ ㉡

이라 하면

C$\left(\dfrac{a}{2}, 0\right)$, D$(0, a)$

점 B에서의 접선의 방정식을

$y = -2x + b$ ($a < b$), 즉 $2x + y - b = 0$ ······ ㉢

이라 하면

E$\left(\dfrac{b}{2}, 0\right)$, F$(0, b)$

원의 반지름의 길이를 r이라 하면 원의 중심 (4, 2)와 직선 ㉡, ㉢ 사이의 거리가 각각 원의 반지름의 길이 r과 같으므로

$\dfrac{|2 \times 4 + 2 - a|}{\sqrt{2^2 + 1^2}} = r$, $\dfrac{|2 \times 4 + 2 - b|}{\sqrt{2^2 + 1^2}} = r$

$\therefore a = 10 - \sqrt{5}r$, $b = 10 + \sqrt{5}r$ ($\because 0 < a < b$)

$\therefore$ C$\left(\dfrac{10 - \sqrt{5}r}{2}, 0\right)$, D$(0, 10 - \sqrt{5}r)$,

E$\left(\dfrac{10 + \sqrt{5}r}{2}, 0\right)$, F$(0, 10 + \sqrt{5}r)$

〔3단계〕 사다리꼴 DCEF의 넓이를 이용하여 r의 값을 구한다.

□DCEF $=$ △OEF $-$ △OCD이므로

$\dfrac{50\sqrt{5}}{3} = \dfrac{1}{2} \times \dfrac{10 + \sqrt{5}r}{2} \times (10 + \sqrt{5}r)$

$\qquad\qquad - \dfrac{1}{2} \times \dfrac{10 - \sqrt{5}r}{2} \times (10 - \sqrt{5}r)$

$\dfrac{50\sqrt{5}}{3} = \dfrac{1}{4}\{(10 + \sqrt{5}r)^2 - (10 - \sqrt{5}r)^2\}$

$\dfrac{50\sqrt{5}}{3} = \dfrac{1}{4} \times 40\sqrt{5}r$ $\therefore r = \dfrac{5}{3}$

따라서 구하는 원의 반지름의 길이는 $\dfrac{5}{3}$이다.

04 도형의 이동

유형 분석 기출 ──────── ● 52쪽 ~ 57쪽

188 ④	189 ①	190 4	191 ①	192 ③
193 ④	194 ④	195 10	196 ②	
197 $-\dfrac{2}{5}$	198 9	199 1	200 ①	201 -1
202 ①	203 ⑤	204 ③	205 ④	206 4
207 ⑤	208 18	209 ④	210 ①	211 4
212 ①	213 14	214 3	215 ①	216 5
217 ③	218 ④	219 3	220 ⑤	221 ①
222 ①	223 $-\dfrac{1}{2}$			

188

평행이동 $(x, y) \longrightarrow (x+2, y+3)$에 의하여 점 $(1, 2)$가 옮겨지는 점의 좌표는

$(1+2, 2+3)$ $\therefore (3, 5)$

이 점이 직선 $y=ax-4$ 위의 점이므로

$5=3a-4$ $\therefore a=3$

189

점 $(-1, 2)$를 x축의 방향으로 a만큼, y축의 방향으로 b만큼 평행이동한 점의 좌표가 $(3, -1)$이라 하면

$-1+a=3, 2+b=-1$

$\therefore a=4, b=-3$

따라서 평행이동 $(x, y) \longrightarrow (x+4, y-3)$에 의하여

점 $(1, -4)$로 옮겨지는 점의 좌표를 (p, q)라 하면

$p+4=1, q-3=-4$

$\therefore p=-3, q=-1$

따라서 구하는 점의 좌표는 $(-3, -1)$이다.

190

평행이동 $(x, y) \longrightarrow (x+a, y+b)$에 의하여 점 $(1, c)$가 옮겨지는 점의 좌표는 $(1+a, c+b)$이고, 이 점이 점 $(3, 5)$와 일치하므로

$1+a=3, c+b=5$

또, 평행이동 $(x, y) \longrightarrow (x+a, y+b)$에 의하여 점 $(d, 3)$이 옮겨지는 점의 좌표는 $(d+a, 3+b)$이고, 이 점이 점 $(1, 6)$과 일치하므로

$d+a=1, 3+b=6$

$\therefore a=2, b=3, c=2, d=-1$

$\therefore ab+cd=2\times3+2\times(-1)=4$

191

직선 $y=2x+a$를 x축의 방향으로 -5만큼, y축의 방향으로 b만큼 평행이동하면

$y-b=2\{x-(-5)\}+a$

$\therefore 2x-y+a+b+10=0$

이 직선이 직선 $2x-y+6=0$과 일치하므로

$a+b+10=6$ $\therefore a+b=-4$

192

원 $(x-a)^2+(y+4)^2=16$의 중심의 좌표는 $(a, -4)$이고, 원 $(x-8)^2+(y-b)^2=16$의 중심의 좌표는 $(8, b)$이다.

점 $(a, -4)$를 x축의 방향으로 2만큼, y축의 방향으로 5만큼 평행이동한 점의 좌표가 $(a+2, 1)$이고, 이 점이 점 $(8, b)$와 일치하므로

$a+2=8, b=1$ $\therefore a=6, b=1$

$\therefore a+b=6+1=7$

193

포물선 $y=x^2+2x+5$, 즉 $y=(x+1)^2+4$를 x축의 방향으로 k만큼, y축의 방향으로 $-k$만큼 평행이동하면

$y+k=(x-k+1)^2+4$

$\therefore y=\{x-(k-1)\}^2+4-k$

이 포물선의 꼭짓점 $(k-1, 4-k)$의 y좌표가 0이므로

$4-k=0$

$\therefore k=4$

> 참고 포물선을 평행이동하면 포물선의 꼭짓점의 좌표는 변하고, 그래프의 모양과 폭은 변하지 않는다.

194

평행이동 $(x, y) \longrightarrow (x+a, y+a^2+2)$에 의하여 직선 $y=3x+1$을 평행이동하면

$y-a^2-2=3(x-a)+1$

$\therefore l: y=3x+a^2-3a+3$

직선 $y=3x+1$과 직선 l이 두 개 이상의 교점을 가지므로 두 직선은 일치한다.

즉, $a^2-3a+3=1$이므로

$a^2-3a+2=0, (a-1)(a-2)=0$

$\therefore a=1$ 또는 $a=2$

따라서 a의 최댓값은 2이다.

195

$x^2+y^2-2ax+2y+b=0$에서

$(x-a)^2+(y+1)^2=a^2-b+1$

이 원을 주어진 평행이동에 의하여 x축의 방향으로 2만큼, y축의 방향으로 3만큼 평행이동하면

$(x-2-a)^2+(y-3+1)^2=a^2-b+1$

$\therefore (x-2-a)^2+(y-2)^2=a^2-b+1$

이 원이 점 $(2, 2)$를 지나므로

$(-a)^2+0^2=a^2-b+1$ $\therefore b=1$

이때 원의 반지름의 길이가 3이므로

$a^2-b+1=3^2$ $\therefore a^2=9$

$\therefore a^2+b^2=9+1^2=10$

196

포물선 $y=2x^2-4x-2$를 x축의 방향으로 2만큼, y축의 방향으로 a만큼 평행이동하면

$y-a=2(x-2)^2-4(x-2)-2$

$\therefore y=2x^2-12x+14+a$

이 포물선이 $y=bx^2+cx+b+c$와 일치하므로

$b=2,\ c=-12,\ b+c=14+a$

$\therefore a=-24,\ b=2,\ c=-12$

$\therefore a+b+c=-24+2+(-12)=-34$

197

직사각형 OABC의 두 대각선의 교점을 M이라 하면 점 M은 선분 OB의 중점이다.

점 B의 좌표는 $(4, 3)$이므로 점 M의 좌표는

$\left(\dfrac{0+4}{2},\ \dfrac{0+3}{2}\right)$

$\therefore \left(2,\ \dfrac{3}{2}\right)$

직선 $2x+ay+1=0$을 x축의 방향으로 2만큼, y축의 방향으로 -1만큼 평행이동하면

$2(x-2)+a(y+1)+1=0$

$\therefore 2x+ay+a-3=0$

이 직선이 사각형 OABC의 넓이를 이등분하려면 점 $M\left(2,\ \dfrac{3}{2}\right)$을 지나야 하므로

$2\times2+a\times\dfrac{3}{2}+a-3=0$

$\dfrac{5}{2}a+1=0$

$\therefore a=-\dfrac{2}{5}$

198

원 $(x+1)^2+(y+2)^2=9$의 중심의 좌표는 $(-1, -2)$이고 반지름의 길이는 3이므로 원 $(x+1)^2+(y+2)^2=9$를 x축의 방향으로 m만큼, y축의 방향으로 n만큼 평행이동한 원 C의 중심의 좌표는 $(-1+m, -2+n)$이고, 반지름의 길이는 3이다.

조건 (가), (나)에서 원 C의 중심이 제1사분면 위에 있고 x축과 y축에 동시에 접하기 위해서는 중심의 좌표가 $(3, 3)$이어야 하므로

$-1+m=3,\ -2+n=3$

$\therefore m=4,\ n=5$

$\therefore m+n=4+5=9$

199

포물선 $y=x^2+4x$를 y축의 방향으로 a만큼 평행이동하면

$y=x^2+4x+a$ $\qquad\qquad$ ...... ㉠

포물선 ㉠과 직선 $y=2x+1$이 서로 다른 두 점에서 만나려면 이차방정식 $x^2+4x+a=2x+1$, 즉 $x^2+2x+a-1=0$이 서로 다른 두 실근을 가져야 한다.

이 이차방정식의 판별식을 D라 하면

$\dfrac{D}{4}=1^2-(a-1)>0$

$\therefore a<2$

따라서 정수 a의 최댓값은 1이다.

개념 보충

이차함수의 그래프와 직선의 위치 관계

이차함수 $y=ax^2+bx+c$의 그래프와 직선 $y=mx+n$의 위치 관계는 이차방정식 $ax^2+bx+c=mx+n$, 즉

$ax^2+(b-m)x+c-n=0$

의 판별식 D의 값의 부호에 따라 결정된다.

① $D>0$일 때, 서로 다른 두 점에서 만난다.

② $D=0$일 때, 한 점에서 만난다. (접한다.)

③ $D<0$일 때, 만나지 않는다.

200

점 $A(-5, 2)$를 x축에 대하여 대칭이동한 점 B의 좌표는 $(-5, -2)$

또, 점 A를 y축에 대하여 대칭이동한 점 C의 좌표는 $(5, 2)$

삼각형 ABC의 무게중심의 좌표는

$\left(\dfrac{-5+(-5)+5}{3},\ \dfrac{2+(-2)+2}{3}\right)$

$\therefore \left(-\dfrac{5}{3},\ \dfrac{2}{3}\right)$

따라서 $a=-\dfrac{5}{3},\ b=\dfrac{2}{3}$이므로

$a+b=-\dfrac{5}{3}+\dfrac{2}{3}=-1$

201

점 $A(2a+1, b+2)$를 원점에 대하여 대칭이동한 점 A'의 좌표는 $(-2a-1, -b-2)$

이 점이 점 $(a-4, 2b+4)$와 일치하므로

$-2a-1=a-4,\ -b-2=2b+4$

$3a=3,\ 3b=-6$ $\qquad \therefore a=1,\ b=-2$

$\therefore a+b=1+(-2)=-1$

202

점 $A(a+2, b-3)$을 x축에 대하여 대칭이동한 점의 좌표는 $(a+2, -b+3)$

이 점을 직선 $y=x$에 대하여 대칭이동한 점의 좌표는 $(-b+3, a+2)$

이 점이 점 A와 일치하므로

$a+2=-b+3,\ b-3=a+2$

$a+b=1,\ a-b=-5$

두 식을 연립하여 풀면 $a=-2,\ b=3$

$\therefore ab=(-2)\times3=-6$

203

직선 $3x-2y+a=0$을 원점에 대하여 대칭이동하면

$3\times(-x)-2\times(-y)+a=0$

$\therefore 3x-2y-a=0$

이 직선이 점 $(3, 2)$를 지나므로

$3\times3-2\times2-a=0$　　$\therefore a=5$

204

ㄱ. 도형 $y=-x$를 원점에 대하여 대칭이동한 도형의 방정식은

　　$-y=-(-x)$　　$\therefore y=-x$

ㄴ. 도형 $x^2+y^2=2$를 원점에 대하여 대칭이동한 도형의 방정식은

　　$(-x)^2+(-y)^2=2$　　$\therefore x^2+y^2=2$

ㄷ. 도형 $|x+y|=1$을 원점에 대하여 대칭이동한 도형의 방정식은

　　$|-x-y|=1$　　$\therefore |x+y|=1$

ㄹ. 도형 $x^2+y^2=2(x+y)$를 원점에 대하여 대칭이동한 도형의 방정식은

　　$(-x)^2+(-y)^2=2(-x-y)$

　　$\therefore x^2+y^2=-2(x+y)$

이상에서 원점에 대하여 대칭이동하였을 때, 자기 자신과 일치하는 도형의 방정식은 ㄱ, ㄴ, ㄷ이다.

205

$x+2y-6=0$에서 $y=-\dfrac{1}{2}x+3$이므로 이 직선에 수직인 직선의 기울기는 2이다.

점 $(2, 3)$을 지나고 기울기가 2인 직선의 방정식은

$y-3=2(x-2)$　　$\therefore y=2x-1$

이 직선을 직선 $y=x$에 대하여 대칭이동하면

$x=2y-1$　　$\therefore y=\dfrac{1}{2}x+\dfrac{1}{2}$

따라서 $a=\dfrac{1}{2}, b=\dfrac{1}{2}$이므로

$a+b=\dfrac{1}{2}+\dfrac{1}{2}=1$

> **개념 보충**
>
> 두 직선 $y=mx+n, y=m'x+n'$이 서로 수직인 경우
> ⇨ (두 직선의 기울기의 곱)$=-1$, 즉 $mm'=-1$

206

포물선 $y=x^2-4x+a$를 y축에 대하여 대칭이동하면

$y=(-x)^2-4\times(-x)+a$

$\therefore y=x^2+4x+a$

이 포물선이 점 $(-3, 2)$를 지나므로

$2=(-3)^2+4\times(-3)+a$　　$\therefore a=5$

포물선 $y=x^2-4x+5$를 원점에 대하여 대칭이동하면

$-y=(-x)^2-4\times(-x)+5$

$\therefore y=-x^2-4x-5=-(x+2)^2-1$

이 포물선의 꼭짓점의 좌표는 $(-2, -1)$이므로

$k=-1$

$\therefore a+k=5+(-1)=4$

207

원 $x^2+y^2+2ax+by+6=0$을 직선 $y=x$에 대하여 대칭이동하면

$x^2+y^2+bx+2ay+6=0$

$\therefore \left(x+\dfrac{b}{2}\right)^2+(y+a)^2=a^2+\dfrac{b^2}{4}-6$

즉, 원의 중심의 좌표는 $\left(-\dfrac{b}{2}, -a\right)$　　　…… ㉠

한편, $y=x^2-6x+8=(x-3)^2-1$이므로 포물선의 꼭짓점의 좌표는 $(3, -1)$　　　…… ㉡

㉠, ㉡이 일치하므로

$-\dfrac{b}{2}=3, -a=-1$　　$\therefore a=1, b=-6$

$\therefore a-b=1-(-6)=7$

208

원 $x^2+y^2+ax+4y-4=0$을 y축에 대하여 대칭이동하면

$(-x)^2+y^2+a\times(-x)+4y-4=0$

$\therefore x^2+y^2-ax+4y-4=0$　　　…… ㉠

원 $(x+b)^2+(y-2)^2=r^2$을 직선 $y=x$에 대하여 대칭이동하면

$(x-2)^2+(y+b)^2=r^2$

$\therefore x^2+y^2-4x+2by+4+b^2-r^2=0$　　　…… ㉡

두 원 ㉠, ㉡이 일치하므로

$-a=-4, 4=2b, -4=4+b^2-r^2$

$\therefore a=4, b=2, r^2=12$

$\therefore a+b+r^2=4+2+12=18$

209

직선 $3x-4y+1=0$을 직선 $y=x$에 대하여 대칭이동하면

$3y-4x+1=0$　　$\therefore 4x-3y-1=0$

이 직선이 원 $(x-a)^2+(y-1)^2=9$의 넓이를 이등분하려면 직선이 원의 중심 $(a, 1)$을 지나야 하므로

$4a-3-1=0$　　$\therefore a=1$

> **1등급 비법**
>
> **원의 넓이를 이등분하는 직선**
> 직선 $y=mx+n$이 원 $(x-a)^2+(y-b)^2=r^2$의 넓이를 이등분하면 직선은 원의 중심 (a, b)를 지난다. 즉, $b=ma+n$을 만족시킨다.

210

포물선 $y=kx^2+6x-3$을 y축에 대하여 대칭이동하면

$y=k(-x)^2+6\times(-x)-3$

$\therefore y=kx^2-6x-3$

포물선 $y=kx^2-6x-3$이 직선 $y=2kx+1$보다 항상 아래쪽에 있으려면 모든 실수 x에 대하여

$kx^2-6x-3<2kx+1$, 즉 $kx^2-2(k+3)x-4<0$이 성립해야 하므로

$k < 0$

또, 이차방정식 $kx^2 - 2(k+3)x - 4 = 0$의 판별식을 D라 하면

$\frac{D}{4} = \{-(k+3)\}^2 + 4k < 0$

$k^2 + 10k + 9 < 0$, $(k+9)(k+1) < 0$

$\therefore -9 < k < -1$

따라서 k의 값이 될 수 없는 것은 ①이다.

개념 보충

이차부등식이 항상 성립할 조건

모든 실수 x에 대하여

① $ax^2 + bx + c > 0$이 성립 $\Rightarrow a > 0, b^2 - 4ac < 0$

② $ax^2 + bx + c \geq 0$이 성립 $\Rightarrow a > 0, b^2 - 4ac \leq 0$

③ $ax^2 + bx + c < 0$이 성립 $\Rightarrow a < 0, b^2 - 4ac < 0$

④ $ax^2 + bx + c \leq 0$이 성립 $\Rightarrow a < 0, b^2 - 4ac \leq 0$

211

$x^2 + y^2 - 8x - 4y + 19 = 0$에서

$(x-4)^2 + (y-2)^2 = 1$ ...... ㉠

원 $(x-4)^2 + (y-2)^2 = 1$을 직선 $y = x$에 대하여 대칭이동하면

$(x-2)^2 + (y-4)^2 = 1$

이 원을 y축에 대하여 대칭이동하면

$(-x-2)^2 + (y-4)^2 = 1$

$\therefore (x+2)^2 + (y-4)^2 = 1$ ...... ㉡

원 ㉠의 중심은 $(4, 2)$, 원 ㉡의 중심은 $(-2, 4)$이고 반지름의 길이는 1로 같으므로 구하는 선분 PQ의 길이의 최댓값은

$1 + 1 + \sqrt{(-2-4)^2 + (4-2)^2} = 2 + 2\sqrt{10}$

따라서 $m = 2$, $n = 2$이므로

$m + n = 2 + 2 = 4$

212

직선 $4x - 2y + 3 = 0$을 y축에 대하여 대칭이동하면

$4 \times (-x) - 2y + 3 = 0$

$\therefore 4x + 2y - 3 = 0$

이 직선을 다시 x축의 방향으로 4만큼, y축의 방향으로 -2만큼 평행이동하면

$4(x-4) + 2(y+2) - 3 = 0$

$\therefore 4x + 2y - 15 = 0$ $\therefore a = -15$

오답 피하기 직선 $4x - 2y + 3 = 0$을 먼저 x축의 방향으로 4만큼, y축의 방향으로 -2만큼 평행이동하면

$4(x-4) - 2(y+2) + 3 = 0$

$\therefore 4x - 2y - 17 = 0$

이 직선을 다시 y축에 대하여 대칭이동하면

$4 \times (-x) - 2y - 17 = 0$

$\therefore 4x + 2y + 17 = 0$

따라서 위의 풀이와 결과가 달라진다.

즉, 평행이동과 대칭이동을 연달아 할 때 그 순서를 바꾸면 결과가 달라지므로 도형의 이동 순서에 주의하도록 한다.

213

직선 $y = -\frac{1}{2}x - 3$을 x축의 방향으로 a만큼 평행이동하면

$y = -\frac{1}{2}(x-a) - 3$

이 직선을 다시 직선 $y = x$에 대하여 대칭이동하면

$x = -\frac{1}{2}(y-a) - 3$ $\therefore l: 2x + y - a + 6 = 0$

이때 직선 l이 원 $(x+1)^2 + (y-3)^2 = 5$에 접하므로 원의 중심 $(-1, 3)$과 직선 $l: 2x + y - a + 6 = 0$ 사이의 거리는 원의 반지름의 길이 $\sqrt{5}$와 같다.

즉, $\frac{|2 \times (-1) + 1 \times 3 - a + 6|}{\sqrt{2^2 + 1^2}} = \sqrt{5}$에서

$|-a + 7| = 5$

$-a + 7 = 5$ 또는 $-a + 7 = -5$

$\therefore a = 2$ 또는 $a = 12$

따라서 모든 a의 값의 합은

$2 + 12 = 14$

개념 보충

점과 직선 사이의 거리

점 (x_1, y_1)과 직선 $ax + by + c = 0$ 사이의 거리 d는

$d = \frac{|ax_1 + by_1 + c|}{\sqrt{a^2 + b^2}}$

214

$x^2 + y^2 - 4x + 6y + 9 = 0$에서

$(x-2)^2 + (y+3)^2 = 4$

이 원을 원점에 대하여 대칭이동하면

$(-x-2)^2 + (-y+3)^2 = 4$

$\therefore (x+2)^2 + (y-3)^2 = 4$

이 원을 다시 x축의 방향으로 a만큼, y축의 방향으로 b만큼 평행이동하면

$(x-a+2)^2 + (y-b-3)^2 = 4$

이 원이 x축, y축에 동시에 접하므로

$|-a+2| = |-b-3| = 2$

$-a + 2 = -2$ 또는 $-a + 2 = 2$,

$-b - 3 = -2$ 또는 $-b - 3 = 2$

$\therefore a = 4$ 또는 $a = 0$, $b = -1$ 또는 $b = -5$

따라서 $a + b$의 값은 $a = 4$, $b = -1$일 때 최댓값 3을 갖는다.

215

포물선 $y = x^2 - 3x$를 x축의 방향으로 a만큼, y축의 방향으로 -1만큼 평행이동하면

$y + 1 = (x-a)^2 - 3(x-a)$

$\therefore y = x^2 - (2a+3)x + a^2 + 3a - 1$

이 포물선과 직선 $y = x$가 만나는 두 점 A, B의 x좌표는 이차방정식 $x^2 - (2a+3)x + a^2 + 3a - 1 = x$, 즉

$x^2 - (2a+4)x + a^2 + 3a - 1 = 0$의 두 실근과 같다.

이때 두 점 A, B가 원점에 대하여 서로 대칭이므로 두 점의 x좌표

는 절댓값이 같고 부호가 반대이다.

즉, 이차방정식의 근과 계수의 관계에 의하여

$2a+4=0$ $\therefore a=-2$

참고 이차방정식 $x^2-(2a+4)x+a^2+3a-1=0$의 두 실근을 α, β라 하면 α, β는 절댓값이 같고 부호가 반대이므로

$\alpha=-\beta$

즉, $\alpha+\beta=0$이므로 $2a+4=0$ $\therefore a=-2$

216

점 $A(1, 2)$를 x축에 대하여 대칭이동한 점을 A'이라 하면

$A'(1, -2)$

$\overline{AP}=\overline{A'P}$이므로

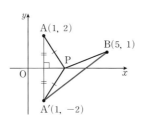

$\overline{AP}+\overline{BP}=\overline{A'P}+\overline{BP}$
$\qquad\qquad\geq\overline{A'B}$
$\qquad\qquad=\sqrt{(5-1)^2+\{1-(-2)\}^2}=5$

따라서 $\overline{AP}+\overline{BP}$의 최솟값은 5이다.

개념 보충

점 A와 x축 위의 점 P 사이의 거리는 점 A를 x축에 대하여 대칭이동한 점 A'과 점 P 사이의 거리와 같다.

217

$\overline{AB}=\sqrt{(2-1)^2+(-2-2)^2}$
$\qquad=\sqrt{17}$

로 일정하므로 $\overline{AP}+\overline{BP}$의 값이 최소일 때, 삼각형 APB의 둘레의 길이도 최소가 된다.

점 $A(1, 2)$를 y축에 대하여 대칭이동한 점을 A'이라 하면 $A'(-1, 2)$

$\overline{AP}=\overline{A'P}$이므로

$\overline{AP}+\overline{BP}=\overline{A'P}+\overline{BP}$
$\qquad\qquad\geq\overline{A'B}$
$\qquad\qquad=\sqrt{\{2-(-1)\}^2+(-2-2)^2}=5$

따라서 $\overline{AP}+\overline{BP}$의 최솟값은 5이므로 삼각형 APB의 둘레의 길이의 최솟값은 $5+\sqrt{17}$ 이다.

218

점 $A(2, 3)$을 직선 $y=x$에 대하여 대칭이동한 점을 A'이라 하면
$A'(3, 2)$

점 $B(-3, 1)$을 x축에 대하여 대칭이동한 점을 B'이라 하면
$B'(-3, -1)$

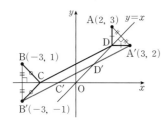

$\overline{AD}=\overline{A'D}$, $\overline{BC}=\overline{B'C}$ 이므로
$\overline{AD}+\overline{CD}+\overline{BC}=\overline{A'D}+\overline{DC}+\overline{CB'}$
$\qquad\qquad\qquad\qquad\geq\overline{A'B'}$
$\qquad\qquad\qquad\qquad=\sqrt{\{(-3)-3\}^2+\{(-1)-2\}^2}=3\sqrt{5}$

따라서 $\overline{AD}+\overline{CD}+\overline{BC}$ 의 최솟값은 $3\sqrt{5}$이다.

219

점 $(3, a)$를 점 $(1, 1)$에 대하여 대칭이동한 점의 좌표가 $(b, -2)$이므로 점 $(1, 1)$은 두 점 $(3, a)$, $(b, -2)$를 이은 선분의 중점이다. 즉,

$\dfrac{3+b}{2}=1$, $\dfrac{a+(-2)}{2}=1$

$\therefore a=4, b=-1$

$\therefore a+b=4+(-1)=3$

다른 풀이 점 $(3, a)$를 점 $(1, 1)$에 대하여 대칭이동한 점의 좌표가 $(b, -2)$이므로 $b=2\times1-3$에서 $b=-1$

$-2=2\times1-a$에서 $a=4$

$\therefore a+b=4+(-1)=3$

1등급 비법

점 $P(x, y)$를 점 $A(a, b)$에 대하여 대칭이동한 점을 $P'(x', y')$이라 하면 점 A는 선분 PP'의 중점이므로

$\quad\dfrac{x+x'}{2}=a, \dfrac{y+y'}{2}=b$ $\therefore x'=2a-x, y'=2b-y$

$\quad\therefore P'(2a-x, 2b-y)$

220

직선 l의 방정식을 $y=ax+b$ (a, b는 상수)라 하면 두 점 $(3, 1)$, $(-1, 5)$를 이은 선분의 중점 $\left(\dfrac{3+(-1)}{2}, \dfrac{1+5}{2}\right)$, 즉 점 $(1, 3)$이 직선 l 위의 점이므로

$3=a+b$ ...... ㉠

또, 두 점 $(3, 1)$, $(-1, 5)$를 지나는 직선의 기울기는

$\dfrac{5-1}{-1-3}=-1$이고, 이 직선이 직선 l과 수직이므로

$-1\times a=-1$ $\therefore a=1$

$a=1$을 ㉠에 대입하면

$3=1+b$ $\therefore b=2$

따라서 직선 l의 방정식은 $y=x+2$이므로 구하는 y절편은 2이다.

1등급 비법

점 P를 직선 l에 대하여 대칭이동한 점을 Q라 하면
① 중점 조건: $\overline{PQ}$의 중점 M이 직선 l 위에 있다.
② 수직 조건: (직선 PQ의 기울기)×(직선 l의 기울기)$=-1$

221

두 포물선이 점 P에 대하여 대칭이므로 두 포물선의 꼭짓점도 점 P에 대하여 대칭이다.

따라서 두 꼭짓점을 이은 선분의 중점이 점 P이다.

$y=x^2+2x-1=(x+1)^2-2$

이므로 꼭짓점의 좌표는 $(-1, -2)$

$y=-x^2+6x-7=-(x-3)^2+2$이므로

꼭짓점의 좌표는 $(3, 2)$

따라서 중점 P의 좌표는

$P\left(\dfrac{-1+3}{2}, \dfrac{-2+2}{2}\right)$　　　$\therefore P(1, 0)$

222

원 $x^2+y^2=9$의 중심을 $C_1(0, 0)$, 원 $(x-2)^2+(y-4)^2=9$의 중심을 $C_2(2, 4)$라 하면 두 점 C_1, C_2는 직선 $x+ay+b=0$에 대하여 대칭이다.

$\overline{C_1C_2}$의 중점 $\left(\dfrac{0+2}{2}, \dfrac{0+4}{2}\right)$, 즉 점 $(1, 2)$가 직선 $x+ay+b=0$ 위의 점이므로 $1+2a+b=0$　　　……㉠

직선 C_1C_2의 기울기는 $\dfrac{4-0}{2-0}=2$이고, 직선 C_1C_2가 직선

$x+ay+b=0$, 즉 $y=-\dfrac{1}{a}x-\dfrac{b}{a}$와 수직이므로

$2 \times \left(-\dfrac{1}{a}\right)=-1$　　　$\therefore a=2$　　　……㉡

㉡을 ㉠에 대입하면 $1+2\times2+b=0$　　　$\therefore b=-5$

$\therefore a+b=2+(-5)=-3$

223

점 $A(4, -3)$을 지나는 직선 l의 기울기를 m이라 하면

$y=m(x-4)-3$　　　……㉠

직선 ㉠ 위의 임의의 점 (x, y)를 점 $(2, 1)$에 대하여 대칭이동한 점을 (x', y')이라 하면 점 $(2, 1)$은 두 점 $(x, y), (x', y')$을 이은 선분의 중점이므로

$\dfrac{x+x'}{2}=2, \dfrac{y+y'}{2}=1$　　　$\therefore x=4-x', y=2-y'$　　　……㉡

점 (x, y)는 직선 l 위의 점이므로 ㉡을 ㉠에 대입하면

$2-y'=m(4-x'-4)-3$　　　$\therefore y'=mx'+5$

즉, 직선 l을 점 $(2, 1)$에 대하여 대칭이동한 직선의 방정식은

$y=mx+5$　　　……㉢

직선 ㉢을 x축에 대하여 대칭이동하면

$-y=mx+5$　　　$\therefore y=-mx-5$　　　……㉣

직선 ㉣이 점 $A(4, -3)$을 지나므로

$-3=-4m-5$　　　$\therefore m=-\dfrac{1}{2}$

따라서 직선 l의 기울기는 $-\dfrac{1}{2}$이다.

1등급 비법

방정식 $f(x, y)=0$이 나타내는 도형을 점 (a, b)에 대하여 대칭이동한 도형의 방정식은 $f(2a-x, 2b-y)=0$

따라서 문제에서 직선 l의 방정식 $y=m(x-4)-3$에 x 대신

$2\times2-x=4-x$를, y 대신 $2\times1-y=2-y$를 대입하면

$2-y=m(4-x-4)-3$　　　$\therefore y=mx+5$

즉, 직선 l을 점 $(2, 1)$에 대하여 대칭이동한 직선의 방정식은

　　　$y=mx+5$

224 5　　**225** (1) 중심의 좌표: $(0, 0)$, 반지름의 길이: $\sqrt{10}$　(2) $\sqrt{26}$

226 -5　　**227** -1

224

평행이동 $(x, y) \longrightarrow (x+a, y-2)$에 의하여 직선 $x+y-1=0$을 평행이동하면

$(x-a)+(y+2)-1=0$

$\therefore l: y=-x+a-1$　　　……㉮

직선 l의 x절편과 y절편이 모두 $a-1$이고, $a>1$에서 $a-1>0$이므로 직선 l과 x축, y축으로 둘러싸인 부분은 오른쪽 그림과 같다.　　　……㉯

이때 둘러싸인 부분의 넓이가 8이므로

$\dfrac{1}{2}(a-1)^2=8, (a-1)^2=16$

$a^2-2a-15=0, (a+3)(a-5)=0$

$\therefore a=-3$ 또는 $a=5$

그런데 $a>1$이므로 $a=5$　　　……㉰

채점 기준	배점 비율
㉮ 평행이동한 직선 l의 방정식 구하기	40 %
㉯ 직선 l과 x축, y축으로 둘러싸인 부분을 좌표평면 위에 나타내기	20 %
㉰ a의 값 구하기	40 %

225

(1) 두 점 B, C의 좌표를 각각 구하면

　　$B(p, -q), C(-p, q)$

　　삼각형 ACB는 $\angle BAC=90°$인 직각삼각형이므로 원 C의 중심은 선분 BC의 중점이다.

　　따라서 원 C의 중심의 좌표는 $(0, 0)$이고, 원 C가 점 $(\sqrt{10}, 0)$을 지나므로 원 C의 반지름의 길이는 $\sqrt{10}$이다.　　　……㉮

(2) 원 C의 방정식은 $x^2+y^2=10$이고 점 $A(p, q)$가 원 C 위의 점이므로

　　$p^2+q^2=10$　　　……㉠

　　삼각형 ABC의 넓이가 16이므로

　　$\dfrac{1}{2}\times2p\times2q=16$

　　$\therefore pq=8$　　　……㉡　　……㉯

　　㉠, ㉡에서

　　$(p+q)^2=p^2+q^2+2pq=10+2\times8=26$

　　$\therefore p+q=\sqrt{26} \,(\because p>0, q>0)$　　　……㉰

	채점 기준	배점 비율
(1)	㉮ 원의 중심의 좌표와 반지름의 길이 구하기	40 %
(2)	㉯ p^2+q^2, pq의 값 구하기	40 %
	㉰ $p+q$의 값 구하기	20 %

226

점 $A(1, 2)$를 직선 $y=x$에 대하여 대칭이동한 점 B의 좌표는
$(2, 1)$ ...... ㉮
점 $A(1, 2)$를 x축의 방향으로 5만큼, y축의 방향으로 a만큼 평행이동한 점 C의 좌표는
$(6, 2+a)$ ...... ㉯
세 점 $A(1, 2)$, $B(2, 1)$, $C(6, 2+a)$가 한 직선 위에 있으므로 직선 AB의 기울기와 직선 BC의 기울기가 같다.
즉, $\dfrac{1-2}{2-1}=\dfrac{(2+a)-1}{6-2}$이므로 $-1=\dfrac{a+1}{4}$
$\therefore a=-5$ ...... ㉰

채점 기준	배점 비율
㉮ 점 B의 좌표 구하기	30 %
㉯ 점 C의 좌표 구하기	30 %
㉰ a의 값 구하기	40 %

227

$x^2+y^2+4x-10y+28=0$에서
$(x+2)^2+(y-5)^2=1$
원 $(x+2)^2+(y-5)^2=1$을 직선 $y=x$에 대하여 대칭이동하면
$(y+2)^2+(x-5)^2=1$
$\therefore (x-5)^2+(y+2)^2=1$ ...... ㉮
이 원을 다시 x축의 방향으로 3만큼, y축의 방향으로 -2만큼 평행이동하면
$(x-3-5)^2+(y+2+2)^2=1$
$\therefore (x-8)^2+(y+4)^2=1$ ...... ㉯
이 원의 중심 $(8, -4)$가 직선 $y=mx+4$ 위에 있으므로
$-4=8m+4$　$\therefore m=-1$ ...... ㉰

채점 기준	배점 비율
㉮ 주어진 원을 직선 $y=x$에 대하여 대칭이동한 원의 방정식 구하기	30 %
㉯ ㉮에서 대칭이동한 원을 x축의 방향으로 3만큼, y축의 방향으로 -2만큼 평행이동한 원의 방정식 구하기	30 %
㉰ m의 값 구하기	40 %

1등급 실력 완성 　　　　　● 59쪽 ~ 61쪽

228 ③	**229** ③	**230** ③	**231** 4	**232** 5
233 $(-5, 1)$		**234** ②	**235** $\dfrac{5}{2}$	**236** ①
237 12	**238** ③	**239** $3\sqrt{2}$	**240** ③	**241** ②

228

점의 평행이동

(전략) 평행이동한 점의 좌표를 구한 후, $\overline{AC}$가 원의 지름임을 이용한다.

(풀이) 점 B는 점 $A(-2, 1)$을 x축의 방향으로 m만큼 평행이동한 점이므로
$B(-2+m, 1)$
점 C는 점 $B(-2+m, 1)$을 y축의 방향으로 n만큼 평행이동한 점이므로
$C(-2+m, 1+n)$
이때 삼각형 ABC는 빗변이 $\overline{AC}$인 직각삼각형이므로 $\overline{AC}$는 세 점 A, B, C를 지나는 원의 지름이다.
따라서 $\overline{AC}$의 중점은 원의 중심 $(3, 2)$와 일치하므로
$\dfrac{-2+(-2+m)}{2}=3, \dfrac{1+(1+n)}{2}=2$
$\dfrac{m-4}{2}=3, \dfrac{n+2}{2}=2$
$\therefore m=10, n=2$
$\therefore mn=10\times 2=20$

(다른 풀이) 점 B는 점 $A(-2, 1)$을 x축의 방향으로 m만큼 평행이동한 점이므로 $B(-2+m, 1)$
점 C는 점 $B(-2+m, 1)$을 y축의 방향으로 n만큼 평행이동한 점이므로 $C(-2+m, 1+n)$
세 점 A, B, C를 지나는 원의 중심의 좌표는 $(3, 2)$이고, 반지름의 길이는
$\sqrt{\{3-(-2)\}^2+(2-1)^2}=\sqrt{26}$
이므로 세 점 A, B, C를 지나는 원의 방정식은
$(x-3)^2+(y-2)^2=26$ ...... ㉠
점 B가 원 ㉠ 위의 점이므로
$(-2+m-3)^2+(1-2)^2=26$
$m^2-10m=0$
$m(m-10)=0$
$\therefore m=10 \ (\because m>0)$
또, 점 C가 원 ㉠ 위의 점이므로
$(-2+m-3)^2+(1+n-2)^2=26$
$n^2-2n=0, n(n-2)=0$
$\therefore n=2 \ (\because n>0)$
$\therefore mn=10\times 2=20$

229

점의 평행이동

(전략) 점 P를 주어진 규칙에 맞게 이동시켜 보고, 점 P가 더 이상 이동하지 않는 점을 찾는다.

(풀이) 점 $A(8, 7)$에서 $7<2\times 8$이므로 규칙 (나)에 의하여
점 P는 점 $(7, 7)$로 이동한다.
점 $(7, 7)$에서 $7<2\times 7$이므로 규칙 (나)에 의하여
점 P는 점 $(6, 7)$로 이동한다.
점 $(6, 7)$에서 $7<2\times 6$이므로 규칙 (나)에 의하여
점 P는 점 $(5, 7)$로 이동한다.
점 $(5, 7)$에서 $7<2\times 5$이므로 규칙 (나)에 의하여
점 P는 점 $(4, 7)$로 이동한다.
점 $(4, 7)$에서 $7<2\times 4$이므로 규칙 (나)에 의하여
점 P는 점 $(3, 7)$로 이동한다.

점 $(3, 7)$에서 $7>2\times3$이므로 규칙 (대)에 의하여
점 P는 점 $(3, 6)$으로 이동한다.
점 $(3, 6)$에서 $6=2\times3$이므로 규칙 (개)에 의하여
점 P는 이동하지 않는다.
즉, 점 B의 좌표는 $(3, 6)$이다.
따라서 점 P가 점 $A(8, 7)$에서 점 $B(3, 6)$에 이르기까지 이동한
횟수는 6회이다.

230
도형의 평행이동

(전략) 원을 평행이동했을 때의 원의 중심의 좌표와 반지름의 길이의 변화를 생각해 본다.

(풀이) ㄱ. 원 $x^2+(y-1)^2=9$를 평행이동하여도 원의 반지름의 길이는 변하지 않으므로 원 C의 반지름의 길이는 3이다. (참)
ㄴ. 원 $x^2+(y-1)^2=9$의 중심의 좌표가 $(0, 1)$이므로 원 C의 중심의 좌표는 $(m, n+1)$이다.
이때 원 C가 x축에 접하려면
$|n+1|=3$, $n+1=\pm3$
$\therefore n=-4$ 또는 $n=2$
따라서 원 C가 x축에 접하도록 하는 실수 n의 값은 2개이다.
(거짓)

ㄷ. $m\neq0$일 때, 직선 $y=\dfrac{n+1}{m}x$가 원 C의 중심 $(m, n+1)$을 지나므로 직선 $y=\dfrac{n+1}{m}x$는 원 C의 넓이를 이등분한다. (참)
이상에서 옳은 것은 ㄱ, ㄷ이다.

(참고) 원 $x^2+(y-1)^2=9$를 x축의 방향으로 m만큼, y축의 방향으로 n만큼 평행이동한 원 C의 방정식은
$(x-m)^2+(y-n-1)^2=9$이므로 원의 중심의 좌표는 $(m, n+1)$
이고 반지름의 길이는 3이다.

231
도형의 평행이동

(전략) 직선을 평행이동한 후, 원의 중심과 직선 사이의 거리를 이용한다.

(풀이) 직선 $y=2x+1$을 x축의 방향으로 k만큼, y축의 방향으로 $-k$만큼 평행이동하면
$y+k=2(x-k)+1$
$\therefore 2x-y-3k+1=0$ $\qquad\cdots\cdots$ ㉠
원의 중심 $C(3, 1)$에서 직선 ㉠에 내린 수선의 발을 H라 하면
$\overline{AH}=\dfrac{1}{2}\overline{AB}=\dfrac{1}{2}\times4=2$
$\overline{AC}=3$
삼각형 AHC는 직각삼각형이므로
$\overline{CH}=\sqrt{3^2-2^2}=\sqrt{5}$
즉, 점 $C(3, 1)$과 직선 ㉠ 사이의 거리가 $\sqrt{5}$이므로
$\dfrac{|2\times3-1-3k+1|}{\sqrt{2^2+(-1)^2}}=\sqrt{5}$

$|3k-6|=5$이므로
$3k-6=-5$ 또는 $3k-6=5$
$\therefore k=\dfrac{1}{3}$ 또는 $k=\dfrac{11}{3}$
따라서 모든 실수 k의 값의 합은
$\dfrac{1}{3}+\dfrac{11}{3}=4$

232
도형의 평행이동의 활용

(전략) 원 C_1을 평행이동한 원 C_2의 방정식을 구하여 두 원 C_1, C_2가 겹치는 부분의 넓이를 구한다.

(풀이) $C_1: x^2+y^2+2x+4y=0$에서
$(x+1)^2+(y+2)^2=5$
원 C_1을 x축의 방향으로 1만큼, y축의 방향으로 2만큼 평행이동한 원 C_2의 방정식은
$(x-1+1)^2+(y-2+2)^2=5$
$\therefore x^2+y^2=5$

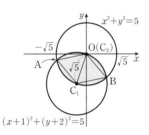

위의 그림과 같이 두 원 C_1, C_2의 두 교점을 A, B라 하고, 두 원 C_1, C_2의 중심을 각각 C_1, C_2라 하면 삼각형 AC_1C_2는 정삼각형이므로 부채꼴 AC_1C_2의 넓이는
$\pi\times(\sqrt{5})^2\times\dfrac{60}{360}=\dfrac{5}{6}\pi$
정삼각형 AC_1C_2의 넓이는
$\dfrac{\sqrt{3}}{4}\times(\sqrt{5})^2=\dfrac{5\sqrt{3}}{4}$
따라서 구하는 넓이는
$4\left(\dfrac{5}{6}\pi-\dfrac{5\sqrt{3}}{4}\right)+2\times\dfrac{5\sqrt{3}}{4}=\dfrac{10}{3}\pi-\dfrac{5\sqrt{3}}{2}$
즉, $a=\dfrac{10}{3}$, $b=-\dfrac{5}{2}$이므로
$3a+2b=3\times\dfrac{10}{3}+2\times\left(-\dfrac{5}{2}\right)$
$\qquad\quad=5$

1등급 비법

두 원 C_1, C_2는 각각 서로 다른 원의 중심을 지나므로 두 삼각형 AC_1C_2, BC_1C_2가 정삼각형임을 이용한다.

233
점의 대칭이동

(전략) 주어진 조건에 따라 점을 대칭이동하여 규칙성을 찾는다.

(풀이) 점 $P_1(-1, 5)$를 직선 $y=x$에 대하여 대칭이동하면
$P_2(5, -1)$

점 $P_2(5, -1)$을 원점에 대하여 대칭이동하면
$P_3(-5, 1)$
점 $P_3(-5, 1)$을 직선 $y=x$에 대하여 대칭이동하면
$P_4(1, -5)$
점 $P_4(1, -5)$를 원점에 대하여 대칭이동하면
$P_5(-1, 5)$
즉, 점 $P_1, P_2, P_3, P_4, \cdots$의 좌표는
$(-1, 5), (5, -1), (-5, 1), (1, -5), \cdots$
의 순서로 반복된다. 이때 $999=4 \times 249+3$이므로 점 P_{999}의 좌표
는 점 P_3의 좌표와 같다.
따라서 점 P_{999}의 좌표는 $(-5, 1)$이다.

234
점의 대칭이동

전략 직선 $y=x$에 대한 점의 대칭이동을 이용하여 $|\overline{PP'}-\overline{QQ'}|$의 최댓값을 구한다.

풀이 점 Q는 $P(x, y)$를 직선 $y=x$에 대하여 대칭이동한 점이므로 $Q(y, x)$

두 점 P, Q에서 x축에 내린 수선의 발이 각각 P', Q'이므로
$P'(x, 0), Q'(y, 0)$
$\therefore \overline{PP'}=y, \overline{QQ'}=x$
$|\overline{PP'}-\overline{QQ'}|=|y-x|=k \ (k \geq 0)$라 하면
$y-x=\pm k$
$\therefore y=x \pm k$
이때 k의 값은 직선 $y=x \pm k$가 원에 접할 때 최대이므로 k가
최대일 때 원 $(x-4)^2+(y-4)^2=16$의 중심 $(4, 4)$와 직선
$y=x \pm k$, 즉 $x-y \pm k=0$ 사이의 거리는 원의 반지름의 길이 4와
같다.
$\dfrac{|4-4 \pm k|}{\sqrt{1^2+(-1)^2}}=4$에서
$|\pm k|=4\sqrt{2}$
$\therefore k=4\sqrt{2} \ (\because k \geq 0)$
따라서 $|\overline{PP'}-\overline{QQ'}|$의 최댓값은 $4\sqrt{2}$이다.

235
도형의 대칭이동

전략 방정식 $f(y, x)=0$이 나타내는 도형은 방정식 $f(x, y)=0$이 나타내는 도형을 어떻게 이동한 것인지 생각해 본다.

풀이 방정식 $f(y, x)=0$이 나타내는 도형은 방정식 $f(x, y)=0$이 나타내는 도형을 직선 $y=x$에 대하여 대칭이동한 것이다.
방정식 $f(x, y)=0$, $f(y, x)=0$이 나타내는 도형과 직선
$y=-x+1$로 둘러싸인 부분은 다음 그림의 색칠한 부분과 같다.

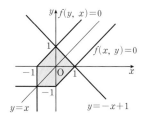

따라서 구하는 넓이는
$1 \times 1+3 \times \left(\dfrac{1}{2} \times 1 \times 1\right)=\dfrac{5}{2}$

236
도형의 대칭이동의 활용

전략 점 A가 원 위의 점임을 이용한다.

풀이 점 $A(3, 2)$는 원 $x^2+y^2=13$ 위의 점이므로 점 A는 직선 AB와 원 $x^2+y^2=13$의 접점이다.
직선 AB의 방정식은
$3x+2y=13$ ······ ㉠
점 B는 점 $A(3, 2)$를 x축의 방향으로 a만큼, y축의 방향으로 b만큼 평행이동한 점이므로
$B(3+a, 2+b)$
점 B가 직선 ㉠ 위의 점이므로
$3(3+a)+2(2+b)=13$
$3a+2b=0 \qquad \therefore a=-\dfrac{2}{3}b$ ······ ㉡
$\overline{AB}=\sqrt{13}$에서 $\overline{AB}^2=13$이므로
$a^2+b^2=13$ ······ ㉢
㉡, ㉢을 연립하여 풀면
$a=-2, b=3$ 또는 $a=2, b=-3$
$\therefore ab=-6$

237
도형의 평행이동과 대칭이동

전략 원의 중심과 접점을 이은 선분은 접선과 수직으로 만난다.

풀이 오른쪽 그림과 같이 두 원 C, C'의 중심을 각각 A, A'이라 하자.
조건 (나)에서 직선 $4x-3y+21=0$이 원 C에 접하므로 원 C의 중심 $A(1, 0)$과 직선 $4x-3y+21=0$ 사이의 거리는 r과 같다.

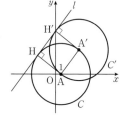

$\therefore r=\dfrac{|4 \times 1-3 \times 0+21|}{\sqrt{4^2+(-3)^2}}=5$
원 C'의 방정식은 $(x-a-1)^2+(y-b)^2=25$이고 조건 (가)에서 원 C'이 점 $A(1, 0)$을 지나므로
$(1-a-1)^2+(0-b)^2=25$
$\therefore a^2+b^2=25$ ······ ㉠
직선 $4x-3y+21=0$을 l이라 하고 두 점 A, A'에서 직선 l에 내린 수선의 발을 각각 H, H'이라 하면 $\overline{AH}=\overline{A'H'}$이고
$\overline{AH} \perp l, \overline{A'H'} \perp l$
이므로 직선 AA'은 직선 l과 평행하다.
$A'(a+1, b)$이고 직선 l의 기울기는 $\dfrac{4}{3}$이므로
$\dfrac{b-0}{(a+1)-1}=\dfrac{4}{3}$
$\therefore b=\dfrac{4}{3}a$ ······ ㉡

$\bigcirc$을 $\bigcirc$에 대입하면

$$a^2+\left(\frac{4}{3}a\right)^2=25,\ \frac{25}{9}a^2=25$$

$$a^2=9 \qquad \therefore a=3\ (\because a>0)$$

$$\therefore b=\frac{4}{3}\times3=4$$

$$\therefore a+b+r=3+4+5=12$$

238

도형의 평행이동과 대칭이동

(전략) 두 방정식 $f(x,y)=0$과 $f(y-1,\ -x)=0$이 나타내는 도형 사이의 관계를 생각해 본다.

(풀이) 방정식 $f(x,y)=0$이 나타내는 도형이 방정식 $f(y-1,\ -x)=0$이 나타내는 도형으로 이동하려면 x축의 방향으로 1만큼 평행이동한 후, x축에 대하여 대칭이동하고, 다시 직선 $y=x$에 대하여 대칭이동해야 한다. 즉,

$$f(x,y)=0 \longrightarrow f(x-1,\ y)=0$$
$$\longrightarrow f(x-1,\ -y)=0$$
$$\longrightarrow f(y-1,\ -x)=0$$

따라서 방정식 $f(y-1,\ -x)=0$이 나타내는 도형을 그리면 다음과 같다.

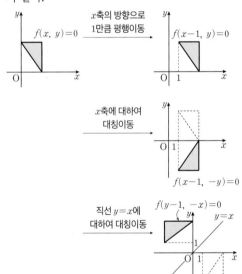

239

선분의 길이의 최솟값

(전략) 점 C의 좌표를 $(4, a)$로 놓고 대칭이동을 이용한다.

(풀이) $0<a<4$인 실수 a에 대하여 점 C의 좌표를 $(4, a)$라 하자.
점 C를 직선 OA, 즉 x축에 대하여 대칭이동한 점을 C_1이라 하고, 점 C를 직선 OB, 즉 직선 $y=x$에 대하여 대칭이동한 점을 C_2라 하면 $C_1(4, -a)$, $C_2(a, 4)$
$\overline{PC}=\overline{PC_1}$, $\overline{QC}=\overline{QC_2}$이므로 삼각형 CQP의 둘레의 길이는

$$\overline{PC}+\overline{CQ}+\overline{QP}=\overline{PC_1}+\overline{C_2Q}+\overline{QP}$$
$$\geq\overline{C_1C_2}$$
$$=\sqrt{(a-4)^2+\{4-(-a)\}^2}$$
$$=\sqrt{2a^2+32}$$

삼각형 CQP의 둘레의 길이의 최솟값이 6이므로

$$\sqrt{2a^2+32}=6$$
$$2a^2+32=36$$
$$a^2=2$$
$$\therefore a=\sqrt{2}\ (\because 0<a<4)$$

따라서 점 C의 좌표가 $(4, \sqrt{2})$이므로

$$\overline{OC}=\sqrt{4^2+(\sqrt{2})^2}=3\sqrt{2}$$

240

선분의 길이의 최솟값

(전략) 주어진 원을 대칭이동하여 두 점 사이의 거리를 이용한다.

(풀이) 다음 그림과 같이 원 C_1을 x축에 대하여 대칭이동한 원을 C_1', 원 C_2를 직선 $y=x$에 대하여 대칭이동한 원을 C_2'이라 하면

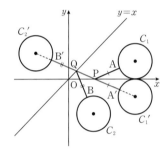

원 C_1의 방정식은 $(x-8)^2+(-y-2)^2=4$에서
$(x-8)^2+(y+2)^2=4$,
원 C_2의 방정식은 $(y-3)^2+(x+4)^2=4$에서
$(x+4)^2+(y-3)^2=4$
이므로 원 C_1'의 중심은 $(8, -2)$, 원 C_2'의 중심은 $(-4, 3)$이다.
점 A를 x축에 대하여 대칭이동한 점을 A′, 점 B를 직선 $y=x$에 대하여 대칭이동한 점을 B′이라 하면 두 점 A′, B′은 각각 원 C_1', 원 C_2' 위의 점이다.
$\overline{AP}=\overline{A'P}$, $\overline{QB}=\overline{QB'}$이므로

$$\overline{AP}+\overline{PQ}+\overline{QB}=\overline{A'P}+\overline{PQ}+\overline{QB'}$$
$$\geq\overline{A'B'}$$

$\overline{AP}+\overline{PQ}+\overline{QB}$의 값은 위의 그림과 같이 네 점 A′, P, Q, B′이 두 원 C_1', C_2'의 중심을 이은 선분 위에 있을 때 최소이므로
$\overline{A'B'}=$(두 원 C_1과 C_2의 중심 사이의 거리)
$\qquad$ −(원 C_1'의 반지름의 길이)−(원 C_2'의 반지름의 길이)

$$=\sqrt{\{8-(-4)\}^2+\{(-2)-3\}^2}-2-2$$
$$=13-4$$
$$=9$$

따라서 $\overline{AP}+\overline{PQ}+\overline{QB}$의 최솟값은 9이다.

241

점 또는 직선에 대한 대칭이동

(전략) 점 A를 원 위의 임의의 점 P에 대하여 대칭이동한 점을 A′이라 하면 점 P는 선분 AA′의 중점임을 이용한다.

풀이 원 위의 임의의 점을 $\mathrm{P}(a, b)$, 점 $\mathrm{A}(-2, -1)$을 점 P에 대하여 대칭이동한 점을 $\mathrm{A}'(x, y)$라 하면

$$a=\frac{x-2}{2}, \; b=\frac{y-1}{2}$$

점 P는 원 $(x-4)^2+(y-5)^2=1$ 위의 점이므로

$$\left(\frac{x-2}{2}-4\right)^2+\left(\frac{y-1}{2}-5\right)^2=1$$

$$\left(\frac{x-10}{2}\right)^2+\left(\frac{y-11}{2}\right)^2=1$$

$$\therefore \; (x-10)^2+(y-11)^2=4$$

● 62쪽

242 ②   **243** ④

242

도형의 평행이동의 활용

〔1단계〕 평행이동을 활용하여 직선 $y=ax+b$의 기울기를 구한다.

포물선 $y=x^2-4x+4$와 직선 $y=ax+b$의 접점을 $\mathrm{P}(p, q)$라 하면 포물선 $y=f(x)$가 직선 $y=ax+b$에 접하므로 점 P를 x축의 방향으로 k만큼, y축의 방향으로 k만큼 평행이동한 점 $\mathrm{Q}(p+k, q+k)$도 포물선 $y=f(x)$와 직선 $y=ax+b$의 접점이다.

이때 0이 아닌 k에 대하여 직선 PQ의 기울기는

$$\frac{(q+k)-q}{(p+k)-p}=1$$

이므로 k의 값에 관계없이 포물선 $y=f(x)$에 접하는 직선의 기울기는 1이다.

$$\therefore \; a=1$$

〔2단계〕 직선 $y=x+b$가 포물선 $y=x^2-4x+4$에 접함을 이용한다.

$k=0$일 때, 직선 $y=x+b$가 포물선 $y=x^2-4x+4$에 접하므로 이차방정식 $x^2-4x+4=x+b$, 즉 $x^2-5x+4-b=0$은 중근을 갖는다.

이차방정식 $x^2-5x+4-b=0$의 판별식을 D라 하면

$$D=(-5)^2-4(4-b)=0$$

$$4b+9=0$$

$$\therefore \; b=-\frac{9}{4}$$

$$\therefore \; a+b=1+\left(-\frac{9}{4}\right)=-\frac{5}{4}$$

243

도형의 평행이동과 대칭이동 ● 점 또는 직선에 대한 대칭이동

〔1단계〕 원 C를 평행이동한 원의 방정식을 구한다.

$x^2+y^2-4x-14y+37=0$에서

$(x-2)^2+(y-7)^2=16$

원 C를 x축의 방향으로 3만큼, y축의 방향으로 -3만큼 평행이동한 원을 C_1이라 하면 원 C_1의 방정식은

$$(x-3-2)^2+(y+3-7)^2=16$$

$$(x-5)^2+(y-4)^2=16$$

$$\therefore \; x^2+y^2-10x-8y+25=0$$

〔2단계〕 직선 l은 두 원 C, C_1의 교점을 지나는 직선임을 이용하여 직선 l의 방정식을 구한다.

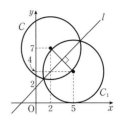

직선 l은 두 원 C, C_1의 교점을 지나는 직선이므로 직선 l의 방정식은

$$x^2+y^2-4x-14y+37-(x^2+y^2-10x-8y+25)=0$$

$$\therefore \; y=x+2$$

〔3단계〕 두 점 $(3, 2)$, (a, b)가 직선 l에 대하여 대칭이 되도록 하는 a, b의 값을 구한다.

두 점 $(3, 2)$, (a, b)를 이은 선분의 중점 $\left(\frac{3+a}{2}, \frac{2+b}{2}\right)$가 직선 l 위의 점이므로

$$\frac{2+b}{2}=\frac{3+a}{2}+2$$

$$\therefore \; a-b=-5 \qquad\qquad \cdots\cdots \; \text{㉠}$$

두 점 $(3, 2)$, (a, b)를 이은 직선이 직선 l에 수직이므로

$$\frac{2-b}{3-a}\times 1=-1$$

$$\therefore \; a+b=5 \qquad\qquad \cdots\cdots \; \text{㉡}$$

㉠, ㉡을 연립하여 풀면

$$a=0, \; b=5$$

$$\therefore \; 2a+3b=2\times 0+3\times 5$$
$$=15$$

개념 보충

두 원의 교점을 지나는 직선의 방정식

두 점에서 만나는 두 원 $x^2+y^2+ax+by+c=0$,
$x^2+y^2+a'x+b'y+c'=0$의 교점을 지나는 직선의 방정식은
$$x^2+y^2+ax+by+c-(x^2+y^2+a'x+b'y+c')=0$$

II 집합과 명제

 집합

● 65쪽 ~ 69쪽

244 ④, ⑤	**245** ③	**246** ⑤	**247** ③	**248** 8
249 8	**250** ①	**251** ⑤	**252** ④	**253** ⑤
254 ③	**255** ①	**256** 9	**257** 10	
258 ∅, {1}, {2}, {3}, {1, 2}, {1, 3}, {2, 3}			**259** 48	
260 −3	**261** ⑤	**262** ②	**263** ④	**264** ④
265 256	**266** ②	**267** 16	**268** 62	**269** ④
270 11	**271** ④	**272** ③	**273** 37	

244

①, ②, ③ '큰', '가까운', '많은'의 기준이 명확하지 않아서 그 대상을 분명하게 정할 수 없으므로 집합이 아니다.

④ $x^2-x-6=0$에서 $(x+2)(x-3)=0$

  ∴ $x=-2$ 또는 $x=3$

  즉, 이차방정식 $x^2-x-6=0$의 해는 $x=-2$ 또는 $x=3$이므로 -2, 3을 원소로 갖는 집합이다.

⑤ 15보다 크고 16보다 작은 자연수는 없으므로 공집합이다.

따라서 집합인 것은 ④, ⑤이다.

245

①, ②, ④, ⑤ {1, 3, 5, 7, 9}

③ {1, 3, 5, 7}

따라서 나머지 넷과 다른 하나는 ③이다.

246

$a \in A$, $b \in B$인 a, b에 대하여 $2a+b$의 값을 구하면 오른쪽 표와 같으므로

$C=\{-2, 0, 2, 4\}$

따라서 집합 C의 모든 원소의 합은

$(-2)+0+2+4=4$

2a \ b	0	2
−2	−2	0
0	0	2
2	2	4

247

① $n(\{0\})=1$

② $n(\{\varnothing\})-n(\varnothing)=1-0=1$

③ $n(\{x|x$는 18의 양의 약수$\})=n(\{1, 2, 3, 6, 9, 18\})$
    $=6$

④ $n(\{50\})-n(\{49\})=1-1=0$

⑤ $n(\{0, 1, 2\})-n(\{0, 1\})=3-2=1$

따라서 옳은 것은 ③이다.

1등급 비법

$\varnothing$, $\{\varnothing\}$, $\{0\}$의 원소의 개수

① $\varnothing$은 원소가 하나도 없는 집합이므로 $n(\varnothing)=0$

② $\{\varnothing\}$은 $\varnothing$을 원소로 갖는 집합이므로 $n(\{\varnothing\})=1$

③ $\{0\}$은 0을 원소로 갖는 집합이므로 $n(\{0\})=1$

248

$A=\{1, 2, 3\}$이므로 $n(A)=3$

$B=\{x|x$는 81의 양의 약수$\}=\{1, 3, 9, 27, 81\}$이므로
$n(B)=5$

$C=\{x|x^2-2x+2=0, x$는 실수$\}$에서

이차방정식 $x^2-2x+2=0$의 판별식을 D라 하면

$\dfrac{D}{4}=(-1)^2-2=-1<0$

이므로 이 이차방정식은 실근을 갖지 않는다.

즉, $C=\varnothing$이므로 $n(C)=0$

∴ $n(A)+n(B)+n(C)=3+5+0=8$

개념 보충

이차방정식의 근의 판별

계수가 실수인 이차방정식 $ax^2+bx+c=0$에서 판별식 $D=b^2-4ac$라 할 때,

① $D>0$이면 서로 다른 두 실근을 갖는다.

② $D=0$이면 중근(실근)을 갖는다.

③ $D<0$이면 서로 다른 두 허근을 갖는다.

249

$A=\{(1, 12), (2, 9), (3, 6), (4, 3)\}$이므로
$n(A)=4$

$B=\{1, 2, 3, \cdots, k\}$이므로 $n(B)=k$

이때 $n(A)+n(B)=12$이므로

$4+k=12$ ∴ $k=8$

250

① $\varnothing$은 집합 A의 원소가 아니므로 $\varnothing \notin A$

따라서 옳지 않은 것은 ①이다.

251

$B=\{1, 2, 5, 10\}$

① 0은 집합 A의 원소가 아니므로 $0 \notin A$

② 2는 집합 B의 원소이므로 $2 \in B$

③ $2 \in A$, $5 \in A$이므로 $\{2, 5\} \subset A$

④ $6 \notin B$이므로 $\{1, 6\} \not\subset B$

⑤ $8 \notin B$이므로 $\{1, 5, 8\} \not\subset B$

따라서 옳지 않은 것은 ⑤이다.

252

① $\varnothing$은 집합 A의 원소이므로 $\varnothing \in A$

② $\{1\}$은 집합 A의 원소이므로 $\{1\} \in A$

③ $\varnothing \in A$, $1 \in A$이므로 $\{\varnothing, 1\} \subset A$
④ $2 \notin A$이므로 $\{1, 2\} \not\subset A$
⑤ 집합 A의 원소는 $\varnothing$, 1, $\{1\}$, $\{1, 2\}$의 4개이므로
  $n(A) = 4$
따라서 옳지 않은 것은 ④이다.

1등급 비법

집합 $A = \{a, \{b, c\}\}$는 집합을 원소로 갖는 집합이다.
이때 집합 A의 원소는 a와 $\{b, c\}$이고, $\{a\}$와 $\{\{b, c\}\}$는 각각 a와 $\{b, c\}$를 원소로 갖는 A의 부분집합이다. 즉,
  $a \in A$, $\{b, c\} \in A$, $\{a\} \subset A$, $\{\{b, c\}\} \subset A$

253
$A = \{4, 8, 12, 16, 20, 24, \cdots\}$
$B = \{6, 12, 18, 24, \cdots\}$
$C = \{12, 24, 36, \cdots\}$
$\therefore C \subset A$, $C \subset B$
따라서 옳은 것은 ⑤이다.

254
집합 $S = \{x | x$는 양의 실수$\}$이므로
$|x| < 3$에서 $-3 < x < 3$
$\therefore B = \{x | |x| < 3\} = \{x | 0 < x < 3\}$
또, $x^2 - x - 20 < 0$에서 $(x+4)(x-5) < 0$
$\therefore -4 < x < 5$
$\therefore C = \{x | 0 < x < 5\}$
따라서 세 집합 A, B, C 사이의 포함 관계는
$B \subset A \subset C$

255
$x^2 - 2ax + a^2 - 9 < 0$에서
$(x-a+3)(x-a-3) < 0$ $\therefore a-3 < x < a+3$
$\therefore B = \{x | a-3 < x < a+3\}$
$A \subset B$가 성립하도록 두 집합 A, B를
수직선 위에 나타내면 오른쪽 그림과 같
으므로
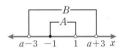
$a-3 < -1$, $a+3 \geq 1$
$\therefore -2 \leq a < 2$
따라서 실수 a의 최솟값은 -2이다.

256
$(3x-k)(x^2-16) = 0$에서
$(3x-k)(x+4)(x-4) = 0$
$\therefore x = -4$ 또는 $x = 4$ 또는 $x = \dfrac{k}{3}$
$\therefore A = \left\{ -4, 4, \dfrac{k}{3} \right\}$
이때 $B = \{3, 4\}$이므로 $B \subset A$이려면 $3 \in A$이어야 한다.
즉, $3 = \dfrac{k}{3}$이므로 $k = 9$

257
$A = \{6, 12, 18, 24, 30\}$에 대하여 집합 X는 원소가 2개인 집합 A의 부분집합이므로
$\{6, 12\}$, $\{6, 18\}$, $\{6, 24\}$, $\{6, 30\}$, $\{12, 18\}$, $\{12, 24\}$, $\{12, 30\}$,
$\{18, 24\}$, $\{18, 30\}$, $\{24, 30\}$
의 10개이다.

다른 풀이 집합 X의 개수는 집합 A의 원소 5개 중에서 2개를 택하는 조합의 수와 같으므로
$_5C_2 = \dfrac{5 \times 4}{2} = 10$

258
$X \subset A$이고 $X \neq A$인 집합 X는 집합 A의 진부분집합이다.
$x^2 - 4x + 3 \leq 0$에서
$(x-1)(x-3) \leq 0$
$\therefore 1 \leq x \leq 3$
이때 x는 정수이므로 $A = \{1, 2, 3\}$
따라서 집합 X는
$\varnothing$, $\{1\}$, $\{2\}$, $\{3\}$, $\{1, 2\}$, $\{1, 3\}$, $\{2, 3\}$

259
$\sqrt{25} = 5$이므로 $A_{25} = \{1, 3, 5\}$
$5 \leq \sqrt{n} < 7$이면 $A_n = A_{25}$이므로
$25 \leq n < 49$
따라서 자연수 n의 최댓값은 48이다.

260
$A = B$이므로 $5 \in A$이어야 한다.
$x^2 - ax - 20 = 0$에 $x = 5$를 대입하면
$25 - 5a - 20 = 0$ $\therefore a = 1$
따라서 $x^2 - x - 20 = 0$에서
$(x+4)(x-5) = 0$
$\therefore x = -4$ 또는 $x = 5$
즉, $A = \{-4, 5\}$이므로 $b = -4$
$\therefore a + b = 1 + (-4) = -3$

261
$A \subset B$이고 $B \subset A$이므로 $A = B$
$A = B$이므로 $2 \in A$
즉, $a^2 - a = 2$에서
$a^2 - a - 2 = 0$
$(a+1)(a-2) = 0$
$\therefore a = -1$ 또는 $a = 2$
(i) $a = -1$일 때,
  $A = \{2, 6, 10\}$, $B = \{-5, 2, 9\}$
  $\therefore A \neq B$

(ii) $a=2$일 때,

$\quad A=\{2, 6, 10\}, B=\{2, 6, 10\}$

$\quad \therefore A=B$

(i), (ii)에서 $a=2$

262

$A=B$이므로 두 집합 A, B의 원소가 서로 같다.

(i) $x-1=x-y$, $y+5=x+3y$일 때,

$\quad y=1, x+2y=5$

$\quad \therefore x=3, y=1$

(ii) $x-1=x+3y$, $y+5=x-y$일 때,

$\quad 3y=-1, x-2y=5$

$\quad \therefore x=\dfrac{13}{3}, y=-\dfrac{1}{3}$

(i), (ii)에서 $x=3, y=1$ ($\because x>0, y>0$)

$\therefore xy=3 \times 1=3$

263

15보다 작은 소수는 2, 3, 5, 7, 11, 13

이므로 $A=\{2, 3, 5, 7, 11, 13\}$

따라서 집합 A의 진부분집합의 개수는

$2^6-1=63$

264

$n(A)=x$라 하면 집합 A의 부분집합의 개수는 2^x이므로

$2^x=128=2^7 \qquad \therefore x=7$

$\therefore n(A)=7$

265

$P(A)=\{X \mid X \subset A\}$에서 X는 집합 A의 부분집합이므로 집합 $P(A)$의 원소의 개수는 집합 A의 부분집합의 개수와 같다.

$\therefore 2^3=8$

따라서 집합 $P(A)$의 부분집합의 개수는

$2^8=256$

참고 $P(A)$는 집합 A의 부분집합을 원소로 갖는 집합이므로

$P(A)=\{\varnothing, \{1\}, \{2\}, \{3\}, \{1, 2\}, \{1, 3\}, \{2, 3\}, \{1, 2, 3\}\}$

266

집합 X의 모든 부분집합의 개수가 $P(X)$이므로

$P(X)=2^{n(X)}$

조건 (가)에서 $n(B)=2+n(A)$이므로 조건 (나)에서

$P(B)-P(A)=2^{n(B)}-2^{n(A)}$

$\qquad\qquad\quad =2^{2+n(A)}-2^{n(A)}$ $\boxed{2^2 \times 2^{n(A)}-2^{n(A)}=4 \times 2^{n(A)}-2^{n(A)}}$

$\qquad\qquad\quad =3 \times 2^{n(A)} \leftarrow$ $\qquad\qquad\qquad =3 \times 2^{n(A)}$

$\qquad\qquad\quad =96$

따라서 $2^{n(A)}=32=2^5$이므로

$n(A)=5$

267

$A \subset X \subset B$에서

$\{1, 2\} \subset X \subset \{1, 2, 3, 4, 5, 6\}$

따라서 집합 X의 개수는 집합 $\{1, 2, 3, 4, 5, 6\}$의 부분집합 중에서 1, 2를 반드시 원소로 갖는 집합의 개수와 같으므로

$2^{6-2}=2^4=16$ $\longrightarrow$ 집합 $\{1, 2\}$의 원소의 개수

268

$\dfrac{27}{n}$이 정수이려면 $|n|$이 27의 약수이어야 한다.

(i) $n=-27$일 때, $x=\dfrac{27}{-27}=-1$

(ii) $n=-9$일 때, $x=\dfrac{27}{-9}=-3$

(iii) $n=-3$일 때, $x=\dfrac{27}{-3}=-9$

(iv) $n=-1$일 때, $x=\dfrac{27}{-1}=-27$

(v) $n=1$일 때, $x=\dfrac{27}{1}=27$

(vi) $n=3$일 때, $x=\dfrac{27}{3}=9$

(vii) $n=9$일 때, $x=\dfrac{27}{9}=3$

(viii) $n=27$일 때, $x=\dfrac{27}{27}=1$

(i)~(viii)에서

$A=\{-27, -9, -3, -1, 1, 3, 9, 27\}$

$|x|=9$에서 $x=\pm 9$이므로 $B=\{-9, 9\}$

$B \subset X \subset A$, $X \neq A$, $X \neq B$를 만족시키는 집합 X는 -9, 9를 반드시 원소로 갖는 집합 A의 부분집합 중 두 집합 A, B를 제외한 것과 같으므로 집합 X의 개수는

$2^{8-2}-2=2^6-2=62$

269

집합 X의 개수는 집합 $\{a_1, a_2, a_3, \cdots, a_n\}$의 부분집합 중에서 a_1, a_2, a_3을 반드시 원소로 갖는 집합의 개수와 같으므로

$2^{n-3}=16=2^4$

$n-3=4$

$\therefore n=7$

270

$n(A)=k$이므로 집합 A의 부분집합 중에서 1, 4를 반드시 원소로
갖고, 5, 6, 7을 원소로 갖지 않는 부분집합의 개수는

$2^{k-2-3}=64,\ 2^{k-5}=2^6$

$k-5=6$ $\therefore k=11$

271

집합 A의 부분집합의 개수에서 홀수 1, 3, 5를 원소로 갖지 않는
부분집합의 개수를 뺀 것과 같으므로

$2^5-2^{5-3}=2^5-2^2$

$\qquad\qquad\quad =32-4=28$

272

$A=\{1, 2, 3, 4, 6, 12\}$의 부분집합 중에서 2 또는 3을 원소로 갖는
부분집합의 개수는 집합 A의 부분집합의 개수에서 2, 3을 원소로
갖지 않는 부분집합의 개수를 뺀 것과 같으므로

$2^6-2^4=64-16=48$

273

1, 2를 반드시 원소로 갖고 원소의 개수가 4 이하인 집합 A의 부
분집합을 X라 하면

$n(X)=2$ 또는 $n(X)=3$ 또는 $n(X)=4$

(i) $n(X)=2$일 때,

    $1\in X$, $2\in X$이므로 조건을 만족시키는 집합 X의 개수는 1

(ii) $n(X)=3$일 때,

    $1\in X$, $2\in X$이므로 집합 X는 3, 4, 5, …, 10의 8개의 원소 중
    하나를 원소로 갖는다.

    따라서 조건을 만족시키는 집합 X의 개수는

    $_8C_1=8$

(iii) $n(X)=4$일 때,

    $1\in X$, $2\in X$이므로 집합 X는 3, 4, 5, …, 10의 8개의 원소 중
    2개를 원소로 갖는다.

    따라서 조건을 만족시키는 집합 X의 개수는

    $_8C_2=28$

(i), (ii), (iii)에서 구하는 부분집합의 개수는

$1+8+28=37$

내신 적중 서술형   ━━━━━━━━ ● **70쪽**

274 6   **275** 5   **276** 15
277 (1) 1024   (2) 128   (3) 896

274

$x^3=1$에서 $x^3-1=0$

$(x-1)(x^2+x+1)=0$

$\therefore x=1$ 또는 $x=\dfrac{-1\pm\sqrt{3}i}{2}$

$\therefore A=\left\{1,\ \dfrac{-1+\sqrt{3}i}{2},\ \dfrac{-1-\sqrt{3}i}{2}\right\}$ …… ㉮

$x_1\in A$, $x_2\in A$인 x_1, x_2에 대하여 x_1+x_2의 값을 구하면 다음 표
와 같다.

x_1＼x_2	1	$\dfrac{-1+\sqrt{3}i}{2}$	$\dfrac{-1-\sqrt{3}i}{2}$
1	2	$\dfrac{1+\sqrt{3}i}{2}$	$\dfrac{1-\sqrt{3}i}{2}$
$\dfrac{-1+\sqrt{3}i}{2}$	$\dfrac{1+\sqrt{3}i}{2}$	$-1+\sqrt{3}i$	-1
$\dfrac{-1-\sqrt{3}i}{2}$	$\dfrac{1-\sqrt{3}i}{2}$	-1	$-1-\sqrt{3}i$

따라서

$B=\left\{-1, 2, \dfrac{1+\sqrt{3}i}{2}, \dfrac{1-\sqrt{3}i}{2}, -1+\sqrt{3}i, -1-\sqrt{3}i\right\}$ …… ㉯

이므로 $n(B)=6$ …… ㉰

채점 기준	배점 비율
㉮ 집합 A 구하기	30 %
㉯ 집합 B 구하기	50 %
㉰ $n(B)$의 값 구하기	20 %

275

$A=B$에서 $A\subset B$이므로 $10\in B$

즉, $x^2-3x=10$에서

$x^2-3x-10=0$, $(x+2)(x-5)=0$

$\therefore x=-2$ 또는 $x=5$ …… ㉮

$A=B$에서 $B\subset A$이므로 $25\in A$

즉, $x^2=25$에서

$x=-5$ 또는 $x=5$ …… ㉯

따라서 $A=B$가 되도록 하는 실수 x의 값은 5이다.   …… ㉰

채점 기준	배점 비율
㉮ $A\subset B$가 되도록 하는 x의 값 구하기	40 %
㉯ $B\subset A$가 되도록 하는 x의 값 구하기	40 %
㉰ $A=B$가 되도록 하는 x의 값 구하기	20 %

276

A_k는 k의 약수의 집합이므로 $A_{12}\subset A_n$이면 n은 12의 배수이다.

$\therefore n=12, 24, 36, \cdots$ …… ㉮

마찬가지로 $A_n\subset A_{120}$이면 n은 120의 약수이다.

$\therefore n=1, 2, 3, 4, 5, 6, 8, 10, 12, 15, 20, 30, 40, 60, 120$

   …… ㉯

즉, $A_{12}\subset A_n\subset A_{120}$을 만족시키는 n은

$n=12, 24, 60, 120$ …… ㉰

이므로 $B=\{A_{12}, A_{24}, A_{60}, A_{120}\}$

따라서 집합 B의 진부분집합의 개수는

$2^4-1=15$ …… ❷

채점 기준	배점 비율
㉮ $A_{12} \subset A_n$인 n의 조건 구하기	20 %
㉯ $A_n \subset A_{120}$인 n의 조건 구하기	20 %
㉰ $A_{12} \subset A_n \subset A_{120}$인 n의 값 구하기	20 %
❷ 집합 B의 진부분집합의 개수 구하기	40 %

277

(1) $A=\{1, 2, 3, \cdots, 10\}$이므로 집합 A의 부분집합의 개수는

$2^{10}=1024$ …… ㉮

(2) 구하는 부분집합의 개수는 집합 A의 부분집합 중에서 3, 6, 9 를 원소로 갖지 않는 집합의 개수와 같으므로

$2^{10-3}=2^7=128$ …… ㉯

(3) 구하는 부분집합의 개수는 집합 A의 모든 부분집합의 개수에 서 3, 6, 9 중에서 어떤 것도 원소로 갖지 않는 부분집합의 개수 를 뺀 것과 같으므로

$2^{10}-2^7=1024-128=896$ …… ㉰

	채점 기준	배점 비율
(1)	㉮ 집합 A의 부분집합의 개수 구하기	30 %
(2)	㉯ 3, 6, 9 중에서 어떤 것도 원소로 갖지 않는 부분집합 의 개수 구하기	30 %
(3)	㉰ 3, 6, 9 중에서 적어도 하나를 원소로 갖는 부분집합의 개수 구하기	40 %

1등급 실력 완성   ● 71쪽 ~ 72쪽

278 ④   **279** 27   **280** ②   **281** 105   **282** 114
283 ③   **284** 48   **285** ③

278

집합의 뜻과 표현

(전략) 4는 집합 A의 원소이므로 조건 (나)를 만족시키도록 집합 A의 원소를 차 례대로 구해 본다.

(풀이) 조건 (가)에서 $4 \in A$이므로 조건 (나)에 의하여

$4+4 \in A$ $\therefore 8 \in A$

$8+4 \in A$ $\therefore 12 \in A$

$12+4 \in A$ $\therefore 16 \in A$

     ⋮

$44+4 \in A$ $\therefore 48 \in A$

즉, 집합 A는 50 이하의 4의 배수를 원소로 갖는다.

따라서 4의 배수를 모두 원소로 가지면서 원소의 개수가 가장 적 은 집합 A는 50 이하의 4의 배수의 집합이므로

$A=\{4, 8, 12, 16, \cdots, 48\}$

279

집합의 뜻과 표현

(전략) 주어진 조건을 이용하여 집합 A의 홀수인 원소의 개수를 생각한다.

(풀이) 조건 (가)에서 $3 \notin X$, $5 \notin X$이고 조건 (나)에서 $S(X)$의 값이 홀수이므로 집합 X는 집합 A의 홀수인 원소 7, 9 중에서 하나만 을 원소로 가져야 한다.

$S(X)$의 값이 최대가 되려면 집합 X는 집합 A의 원소 중 짝수인 4, 6, 8을 모두 원소로 갖고, 홀수인 9도 원소로 가져야 하므로

$X=\{4, 6, 8, 9\}$

따라서 $S(X)$의 최댓값은

$4+6+8+9=27$

280

부분집합

(전략) 집합 B가 6, 8을 원소로 갖고, 12를 원소로 갖지 않는 집합임을 이용하여 조건 (가)를 만족시키는 경우의 수를 구한다.

(풀이) $A=\{1, 2, 3, 4, 6, 8, 12, 24\}$

조건 (나)에서 집합 B는 집합 A의 부분집합 중에서 6, 8을 원소로 갖고, 12를 원소로 갖지 않는 집합이다.

조건 (가)에서 집합 B의 원소의 개수가 4이므로 집합 B의 나머지 원소는 1, 2, 3, 4, 24 중 2개이다.

따라서 집합 B는

$\{1, 2, 6, 8\}$, $\{1, 3, 6, 8\}$, $\{1, 4, 6, 8\}$, $\{1, 6, 8, 24\}$, $\{2, 3, 6, 8\}$, $\{2, 4, 6, 8\}$, $\{2, 6, 8, 24\}$, $\{3, 4, 6, 8\}$, $\{3, 6, 8, 24\}$, $\{4, 6, 8, 24\}$

의 10개이다.

281

부분집합

(전략) 집합 A의 부분집합 중에서 원소의 개수가 2이면서 1을 원소로 갖는 부분 집합의 개수를 구해 본다.

(풀이) 집합 A의 부분집합 중에서 원소의 개수가 2이면서 1을 원소 로 갖는 부분집합은

$\{1, 2\}$, $\{1, 3\}$, $\{1, 4\}$, $\{1, 5\}$, $\{1, 6\}$

의 5개이다.

즉, P_1, P_2, P_3, $\cdots$, P_{15} 중에서 1을 원소로 갖는 집합은 5개이고, 마찬가지로 2, 3, 4, 5, 6을 원소로 갖는 집합도 각각 5개씩이다.

$\therefore S_1+S_2+S_3+\cdots+S_{15}=5(1+2+3+4+5+6)$

$=5 \times 21=105$

282

부분집합

(전략) 가장 큰 원소에 따라 경우를 나누어 집합 A_i의 개수를 구한다.

(풀이) (i) 가장 큰 원소가 2일 때,

$n(A_i)=2$인 경우의 수는 $_1C_1=1$이므로 집합의 가장 큰 원소 를 모두 더한 값은

$2 \times 1=2$

(ii) 가장 큰 원소가 3일 때,

$n(A_i)=2$인 경우의 수는 $_2C_1=2$,

$n(A_i)=3$인 경우의 수는 $_2C_2=1$

이므로 집합의 가장 큰 원소를 모두 더한 값은

$$3 \times (2+1) = 9$$

(iii) 가장 큰 원소가 4일 때,

$n(A_i) = 2$인 경우의 수는 $_3C_1 = 3$,

$n(A_i) = 3$인 경우의 수는 $_3C_2 = 3$,

$n(A_i) = 4$인 경우의 수는 $_3C_3 = 1$

이므로 집합의 가장 큰 원소를 모두 더한 값은

$$4 \times (3+3+1) = 28$$

(iv) 가장 큰 원소가 5일 때,

$n(A_i) = 2$인 경우의 수는 $_4C_1 = 4$,

$n(A_i) = 3$인 경우의 수는 $_4C_2 = 6$,

$n(A_i) = 4$인 경우의 수는 $_4C_3 = 4$,

$n(A_i) = 5$인 경우의 수는 $_4C_4 = 1$

이므로 집합의 가장 큰 원소를 모두 더한 값은

$$5 \times (4+6+4+1) = 75$$

(i)~(iv)에서 구하는 값은

$$2 + 9 + 28 + 75 = 114$$

다른 풀이 집합 S의 각 부분집합에서 가장 큰 원소의 합은

$$5 \times 2^4 + 4 \times 2^3 + 3 \times 2^2 + 2 \times 2^1 + 1 \times 1 = 129$$

원소의 개수가 1인 부분집합의 가장 큰 원소의 합은

$$1 + 2 + 3 + 4 + 5 = 15$$

따라서 구하는 값은 $129 - 15 = 114$

283

부분집합의 개수

전략 특정한 원소를 반드시 원소로 갖는 부분집합의 개수를 이용하여 $f(n)$을 구한다.

풀이 $f(n)$은 n을 반드시 원소로 갖고 n보다 작은 자연수를 원소로 갖지 않는 집합 X의 부분집합의 개수이므로

$$f(n) = 2^{10-1-(n-1)} = 2^{10-n} \text{ (단, } 1 \le n < 10)$$

ㄱ. $f(8) = 2^{10-8} = 2^2 = 4$ (참)

ㄴ. $a = 7$, $b = 8$일 때, $7 \in X$, $8 \in X$이고 $7 < 8$이지만

$$f(7) = 2^{10-7} = 2^3 = 8, \quad f(8) = 2^{10-8} = 2^2 = 4$$

이므로 $f(7) > f(8)$ (거짓)

ㄷ. $f(1) + f(3) + f(5) + f(7) + f(9)$

$$= 2^{10-1} + 2^{10-3} + 2^{10-5} + 2^{10-7} + 2^{10-9}$$

$$= 2^9 + 2^7 + 2^5 + 2^3 + 2 = 682 \text{ (참)}$$

이상에서 옳은 것은 ㄱ, ㄷ이다.

284

부분집합의 개수

전략 집합 A의 공집합이 아닌 부분집합 중 1, 2, 4, 8을 각각 원소로 갖는 부분집합의 개수를 구하여 $f(A_1) \times f(A_2) \times f(A_3) \times \cdots \times f(A_{15})$의 규칙성을 파악한다.

풀이 집합 $A = \{1, 2, 4, 8\}$의 공집합이 아닌 부분집합 중에서 1을 반드시 원소로 갖는 부분집합의 개수는

$$2^{4-1} = 2^3 = 8$$

2를 반드시 원소로 갖는 부분집합의 개수는

$$2^{4-1} = 2^3 = 8$$

4를 반드시 원소로 갖는 부분집합의 개수는

$$2^{4-1} = 2^3 = 8$$

8을 반드시 원소로 갖는 부분집합의 개수는

$$2^{4-1} = 2^3 = 8$$

따라서 $f(A_1) \times f(A_2) \times f(A_3) \times \cdots \times f(A_{15})$에는 1, 2, 4, 8이 각각 8번씩 곱해져 있으므로

$$f(A_1) \times f(A_2) \times f(A_3) \times \cdots \times f(A_{15})$$

$$= 1^8 \times 2^8 \times 4^8 \times 8^8$$

$$= 2^8 \times 2^{16} \times 2^{24}$$

$$= 2^{48}$$

즉, $2^{48} = 2^k$이므로 $k = 48$

개념 보충

m, n이 자연수일 때,

① $a^m \times a^n = a^{m+n}$ ② $(a^m)^n = a^{mn}$

285

여러 가지 부분집합의 개수

전략 구하는 집합의 원소가 될 수 있는 것과 될 수 없는 것을 나누어 생각해 본다.

풀이 집합 A의 부분집합 중에서 적어도 하나의 3의 배수를 원소로 갖고, 4의 배수는 원소로 갖지 않는 집합은 4, 8을 원소로 갖지 않고 3, 6, 9 중 적어도 하나를 원소로 갖는다.

따라서 구하는 집합의 개수는 집합 $\{2, 3, 5, 6, 7, 9\}$의 부분집합의 개수에서 3, 6, 9를 원소로 갖지 않는 부분집합의 개수를 뺀 것과 같으므로

$$2^6 - 2^{6-3} = 64 - 8 = 56$$

 ━━━━━━━━━━━━ ● 73쪽

286 10   **287** ①

286

부분집합

〔1단계〕 집합 A에 반드시 속해야 하는 원소를 찾는다.

집합 A의 모든 원소의 합이 100이므로 집합 A에 25 이상인 원소가 적어도 2개 포함되어야 한다.

집합 U에서 25 이상인 원소는 25, 26, 28, 29이다.

〔2단계〕 집합 A에 25 이상인 원소가 3개 속하는 경우를 구한다.

(i) 집합 A에 25 이상인 원소가 3개 속할 때,

집합 A에 26, 28, 29가 속하면 $A = \{17, 26, 28, 29\}$

집합 A에 25, 26, 29가 속하면 $A = \{20, 25, 26, 29\}$

집합 A에 25, 28, 29 또는 25, 26, 28이 속하면 모든 원소의 합이 100이 되기 위해서는 나머지 한 원소가 3의 배수가 되어야 하므로 조건을 만족시키지 않는다.

〔3단계〕집합 A에 25 이상인 원소가 2개 속하는 경우를 구한다.
(ii) 집합 A에 25 이상인 원소가 2개 속할 때,
집합 U의 25보다 작은 원소 중 가장 큰 두 원소의 합은
$22+23=45$
즉, 네 원소의 합이 100이 되기 위해서는 25 이상인 두 원소의
합이 55 이상이어야 한다.
집합 A에 28, 29가 속하면 $A=\{20, 23, 28, 29\}$
집합 A에 26, 29가 속하면 $A=\{22, 23, 26, 29\}$
〔4단계〕$x_4-x_3+x_2-x_1$의 최댓값을 구한다.
(i), (ii)에서
$A=\{17, 26, 28, 29\}$ 또는 $A=\{20, 25, 26, 29\}$
또는 $A=\{20, 23, 28, 29\}$ 또는 $A=\{22, 23, 26, 29\}$
따라서 위의 네 집합에 대하여 $x_4-x_3+x_2-x_1$의 값은 각각
10, 8, 4, 4
이고 구하는 최댓값은 10이다.

〔다른 풀이〕 $x_1+x_2+x_3+x_4=100$에서
$x_1+x_3=100-(x_2+x_4)$
$x_4-x_3+x_2-x_1=x_4+x_2-(x_3+x_1)$
$\qquad\qquad\qquad=x_4+x_2-\{100-(x_2+x_4)\}$
$\qquad\qquad\qquad=2(x_2+x_4)-100$
이 값이 최대가 되기 위해서는 x_2+x_4의 값이 최대가 되어야 하므로
$x_4=29$
그런데 $x_4>x_3>x_2$에서 x_2는 28이 될 수 없으므로
$x_3=28$, $x_2=26$
따라서 구하는 최댓값은
$2\times(29+26)-100=10$

287

부분집합

〔1단계〕 $a\in A$이면 $10-a\in A$임을 이용하여 조건 ㈎를 만족시키는 집합 A의 부분집합을 구한다.
조건 ㈎에서 1과 9, 2와 8, 3과 7, 4와 6은 어느 하나가 집합 A의 원소이면 나머지 하나도 반드시 집합 A의 원소이다.
또, $A=\{5\}$이면 조건 ㈎를 만족시킨다.
즉, 집합 A는 집합
$\{1, 9\}$, $\{2, 8\}$, $\{3, 7\}$, $\{4, 6\}$, $\{5\}$
중 일부 또는 전부를 부분집합으로 갖는 집합이다.
〔2단계〕집합 A의 모든 원소의 합과 곱이 홀수임을 이용하여 집합 A를 구한다.
이때 조건 ㈏, ㈐에서 집합 A의 모든 원소는 홀수이고, 원소의 개수도 홀수이어야 하므로
집합 A는 두 집합 $\{1, 9\}$, $\{3, 7\}$중 1개와 집합 $\{5\}$를 부분집합으로 갖는 집합이다.
조건 ㈏에서 집합 A의 모든 원소의 곱이 100보다 작은 홀수이려면 $A=\{1, 5, 9\}$
따라서 집합 A의 모든 원소의 곱은
$1\times5\times9=45$

〔참고〕 조건에서 $n(A)\geq2$이므로 집합 A는 집합 $\{5\}$만을 부분집합으로 가질 수 없다.

288 ①	**289** 4	**290** 15	**291** $\{2, 5, 6, 7\}$
292 ⑤	**293** ③	**294** $\{1, 2, 3, 5\}$	**295** 3
296 ②	**297** ④	**298** ②	**299** ⑤
300 $-6\leq a\leq6$	**301** ⑤	**302** 64	**303** ②
304 4	**305** ③	**306** ④	**307** ⑤	**308** ②
309 6	**310** 32	**311** ⑤	**312** ③	**313** ②
314 ②	**315** 4	**316** 15	**317** $\{2, 3, 7, 8\}$
318 ②	**319** ④	**320** ④	**321** 20	**322** 93
323 ③	**324** 11	**325** ④	**326** 90

288

$A=\{5, 10, 15\}$, $B=\{1, 2, 4, 5, 10, 20\}$, $C=\{4, 5, 6, 7\}$
이므로 → 원소나열법으로 나타낸 후 연산한다.
$A\cup B=\{1, 2, 4, 5, 10, 15, 20\}$
따라서 $(A\cup B)\cap C=\{4, 5\}$이므로 집합 $(A\cup B)\cap C$의 모든 원소의 합은 $4+5=9$

289

$U=\{1, 2, 3, 4, 5, 6\}$이므로 주어진 조건을 벤 다이어그램으로 나타내면 오른쪽 그림과 같다.
$\therefore B=\{3, 4, 6\}$
따라서 $B-A=\{4, 6\}$이므로 집합 $B-A$의 부분집합의 개수는
$2^2=4$

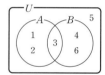

290

집합 $(A-B)\cup(B-A)$를 벤 다이어그램으로 나타내면 오른쪽 그림의 색칠한 부분과 같고
$A=\{1, 2, 3, 7\}$이므로
$A-B=\{1, 2\}$, $B-A=\{5\}$
$\therefore B=\{3, 5, 7\}$
따라서 집합 B의 모든 원소의 합은
$3+5+7=15$

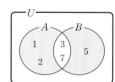

291

$U=\{1, 2, 3, \cdots, 9\}$, $A=\{1, 3, 9\}$, $B=\{4, 8\}$이므로
$A^C=\{2, 4, 5, 6, 7, 8\}$
$\therefore A^C-B=\{2, 5, 6, 7\}$

292

$A=\{a, b, c, d\}$이므로 $B=\{a^2, b^2, c^2, d^2\}$

집합 $A \cap B$의 모든 원소의 합이 21이고
$21 = 1^2 + 2^2 + 4^2$
이므로 $A \cap B = \{1, 4, 16\}$ …… ㉠
㉠에서 $4 \in B$이므로 $2 \in A$
㉠에서 $16 \in A$이므로 $256 \in B$
$\therefore A = \{1, 2, 4, 16\}$, $B = \{1, 4, 16, 256\}$
따라서 집합 B의 원소 중 가장 큰 수와 가장 작은 수의 차는
$256 - 1 = 255$

293

$A - B = \{1, 4\}$이므로 3, 5, $2a - b$는 집합 B의 원소이다.
$a + b = 5$, $2a - b = 7$
두 식을 연립하여 풀면
$a = 4$, $b = 1$
$\therefore a - b = 4 - 1 = 3$

294

$A \cap B = \{3\}$이므로 $3 \in A$
즉, $a^2 - 3a + 5 = 3$이므로 $a^2 - 3a + 2 = 0$
$(a - 1)(a - 2) = 0$
$\therefore a = 1$ 또는 $a = 2$
(i) $a = 1$일 때,
　$A = \{1, 3\}$, $B = \{0, 2, 4\}$
　$\therefore A \cap B = \varnothing$
　따라서 주어진 조건을 만족시키지 않는다.
(ii) $a = 2$일 때,
　$A = \{1, 3\}$, $B = \{2, 3, 5\}$
　$\therefore A \cap B = \{3\}$
(i), (ii)에서 $A = \{1, 3\}$, $B = \{2, 3, 5\}$
$\therefore A \cup B = \{1, 2, 3, 5\}$
[다른 풀이] $A \cap B = \{3\}$이므로 $3 \in B$
즉, $a^2 - 1 = 3$ 또는 $a + 3 = 3$이므로
$a^2 = 4$ 또는 $a = 0$
$\therefore a = -2$ 또는 $a = 2$ 또는 $a = 0$
(i) $a = -2$일 때,
　$A = \{1, 15\}$, $B = \{1, 2, 3\}$
　$\therefore A \cap B = \{1\}$
　따라서 주어진 조건을 만족시키지 않는다.
(ii) $a = 2$일 때,
　$A = \{1, 3\}$, $B = \{2, 3, 5\}$
　$\therefore A \cap B = \{3\}$
(iii) $a = 0$일 때,
　$A = \{1, 5\}$, $B = \{-1, 2, 3\}$
　$\therefore A \cap B = \varnothing$
　따라서 주어진 조건을 만족시키지 않는다.
(i), (ii), (iii)에서 $A = \{1, 3\}$, $B = \{2, 3, 5\}$
$\therefore A \cup B = \{1, 2, 3, 5\}$

295

$x^2 - 8x + 12 < 0$에서 $(x - 2)(x - 6) < 0$
$\therefore 2 < x < 6$
$\therefore A = \{x \mid 2 < x < 6\}$
$x^2 - 2(a + 1)x + 4a < 0$에서 $(x - 2)(x - 2a) < 0$
$\therefore B = \{x \mid (x - 2)(x - 2a) < 0\}$
이때 $A \cap B = A$이므로 $A \subset B$
$A \subset B$가 성립하도록 두 집합 A, B를
수직선 위에 나타내면 오른쪽 그림과
같으므로
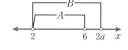
$2a \geq 6$　$\therefore a \geq 3$
따라서 실수 a의 최솟값은 3이다.
[참고] $2a < 2$인 경우는 오른쪽 그림과
같으므로 $A \subset B$일 수 없다.
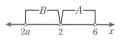

296

$A \cap B = \{2\}$이므로 $2 \in B$
$x = 2$를 $2x^2 - 6x + c = 0$에 대입하면
$8 - 12 + c = 0$　$\therefore c = 4$
$2x^2 - 6x + 4 = 0$에서 $x^2 - 3x + 2 = 0$
$(x - 1)(x - 2) = 0$　$\therefore x = 1$ 또는 $x = 2$
$\therefore B = \{1, 2\}$
$A \cap B = \{2\}$, $A \cup B = \{-3, 1, 2\}$, $B = \{1, 2\}$이므로
$A = \{-3, 2\}$
두 수 -3, 2를 근으로 하고 x^2의 계수가 1인 이차방정식은
$(x + 3)(x - 2) = 0$에서
$x^2 + x - 6 = 0$　$\therefore a = 1$, $b = -6$
$\therefore a + b + c = 1 + (-6) + 4 = -1$

개념 보충

두 수를 근으로 하는 이차방정식

두 수 α, β를 근으로 하고 x^2의 계수가 1인 이차방정식은
　　$x^2 - (\alpha + \beta)x + \alpha\beta = 0$

297

$(A - B) \cup (B - A)$를 벤 다이어그램으로
나타내면 오른쪽 그림의 색칠한 부분과 같고
$A = \{1, 2, 3, 6\}$,
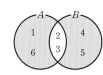
$(A - B) \cup (B - A) = \{1, 4, 5, 6\}$이므로
$B = \{2, 3, 4, 5\}$
$a \in B$에서 a는 자연수이므로 $a < a^2 + 1$
(i) $b = 2$일 때,
　$b + 1 = 3$, $a = 4$, $a^2 + 1 = 17$이므로 주어진 조건을 만족시키지
　않는다.
(ii) $b = 3$일 때,
　$b + 1 = 4$, $a = 2$, $a^2 + 1 = 5$이므로 주어진 조건을 만족시킨다.

(iii) $b=4$일 때,
$b+1=5$, $a=2$, $a^2+1=5$이므로 주어진 조건을 만족시키지 않는다.
(i), (ii), (iii)에서 $a=2$, $b=3$이므로
$a+b=2+3=5$

298
두 집합 A, B가 서로소이므로
$A\cap B=\varnothing$
$\therefore A\cap(A-B)=A\cap A=A$

참고 $A\cap B=\varnothing$이면 $A-B=A$, $B-A=B$

299
A와 B가 서로소이므로 $A\cap B=\varnothing$
집합 B는 p의 약수의 집합이므로 p는 2, 3, 5를 약수로 갖지 않는 20 이하의 자연수이다.
즉, 가능한 p의 값은
1, 7, 11, 13, 17, 19
따라서 p의 최댓값은 19, 최솟값은 1이므로 구하는 합은
$19+1=20$

300
$A\cap B=\varnothing$이므로 집합 A는 집합 B의 원소를 원소로 갖지 않아야 한다.
즉, 모든 실수 x에 대하여 $x^2-ax+9\geq0$이 성립해야 한다.
이차방정식 $x^2-ax+9=0$의 판별식을 D라 하면
$D=(-a)^2-4\times1\times9\leq0$
$a^2-36\leq0$, $(a+6)(a-6)\leq0$
$\therefore -6\leq a\leq6$

개념 보충

이차부등식이 항상 성립할 조건
이차방정식 $ax^2+bx+c=0$의 판별식을 D라 할 때, 모든 실수 x에 대하여
① 이차부등식 $ax^2+bx+c>0$이 성립하려면
  ⇨ $a>0$, $D<0$
② 이차부등식 $ax^2+bx+c\geq0$이 성립하려면
  ⇨ $a>0$, $D\leq0$
③ 이차부등식 $ax^2+bx+c<0$이 성립하려면
  ⇨ $a<0$, $D<0$
④ 이차부등식 $ax^2+bx+c\leq0$이 성립하려면
  ⇨ $a<0$, $D\leq0$

301
$\{b\}\cap X\neq\varnothing$이려면 $b\in X$이어야 한다.
따라서 집합 X는 집합 A의 부분집합 중 b를 원소로 갖는 집합이므로 집합 X의 개수는
$2^{5-1}=2^4=16$

302
$A=\{5, 7, 9, 11\}$일 때, $A\cap B=\varnothing$이려면
$5\notin B$, $7\notin B$, $9\notin B$, $11\notin B$이어야 한다.
따라서 집합 B는 전체집합 U의 부분집합 중 5, 7, 9, 11을 원소로 갖지 않는 집합이므로 집합 B의 개수는
$2^{10-4}=2^6=64$

303
$A\cup X=A$에서 $X\subset A$이고 $B\cap X=\varnothing$이므로 집합 X는 집합 $A-B$의 부분집합이다.
집합 $A-B$는 50 이하의 6의 배수 중 4의 배수가 아닌 수의 집합이므로
$A-B=\{6, 18, 30, 42\}$
따라서 집합 X의 개수는 집합 $A-B$의 부분집합의 개수인
$2^4=16$

304
$A\cap X=X$이므로 $X\subset A$ ...... ㉠
$(A-B)\cup X=X$이므로 $(A-B)\subset X$ ...... ㉡
㉠, ㉡에 의하여
$(A-B)\subset X\subset A$
$A-B=\{-1, 0, 1\}$이므로
$\{-1, 0, 1\}\subset X\subset\{-2, -1, 0, 1, 2\}$
즉, 집합 X는 집합 $\{-2, -1, 0, 1, 2\}$의 부분집합 중 -1, 0, 1을 원소로 갖는 집합이다.
따라서 집합 X의 개수는
$2^{5-3}=2^2=4$

참고 $A\subset B$이면 $A\cup B=B$, $A\cap B=A$

305
$A\cap X=X$이므로 $X\subset A$ ...... ㉠
$|x-1|<8$에서 $-8<x-1<8$
$\therefore -7<x<9$
집합 A는 자연수 전체의 집합의 부분집합이므로
$A=\{1, 2, 3, \cdots, 8\}$
$f(x)=x^2-10x+a$라 하면 $f(x)=(x-5)^2+a-25$이므로 함수 $y=f(x)$의 그래프는 직선 $x=5$에 대하여 대칭이다.
따라서 ㉠을 만족시키는 집합 X는
$\varnothing$, $\{5\}$, $\{4, 5, 6\}$, $\{3, 4, 5, 6, 7\}$, $\{2, 3, 4, 5, 6, 7, 8\}$
의 5개이다.

306
$A\cup C=B\cup C$이려면 오른쪽 벤 다이어그램에서 색칠한 부분에 속하는 원소가 없어야 한다.
$\therefore (A-B)\subset C$, $(B-A)\subset C$
집합 C는 전체집합 U의 부분집합이므로

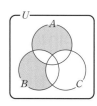

$\{(A-B)\cup(B-A)\}\subset C\subset U$

이때 $A-B=\{2, 4, 8\}$, $B-A=\{3, 9\}$이므로

$\{2, 3, 4, 8, 9\}\subset C\subset\{1, 2, 3, \cdots, 10\}$

따라서 집합 C는 집합 $\{1, 2, 3, \cdots, 10\}$의 부분집합 중 2, 3, 4, 8, 9

를 원소로 갖는 집합이므로 집합 C의 개수는

$2^{10-5}=2^5=32$

다른 풀이 $A\cup C=B\cup C$에서

$\{2, 4, 6, 8\}\cup C=\{3, 6, 9\}\cup C$

이를 만족시키려면 $2\in C$, $3\in C$, $4\in C$, $8\in C$, $9\in C$이어야 한다.

따라서 집합 C는 전체집합 U의 부분집합 중 2, 3, 4, 8, 9를 원소

로 갖는 집합이므로 집합 C의 개수는

$2^{10-5}=2^5=32$

307

$$\begin{aligned} A-(B-C) &= A\cap(B\cap C^C)^C \\ &= A\cap(B^C\cup C) \\ &= (A\cap B^C)\cup(A\cap C) \\ &= (A-B)\cup(A\cap C) \end{aligned}$$

308

각 집합을 벤 다이어그램으로 나타내면 다음 그림과 같다.

① 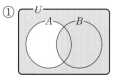 ②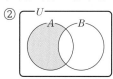

③ 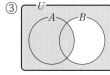 ④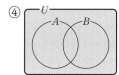

⑤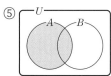

따라서 주어진 벤 다이어그램의 색칠한 부분을 나타내는 것은 ②

이다.

309

$$\begin{aligned} A-(B\cup C)^C &= A\cap(B\cup C) \\ &= (A\cap B)\cup(A\cap C) \end{aligned}$$

이때 $A\cap B=\{2, 3\}$, $A\cap C=\{1, 3\}$이므로

$(A\cap B)\cup(A\cap C)=\{1, 2, 3\}$

따라서 집합 $A-(B\cup C)^C$의 모든 원소의 합은

$1+2+3=6$

310

$U=\{2, 3, 5, 7, 11, 13, 17, 19, 23, 29\}$,

$A^C\cap B^C=(A\cup B)^C=\{3, 11, 23\}$

이므로 주어진 조건을 벤 다이어그램

으로 나타내면 오른쪽 그림과 같다.

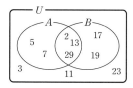

$\therefore A=\{2, 5, 7, 13, 29\}$

따라서 집합 A의 모든 부분집합의

개수는 $2^5=32$

311

조건 (나)에서 $A^C\cup B=\{1, 2, 8, 16\}$이고 드모르간의 법칙에 의하

여 $(A^C\cup B)^C=A\cap B^C$이므로

$A\cap B^C=(A^C\cup B)^C=\{4, 32\}$

$A=(A\cap B)\cup(A\cap B^C)=\{2, 8\}\cup\{4, 32\}$

$\quad=\{2, 4, 8, 32\}$

따라서 집합 A의 모든 원소의 합은

$2+4+8+32=46$

312

$$\begin{aligned} (A^C\cup B^C)\cap(B-A)^C &= (A^C\cup B^C)\cap(B\cap A^C)^C \\ &= (A^C\cup B^C)\cap(B^C\cup A) \\ &= B^C\cup(A^C\cap A) \\ &= B^C\cup\varnothing=B^C \end{aligned}$$

이때 $B=\{3, 5, 7\}$이므로

$B^C=\{1, 2, 4, 6, 8\}$

따라서 집합 $(A^C\cup B^C)\cap(B-A)^C$의 원소가 아닌 것은 ③이다.

313

$A_5=\{1, 5\}$, $A_6=\{1, 2, 3, 6\}$이므로

$A_5\cup A_6=\{1, 2, 3, 5, 6\}$

$(A_5\cup A_6)\subset A_k$에서

$\{1, 2, 3, 5, 6\}\subset A_k$

이를 만족시키는 k는 30의 배수이므로 자연수 k의 최솟값은 30이다.

314

$A_2=\{x\,|\,x\text{는 2의 배수}\}=\{2, 4, 6, 8, \cdots, 20\}$

$A_3=\{x\,|\,x\text{는 3의 배수}\}=\{3, 6, 9, 12, 15, 18\}$

$A_4=\{x\,|\,x\text{는 4의 배수}\}=\{4, 8, 12, 16, 20\}$

$A_4\subset A_2$이므로 $A_2\cup A_4=A_2$

$\therefore A_3\cap(A_2\cup A_4)=A_3\cap A_2$

$\qquad\qquad\qquad\quad=A_6$ → 3과 2의 최소공배수

$\qquad\qquad\qquad\quad=\{6, 12, 18\}$

따라서 집합 $A_3\cap(A_2\cup A_4)$의 모든 원소의 합은

$6+12+18=36$

1등급 비법

자연수 k의 배수의 집합을 A_k라 할 때, 자연수 m, n에 대하여

① m과 n의 최소공배수가 l이면 $A_m\cap A_n=A_l$

② m이 n의 배수이면 $A_m\subset A_n$이므로 $A_m\cap A_n=A_m$, $A_m\cup A_n=A_n$

315

집합 $P_{72} \cap P_{60}$은 72와 60의 공약수의 집합이므로

$P_{72} \cap P_{60} = P_{12}$

$\therefore (P_{72} \cap P_{60}) \cap P_{63} = P_{12} \cap P_{63}$
$\qquad\qquad\qquad\qquad = P_3$
$\qquad\qquad\qquad\qquad = \{1, 3\}$

따라서 구하는 모든 원소의 합은

$1 + 3 = 4$

316

집합 $A_6 \cap A_9$는 6과 9의 공배수의 집합, 즉 18의 배수의 집합이므로

$A_6 \cap A_9 = A_{18}$

따라서 $A_m \subset A_{18}$을 만족시키는 m은 18의 배수이므로 자연수 m의 최솟값은 18이다.

$\therefore \alpha = 18$

또, $(A_6 \cup A_9) \subset A_n$에서 $A_6 \subset A_n$, $A_9 \subset A_n$이므로 n은 6과 9의 공약수이다. 즉, 자연수 n의 최댓값은 6과 9의 최대공약수인 3이다.

$\therefore \beta = 3$

$\therefore \alpha - \beta = 18 - 3 = 15$

317

$A * B = (A \cup B) \cap (A^C \cup B^C)$
$\qquad\quad = (A \cup B) \cap (A \cap B)^C$
$\qquad\quad = (A \cup B) - (A \cap B)$

이때 $(A \cup B) - (A \cap B) = \{3, 4, 6, 7\}$이고 $4 \in A$, $6 \in A$이므로 집합 $(A \cup B) - (A \cap B)$를 벤 다이어그램으로 나타내면 오른쪽 그림과 같다.

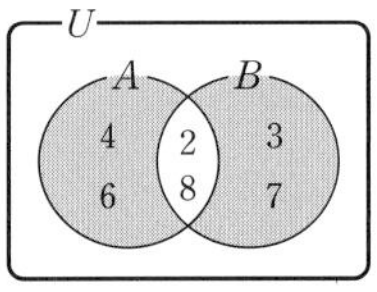

$3 \in B$, $7 \in B$, $2 \in (A \cap B)$, $8 \in (A \cap B)$

$\therefore B = \{2, 3, 7, 8\}$

318

ㄱ. $A \triangle B = (A \cup B)^C$

$A^C \triangle B^C = (A^C \cup B^C)^C = A \cap B$

$\therefore A \triangle B \neq A^C \triangle B^C$ (거짓)

ㄴ. $A \triangle U = (A \cup U)^C = U^C = \varnothing$

$A \triangle A^C = (A \cup A^C)^C = U^C = \varnothing$

$\therefore A \triangle U = A \triangle A^C$ (참)

ㄷ. $A \triangle (A \triangle B) = A \triangle (A \cup B)^C$
$\qquad\qquad\qquad\quad = \{A \cup (A \cup B)^C\}^C$
$\qquad\qquad\qquad\quad = A^C \cap (A \cup B)$
$\qquad\qquad\qquad\quad = (A^C \cap A) \cup (A^C \cap B)$
$\qquad\qquad\qquad\quad = \varnothing \cup (A^C \cap B)$
$\qquad\qquad\qquad\quad = A^C \cap B$

$\therefore A \triangle (A \triangle B) \neq B$ (거짓)

이상에서 옳은 것은 ㄴ뿐이다.

319

$n(A) = n(U) - n(A^C) = 45 - 25 = 20$

$n(A \cap B) = n(A) - n(A - B) = 20 - 15 = 5$

$\therefore n(A^C \cup B^C) = n((A \cap B)^C)$
$\qquad\qquad\qquad\quad = n(U) - n(A \cap B)$
$\qquad\qquad\qquad\quad = 45 - 5 = 40$

320

드모르간의 법칙에 의하여

$A^C \cup B = (A \cap B^C)^C = (A - B)^C$

이때 $A = \{1, 2, 3, 5, 6, 10, 15, 30\}$이고 집합 $A \cap B$는 30의 약수 중 3의 배수를 원소로 갖는 집합이므로

$A \cap B = \{3, 6, 15, 30\}$

$\therefore n(A^C \cup B) = n\{(A - B)^C\}$
$\qquad\qquad\qquad = n(U) - n(A - B)$
$\qquad\qquad\qquad = n(U) - \{n(A) - n(A \cap B)\}$
$\qquad\qquad\qquad = 50 - (8 - 4) = 46$

321

$n(A \cap B) = n(A) + n(B) - n(A \cup B)$
$\qquad\qquad\quad = 25 + 15 - n(A \cup B)$
$\qquad\qquad\quad = 40 - n(A \cup B)$

$A \subset (A \cup B)$이므로 $n(A) \leq n(A \cup B)$ $\qquad$ …… ㉠

$(A \cup B) \subset U$이므로 $n(A \cup B) \leq n(U)$ $\qquad$ …… ㉡

㉠, ㉡에서 $n(A) \leq n(A \cup B) \leq n(U)$이므로

$25 \leq n(A \cup B) \leq 35$

$-35 \leq -n(A \cup B) \leq -25$

$40 - 35 \leq 40 - n(A \cup B) \leq 40 - 25$

$\therefore 5 \leq n(A \cap B) \leq 15$

따라서 $n(A \cap B)$의 최댓값은 15, 최솟값은 5이므로 그 합은

$15 + 5 = 20$

참고 $X \subset Y$, 즉 집합 X가 집합 Y의 부분집합이면 그 원소의 개수는 $n(X) \leq n(Y)$

1등급 비법

전체집합 U의 두 부분집합 A, B에 대하여 $n(A)$, $n(B)$가 주어졌을 때,

$n(A \cap B) = n(A) + n(B) - n(A \cup B)$이므로

① $n(A \cap B)$가 최대인 경우 ⇨ $n(A \cup B)$가 최소일 때
$\qquad\qquad\qquad\qquad$ ⇨ $B \subset A$일 때 (단, $n(B) < n(A)$)

② $n(A \cap B)$가 최소인 경우 ⇨ $n(A \cup B)$가 최대일 때
$\qquad\qquad\qquad\qquad$ ⇨ $A \cup B = U$일 때

322

학생 전체의 집합을 U, 태블릿을 갖고 있는 학생의 집합을 A, 노트북을 갖고 있는 학생의 집합을 B라 하면

$n(U) = 300$, $n(A) = 222$, $n(B) = 156$, $n((A \cup B)^C) = 15$

$n((A \cup B)^C) = n(U) - n(A \cup B)$이므로

$15 = 300 - n(A \cup B)$

$\therefore n(A \cup B) = 285$

$n(A \cup B) = n(A) + n(B) - n(A \cap B)$이므로

$285 = 222 + 156 - n(A \cap B)$

$\therefore n(A \cap B) = 93$

따라서 태블릿과 노트북을 모두 갖고 있는 학생은 93명이다.

323

관광지 A를 방문한 주민의 집합을 A, 관광지 B를 방문한 주민의 집합을 B, 관광지 C를 방문한 주민의 집합을 C라 하면

$n(A) = 700$, $n(B) = 600$, $n(A \cap B) = 250$이므로

$n(A \cup B \cup C) = 1650$

$\therefore n(A \cup B) = n(A) + n(B) - n(A \cap B)$
$\qquad\qquad\quad = 700 + 600 - 250 = 1050$

따라서 관광지 C만 방문한 주민 수는

$n(A \cup B \cup C) - n(A \cup B) = 1650 - 1050 = 600$

324

조사한 학생 전체의 집합을 U, A 소설을 읽은 학생의 집합을 A, B 소설을 읽은 학생의 집합을 B라 하면

$n(U) = 32$, $n(A) = 16$, $n(B) = 21$

B 소설만 읽은 학생의 집합은 $B - A$이므로

$n(B - A) = n(A \cup B) - n(A)$
$\qquad\qquad = n(A \cup B) - 16$ ...... ㉠

이때 $n(A \cup B)$는 $A \subset B$일 때 최소, $U = A \cup B$일 때 최대이므로

$n(B) \le n(A \cup B) \le n(U)$

$\therefore 21 \le n(A \cup B) \le 32$ ...... ㉡

㉠, ㉡에서 $n(B - A)$의 범위는

$21 - 16 \le n(B - A) \le 32 - 16$

$\therefore 5 \le n(B - A) \le 16$

따라서 $M = 16$, $m = 5$이므로

$M - m = 16 - 5 = 11$

325

조사한 학생 전체의 집합을 U, 책 A를 읽은 학생의 집합을 A, 책 B를 읽은 학생의 집합을 B, 책 C를 읽은 학생의 집합을 C라 하면

$n(U) = 35$, $n(A) = 14$, $n(B) = 16$, $n(C) = 15$,

$n(A \cap B \cap C) = 0$, $n((A \cup B \cup C)^C) = 3$

$\therefore n(A \cup B \cup C) = n(U) - n((A \cup B \cup C)^C)$
$\qquad\qquad\qquad\qquad = 35 - 3 = 32$

A, B, C 중 두 종류의 책만 읽은 학생 수를 각각 a, b, c라 하면

$n(A \cup B \cup C)$
$= n(A) + n(B) + n(C) - n(A \cap B) - n(B \cap C)$
$\qquad\qquad\qquad\qquad - n(C \cap A) + n(A \cap B \cap C)$

에서 $32 = 14 + 16 + 15 - a - b - c + 0$

$32 = 45 - (a + b + c)$

$\therefore a + b + c = 13$

따라서 A, B, C 중 두 종류의 책 읽은 학생은 13명이다.

326

학생 전체의 집합을 U, 방과 후 수업으로 수학을 신청한 학생의 집합을 A, 영어를 신청한 학생의 집합을 B라 하면

$n(U) = 220$ ...... ㉠

$n(A) = n(B) + 30$ ...... ㉡

$n((A \cup B)^C) = n(A \cup B) - 80$ ...... ㉢

$n((A \cup B)^C) = n(U) - n(A \cup B)$이므로 ㉢에서

$n(U) - n(A \cup B) = n(A \cup B) - 80$

$2 \times n(A \cup B) = n(U) + 80 = 300$ $(\because$ ㉠$)$

$\therefore n(A \cup B) = 150$

이때 $n(A \cup B) = n(A) + n(B) - n(A \cap B)$에서

$150 = n(A) + n(B) - n(A \cap B)$, 즉

$n(B) = 150 + n(A \cap B) - n(A)$이므로 ㉡에 대입하면

$n(A) = 150 + n(A \cap B) - n(A) + 30$

$2 \times n(A) = 180 + n(A \cap B)$

$\therefore n(A) = \frac{1}{2}\{180 + n(A \cap B)\}$ ...... ㉣

방과 후 수업 중 수학만 신청한 학생의 집합은 $A - B$이고

$n(A - B) = n(A) - n(A \cap B)$이므로

$n(A \cap B) = 0$일 때 $n(A - B)$가 최대가 된다.

즉, $n(A - B)$의 최댓값은 $n(A)$이므로 ㉣에서

$\frac{1}{2} \times 180 = 90$

따라서 방과 후 수업으로 수학만 신청한 학생 수의 최댓값은 90이다.

내신 적중 서술형 ────────── ◉82쪽

327 -3 **328** (1) 3 (2) 9 **329** 4
330 최댓값: 24, 최솟값: 15

327

$A \cup B = B$이므로 $A \subset B$

$(1, 2) \in B$이므로

$1^2 + 2^2 - 2 \times 1 + b = 0$ $\therefore b = -3$ ...... ㉮

$(3, a) \in B$이므로

$3^2 + a^2 - 2 \times 3 - 3 = 0$, $a^2 = 0$ $\therefore a = 0$ ...... ㉯

$\therefore a + b = 0 + (-3) = -3$ ...... ㉰

채점 기준	배점 비율
㉮ 상수 b의 값 구하기	40 %
㉯ 상수 a의 값 구하기	40 %
㉰ $a + b$의 값 구하기	20 %

328

(1) $A \cap B = \{3\}$이므로 $3 \in B$

  즉, $a^2 - 2a = 3$이므로 $a^2 - 2a - 3 = 0$

$$(a+1)(a-3)=0 \qquad \therefore a=-1 \text{ 또는 } a=3 \qquad \cdots\cdots ㉮$$
(i) $a=-1$일 때,
$$A=\{-3, 3, 5\}, B=\{2, 3\} \qquad \therefore A\cap B=\{3\}$$
(ii) $a=3$일 때,
$$A=\{1, 3, 5\}, B=\{2, 3\} \qquad \therefore A\cap B=\{3\}$$
그런데 두 집합 A, B는 자연수 전체의 집합의 부분집합이므로
(i), (ii)에서 $a=3$ $\qquad\cdots\cdots ㉯$
$$(2)\ (A\cap B^C)\cup(A^C\cup B^C)^C=(A\cap B^C)\cup(A\cap B)$$
$$=A\cap(B^C\cup B)=A\cap U$$
$$=A \qquad\cdots\cdots ㉰$$
(1)에서 $A=\{1, 3, 5\}$, $B=\{2, 3\}$이므로
집합 $(A\cap B^C)\cup(A^C\cup B^C)^C$의 모든 원소의 합은
$$1+3+5=9 \qquad\cdots\cdots ㉱$$

	채점 기준	배점 비율
(1)	㉮ $3\in B$를 만족시키는 a의 값 구하기	20 %
	㉯ 조건을 만족시키는 a의 값 구하기	30 %
(2)	㉰ 집합 $(A\cap B^C)\cup(A^C\cap B^C)^C$ 구하기	30 %
	㉱ 집합 $(A\cap B^C)\cup(A^C\cup B^C)^C$의 모든 원소의 합 구하기	20 %

329
$A=\{-3, -1, 1\}$, $B=\{1, 2, 4\}$이므로
$$A\oplus B=\{-2, -1, 0, 1, 2, 3, 5\} \qquad\cdots\cdots ㉮$$
또, $C=\{0, 1\}$이므로
$$(A\oplus B)\oplus C=\{-2, -1, 0, 1, 2, 3, 4, 5, 6\} \qquad\cdots\cdots ㉯$$
따라서 $(A\oplus B)\oplus C$의 원소의 최댓값은 6, 최솟값은 -2이므로
그 합은
$$6+(-2)=4 \qquad\cdots\cdots ㉰$$

채점 기준	배점 비율
㉮ 집합 $A\oplus B$ 구하기	40 %
㉯ 집합 $(A\oplus B)\oplus C$ 구하기	40 %
㉰ 집합 $(A\oplus B)\oplus C$의 원소의 최댓값과 최솟값의 합 구하기	20 %

330
영화 A를 관람한 학생의 집합을 A, 영화 B를 관람한 학생의 집합을 B라 하면
$$n(A)=12, n(B)=15, n(A\cap B)\geq 3$$
$(A\cap B)\subset A$, $(A\cap B)\subset B$이므로
$$3\leq n(A\cap B)\leq 12 \qquad\cdots\cdots ㉠ \qquad\cdots\cdots ㉮$$
두 영화 A, B 중 적어도 하나를 관람한 학생의 집합은 $A\cup B$이므로 $n(A\cup B)=n(A)+n(B)-n(A\cap B)$에서
$$n(A\cup B)=12+15-n(A\cap B)$$
$$\therefore n(A\cup B)=27-n(A\cap B)$$
㉠에서 $-12\leq -n(A\cap B)\leq -3$이므로
$$15\leq 27-n(A\cap B)\leq 24$$
$$\therefore 15\leq n(A\cup B)\leq 24$$

따라서 $n(A\cup B)$의 최댓값은 24, $n(A\cup B)$의 최솟값은 15이다.
$$\cdots\cdots ㉯$$

채점 기준	배점 비율
㉮ $n(A\cap B)$의 값의 범위 구하기	60 %
㉯ $n(A\cup B)$의 최댓값과 최솟값 구하기	40 %

1등급 실력 완성 ———— ● 83쪽 ~ 84쪽

331 ⑤	**332** 3	**333** ④	**334** ②	**335** 22
336 ②	**337** ⑤	**338** 8		

331
집합의 연산

전략 주어진 조건을 벤 다이어그램으로 나타내고 세 집합 A, B, C 사이의 포함 관계를 파악한다.

풀이 ㄱ. $A\subset B$, $A\subset C$이므로
$$A\subset(B\cap C) \text{ (참)}$$

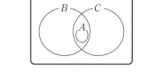

ㄴ. $A\subset B$, $A\subset C$에서
$$B^C\subset A^C, C^C\subset A^C \text{이므로}$$
$$(B^C\cap C^C)\subset A^C \text{ (참)}$$
ㄷ. $X-B=X\cap B^C$이고 $(X\cap B^C)\subset B^C$
이때 $B^C\subset A^C$이므로
$$(X\cap B^C)\subset B^C\subset A^C \qquad \therefore (X-B)\subset A^C \text{ (참)}$$
이상에서 ㄱ, ㄴ, ㄷ 모두 옳다.

332
집합의 연산을 이용하여 미지수 구하기

전략 집합 A의 조건인 이차부등식을 풀고 주어진 조건이 성립하도록 두 집합 A, B를 수직선 위에 나타낸다.

풀이 $x^2-7x+6\leq 0$에서 $(x-1)(x-6)\leq 0$
$$\therefore 1\leq x\leq 6$$
$$\therefore A=\{x\,|\,1\leq x\leq 6\}$$
이때 $A\cap B=\varnothing$, $A\cup B=\{x\,|\,-2<x\leq 6\}$이 성립하도록 두 집합 A, B를 수직선 위에 나타내면 오른쪽 그림과 같으므로

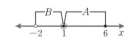

$$B=\{x\,|\,-2<x<1\}$$
해가 $-2<x<1$이고 x^2의 계수가 1인 이차부등식은
$(x+2)(x-1)<0$에서 $x^2+x-2<0$
$$\therefore a=1, b=-2$$
$$\therefore a-b=1-(-2)=3$$

333
집합의 연산과 부분집합의 개수

전략 $A\cap B=A$이면 $A\subset B$, $A\cup B=A$이면 $B\subset A$임을 이용한다.

풀이 $(A\cup B)\cap X=X$, $(A-B)\cup X=X$에서
$$X\subset(A\cup B), (A-B)\subset X$$
$$\therefore (A-B)\subset X\subset(A\cup B)$$

이때 $A=\{1, 3, 5, 7\}$, $B=\{1, 2, 3, 6\}$이므로

$A-B=\{5, 7\}$

$A\cup B=\{1, 2, 3, 5, 6, 7\}$

$\therefore \{5, 7\}\subset X\subset\{1, 2, 3, 5, 6, 7\}$

즉, 집합 X는 집합 $\{1, 2, 3, 5, 6, 7\}$의 부분집합 중 5, 7을 원소로 갖는 집합이므로 모든 원소의 합이 짝수인 집합 X는

$\{5, 7\}$, $\{2, 5, 7\}$, $\{5, 6, 7\}$, $\{1, 3, 5, 7\}$, $\{2, 5, 6, 7\}$,

$\{1, 2, 3, 5, 7\}$, $\{1, 3, 5, 6, 7\}$, $\{1, 2, 3, 5, 6, 7\}$

의 8개이다.

1등급 비법

원소의 합이 짝수인 경우의 집합의 개수를 셀 때는 원소의 개수가 $2, 3, 4, \cdots$ 일 때와 같이 구분하여 세면 편리하다.

(참고) 홀수 2개를 포함한 수의 합이 짝수가 되는 경우는 수의 개수에 따라 다음과 같다.

(i) (홀수)+(홀수)=(짝수)

(ii) (홀수)+(홀수)+(짝수)=(짝수)

(iii) (홀수)+(홀수)+(홀수)+(홀수)=(짝수)

　　(홀수)+(홀수)+(짝수)+(짝수)=(짝수)

(iv) (홀수)+(홀수)+(홀수)+(홀수)+(짝수)=(짝수)

　　(홀수)+(홀수)+(짝수)+(짝수)+(짝수)=(짝수)

(v) (홀수)+(홀수)+(홀수)+(홀수)+(홀수)+(홀수)=(짝수)

　　(홀수)+(홀수)+(홀수)+(홀수)+(짝수)+(짝수)=(짝수)

　　(홀수)+(홀수)+(짝수)+(짝수)+(짝수)+(짝수)=(짝수)

334

집합의 연산 법칙

(전략) 분배법칙을 이용하여 주어진 조건을 간단히 한다.

(풀이) $(A\cup C)\cap(B\cup C)=(C\cap A)\cup(C\cap A^C)$에서 분배법칙을 이용하면

$(A\cap B)\cup C=C\cap(A\cup A^C)=C\cap U=C$

$\therefore (A\cap B)\subset C$　　　　…… ㉠

집합 $A\cap B$의 원소는 두 원 $x^2+y^2=4$, $(x-1)^2+(y-2)^2=6$의 교점의 좌표이다.

㉠에서 직선 $ax+by-3=0$은 두 원 $x^2+y^2=4$, $(x-1)^2+(y-2)^2=6$의 교점을 지나므로 두 원의 교점을 지나는 직선의 방정식은

$(x^2+y^2-4)-\{(x-1)^2+(y-2)^2-6\}=0$

$\therefore 2x+4y-3=0$

따라서 직선 $2x+4y-3=0$이 점 $(2, k)$를 지나므로

$2\times2+4k-3=0$

$\therefore k=-\dfrac{1}{4}$

개념 보충

두 원의 교점을 지나는 직선의 방정식

두 점에서 만나는 두 원 $x^2+y^2+ax+by+c=0$,

$x^2+y^2+a'x+b'y+c'=0$의 교점을 지나는 직선의 방정식은

　　$x^2+y^2+ax+by+c-(x^2+y^2+a'x+b'y+c')=0$

335

집합의 연산 법칙

(전략) 드모르간의 법칙을 이용하여 주어진 집합 사이의 관계를 추론한다.

(풀이) 집합 $B-A$의 모든 원소의 합을 k라 하자.

$A\cup B^C=(A^C\cap B)^C=(B-A)^C$이고

조건 (가)에서 집합 $A\cup B^C$의 모든 원소의 합은 $6k$이므로 전체집합 U의 모든 원소의 합은

$6k+k=7k$

$U=\{1, 2, 4, 8, 16, 32\}$이므로

$7k=1+2+4+8+16+32$

$7k=63$

$\therefore k=9$

집합 $B-A$의 모든 원소의 합이 9이므로

$B-A=\{1, 8\}$

즉, $n(B-A)=2$이고 $(B-A)^C=\{2, 4, 16, 32\}$

조건 (나)에서 $n(A\cup B)=5$이므로

$5=n(A)+2$

$\therefore n(A)=3$

따라서 집합 A의 모든 원소의 합이 최소가 되는 경우는

$A=\{2, 4, 16\}$일 때이고, 구하는 최솟값은

$2+4+16=22$

336

여러 가지 집합의 연산

(전략) 집합 A_1, A_2, A_3, $\cdots$을 차례로 구한 후, 교집합을 구한다.

(풀이) $A_1=\{x\,|\,2\leq x\leq14\}$

$A_2=\{x\,|\,5\leq x\leq25\}$

$A_3=\{x\,|\,8\leq x\leq36\}$

$A_4=\{x\,|\,11\leq x\leq47\}$

$A_5=\{x\,|\,14\leq x\leq58\}$

$A_6=\{x\,|\,17\leq x\leq69\}$

$\vdots$

이므로

$A_1\cap A_2=\{x\,|\,5\leq x\leq14\}$

$A_1\cap A_2\cap A_3=\{x\,|\,8\leq x\leq14\}$

$A_1\cap A_2\cap A_3\cap A_4=\{x\,|\,11\leq x\leq14\}$

$A_1\cap A_2\cap A_3\cap A_4\cap A_5=\{14\}$

$A_1\cap A_2\cap A_3\cap A_4\cap A_5\cap A_6=\varnothing$

따라서 k의 최댓값은 5이다.

(참고) 집합 A_k (k는 자연수)를 수직선 위에 나타내면 다음 그림과 같다.

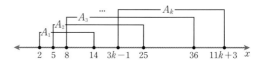

이때 집합 A_k의 원소의 최솟값 $3k-1$이 14보다 크면

$A_1\cap A_2\cap A_3\cap \cdots \cap A_k=\varnothing$

337

여러 가지 집합의 연산

전략 연산 $\diamond$의 정의에 따라 나타낸 후, 집합의 연산 법칙을 이용한다.

풀이 ㄱ. $A \diamond B = (A \cap B) \cup (A \cup B)^C$
$= (B \cap A) \cup (B \cup A)^C$ ← 교환법칙
$= B \diamond A$ (참)

ㄴ. $A \diamond \varnothing = (A \cap \varnothing) \cup (A \cup \varnothing)^C$
$= \varnothing \cup A^C = A^C$ (참)

ㄷ. $A^C \diamond B^C = (A^C \cap B^C) \cup (A^C \cup B^C)^C$
$= (A \cup B)^C \cup (A \cap B)$
$= (A \cap B) \cup (A \cup B)^C$ ← 교환법칙
$= A \diamond B$ (참)

이상에서 ㄱ, ㄴ, ㄷ 모두 옳다.

338

집합의 연산 ⊕ 여러 가지 집합의 연산

전략 $n(B_k)$가 4의 약수임을 이용하여 $n(B_k)$의 값에 따라 경우를 나누어 생각한다.

풀이 (i) $n(B_k) = 1$인 경우
$k = 1$이므로 주어진 조건을 만족시키지 않는다.

(ii) $n(B_k) = 2$인 경우
k는 소수이므로 $n(C_k) = 1$이고
$n(B_k) \times n(A_k \cap C_k) \neq 4$이므로 주어진 조건을 만족시키지 않는다.

(iii) $n(B_k) = 4$인 경우
k의 약수의 개수가 4이므로
$k = pq$ 또는 $k = p^3$ (단, p, q는 소수)
$k = pq$이면 $n(B_k) \times n(A_k \cap C_k) = 4 \times 2 = 8$이므로 주어진 조건을 만족시키지 않는다.
$k = p^3$이면 $n(B_k) \times n(A_k \cap C_k) = 4 \times 1 = 4$이므로 주어진 조건을 만족시킨다.

(i), (ii), (iii)에서 k의 최솟값은 $2^3 = 8$

도전 1등급 최고난도 ──────────────── ●85쪽

339 ① **340** ③

339

집합의 연산을 이용하여 미지수 구하기

〔1단계〕 조건 ㈎, ㈏를 이용하여 집합 A에 반드시 속하는 원소를 찾는다.

조건 ㈎에서 $0 \in A$이므로 조건 ㈏에 의하여
$0^2 - 2 = -2 \in A$
$-2 \in A$이므로 $(-2)^2 - 2 = 4 - 2 = 2 \in A$
$2 \in A$이므로 $2^2 - 2 = 2 \in A$ ∴ $\{-2, 0, 2\} \subset A$

〔2단계〕 조건 ㈏, ㈐를 이용하여 집합 A의 네 번째 원소를 찾는다.

조건 ㈐에서 $n(A) = 4$이므로 실수 k에 대하여
$A = \{-2, 0, 2, k\}$ ($k \neq -2$, $k \neq 0$, $k \neq 2$)라 하자.
$k \in A$이면 $k^2 - 2 \in A$이므로 $k^2 - 2$의 값은 -2, 0, 2, k 중 하나이다.

(i) $k^2 - 2 = -2$일 때,
$k^2 = 0$에서 $k = 0$이 되어 $k \neq 0$에 모순이다.

(ii) $k^2 - 2 = 0$일 때,
$k^2 = 2$ ∴ $k = -\sqrt{2}$ 또는 $k = \sqrt{2}$

(iii) $k^2 - 2 = 2$일 때,
$k^2 = 4$에서 $k = -2$ 또는 $k = 2$가 되어 $k \neq -2$, $k \neq 2$에 모순이다.

(iv) $k^2 - 2 = k$일 때,
$k^2 - k - 2 = 0$, $(k+1)(k-2) = 0$
이때 $k \neq 2$이므로 $k = -1$

(i), (ii), (iii)에서
$k = -\sqrt{2}$ 또는 $k = \sqrt{2}$ 또는 $k = -1$

〔3단계〕 조건을 만족시키는 집합 A의 개수를 구한다.

따라서 집합 A가 될 수 있는 것은
$\{-2, 0, 2, -\sqrt{2}\}$, $\{-2, 0, 2, \sqrt{2}\}$, $\{-2, 0, 2, -1\}$
의 3개이다.

340

집합의 연산 법칙

〔1단계〕 조건 ㈎에서 두 집합 A, B 사이의 포함 관계를 파악한다.

조건 ㈎에서 $A - B = A$이므로 $A \cap B = \varnothing$ ⋯⋯ ㉠

〔2단계〕 조건 ㈏에서 집합 $A \cup B$를 구한다.

조건 ㈏에서
$(A - B)^C - B = A^C - B$ (∵ 조건 ㈎)
$= A^C \cap B^C = (A \cup B)^C = \{1, 3\}$
$U = \{1, 2, 3, 4, 6, 12\}$, $(A \cup B)^C = \{1, 3\}$이므로
$A \cup B = U - (A \cup B)^C = \{2, 4, 6, 12\}$ ⋯⋯ ㉡

〔3단계〕 조건 ㈎, ㈏를 만족시키는 순서쌍 (A, B)의 개수를 구한다.

㉠, ㉡에서 순서쌍 (A, B)는

(i) $n(A) = 0$, $n(B) = 4$인 경우
$(\varnothing, \{2, 4, 6, 12\})$의 1개

(ii) $n(A) = 1$, $n(B) = 3$인 경우
$(\{2\}, \{4, 6, 12\})$, $(\{4\}, \{2, 6, 12\})$,
$(\{6\}, \{2, 4, 12\})$, $(\{12\}, \{2, 4, 6\})$의 4개

(iii) $n(A) = 2$, $n(B) = 2$인 경우
$(\{2, 4\}, \{6, 12\})$, $(\{2, 6\}, \{4, 12\})$,
$(\{2, 12\}, \{4, 6\})$, $(\{4, 6\}, \{2, 12\})$,
$(\{4, 12\}, \{2, 6\})$, $(\{6, 12\}, \{2, 4\})$의 6개

(iv) $n(A) = 3$, $n(B) = 1$인 경우
$(\{4, 6, 12\}, \{2\})$, $(\{2, 6, 12\}, \{4\})$,
$(\{2, 4, 12\}, \{6\})$, $(\{2, 4, 6\}, \{12\})$의 4개

(v) $n(A) = 4$, $n(B) = 0$인 경우
$(\{2, 4, 6, 12\}, \varnothing)$의 1개

(i)~(v)에서 순서쌍 (A, B)의 개수는
$1 + 4 + 6 + 4 + 1 = 16$

07 명제

유형 분석 기출 ● 88쪽 ~ 94쪽

341 ㄱ, ㄷ, ㅁ	**342** ⑤	**343** ③	**344** ⑤
345 ㄴ, ㄷ	**346** ③	**347** ④	**348** ②	**349** 5
350 ④	**351** ④	**352** 9	**353** ①	**354** ⑤
355 ③	**356** ②	**357** ②	**358** ④	**359** ④
360 ③	**361** $1 \leq a \leq 3$		**362** ②	**363** 12
364 ⑤	**365** ②	**366** ③	**367** ②	**368** ③
369 -1	**370** ③	**371** ②	**372** ⑤	**373** ④
374 ⑤	**375** ②	**376** ⑤	**377** 5	**378** 4
379 ①			

341

ㄱ. $x^2+x+1=\left(x+\dfrac{1}{2}\right)^2+\dfrac{3}{4}>0$

이므로 모든 실수 x에 대하여 $x^2+x+1>0$이다.
즉, 참인 명제이다.

ㄴ. x의 값에 따라 참이 될 수도 있고 거짓이 될 수도 있으므로 참, 거짓을 판별할 수 없다. 따라서 명제가 아니다.

ㄷ. $3x-x=2x$에서 $2x=2x$

$2x-2x=0$, 즉 $0=0$

이므로 참인 명제이다.

ㄹ. '춥다.'의 기준이 명확하지 않아서 참, 거짓을 판별할 수 없다. 따라서 명제가 아니다.

ㅁ. 일 년은 1월부터 12월까지 열두 달이므로 참인 명제이다.

이상에서 명제인 것은 ㄱ, ㄷ, ㅁ이다.

342

① $3+5=8$이므로 참인 명제이다.

② 4의 배수는 2의 배수이므로 참인 명제이다.

③ $\varnothing \subset \{1\}$이므로 거짓인 명제이다.

④ 모든 실수 x에 대하여 $x+5>x$이므로 거짓인 명제이다.

⑤ $x^2-2x+5>7$에서

$x=0$일 때 $5<7$, $x=-1$일 때 $8>7$

즉, x의 값에 따라 참이 될 수도 있고 거짓이 될 수도 있으므로 참, 거짓을 판별할 수 없다. 따라서 명제가 아니다.

따라서 명제가 아닌 것은 ⑤이다.

343

① 2는 소수이지만 짝수이므로 거짓인 명제이다.

② 한 변의 길이가 1인 정삼각형과 한 변의 길이가 2인 정삼각형은 합동이 아니므로 거짓인 명제이다.

③ 8과 12의 공약수는 1, 2, 4로 4의 약수이므로 참인 명제이다.

④ 100 이하의 자연수 중 6의 배수는 16개이므로 거짓인 명제이다.

⑤ 세 변의 길이가 2, 2, 3인 둔각삼각형에 대하여 $a=2$, $b=2$, $c=3$이라 하면 $a^2+b^2=2^2+2^2<3^2$이므로 거짓인 명제이다.

따라서 참인 명제는 ③이다.

> **개념 보충**
>
> **둔각삼각형이 될 조건**
>
> 삼각형의 세 변의 길이를 a, b, c $(a<b<c)$라 하면
>
> ① $b-a<c<a+b$　　　　② $c^2>a^2+b^2$

344

조건 'p이고 q'의 부정은 '$\sim p$ 또는 $\sim q$'이다.

이때 $\sim p$: $x \leq -1$ 또는 $x \geq 5$, $\sim q$: $x<2$이므로

조건 '$\sim p$ 또는 $\sim q$'는

'$x<2$ 또는 $x \geq 5$'

> **참고** $-1<x<5$는 $x>-1$이고 $x<5$이므로 그 부정은
> $x \leq -1$ 또는 $x \geq 5$이다.

> **개념 보충**
>
> ① '$\geq$'의 부정 $\Rightarrow$ $<$　　　　② '$>$'의 부정 $\Rightarrow$ $\leq$
>
> ③ '$=$'의 부정 $\Rightarrow$ $\neq$

345

ㄱ. 100 이하의 자연수 중 3의 배수의 개수는 33이다.

따라서 명제 '100 이하의 자연수 중 3의 배수의 개수는 33이다.'의 부정인 '100 이하의 자연수 중 3의 배수의 개수는 33이 아니다.'는 거짓이다.

ㄴ. $(1+\sqrt{2})(1-\sqrt{2})=1-2=-1$

즉, 유리수이므로 명제 '$(1+\sqrt{2})(1-\sqrt{2})$는 무리수이다.'의 부정인 '$(1+\sqrt{2})(1-\sqrt{2})$는 유리수이다.'는 참이다.

ㄷ. $72=2^3 \times 3^2$에서 72의 양의 약수의 합은

$(1+2+2^2+2^3)(1+3+3^2)=15 \times 13=195$

이므로 명제 '72의 양의 약수의 합은 195보다 크다.'의 부정인 '72의 양의 약수의 합은 195보다 작거나 같다.'는 참이다.

이상에서 부정이 참인 명제는 ㄴ, ㄷ이다.

346

실수 a, b에 대하여 조건 '$a^2+b^2>0$'의 부정은 $a^2+b^2 \leq 0$이다.

즉, $a^2+b^2=0$이므로 $a=0$이고 $b=0$이다.

③ $|a| \geq 0$, $|b| \geq 0$이므로 조건 '$|a|+|b|=0$'은 '$a=0$이고 $b=0$'과 같다.

④ $ab=0$은 $a=0$ 또는 $b=0$

따라서 주어진 조건의 부정과 같은 것은 ③이다.

347

$U=\{1, 2, 3, 4, 5\}$

① $x^2-6x+8=0$에서 $(x-2)(x-4)=0$

∴ $x=2$ 또는 $x=4$

$\therefore P = \{2, 4\}$

② 전체집합 U의 원소 중 소수는 2, 3, 5이므로
$P = \{2, 3, 5\}$

③ 전체집합 U의 원소 중 홀수는 1, 3, 5이므로
$P = \{1, 3, 5\}$

④ $0 < x < 4$에서 x는 1, 2, 3이고 $x \neq 2$이므로
$P = \{1, 3\}$

⑤ 전체집합 U의 원소 중 6의 약수는 1, 2, 3이므로
$P = \{1, 2, 3\}$

따라서 옳게 짝 지어진 것은 ④이다.

348

$U = \{1, 2, 3, 4, 5, 6, 7, 8, 9, 10\}$

전체집합 U의 원소 중 12의 약수는 1, 2, 3, 4, 6이고 이 중에서 3으로 나눈 나머지가 1인 수는 1, 4이므로 조건 p의 진리집합을 P라 하면

$P = \{1, 4\}$

따라서 조건 p의 진리집합의 모든 원소의 합은

$1 + 4 = 5$

349

주어진 조건의 부정은

'$x^2 - 4x + 3 \leq 0$이고 $|x| \geq 2$'

이므로 $x^2 - 4x + 3 \leq 0$에서 $(x-1)(x-3) \leq 0$

$\therefore 1 \leq x \leq 3$ ...... ㉠

$|x| \geq 2$에서

$x \leq -2$ 또는 $x \geq 2$ ...... ㉡

㉠, ㉡에서 $2 \leq x \leq 3$

따라서 주어진 조건의 부정의 진리집합은

$\{x \mid x$는 $2 \leq x \leq 3$인 정수$\} = \{2, 3\}$

이므로 이 진리집합에 속하는 모든 원소의 합은

$2 + 3 = 5$

350

ㄱ. 모든 실수 x에 대하여 $x^2 \geq 0$이므로 $x^2 + 1 > 0$이다. (참)

ㄴ. [반례] $x = 6$이면 $x - 5 = 1 > 0$이므로 $x - 5 < 0$이 성립하지 않는다.

ㄷ. $x = 3$이면 $x + 3 = 6 > 5$이다. (참)

ㄹ. $x^2 < 0$을 만족시키는 실수 x는 존재하지 않는다. (거짓)

이상에서 거짓인 명제인 것은 ㄴ, ㄹ이다.

1등급 비법

① 명제 '모든 x에 대하여 …'는 명제를 만족시키지 않는 x가 하나라도 존재하면 거짓이 된다.

② 명제 '어떤 x에 대하여 …'는 명제를 만족시키는 x가 하나라도 존재하면 참이 된다.

351

① 주어진 명제의 부정은

'어떤 음수 x에 대하여 $x^2 \leq 0$이다.'

이때 $x^2 \leq 0$을 만족시키는 음수 x는 존재하지 않으므로 주어진 명제의 부정은 거짓이다.

② 주어진 명제의 부정은

'어떤 실수 x에 대하여 $x^2 + 1 < 0$이다.'

이때 $x^2 + 1 < 0$, 즉 $x^2 < -1$을 만족시키는 실수 x는 존재하지 않으므로 주어진 명제의 부정은 거짓이다.

③ 주어진 명제의 부정은

'모든 실수 x, y에 대하여 $x + y \neq 7$이다.'

이때 $x = 3$, $y = 4$이면 $x + y = 7$이므로 주어진 명제의 부정은 거짓이다.

④ 주어진 명제의 부정은

'어떤 실수 x, y에 대하여 $x^2 + y^2 \leq 0$이다.'

이때 $x = 0$, $y = 0$이면 $x^2 + y^2 = 0$이므로 주어진 명제의 부정은 참이다.

⑤ 주어진 명제의 부정은

'모든 실수 x에 대하여 $x^2 + 3x + 2 \neq 0$이다.'

이때 $x = -1$이면 $x^2 + 3x + 2 = 0$이므로 주어진 명제의 부정은 거짓이다.

따라서 명제의 부정이 참인 것은 ④이다.

다른 풀이 ①, ② 주어진 명제가 참이므로 그 부정은 거짓이다.

③ $x = 3$, $y = 4$이면 주어진 명제가 참이므로 그 부정은 거짓이다.

④ $x = 0$, $y = 0$이면 주어진 명제가 거짓이므로 그 부정은 참이다.

⑤ $x = -1$이면 주어진 명제가 참이므로 그 부정은 거짓이다.

1등급 비법

명제 p가 거짓이면 그 부정 $\sim p$는 참임을 이용하여 부정이 참인 명제를 찾는다.

352

p: 모든 실수 x에 대하여 $x^2 + 2kx + 4k + 5 > 0$이므로 이차방정식 $x^2 + 2kx + 4k + 5 = 0$의 판별식을 D라 하면

$\dfrac{D}{4} = k^2 - (4k + 5) < 0$

$k^2 - 4k - 5 < 0$, $(k+1)(k-5) < 0$

$\therefore -1 < k < 5$

q: 어떤 실수 x에 대하여 $x^2 = k - 2$이므로

$k - 2 \geq 0$

$\therefore k \geq 2$

정수 k에 대한 두 조건 p, q의 진리집합을 각각 P, Q라 하면

$P = \{0, 1, 2, 3, 4\}$, $Q = \{2, 3, 4, \cdots\}$

이때 $P \cap Q = \{2, 3, 4\}$이므로 두 조건 p, q가 모두 참인 명제가 되도록 하는 정수 k의 값은 2, 3, 4이다.

따라서 모든 정수 k의 값의 합은

$2 + 3 + 4 = 9$

353

ㄱ. $x^2>1$에서 $x^2-1>0$, $(x-1)(x+1)>0$

　　$\therefore x<-1$ 또는 $x>1$

　　따라서 $x>1$이면 $x^2>1$이다. (참)

ㄴ. [반례] $x=1$, $y=3$이면 $x+y$는 짝수이지만 x와 y는 모두 홀수

　　이다.

ㄷ. [반례] 1은 8의 양의 약수이지만 2의 배수가 아니다.

이상에서 참인 명제는 ㄱ뿐이다.

354

① [반례] $n=2$이면 n은 소수이지만 $n^2=4$는 짝수이다.

② [반례] $x=\sqrt{2}$, $y=\sqrt{2}$이면 $xy=2$는 유리수이지만 x와 y는 무

　　리수이다.

③ [반례] $x=0$, $y=\sqrt{2}$이면 x는 유리수이고 y는 무리수이지만

　　$xy=0$은 유리수이다.

④ [반례] $a=1$, $b=i$이면 $a^2+b^2=1+(-1)=0$이지만 $a\neq0$이고

　　$b\neq0$이다.

⑤ 자연수 m, n에 대하여 mn이 짝수이면 m, n 중 하나가 짝수이

　　거나 m, n이 모두 짝수이므로 m 또는 n은 짝수이다. (참)

따라서 참인 명제는 ⑤이다.

> **개념 보충**
>
> 가정과 결론으로 이루어진 명제에서 가정은 만족시키지만 결론을
> 만족시키지 않는 예가 한 가지만 있어도 거짓인 명제가 된다.

355

① $x^2-4x+4=0$에서 $(x-2)^2=0$　　$\therefore x=2$

　　$x^2-2x=0$에서 $x(x-2)=0$

　　$\therefore x=0$ 또는 $x=2$

　　따라서 $x^2-4x+4=0$이면 $x^2-2x=0$이다. (참)

② $y<0$에서 $-y>0$이므로

　　$x\geq0$이고 $y<0$이면 $x-y>0$이다. (참)

③ [반례] $x=0$이고 $y=0$이면

　　$|x|+|y|=|x+y|$이지만 $xy=0$이다.

④ 실수 x, y에 대하여

　　(ⅰ) $x=0$이고 $y\neq0$이면

　　　　$x^2=0$이고, $y^2>0$이므로 $x^2+y^2>0$이다.

　　(ⅱ) $x\neq0$이고 $y=0$이면

　　　　$x^2>0$이고, $y^2=0$이므로 $x^2+y^2>0$이다.

　　(ⅲ) $x\neq0$이고 $y\neq0$이면

　　　　$x^2>0$이고, $y^2>0$이므로 $x^2+y^2>0$이다.

　　(ⅰ), (ⅱ), (ⅲ)에서 실수 x, y에 대하여 $x\neq0$ 또는 $y\neq0$이면

　　$x^2+y^2>0$이다. (참)

⑤ 자연수 n에 대하여 n이 3의 배수이면 $n=3k$ (k는 자연수)이

　　므로

　　$n^2=9k^2=3\times3k^2$

　　즉, n^2도 3의 배수이다. (참)

따라서 거짓인 명제는 ③이다.

356

명제 $p\longrightarrow\sim q$가 참이면

$P\subset Q^C$

이때 두 집합 P, Q를 벤 다이어그램으로 나

타내면 오른쪽 그림과 같다.

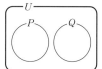

① $P\cap Q=\varnothing$

② $P\cap Q^C=P$

③ $Q-P=Q$

④ $P\cup Q\neq U$

⑤ $P^C\cup Q=P^C$

따라서 항상 옳은 것은 ②이다.

> **개념 보충**
>
> 두 집합 A, B에서 공통인 원소가 하나도 없을 때, A와 B는 서로
> 소라 하고, 다음은 서로소인 두 집합 A, B의 모두 같은 표현이다.
> ① $A\cap B=\varnothing$　　　　② $n(A\cap B)=0$
> ③ $A-B=A$　　　　　④ $B-A=B$
> ⑤ $A\subset B^C$　　　　　　⑥ $B\subset A^C$

357

ㄱ. $P^C\not\subset Q$이므로 명제 $\sim p\longrightarrow q$는 거짓이다.

ㄴ. $Q\subset R^C$이므로 명제 $q\longrightarrow\sim r$은 참이다.

ㄷ. $P\not\subset R^C$이므로 명제 $p\longrightarrow\sim r$은 거짓이다.

이상에서 참인 명제는 ㄴ뿐이다.

358

명제 '$\sim p$이면 q이다.'가 거짓임을 보이려면 집합 P^C의 원소 중 집

합 Q의 원소가 아닌 것을 찾으면 된다.

따라서 구하는 집합은

$P^C\cap Q^C$

359

$P\cap(Q\cup R)=(P\cap Q)\cup(P\cap R)=\varnothing$이므로

$P\cap Q=\varnothing$이고 $P\cap R=\varnothing$

① $P\cap Q=\varnothing$이므로 명제 $p\longrightarrow q$는 거짓이다.

② $P\cap R=\varnothing$이므로 명제 $p\longrightarrow r$은 거짓이다.

③ 명제 $q\longrightarrow r$이 참인지 거짓인지 알 수 없다.

④ $P\cap Q=\varnothing$에서 $Q\subset P^C$이므로 명제 $q\longrightarrow\sim p$는 참이다.

⑤ $P\cap R=\varnothing$이므로 명제 $\sim r\longrightarrow p$는 거짓이다.

따라서 옳은 것은 ④이다.

360

$p\longrightarrow\sim q$, $r\longrightarrow p$가 모두 참이므로

$P\subset Q^C$, $R\subset P$

이때 세 집합 P, Q, R을 벤 다이어그램

으로 나타내면 오른쪽 그림과 같다.

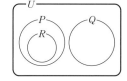

ㄱ. $P\subset Q^C$이므로 $P\cap Q=\varnothing$ (참)

ㄴ. $R\subset P$이므로 $P\cap R=R$ (참)

ㄷ. 벤 다이어그램에서 $Q \cup R \neq U$ (거짓)

이상에서 옳은 것은 ㄱ, ㄴ이다.

361

$P = \{x \mid 2 \leq x < 3\}$, $Q = \{x \mid a-1 \leq x < a+2\}$라 하자.

이때 주어진 명제가 참이 되려면

$P \subset Q$

이어야 하므로 오른쪽 그림에서

$a-1 \leq 2$, $a+2 \geq 3$

$\therefore 1 \leq a \leq 3$

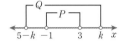

1등급 비법

주어진 명제가 참이 되도록 하는 미지수의 값의 범위는 진리집합의 포함 관계를 이용하여 각 집합을 수직선 위에 나타내어 구한다.

362

두 조건 p, q의 진리집합을 각각 P, Q라 하면

p: $|x-1| < 2$에서

$-2 < x-1 < 2$ $\therefore -1 < x < 3$

$\therefore P = \{x \mid -1 < x < 3\}$

q: $5-k < x < k$에서 $Q = \{x \mid 5-k < x < k\}$

명제 $p \longrightarrow q$가 참이 되려면

$P \subset Q$

이어야 하므로 오른쪽 그림에서

$5-k \leq -1$, $k \geq 3$

$\therefore k \geq 6$

따라서 실수 k의 최솟값은 6이다.

363

두 조건 p, q의 진리집합을 각각 P, Q라 하자.

명제 $p \longrightarrow {\sim}q$가 참이 되려면

$P \subset Q^C$ $\therefore Q \subset P^C$ ...... ㉠

또, 명제 ${\sim}p \longrightarrow q$가 참이 되려면

$P^C \subset Q$ ...... ㉡

㉠, ㉡에서 $Q = P^C$

p: $2x-a=0$에서 $P = \left\{\dfrac{a}{2}\right\}$이고, $Q = P^C$이므로

$Q = \left\{x \mid x \neq \dfrac{a}{2}\text{인 실수}\right\}$ ...... ㉢

즉, q: $x^2-bx+9 > 0$에서 부등식 $x^2-bx+9 > 0$의 해가 $x \neq \dfrac{a}{2}$인

모든 실수이므로 이차함수 $y = x^2-bx+9$의 그래프는 x축에 접해야 한다.

이차방정식 $x^2-bx+9=0$의 판별식을 D라 하면

$D = (-b)^2 - 4 \times 1 \times 9 = 0$

$b^2 = 36$ $\therefore b = 6$ ($\because b > 0$)

$b=6$을 $x^2-bx+9 > 0$에 대입하면

$x^2-6x+9 > 0$, $(x-3)^2 > 0$

따라서 $Q = \{x \mid x \neq 3\text{인 실수}\}$이므로 ㉢에서

$\dfrac{a}{2} = 3$ $\therefore a = 6$

$\therefore a+b = 6+6 = 12$

364

ㄱ. 대우: $xy = xz$이면 $y = z$이다. (거짓)

  [반례] $x=0$, $y=1$, $z=2$이면 $xy = xz$이지만 $y \neq z$이다.

ㄴ. 대우: 실수 a, b에 대하여 $a^3-b^3 \neq 0$이면 $a^2-b^2 \neq 0$이다.

  (거짓)

  [반례] $a=1$, $b=-1$이면 $a^3-b^3 \neq 0$이지만 $a^2-b^2 = 0$이다.

ㄷ. 대우: 두 집합 A, B에 대하여 $A \neq B$이면 $A-B \neq \varnothing$이다.

  (거짓)

  [반례] $A \subset B$이고 $A \neq B$이면 $A \neq B$이지만 $A-B = \varnothing$이다.

이상에서 ㄱ, ㄴ, ㄷ 모두 대우가 거짓인 명제이다.

365

명제 ${\sim}q \longrightarrow p$의 역 $p \longrightarrow {\sim}q$가 참이므로

$P \subset Q^C$

366

① 역: $xy = 0$이면 $|x| + |y| = 0$이다. (거짓)

  [반례] $x=0$, $y=1$이면 $xy=0$이지만 $|x| + |y| = 1$이다.

  대우: $xy \neq 0$이면 $|x| + |y| \neq 0$이다. (참)

② 역: $x=y$이면 $x^2 = y^2$이다. (참)

  대우: $x \neq y$이면 $x^2 \neq y^2$이다. (거짓)

  [반례] $x=2$, $y=-2$이면 $x \neq y$이지만 $x^2 = y^2$이다.

③ 역: $x=0$ 또는 $y=0$이면 $xy=0$이다. (참)

  대우: $x \neq 0$이고 $y \neq 0$이면 $xy \neq 0$이다. (참)

④ 역: $x=0$이고 $y=0$이면 $x + y\sqrt{2} = 0$이다. (참)

  대우: $x \neq 0$ 또는 $y \neq 0$이면 $x + y\sqrt{2} \neq 0$이다. (거짓)

  [반례] $x=2$, $y=-\sqrt{2}$이면 $x + y\sqrt{2} = 0$이다.

⑤ 역: $x > y$이면 $|x-y| = y-x$이다. (거짓)

  [반례] $x=2$, $y=-1$이면 $x > y$이지만

  $|2-(-1)| \neq (-1)-2$이다.

  대우: $x \leq y$이면 $|x-y| \neq y-x$이다. (거짓)

  [반례] $x=-2$, $y=1$이면 $|(-2)-1| = 1-(-2)$이다.

따라서 명제의 역과 대우가 모두 참인 것은 ③이다.

367

주어진 명제가 참이 되려면 대우

'$x \geq 6$이고 $y \geq k-1$이면 $x+y \geq 7$이다.'

가 참이어야 한다.

즉, $x \geq 6$이고 $y \geq k-1$이면 $x+y \geq k+5$이므로 주어진 명제가 참이기 위해서는

$k+5 \geq 7$ $\therefore k \geq 2$

따라서 실수 k의 최솟값은 2이다.

368

주어진 명제가 참이 되려면 대우

'$x=2a-1$이면 $x^3-11x+10=0$이다.'

가 참이어야 한다.

즉, $x=2a-1$이 방정식 $x^3-11x+10=0$의 한 근이므로

$(2a-1)^3-11(2a-1)+10=0$

$8a^3-12a^2-16a+20=0$

$2a^3-3a^2-4a+5=0$

$(a-1)(2a^2-a-5)=0$

이때 이차방정식 $2a^2-a-5=0$은 1이 아닌 서로 다른 두 실근을

갖고, 근과 계수의 관계에 의하여 두 근의 합은 $\dfrac{1}{2}$이다.

따라서 모든 실수 a의 값의 합은

$1+\dfrac{1}{2}=\dfrac{3}{2}$

다른 풀이 주어진 명제가 참이 되려면 대우

'$x=2a-1$이면 $x^3-11x+10=0$이다.'

가 참이어야 한다.

$x^3-11x+10=0$에서

$(x-1)(x^2+x-10)=0$

이차방정식 $x^2+x-10=0$은 1이 아닌 서로 다른 두 실근을 가지

므로 삼차방정식 $x^3-11x+10=0$의 세 실근을 α, β, γ라 하면 근

과 계수의 관계에 의하여

$\alpha+\beta+\gamma=0$

이때 $2a-1$의 값이 α 또는 β 또는 γ일 때, 주어진 명제가 참이므

로 가능한 실수 a의 값은

$\dfrac{\alpha+1}{2}$, $\dfrac{\beta+1}{2}$, $\dfrac{\gamma+1}{2}$

따라서 가능한 모든 실수 a의 값의 합은

$\dfrac{\alpha+1}{2}+\dfrac{\beta+1}{2}+\dfrac{\gamma+1}{2}=\dfrac{(\alpha+\beta+\gamma)+3}{2}=\dfrac{3}{2}$

369

명제 $q \longrightarrow p$가 참이 되려면 그 대우 $\sim p \longrightarrow \sim q$가 참이 되어

야 한다.

$\sim p$: $|x+2| \leq 1$이므로 $-1 \leq x+2 \leq 1$

$\therefore -3 \leq x \leq -1$

$\sim q$: $|x-2k| < 3$이므로 $-3 < x-2k < 3$

$\therefore 2k-3 < x < 2k+3$

두 조건 p, q의 진리집합을 각각 P, Q라 하면

$P^C=\{x | -3 \leq x \leq -1\}$, $Q^C=\{x | 2k-3 < x < 2k+3\}$

명제 $\sim p \longrightarrow \sim q$가 참이 되려면 $P^C \subset Q^C$이어야 하므로 두 집합

P^C, Q^C을 수직선 위에 나타내면 오

른쪽 그림과 같다.

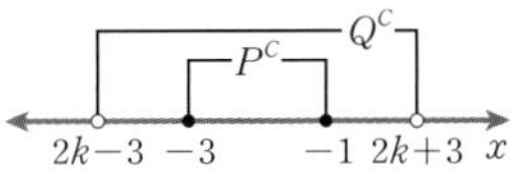

즉, $2k-3 < -3$, $2k+3 > -1$이므로

$2k<0$, $2k>-4$

$\therefore -2 < k < 0$

따라서 조건을 만족시키는 정수 k는 -1이다.

370

명제 $p \longrightarrow q$, $q \longrightarrow \sim r$이 모두 참이므로 명제 $p \longrightarrow \sim r$이 참

이다.

따라서 참인 명제의 대우도 항상 참이므로 명제 $r \longrightarrow \sim p$도 항

상 참이다.

371

명제 $\sim s \longrightarrow \sim r$이 참이므로 그 대우 $r \longrightarrow s$도 참이다.

두 명제 $p \longrightarrow r$, $r \longrightarrow s$가 참이므로 명제 $p \longrightarrow s$가 참이다.

세 명제 $p \longrightarrow r$, $r \longrightarrow s$, $s \longrightarrow q$가 참이므로 명제 $p \longrightarrow q$가

참이다.

따라서 보기에서 항상 참인 명제인 것은 ㄱ, ㄹ이다.

372

네 조건 p, q, r, s를

p: 수학을 좋아한다.　　q: 물리를 좋아한다.

r: 영어를 좋아한다.　　s: 미술을 좋아한다.

로 정하면 진술 (개), (내)를

(개) $p \Longrightarrow q$

(내) $\sim p \Longrightarrow (r$ 또는 $s)$

와 같이 나타낼 수 있다.

(개)에서 $p \Longrightarrow q$이면 $\sim q \Longrightarrow \sim p$　　　　……　㉠

(내)에서 $\sim p \Longrightarrow (r$ 또는 $s)$이면 $(\sim r$이고 $\sim s) \Longrightarrow p$

　　　　　　　　　　　　　　　　　　　……　㉡

① '물리를 좋아하는 학생은 수학을 좋아한다.'는 명제 $q \longrightarrow p$이

고, 이 명제는 (개), (내)로는 참, 거짓을 알 수 없다.

② '영어를 좋아하지 않는 학생은 수학을 좋아한다.'는

명제 $\sim r \longrightarrow p$이므로 ㉡에 의하여 항상 참이라 할 수 없다.

③ '물리를 좋아하는 학생은 영어와 미술을 좋아하지 않는다.'는

명제 $q \longrightarrow (\sim r$이고 $\sim s)$이다.

㉠과 (내)에 의하여 $\sim q \Longrightarrow (r$ 또는 $s)$

따라서 명제 $q \longrightarrow (\sim r$이고 $\sim s)$의 참, 거짓을 알 수 없다.

④ '미술을 좋아하는 학생은 수학과 물리를 좋아하지 않는다.'는

명제 $s \longrightarrow (\sim p$이고 $\sim q)$이고, 이 명제는 (개), (내)로는 참, 거

짓을 알 수 없다.

⑤ '영어와 미술을 좋아하지 않는 학생은 물리를 좋아한다.'는

명제 $(\sim r$이고 $\sim s) \longrightarrow q$이므로 ㉠, ㉡에 의하여 참이다.

따라서 반드시 참인 것은 ⑤이다.

373

① $x>0$, $y>0$이면 $xy>0$이므로

$p \Longrightarrow q$

$xy>0$이면 $x>0$, $y>0$ 또는 $x<0$, $y<0$이므로

$q \not\Longrightarrow p$

따라서 p는 q이기 위한 충분조건이지만 필요조건이 아니다.

② $|x|<1$이면 $-1<x<1$이므로

$p \Longrightarrow q$, $q \not\Longrightarrow p$

따라서 p는 q이기 위한 충분조건이지만 필요조건이 아니다.

③ $x=1, y=-2$이면 $x>y$이지만 $x^2<y^2$이므로

　$p \not\Longrightarrow q$

　$x=-2, y=-1$이면 $x^2>y^2$이지만 $x<y$이므로

　$q \not\Longrightarrow p$

　따라서 p는 q이기 위한 충분조건도 필요조건도 아니다.

④ $x=2, y=0, z=3$이면 $xy=yz$이지만 $x \neq z$이므로

　$p \not\Longrightarrow q$

　$x=z$이면 $xy=yz$이므로

　$q \Longrightarrow p$

　따라서 p는 q이기 위한 필요조건이지만 충분조건이 아니다.

⑤ $x+y=0, xy=0$이면 $x=y=0$이므로

　$p \Longrightarrow q$

　$x=y=0$이면 $x+y=0, xy=0$이므로

　$q \Longrightarrow p$

　따라서 p는 q이기 위한 필요충분조건이다.

따라서 p는 q이기 위한 필요조건이지만 충분조건이 아닌 것은 ④이다.

1등급 비법

두 명제 $p \longrightarrow q$, $q \longrightarrow p$의 참, 거짓을 조사하여 본다.
이때 $p \Longrightarrow q$이고, $q \not\Longrightarrow p$이면 p는 q이기 위한 충분조건이고, q는 p이기 위한 필요조건이다.

374

p: $a^2+b^2=0$에서 $a=b=0$

q: $a^2b+ab^2=0$에서 $ab(a+b)=0$

$\therefore ab=0$ 또는 $a+b=0$

r: $|a+b|=|a-b|$의 양변을 제곱하면

$(a+b)^2=(a-b)^2, 2ab=-2ab$

$\therefore ab=0$

• $a=b=0$이면 $ab=0$ 또는 $a+b=0$이므로

　$p \Longrightarrow q$

　$a=0, b=1$이면 $ab=0$ 또는 $a+b=0$이지만

　$b \neq 0$이므로

　$q \not\Longrightarrow p$

　따라서 p는 q이기 위한 충분조건이다.

• $a=b=0$이면 $ab=0$이므로 $p \Longrightarrow r$

　$a=1, b=0$이면 $ab=0$이지만 $a \neq 0$이므로 $r \not\Longrightarrow p$

　즉, $p \Longrightarrow r$에서 $\sim r \Longrightarrow \sim p$이고, $r \not\Longrightarrow p$에서 $\sim p \not\Longrightarrow \sim r$

　이므로 $\sim p$는 $\sim r$이기 위한 필요조건이다.

• $ab=0$이면 $ab=0$ 또는 $a+b=0$이므로

　$r \Longrightarrow q$

　$a=1, b=-1$이면 $a+b=0$이지만 $ab \neq 0$이므로

　$q \not\Longrightarrow r$

　따라서 q는 r이기 위한 필요조건이다.

$\therefore$ (가): 충분　(나): 필요　(다): 필요

375

ㄱ. $P \not\subset Q$이므로 p는 q이기 위한 충분조건이 아니다. (거짓)

ㄴ. $R^C \not\subset P$이므로 p는 $\sim r$이기 위한 필요조건이 아니다. (거짓)

ㄷ. $R \subset Q$이므로 q는 r이기 위한 필요조건이다. (참)

이상에서 옳은 것은 ㄷ뿐이다.

376

p는 q이기 위한 충분조건이므로 $P \subset Q$

q는 r이기 위한 필요조건이므로 $R \subset Q$

① $P \subset Q, R \subset Q$이지만 $P \subset R$은 알 수 없다.

② $P \subset Q$이므로 $P \cap Q = P$

③ $R \subset Q$이므로 $R \cap Q^C = R - Q = \varnothing$

④ $P \subset Q$이므로 $P \cap Q = P$이지만

　$P \subset R$은 알 수 없다.

⑤ $R \subset Q$이므로 $R \subset (P \cup Q)$

따라서 항상 옳은 것은 ⑤이다.

377

q: $x^2-3x+2>0$에서 $\sim q$: $x^2-3x+2 \leq 0$이므로

$(x-1)(x-2) \leq 0$

$\therefore 1 \leq x \leq 2$

두 조건 p, q의 진리집합을 각각 P, Q라 하면

$P=\{x|k-2 \leq x < k+1\}, Q^C=\{x|1 \leq x \leq 2\}$

p가 $\sim q$이기 위한 필요조건이 되려
면 $Q^C \subset P$이어야 하므로 두 집합 P,
Q^C을 수직선 위에 나타내면 오른쪽
그림과 같다.

$k-2 \leq 1, k+1 > 2$

$\therefore 1 < k \leq 3$

따라서 가능한 정수 k의 값은 2, 3이므로 모든 정수 k의 값의 합은

$2+3=5$

378

$P=\{x|-4 \leq x \leq 2\}$,

$Q=\{x|0<x \leq a\}$,

$R=\{x|-5 \leq x \leq b\}$

라 하면 $-4 \leq x \leq 2$는 $0 < x \leq a$이기 위한 필요조건이므로

$Q \subset P$

$-4 \leq x \leq 2$는 $-5 \leq x \leq b$이기 위한 충분조건이므로

$P \subset R$

주어진 조건을 만족시키는 x의 값의 범위를 수직선 위에 나타내면 다음 그림과 같다.

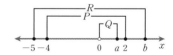

$\therefore 0 < a \leq 2, b \geq 2$

따라서 a의 최댓값은 2, b의 최솟값은 2이므로 그 합은

$2+2=4$

379

$p: x^2-6x+9\le0$에서

$(x-3)^2\le0$ $\therefore x=3$

$q: |x-a|\le2$에서

$-2\le x-a\le2$ $\therefore a-2\le x\le a+2$

두 조건 p, q의 진리집합을 각각 P, Q라 하면

$P=\{3\}$, $Q=\{x\,|\,a-2\le x\le a+2\}$

p가 q이기 위한 충분조건이 되려면 $P\subset Q$이어야 하므로

$3\in P$에서 $3\in Q$이어야 한다.

즉, $a-2\le3$, $a+2\ge3$이므로 $1\le a\le5$

따라서 실수 a의 최댓값과 최솟값의 합은

$5+1=6$

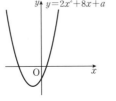

● 95쪽

380 (1) $\{-1, 2\}$ (2) $\{-1, 1\}$ (3) $\{-2, -1, 0, 2\}$ **381** 7

382 $k<0$ 또는 $k=\dfrac{3}{2}$ **383** 8

380

(1) $U=\{-2, -1, 0, 1, 2\}$

   조건 p의 진리집합을 P라 하면

   $p: x^2-x-2=0$에서 $(x+1)(x-2)=0$이므로

   $x=-1$ 또는 $x=2$

   $\therefore P=\{-1, 2\}$ ······ ㉮

(2) 조건 q의 진리집합을 Q라 하면

   $q: x^2=1$에서 $(x+1)(x-1)=0$이므로

   $x=-1$ 또는 $x=1$

   $\therefore Q=\{-1, 1\}$ ······ ㉯

(3) 조건 'p 또는 $\sim q$'의 진리집합은 $P\cup Q^C$이고

   $Q^C=\{-2, 0, 2\}$이므로

   $P\cup Q^C=\{-2, -1, 0, 2\}$ ······ ㉰

	채점 기준	배점 비율
(1)	㉮ 조건 p의 진리집합 구하기	30 %
(2)	㉯ 조건 q의 진리집합 구하기	30 %
(3)	㉰ 조건 'p 또는 $\sim q$'의 진리집합 구하기	40 %

381

주어진 명제가 거짓이면 그 부정은 참이고, 주어진 명제의 부정은

'어떤 실수 x에 대하여 $2x^2+8x+a<0$이다.'   ······ ㉮

이차함수 $y=2x^2+8x+a$의 그래프는 x

축과 서로 다른 두 점에서 만나야 하므

로 이차방정식 $2x^2+8x+a=0$의 판별

식을 D라 하면

$\dfrac{D}{4}=4^2-2a>0$

$-2a>-16$ $\therefore a<8$ ······ ㉯

따라서 정수 a의 최댓값은 7이다.   ······ ㉰

채점 기준	배점 비율
㉮ 주어진 명제의 부정이 참임을 알고, 주어진 명제의 부정 구하기	30 %
㉯ a의 값의 범위 구하기	50 %
㉰ 정수 a의 최댓값 구하기	20 %

382

두 조건 p, q의 진리집합을 각각 P, Q라 하자.

$p: x^2-4kx+3k^2\le0$에서 $(x-k)(x-3k)\le0$

$k<0$이면 $3k\le x\le k$ $\therefore P=\{x\,|\,3k\le x\le k\}$

$k=0$이면 $x=0$ $\therefore P=\{0\}$

$k>0$이면 $k\le x\le 3k$ $\therefore P=\{x\,|\,k\le x\le 3k\}$ ······ ㉮

또, $q: |x-3|\le k$에서

$k<0$이면 $Q=\varnothing$

$k=0$이면 $x-3=0$ $\therefore x=3$

$\therefore Q=\{3\}$

$k>0$이면 $-k\le x-3\le k$ $\therefore 3-k\le x\le 3+k$

$\therefore Q=\{x\,|\,3-k\le x\le 3+k\}$ ······ ㉯

명제 $p \longrightarrow q$의 역 $q \longrightarrow p$가 참이 되려면 $Q\subset P$이어야 한다.

(ⅰ) $k<0$이면

   $P=\{x\,|\,3k\le x\le k\}$, $Q=\varnothing$이므로 $Q\subset P$

(ⅱ) $k=0$이면

   $P=\{0\}$, $Q=\{3\}$이므로 $Q\not\subset P$

(ⅲ) $k>0$이면

   $P=\{x\,|\,k\le x\le 3k\}$, $Q=\{x\,|\,3-k\le x\le 3+k\}$

   $Q\subset P$이기 위해서는 오른쪽 그

   림과 같아야 하므로

   $k\le 3-k$, $3+k\le 3k$

   $\therefore k=\dfrac{3}{2}$

(ⅰ), (ⅱ), (ⅲ)에서 $k<0$ 또는 $k=\dfrac{3}{2}$ ······ ㉰

채점 기준	배점 비율
㉮ 조건 p의 진리집합 구하기	30 %
㉯ 조건 q의 진리집합 구하기	30 %
㉰ 실수 k의 값의 범위 구하기	40 %

383

두 조건 p, q의 진리집합을 각각 P, Q라 하면

$p: 2x-a\le0$에서

$2x\le a$ $\therefore x\le\dfrac{a}{2}$

$\therefore P=\left\{x\,\middle|\,x\le\dfrac{a}{2}\right\}$ ······ ㉮

$q: x^2-5x+4>0$에서 $\sim q: x^2-5x+4\le0$

$(x-1)(x-4)\le0$ $\therefore 1\le x\le4$

$\therefore Q^C=\{x\,|\,1\le x\le4\}$ ······ ㉯

p가 $\sim q$이기 위한 필요조건이려면

$Q^C\subset P$

이어야 하므로 두 집합 P, Q^C을 수직선 위에 나타내면 오른쪽 그림과 같다.

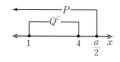

이때 $\dfrac{a}{2} \geq 4$이어야 하므로

$a \geq 8$

따라서 실수 a의 최솟값은 8이다. ...... 📗

채점 기준	배점 비율
📙 조건 p의 진리집합 구하기	20 %
📘 조건 $\sim q$의 진리집합 구하기	30 %
📗 a의 최솟값 구하기	50 %

실력 완성 ●96쪽~97쪽

384 ⑤	**385** 15	**386** ④	**387** ②	**388** ①
389 ④	**390** ㄱ, ㄴ	**391** ①		

384
명제와 조건의 부정

(전략) 주어진 조건과 같은 조건을 찾아낸 후, '또는', '그리고'를 사용하여 조건의 부정을 나타낸다.

(풀이) $(x-y)^2 + (y-z)^2 + (z-x)^2 = 0$에서

$x-y=0$이고 $y-z=0$이고 $z-x=0$이므로

$x=y$이고 $y=z$이고 $z=x$

$\therefore x=y=z$

따라서 주어진 조건의 부정은

$x \neq y$ 또는 $y \neq z$ 또는 $z \neq x$

385
진리집합

(전략) 주어진 조건의 진리집합을 수직선 위에 나타내어 a의 값의 범위를 구한다.

(풀이) $P=\{x \mid -1 \leq x \leq 4\}$, $Q=\{x \mid a-3 \leq x \leq a+6\}$에서

$P \cap Q \neq \varnothing$이 되려면 다음 그림과 같아야 하므로

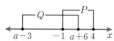 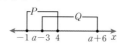

(ⅰ) $a+6 \geq -1$에서 $a \geq -7$

(ⅱ) $a-3 \leq 4$에서 $a \leq 7$

(ⅰ), (ⅱ)에서 $-7 \leq a \leq 7$

따라서 정수 a는 $-7, -6, -5, \cdots, 5, 6, 7$의 15개이다.

386
명제 $p \longrightarrow q$의 참, 거짓

(전략) 주어진 그림에서 세 수 p, q, r 사이의 관계를 구하고 주어진 명제의 참, 거짓을 판별한다.

(풀이) $\overline{AB}=1$, $\overline{AC}=\overline{AE}=\sqrt{2}$이므로 세 수 p, q, r 사이의 관계는 다음과 같다.

$q=p+1$, $r=p+\sqrt{2}$, $r=q+(\sqrt{2}-1)$

ㄱ. (유리수)+(유리수)=(유리수),
(유리수)+(무리수)=(무리수)이므로
p가 유리수이면 q는 유리수, r은 무리수이다. (참)

ㄴ. [반례] $p=\sqrt{2}$이면 $q=\sqrt{2}+1$은 무리수이고,
$r=(\sqrt{2}+1)+(\sqrt{2}-1)=2\sqrt{2}$이므로 r은 무리수이다. (거짓)

ㄷ. $r=q+(\sqrt{2}-1)$에서 $\sqrt{2}-1$이 무리수이므로 q가 유리수이면 r은 무리수이다. (참)

이상에서 옳은 것은 ㄱ, ㄷ이다.

387
명제와 진리집합 사이의 관계

(전략) '$P-Q=P \Longleftrightarrow P \cap Q = \varnothing$', '$R^C \cup Q = U \Longleftrightarrow R \subset Q$'임을 이용한다.

(풀이) $P-Q \neq \varnothing$이므로 $P \cap Q \neq \varnothing$

$R^C \cup Q = U$에서 $R \cap Q^C = \varnothing$, $R-Q=\varnothing$

$\therefore R \subset Q$

ㄱ. $P \cap Q \neq \varnothing$이므로 $P \not\subset Q^C$

따라서 $p \longrightarrow \sim q$는 거짓인 명제이다.

ㄴ. $R \subset Q$이므로 $Q^C \subset R^C$

따라서 $\sim q \longrightarrow \sim r$은 참인 명제이다.

ㄷ. $R \subset Q$이고 $P \cap R \neq \varnothing$인 경우, 즉 오른쪽 벤 다이어그램에서 $P-Q \neq P$이고 $R^C \cup Q = U$이지만 $P \not\subset R^C$

따라서 $p \longrightarrow \sim r$은 거짓인 명제이다.

이상에서 참인 명제는 ㄴ뿐이다.

388
명제의 역과 대우의 참, 거짓

(전략) 조건 (나)에서 명제 '$(a-2)^2 \not\in A$이면 $a \not\in A$'가 참이므로 이 명제의 대우도 참임을 이용한다.

(풀이) 조건 (가)에서 $0 \in A$

조건 (나)에서 명제 '$(a-2)^2 \not\in A$이면 $a \not\in A$'가 참이므로 이 명제의 대우인 '$a \in A$이면 $(a-2)^2 \in A$'도 참이다.

$0 \in A$이므로

$(0-2)^2 \in A$ $\therefore 4 \in A$

또, $4 \in A$이므로 $(4-2)^2 \in A$ $\therefore 4 \in A$

$\therefore \{0, 4\} \subset A$

조건 (다)에서 $n(A)=3$이므로

$A=\{0, 4, k\}$ $(k \neq 0, k \neq 4)$

라 하면 $k \in A$이면 $(k-2)^2 \in A$이므로 $(k-2)^2$의 값은 $0, 4, k$ 중 하나이다.

(ⅰ) $(k-2)^2 = 0$일 때, $k=2$

(ⅱ) $(k-2)^2 = 4$일 때,
$k-2=2$ 또는 $k-2=-2$
$\therefore k=4$ 또는 $k=0$
따라서 $k \neq 0$, $k \neq 4$에 모순이다.

(ⅲ) $(k-2)^2 = k$일 때,
$k^2 - 5k + 4 = 0$, $(k-1)(k-4)=0$

$\therefore k=1 \ (\because k \neq 4)$

(i), (ii), (iii)에서 $k=1$ 또는 $k=2$

따라서 집합 A가 될 수 있는 것은 $\{0, 1, 4\}$, $\{0, 2, 4\}$의 2개이다.

389

충분조건, 필요조건, 필요충분조건

[전략] $B \subset A$를 만족시키는 집합 A, B를 수직선 위에 나타내어 본다.

[풀이] $x^2 - a^2 > 0$에서 $(x+a)(x-a) > 0$

$\therefore x < -a$ 또는 $x > a$

$\therefore A = \{x \mid x < -a$ 또는 $x > a\}$

$|x-1| \leq b$에서 $-b \leq x-1 \leq b$

$\therefore -b+1 \leq x \leq b+1$

$\therefore B = \{x \mid -b+1 \leq x \leq b+1\}$

이때 $B \subset A$를 만족시키도록 수직선 위에 집합 A, B를 나타내면 다음 그림과 같다.

(i) $a < -b+1$일 때,

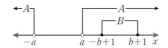

$\therefore a+b < 1$

(ii) $b+1 < -a$일 때,

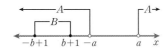

$\therefore a+b < -1$

그런데 a, b는 양수이므로 $a+b < -1$을 만족시키는 양수 a, b의 값은 존재하지 않는다.

(i), (ii)에서 $a+b < 1$

390

충분조건, 필요조건, 필요충분조건

[전략] 세 조건 p, q, r을 만족시키는 a, b의 조건을 구해 본다.

[풀이] ㄱ. ab가 홀수이면 a, b는 모두 홀수이므로 $a+b$는 짝수이다.

$\therefore p \Longrightarrow q$

한편, $a=2$, $b=4$이면 $a+b=6$이므로 $a+b$는 짝수이지만 ab도 짝수이다.

즉, 명제 $q \longrightarrow p$는 거짓이다.

따라서 p는 q이기 위한 충분조건이지만 필요조건이 아니다.

(참)

ㄴ. $a+b$가 짝수이면 a, b는 모두 짝수이거나 모두 홀수이므로 a^2+b^2은 짝수이다.

$\therefore q \Longrightarrow r$

a^2+b^2이 짝수이면 a, b는 모두 짝수이거나 모두 홀수이므로 $a+b$는 짝수이다.

$\therefore r \Longrightarrow q$

즉, $q \Longrightarrow r$이고 $r \Longrightarrow q$이므로 $q \Longleftrightarrow r$

따라서 q는 r이기 위한 필요충분조건이다. (참)

ㄷ. ㄱ, ㄴ에서 $p \Longrightarrow q$이고 $q \Longleftrightarrow r$이므로 $p \Longrightarrow r$이다.

$\therefore \sim r \Longrightarrow \sim p$

한편, $a=2$, $b=4$이면 $a^2+b^2=2^2+4^2=20$이므로 a^2+b^2은 짝수이지만 ab는 홀수가 아니다.

즉, 명제 $r \longrightarrow p$는 거짓이므로 대우인 $\sim p \longrightarrow \sim r$도 거짓이다.

따라서 $\sim r$은 $\sim p$이기 위한 충분조건이지만 필요조건은 아니다. (거짓)

이상에서 옳은 것은 ㄱ, ㄴ이다.

391

충분조건, 필요조건이 되도록 하는 상수 구하기

[전략] 이차부등식을 포함한 두 문장이 참인 명제가 되도록 하는 진리집합을 생각한다.

[풀이] 실수 전체의 집합을 U라 하고, 두 조건 p, q의 진리집합을 각각 P, Q라 하자.

'모든 실수 x에 대하여 p이다.'가 참인 명제가 되려면 $P=U$이어야 한다.

즉, 모든 실수 x에 대하여 $x^2+2ax+1 \geq 0$이어야 하므로 이차방정식 $x^2+2ax+1=0$의 판별식을 D_1이라 하면

$\dfrac{D_1}{4} = a^2 - 1 \leq 0$

$(a+1)(a-1) \leq 0$

$\therefore -1 \leq a \leq 1$

이때 정수 a는 -1, 0, 1의 3개이다.

'p는 $\sim q$이기 위한 충분조건이다.'가 참인 명제가 되려면 $P \subset Q^C$이어야 하고 $P=U$이므로 $Q^C=U$이다.

즉, 모든 실수 x에 대하여 $x^2+2bx+9 > 0$이어야 하므로 이차방정식 $x^2+2bx+9=0$의 판별식을 D_2라 하면

$\dfrac{D_2}{4} = b^2 - 9 < 0$

$(b+3)(b-3) < 0$

$\therefore -3 < b < 3$

이때 정수 b는 -2, -1, 0, 1, 2의 5개이다.

따라서 정수 a, b의 순서쌍 (a, b)의 개수는

$3 \times 5 = 15$

도전 1등급 최고난도 ●98쪽

392 -5 **393** $\dfrac{7}{3}$ **394** ③

392

명제가 참이 될 조건

[1단계] 두 명제 $p \longrightarrow q$와 $p \longrightarrow \sim q$를 모두 만족시키는 실수 a의 값의 범위를 구한다.

세 조건 p, q, r의 진리집합을 각각 P, Q, R이라 하면 두 명제 $p \longrightarrow q$와 $p \longrightarrow \sim q$가 모두 참이 되어야 하므로 $P \subset Q$이고 $P \subset Q^C$, 즉 $P=\varnothing$이 되어야 한다.

즉, 모든 실수 x에 대하여 $x^2+2ax+9\geq0$이므로 이차방정식 $x^2+2ax+9=0$의 판별식을 D라 하면

$$\frac{D}{4}=a^2-9\leq0,\ (a+3)(a-3)\leq0$$

$$\therefore\ -3\leq a\leq3 \qquad\qquad \cdots\cdots\ ㉠$$

(2단계) 명제 $\sim r \longrightarrow \sim q$를 만족시키는 실수 a의 값의 범위를 구한다.

$\sim r:\ x=4$이므로 $R^C=\{4\}$

$\sim q:\ |x-a|>2$에서 $x-a<-2$ 또는 $x-a>2$

$\therefore\ x<a-2$ 또는 $x>a+2$

$\therefore\ Q^C=\{x\,|\,x$는 $x<a-2$ 또는 $x>a+2$인 실수$\}$

명제 $\sim r \longrightarrow \sim q$가 참이 되려면 $R^C\subset Q^C$이 되어야 하므로

$a-2>4$ 또는 $a+2<4$

$\therefore\ a<2$ 또는 $a>6$ $\qquad\qquad \cdots\cdots\ ㉡$

(3단계) 명제 $p \longrightarrow q,\ p \longrightarrow \sim q,\ \sim r \longrightarrow \sim q$가 모두 참이 되도록 하는 정수 a의 값의 합을 구한다.

명제 $p \longrightarrow q,\ p \longrightarrow \sim q,\ \sim r \longrightarrow \sim q$가 모두 참이 되어야 하므로 ㉠, ㉡에서

$$-3\leq a<2$$

따라서 모든 정수 a의 값의 합은

$$(-3)+(-2)+(-1)+0+1=-5$$

393

충분조건, 필요조건이 되도록 하는 상수 구하기

(1단계) p는 $\sim q$이기 위한 진리집합 사이의 포함 관계를 구한다.

두 조건 $p,\ q$의 진리집합을 각각 $P,\ Q$라 할 때, p는 $\sim q$이기 위한 충분조건이 되려면 $P\subset Q^C$이어야 하므로

$$P\cap Q=\varnothing$$

(2단계) $P\cap Q=\varnothing$이기 위한 k의 값의 범위를 구한다.

$p:\ 3y=4x$에서 $4x-3y=0$

$q:\ (x-k)^2+(y-k+1)^2=(k-1)^2$은 중심의 좌표가 $(k,\ k-1)$이고 반지름의 길이가 $|k-1|$인 원이다.

이때 $P\cap Q=\varnothing$이기 위해서는 원의 중심 $(k,\ k-1)$과 직선 $4x-3y=0$ 사이의 거리가 원의 반지름의 길이 $|k-1|$보다 커야 한다.

따라서 점 $(k,\ k-1)$과 직선 $4x-3y=0$ 사이의 거리 d는

$$d=\frac{|4\times k-3\times(k-1)|}{\sqrt{4^2+(-3)^2}}=\frac{|k+3|}{5}$$

이므로

$$\frac{|k+3|}{5}>|k-1|$$

$$|k+3|>5|k-1|$$

양변을 제곱하면

$$(k+3)^2>25(k-1)^2,\ 24k^2-56k+16<0$$

$$3k^2-7k+2<0,\ (3k-1)(k-2)<0$$

$$\therefore\ \frac{1}{3}<k<2$$

(3단계) $a+b$의 값을 구한다.

따라서 $a=\dfrac{1}{3},\ b=2$이므로

$$a+b=\frac{1}{3}+2=\frac{7}{3}$$

394

충분조건, 필요조건, 필요충분조건

(1단계) 두 조건 $p,\ q$의 진리집합을 각각 좌표평면에 나타내어 본다.

두 조건 $p,\ q$의 진리집합을 각각 $P,\ Q$라 하면

$p:\ |x|\leq3,\ |y|\leq3$에서

$-3\leq x\leq3,\ -3\leq y\leq3$

$\therefore\ P=\{(x,\ y)\,|\,-3\leq x\leq3,\ -3\leq y\leq3\}$

즉, 집합 P를 좌표평면에 나타내면 오른쪽 그림과 같이 네 점 $(3,\ 3),\ (-3,\ 3),\ (-3,\ -3),\ (3,\ -3)$을 꼭짓점으로 하는 정사각형의 경계와 내부이다.

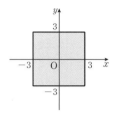

$q:\ |x-a|\leq1,\ |y-b|\leq1$에서

$-1\leq x-a\leq1,\ -1\leq y-b\leq1$

$\therefore\ a-1\leq x\leq a+1,\ b-1\leq y\leq b+1$

$\therefore\ Q=\{(x,\ y)\,|\,a-1\leq x\leq a+1,\ b-1\leq y\leq b+1\}$

즉, 집합 Q를 좌표평면에 나타내면 오른쪽 그림과 같이 네 점 $(a-1,\ b-1),\ (a+1,\ b-1),$ $(a+1,\ b+1),\ (a-1,\ b+1)$을 꼭짓점으로 하는 정사각형의 경계와 내부이다.

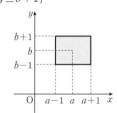

(2단계) p는 q이기 위한 필요조건이 되도록 하는 $a,\ b$의 값의 범위를 구한다.

p는 q이기 위한 필요조건이려면 $Q\subset P$이어야 하므로

$-3\leq a-1,\ a+1\leq3,\ -3\leq b-1,\ b+1\leq3$

이어야 한다.

$-3\leq a-1,\ a+1\leq3$에서

$-2\leq a\leq2$ $\qquad\qquad \cdots\cdots\ ㉠$

$-3\leq b-1,\ b+1\leq3$에서

$-2\leq b\leq2$ $\qquad\qquad \cdots\cdots\ ㉡$

따라서 좌표평면에서 ㉠, ㉡을 동시에 만족시키는 점 $(a,\ b)$가 나타내는 영역은 오른쪽 그림과 같이 네 점 $(2,\ 2),\ (-2,\ 2),\ (-2,\ -2),\ (2,\ -2)$를 꼭짓점으로 하는 정사각형의 경계와 내부이다.

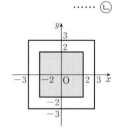

따라서 구하는 영역의 넓이는

$$4\times4=16$$

08 명제의 증명

유형 분석 기출 ────────── ● 100쪽 ~ 103쪽

395 (가) $3k$ (나) k^2+k (다) 9		**396** 풀이 참조
397 (가) 유리수 (나) 무리수 (다) 0		**398** (가) 1 (나) 서로소
399 (가) $ab+bc+ca$ (나) $\geq$ (다) $a=b=c$		**400** ③
401 2	**402** ②	**403** $\dfrac{\sqrt{10}}{4}$ **404** ④ **405** ①
406 -15	**407** ④	**408** ① **409** 8
410 $-10\sqrt{13}$	**411** 5	**412** ④ **413** 4
414 ②	**415** ④	

395

주어진 명제의 대우는 '자연수 n에 대하여 n이 3의 배수이면 n^2+3n은 9의 배수이다.'이다.

$n=\boxed{3k}$ (k는 자연수)라 하면

$n^2+3n=(\boxed{3k})^2+3\times\boxed{3k}$
$\qquad\quad=9(\boxed{k^2+k})$

이때 $\boxed{k^2+k}$는 자연수이므로 n^2+3n은 $\boxed{9}$의 배수이다.

따라서 주어진 명제의 대우가 참이므로 주어진 명제도 참이다.

∴ (가) $3k$, (나) k^2+k, (다) 9

396

주어진 명제의 대우는 '자연수 x, y에 대하여 xy가 홀수이면 x^2+y^2은 짝수이다.'이다.

xy가 홀수이면 x, y는 모두 홀수이므로

$x=2m-1$, $y=2n-1$ (m, n은 자연수)

로 나타낼 수 있다. 이때

$x^2+y^2=(2m-1)^2+(2n-1)^2$
$\qquad\quad=4m^2-4m+1+4n^2-4n+1$
$\qquad\quad=2(2m^2-2m+2n^2-2n+1)$

이므로 x^2+y^2은 짝수이다.

따라서 주어진 명제의 대우가 참이므로 주어진 명제도 참이다.

397

$b\neq0$이라 가정하면

$b\sqrt{2}=-a$

$\therefore \sqrt{2}=-\dfrac{a}{b}$

이때 a, b는 유리수이므로 $-\dfrac{a}{b}$도 $\boxed{\text{유리수}}$가 되어 $\sqrt{2}$가 $\boxed{\text{유리수}}$가 된다.

이것은 $\sqrt{2}$가 $\boxed{\text{무리수}}$라는 사실에 모순되므로 $b=0$이다.

$b=0$을 $a+b\sqrt{2}=0$에 대입하여 정리하면 $a=\boxed{0}$이 성립한다.

따라서 유리수 a, b에 대하여 $a+b\sqrt{2}=0$이면 $a=0$이고 $b=0$이다.

∴ (가) 유리수, (나) 무리수, (다) 0

398

소수의 개수가 유한하다고 가정하면 모든 소수를 크기 순으로 나열하여 p_1, p_2, $\cdots$, p_n과 같이 쓸 수 있다.

이제 $P=p_1\times p_2\times\cdots\times p_n+\boxed{1}$이라는 새로운 수 P를 생각해 보자.

P를 p_1으로 나누었을 때의 나머지는 1이다.

P를 p_2로 나누었을 때의 나머지는 1이다.

$\qquad\qquad\vdots$

P를 p_n으로 나누었을 때의 나머지는 1이다.

즉, P는 어떤 소수로도 나누어떨어지지 않으므로 모든 소수와 $\boxed{\text{서로소}}$이다.

이것은 P가 p_1, p_2, $\cdots$, p_n과 서로 다른 소수이거나 다른 소수의 곱으로 되어 있음을 의미하므로 p_1, p_2, $\cdots$, p_n이 모든 소수를 나열한 것이라는 가정에 모순이다.

따라서 소수는 무한히 많다.

∴ (가) 1, (나) 서로소

399

$a^2+b^2+c^2-ab-bc-ca$

$=\dfrac{1}{2}\{2a^2+2b^2+2c^2-2(\boxed{ab+bc+ca})\}$

$=\dfrac{1}{2}\{(a^2-2ab+b^2)+(b^2-2bc+c^2)+(c^2-2ca+a^2)\}$

$=\dfrac{1}{2}\{(a-b)^2+(b-c)^2+(c-a)^2\}$

a, b, c가 실수이므로

$(a-b)^2\geq0$, $(b-c)^2\geq0$, $(c-a)^2\geq0$

따라서 $a^2+b^2+c^2-ab-bc-ca\boxed{\geq}0$이므로

$a^2+b^2+c^2\boxed{\geq}ab+bc+ca$

이때 등호는 $a-b=0$, $b-c=0$, $c-a=0$, 즉 $\boxed{a=b=c}$일 때 성립한다.

∴ (가) $ab+bc+ca$, (나) $\geq$, (다) $a=b=c$

1등급 비법

부등식 $A\geq B$를 증명할 때

① A, B가 다항식이면 $A-B\geq0$임을 보인다.

② A, B가 절댓값 기호나 근호를 포함한 식이면 $A^2-B^2\geq0$임을 보인다.

400

ㄱ. $(|a|+|b|)^2-|a-b|^2$

$=(|a|^2+2|a||b|+|b|^2)-(a-b)^2$

$=(a^2+2|ab|+b^2)-(a^2-2ab+b^2)$

$=2(|ab|+ab)\geq0\ (\because|ab|\geq ab)$

$\therefore (|a|+|b|)^2\geq|a-b|^2$

그런데 $|a|+|b|\geq0$, $|a-b|\geq0$이므로

$|a|+|b|\geq|a-b|$ (단, 등호는 $|ab|=-ab$일 때 성립) (참)

ㄴ. (i) $|a| \geq |b|$일 때,

$(|a| - |b|)^2 - |a - b|^2$

$= (|a|^2 - 2|a||b| + |b|^2) - (a-b)^2$

$= (a^2 - 2|ab| + b^2) - (a^2 - 2ab + b^2)$

$= 2(ab - |ab|) \leq 0 \ (\because ab \leq |ab|)$

$\therefore (|a| - |b|)^2 \leq |a - b|^2$

그런데 $|a| - |b| \geq 0$, $|a - b| \geq 0$이므로

$|a| - |b| \leq |a - b|$

(ii) $|a| < |b|$일 때,

$|a| - |b| < 0$, $|a - b| > 0$이므로

$|a| - |b| < |a - b|$

(i), (ii)에서

$|a| - |b| \leq |a - b|$ (단, 등호는 $|ab| = ab$일 때 성립) (참)

ㄷ. [반례] $a = 1$, $b = -1$이면

$|a + b| = 0$, $|a - b| = 2$

$\therefore |a + b| < |a - b|$

이상에서 항상 옳은 것은 ㄱ, ㄴ이다.

1등급 비법

절댓값 기호를 포함한 식의 대소 관계를 구할 때는
$$A > 0,\ B > 0일\ 때,\ A^2 - B^2 > 0 \Longleftrightarrow A > B$$
임을 이용한다.

401

$\dfrac{2}{a} + \dfrac{1}{b} = \dfrac{a + 2b}{ab} = \dfrac{4}{ab}$ ...... ㉠

한편, $a > 0$, $2b > 0$이므로 산술평균과 기하평균의 관계에 의하여

$a + 2b \geq 2\sqrt{2ab}$

이때 $a + 2b = 4$이므로

$4 \geq 2\sqrt{2ab}$

$\therefore \sqrt{2ab} \leq 2$ (단, 등호는 $a = 2b$일 때 성립)

양변을 제곱하면

$2ab \leq 4$

$\therefore ab \leq 2$

즉, $\dfrac{1}{ab} \geq \dfrac{1}{2}$이므로

$\dfrac{4}{ab} \geq 2$

따라서 ㉠에서 $\dfrac{2}{a} + \dfrac{1}{b}$의 최솟값은 2이다.

다른 풀이 $a > 0$, $b > 0$이므로 산술평균과 기하평균의 관계에 의하여

$(a + 2b)\left(\dfrac{2}{a} + \dfrac{1}{b}\right) = 2 + \dfrac{a}{b} + \dfrac{4b}{a} + 2$

$= 4 + \dfrac{a}{b} + \dfrac{4b}{a}$

$\geq 4 + 2\sqrt{\dfrac{a}{b} \times \dfrac{4b}{a}}$

$= 4 + 2 \times 2$

$= 8 \left(단,\ 등호는\ \dfrac{a}{b} = \dfrac{4b}{a}일\ 때\ 성립\right)$

이때 $a + 2b = 4$이므로

$4\left(\dfrac{2}{a} + \dfrac{1}{b}\right) \geq 8$

$\therefore \dfrac{2}{a} + \dfrac{1}{b} \geq 2$

따라서 $\dfrac{2}{a} + \dfrac{1}{b}$의 최솟값은 2이다.

402

$5a > 0$, $b > 0$이므로

$5a + b \geq 2\sqrt{5ab}$

그런데 $5a + b = 10$이므로

$10 \geq 2\sqrt{5ab}$

$\therefore \sqrt{5ab} \leq 5$

양변을 제곱하면

$5ab \leq 25$

$\therefore ab \leq 5$

이때 등호는 $5a = b$일 때 성립하고 ab는 최댓값 5를 갖는다.

$\therefore M = 5$

$b = 5a$를 $5a + b = 10$에 대입하면

$5a + 5a = 10$ $\therefore a = 1$

$\therefore b = 5a = 5$

따라서 $\alpha = 1$, $\beta = 5$이므로

$M + \alpha + \beta = 5 + 1 + 5 = 11$

1등급 비법

$A > 0$, $B > 0$이라는 조건이 주어지고, $A + B$의 값이 일정할 때 AB의 최댓값을 구하는 문제나, AB의 값이 일정할 때 $A + B$의 최솟값을 구하는 문제는 대부분 산술평균과 기하평균의 관계를 이용하여 해결한다.

403

$x^2 > 0$, $y^2 > 0$이므로 산술평균과 기하평균의 관계에 의하여

$3x^2 + 12y^2 \geq 2\sqrt{3x^2 \times 12y^2}$

$\qquad\qquad = 2 \times 6xy = 12xy$

그런데 $3x^2 + 12y^2 = 15$이므로

$15 \geq 12xy$

$\therefore xy \leq \dfrac{5}{4}$

이때 $x > 0$, $y > 0$이므로 등호는 $3x^2 = 12y^2$, 즉 $x = 2y$일 때 성립하고 $3x^2 + 12y^2 = 15$이므로

$3x^2 = \dfrac{15}{2}$, $12y^2 = \dfrac{15}{2}$

$\therefore x = \dfrac{\sqrt{10}}{2}$, $y = \dfrac{\sqrt{10}}{4}$

따라서 xy는 $x = \dfrac{\sqrt{10}}{2}$, $y = \dfrac{\sqrt{10}}{4}$일 때 최댓값 $\dfrac{5}{4}$를 가지므로

$\alpha = \dfrac{\sqrt{10}}{2}$, $\beta = \dfrac{\sqrt{10}}{4}$

$\therefore \alpha - \beta = \dfrac{\sqrt{10}}{2} - \dfrac{\sqrt{10}}{4} = \dfrac{\sqrt{10}}{4}$

404

$a>0$, $b>0$에서 $ab>0$, $\dfrac{1}{ab}>0$이므로 산술평균과 기하평균의 관계에 의하여

$$\left(a+\dfrac{1}{b}\right)\left(\dfrac{4}{a}+b\right)=4+ab+\dfrac{4}{ab}+1$$

$$=5+ab+\dfrac{4}{ab}$$

$$\geq 5+2\sqrt{ab\times\dfrac{4}{ab}}$$

$$=5+2\times 2$$

$$=9 \left(\text{단, 등호는 } ab=\dfrac{4}{ab}\text{일 때 성립}\right)$$

따라서 $\left(a+\dfrac{1}{b}\right)\left(\dfrac{4}{a}+b\right)$의 최솟값은 9이다.

오답 피하기 주어진 식을 전개하지 않고 각각 산술평균과 기하평균의 관계를 이용하여 풀지 않도록 주의한다.

$a+\dfrac{1}{b}\geq 2\sqrt{a\times\dfrac{1}{b}}$에서는 $a=\dfrac{1}{b}$, 즉 $ab=1$일 때 등호가 성립하고,

$\dfrac{4}{a}+b\geq 2\sqrt{\dfrac{4}{a}\times b}$에서는 $\dfrac{4}{a}=b$, 즉 $ab=4$일 때 등호가 성립한다.

이것을 동시에 만족시키는 양수 a, b는 존재하지 않으므로 최솟값 8을 만족시키는 양수 a, b가 존재하지 않는다.

405

$x>0$에서 $x^2+4>0$이므로 산술평균과 기하평균의 관계에 의하여

$$x+\dfrac{4}{x}+\dfrac{25x}{x^2+4}=\dfrac{x^2+4}{x}+\dfrac{25x}{x^2+4}$$

$$\geq 2\sqrt{\dfrac{x^2+4}{x}\times\dfrac{25x}{x^2+4}}$$

$$=2\times 5$$

$$=10 \left(\text{단, 등호는 } \dfrac{x^2+4}{x}=\dfrac{25x}{x^2+4}\text{일 때 성립}\right)$$

따라서 $x+\dfrac{4}{x}+\dfrac{25x}{x^2+4}$의 최솟값은 10이다.

406

$a^2>0$이므로 산술평균과 기하평균의 관계에 의하여

$$\left(a-\dfrac{5}{a}\right)\left(5a-\dfrac{1}{a}\right)=5a^2-1-25+\dfrac{5}{a^2}$$

$$=-26+5a^2+\dfrac{5}{a^2}$$

$$\geq -26+2\sqrt{5a^2\times\dfrac{5}{a^2}}$$

$$=-26+2\times 5$$

$$=-16$$

따라서 $\left(a-\dfrac{5}{a}\right)\left(5a-\dfrac{1}{a}\right)$의 최솟값은 -16이므로

$m=-16$

이때 등호는 $5a^2=\dfrac{5}{a^2}$, 즉 $a^4=1$일 때 성립하므로

$a=1$ $(\because a>0)$

따라서 $k=1$이므로

$m+k=-16+1=-15$

407

$a>0$, $b>0$, $c>0$이므로 산술평균과 기하평균의 관계에 의하여

$$\dfrac{b}{a}+\dfrac{c}{b}\geq 2\sqrt{\dfrac{b}{a}\times\dfrac{c}{b}}$$

$$=2\sqrt{\dfrac{c}{a}} \qquad\qquad \cdots\cdots \text{㉠}$$

$$\dfrac{c}{b}+\dfrac{a}{c}\geq 2\sqrt{\dfrac{c}{b}\times\dfrac{a}{c}}$$

$$=2\sqrt{\dfrac{a}{b}} \qquad\qquad \cdots\cdots \text{㉡}$$

$$\dfrac{a}{c}+\dfrac{b}{a}\geq 2\sqrt{\dfrac{a}{c}\times\dfrac{b}{a}}$$

$$=2\sqrt{\dfrac{b}{c}} \qquad\qquad \cdots\cdots \text{㉢}$$

㉠, ㉡, ㉢을 변끼리 곱하면

$$\left(\dfrac{b}{a}+\dfrac{c}{b}\right)\left(\dfrac{c}{b}+\dfrac{a}{c}\right)\left(\dfrac{a}{c}+\dfrac{b}{a}\right)\geq 8\sqrt{\dfrac{c}{a}\times\dfrac{a}{b}\times\dfrac{b}{c}}$$

$$=8 \text{ (단, 등호는 } a=b=c\text{일 때 성립)}$$

따라서 $\left(\dfrac{b}{a}+\dfrac{c}{b}\right)\left(\dfrac{c}{b}+\dfrac{a}{c}\right)\left(\dfrac{a}{c}+\dfrac{b}{a}\right)$의 최솟값은 8이다.

408

$x\neq 0$이므로

$$\dfrac{x}{x^2+8x+16}=\dfrac{1}{x+8+\dfrac{16}{x}} \qquad\qquad \cdots\cdots \text{㉠}$$

이때 $x>0$이므로

$$x+8+\dfrac{16}{x}=x+\dfrac{16}{x}+8$$

$$\geq 2\sqrt{x\times\dfrac{16}{x}}+8$$

$$=2\times 4+8$$

$$=16 \left(\text{단, 등호는 } x=\dfrac{16}{x}, \text{ 즉 } x=4\text{일 때 성립}\right)$$

㉠에서 $\dfrac{1}{x+8+\dfrac{16}{x}}\leq\dfrac{1}{16}$

따라서 $\dfrac{x}{x^2+8x+16}$의 최댓값은 $\dfrac{1}{16}$이다.

409

두 직선 $y=f(x)$, $y=g(x)$의 기울기가 각각 $\dfrac{a}{2}$, $\dfrac{1}{b}$이고

두 직선이 서로 평행하므로

$\dfrac{a}{2}=\dfrac{1}{b}$에서 $ab=2$

$2a>0$, $b>0$이므로 산술평균과 기하평균의 관계에 의하여

$$(a+1)(b+2)=ab+2a+b+2$$

$$=4+2a+b$$

$$\geq 4+2\sqrt{2ab}$$

$$=4+2\times 2$$

$$=8 \text{ (단, 등호는 } 2a=b\text{일 때 성립)}$$

따라서 $(a+1)(b+2)$의 최솟값은 8이다.

410

코시-슈바르츠의 부등식에 의하여

$(2^2+3^2)(a^2+b^2) \geq (2a+3b)^2$

이때 $a^2+b^2=100$이므로

$13 \times 100 \geq (2a+3b)^2$

$(2a+3b)^2 \leq 1300$

$\therefore -10\sqrt{13} \leq 2a+3b \leq 10\sqrt{13}$ (단, 등호는 $\dfrac{a}{2}=\dfrac{b}{3}$일 때 성립)

따라서 $2a+3b$의 최솟값은 $-10\sqrt{13}$이다.

411

코시-슈바르츠의 부등식에 의하여

$(1^2+2^2)\{(\sqrt{a})^2+(\sqrt{b})^2\} \geq (\sqrt{a}+2\sqrt{b})^2$

$5(a+b) \geq (\sqrt{a}+2\sqrt{b})^2$

이때 $a+b=5$이므로

$5 \times 5 \geq (\sqrt{a}+2\sqrt{b})^2$, $(\sqrt{a}+2\sqrt{b})^2 \leq 25$

그런데 $\sqrt{a} \geq 0$, $2\sqrt{b} \geq 0$이므로

$0 \leq \sqrt{a}+2\sqrt{b} \leq 5$ (단, 등호는 $\sqrt{a}=\dfrac{\sqrt{b}}{2}$일 때 성립)

따라서 $\sqrt{a}+2\sqrt{b}$의 최댓값은 5이다.

412

직사각형 전체의 가로의 길이를 x cm, 세로의 길이를 y cm라 하면 철사의 길이는 12 cm이므로

(철사의 길이)$=2x+5y=12$ (cm)

(직사각형 전체의 넓이)$=xy$ (cm²)

$x>0$, $y>0$이므로 산술평균과 기하평균의 관계에 의하여

$2x+5y \geq 2\sqrt{2x \times 5y}$

$= 2\sqrt{10xy}$ (단, 등호는 $2x=5y$일 때 성립)

이때 $2x+5y=12$이므로

$12 \geq 2\sqrt{10xy}$, $36 \geq 10xy$

$\therefore xy \leq \dfrac{18}{5}$

따라서 직사각형 전체의 넓이의 최댓값은 $\dfrac{18}{5}$ cm²이다.

413

직각삼각형에서 직각을 낀 두 변의 길이를 x, y라 하면 $x>0$, $y>0$

직각삼각형의 빗변의 길이가 4이므로 피타고라스 정리에 의하여

$\sqrt{x^2+y^2}=4$ $\therefore x^2+y^2=16$

$x^2>0$, $y^2>0$이므로 산술평균과 기하평균의 관계에 의하여

$x^2+y^2 \geq 2\sqrt{x^2y^2}$

$= 2xy$

이때 $x^2+y^2=16$이므로

$16 \geq 2xy$ $\therefore xy \leq 8$

직각삼각형의 넓이는 $\dfrac{1}{2}xy$이고

$\dfrac{1}{2}xy \leq \dfrac{1}{2} \times 8 = 4$

이므로 넓이의 최댓값은 4이다.

414

직선 OP의 기울기는 $\dfrac{b}{a}$이므로 점 $P(a, b)$를 지나고 직선 OP에 수직인 직선의 방정식은

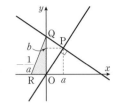

$y-b=-\dfrac{a}{b}(x-a)$

$\therefore y=-\dfrac{a}{b}x+\dfrac{a^2}{b}+b$

$\therefore Q\left(0, \dfrac{a^2}{b}+b\right)$

삼각형 OQR의 넓이는

$\dfrac{1}{2} \times \dfrac{1}{a} \times \left(\dfrac{a^2}{b}+b\right) = \dfrac{1}{2}\left(\dfrac{a}{b}+\dfrac{b}{a}\right)$

$a>0$, $b>0$이므로 산술평균과 기하평균의 관계에 의하여

$\dfrac{1}{2}\left(\dfrac{a}{b}+\dfrac{b}{a}\right) \geq \dfrac{1}{2} \times 2\sqrt{\dfrac{a}{b} \times \dfrac{b}{a}}$

$= 1$ (단, 등호는 $\dfrac{a}{b}=\dfrac{b}{a}$, 즉 $a=b$일 때 성립)

따라서 삼각형 OQR의 넓이의 최솟값은 1이다.

> **개념 보충**
>
> 수직인 두 직선의 기울기의 곱은 항상 -1이다.

415

직사각형의 가로, 세로의 길이를 각각 x, y라 하면 직사각형의 대각선의 길이가 3이므로

$x^2+y^2=9$

x, y가 실수이므로 코시-슈바르츠의 부등식에 의하여

$(1^2+1^2)(x^2+y^2) \geq (x+y)^2$

$2(x^2+y^2) \geq (x+y)^2$

이때 $x^2+y^2=9$이므로

$2 \times 9 \geq (x+y)^2$, $(x+y)^2 \leq 18$

그런데 $x>0$, $y>0$이므로

$0<x+y \leq 3\sqrt{2}$ (단, 등호는 $x=y$일 때 성립)

직사각형의 둘레의 길이는 $2(x+y)$이므로

$0<2(x+y) \leq 6\sqrt{2}$

따라서 직사각형의 둘레의 길이의 최댓값은 $6\sqrt{2}$이다.

● 104쪽

416 풀이 참조　　　　**417** 풀이 참조　　　　**418** 6

419 (1) $(a+x)(b+y)$ m²　(2) 54 m²

416

주어진 명제의 대우는 'x, y가 모두 유리수이면 $x+y$는 유리수이다.'이다. $\qquad$ ⑦

x, y가 모두 유리수이면

$x=\dfrac{b}{a}$, $y=\dfrac{d}{c}$ (a, b, c, d는 정수, $a\neq0$, $c\neq0$)

로 나타낼 수 있으므로

$x+y=\dfrac{b}{a}+\dfrac{d}{c}=\dfrac{ad+bc}{ac}$

이때 $ad+bc$와 ac는 정수이고, $ac\neq0$이므로 $x+y$는 유리수이다. $\qquad$ ⑭

따라서 주어진 명제의 대우가 참이므로 주어진 명제도 참이다. $\qquad$ ⑭

채점 기준	배점 비율
⑦ 주어진 명제의 대우 구하기	30 %
⑭ x, y가 모두 유리수일 때, $x+y$가 유리수임을 보이기	50 %
⑭ 대우가 참임을 이용하여 주어진 명제가 참임을 보이기	20 %

417

$$\left(\sqrt{\dfrac{a+b}{2}}\right)^2-\left(\dfrac{\sqrt{a}+\sqrt{b}}{2}\right)^2=\dfrac{a+b}{2}-\dfrac{a+2\sqrt{ab}+b}{4}$$
$$=\dfrac{a-2\sqrt{ab}+b}{4}$$
$$=\dfrac{(\sqrt{a}-\sqrt{b})^2}{4}\geq0 \qquad ⑦$$

$$\therefore \left(\sqrt{\dfrac{a+b}{2}}\right)^2\geq\left(\dfrac{\sqrt{a}+\sqrt{b}}{2}\right)^2 \qquad ⑭$$

그런데 $\sqrt{\dfrac{a+b}{2}}>0$, $\dfrac{\sqrt{a}+\sqrt{b}}{2}>0$이므로

$$\sqrt{\dfrac{a+b}{2}}\geq\dfrac{\sqrt{a}+\sqrt{b}}{2} \qquad ⑭$$

채점 기준	배점 비율
⑦ $\left(\sqrt{\dfrac{a+b}{2}}\right)^2-\left(\dfrac{\sqrt{a}+\sqrt{b}}{2}\right)^2$의 부호 알아보기	40 %
⑭ $\left(\sqrt{\dfrac{a+b}{2}}\right)^2$과 $\left(\dfrac{\sqrt{a}+\sqrt{b}}{2}\right)^2$의 대소 비교하기	30 %
⑭ 주어진 부등식이 성립함을 보이기	30 %

418

$$x-1+\dfrac{4}{x-3}=(x-3)+2+\dfrac{4}{x-3} \qquad ⑦$$

이때 $x>3$에서 $x-3>0$이므로 산술평균과 기하평균의 관계에 의하여

$$x-1+\dfrac{4}{x-3}=2+(x-3)+\dfrac{4}{x-3}$$
$$\geq2+2\sqrt{(x-3)\times\dfrac{4}{x-3}} \qquad ⑭$$
$$=2+2\times2$$
$$=6\left(\text{단, 등호는 } x-3=\dfrac{4}{x-3} \text{일 때 성립}\right)$$

따라서 $x-1+\dfrac{4}{x-3}$ 의 최솟값은 6이다. $\qquad$ ⑭

채점 기준	배점 비율
⑦ 주어진 식을 변형하기	30 %
⑭ 산술평균과 기하평균의 관계 이용하기	40 %
⑭ 주어진 식의 최솟값 구하기	30 %

419

(1) 큰 직사각형의 가로의 길이는 $(a+x)$ m, 세로의 길이는 $(b+y)$ m이므로 넓이는

$(a+x)(b+y)$ m^2 $\qquad$ ⑦

(2) $ab=6$, $xy=24$이고 $a+x>0$, $b+y>0$이므로 산술평균과 기하평균의 관계에 의하여

$$(a+x)(b+y)=ab+ay+bx+xy$$
$$=6+ay+bx+24$$
$$=30+ay+bx$$
$$\geq30+2\sqrt{abxy}$$
$$=30+2\sqrt{6\times24}$$
$$=30+24$$
$$=54 \text{ (단, 등호는 } ay=bx\text{일 때 성립)}$$

따라서 큰 직사각형의 넓이의 최솟값은 54 m^{2}이다. $\qquad$ ⑭

	채점 기준	배점 비율
(1)	⑦ 큰 직사각형의 넓이를 a, b, x, y에 대한 식으로 나타내기	30 %
(2)	⑭ 큰 직사각형의 넓이의 최솟값 구하기	70 %

1등급 실력 완성 ● 105쪽

420 ③ **421** 25 **422** 154 **423** ⑤

420

귀류법

(전략) 귀류법을 이용하여 $\sqrt{n^2-1}$이 무리수임을 증명한다.

(풀이) $\sqrt{n^2-1}$이 유리수라고 가정하면

$\sqrt{n^2-1}=\dfrac{q}{p}$ (p, q는 서로소인 자연수)

로 놓을 수 있다.

이 식의 양변을 제곱하여 정리하면

$p^2(n^2-1)=q^2$

에서 p는 q^2의 약수이고 p, q는 서로소인 자연수이므로

$p=1$

따라서 $1^2\times(n^2-1)=q^2$이므로

$n^2=\boxed{q^2+1}$

자연수 k에 대하여

(i) $q=2k$일 때,

$n^2=(2k)^2+1=4k^2+1$이고

$(2k)^2<4k^2+1<\boxed{(2k+1)^2}$이므로

$(2k)^2 < n^2 < (2k+1)^2$

$\therefore 2k < n < 2k+1$

그런데 위의 부등식을 만족시키는 자연수 n은 존재하지 않는다.

(ii) $q=2k+1$일 때,

$n^2=(2k+1)^2+1=4k^2+2k+2$이고

$(2k+1)^2 < 4k^2+4k+2 < (2k+2)^2$이므로

$(2k+1)^2 < n^2 < (2k+2)^2$

$\therefore 2k+1 < n < 2k+2$

그런데 위의 부등식을 만족시키는 자연수 n은 존재하지 않는다.

(i), (ii)에 의하여 $\sqrt{n^2-1}=\dfrac{q}{p}$ (p, q는 서로소인 자연수)를 만족시키는 자연수 n은 존재하지 않는다.

따라서 $\sqrt{n^2-1}$은 무리수이다.

$f(q)=q^2+1$, $g(k)=(2k+1)^2$이므로

$f(2)+g(3)=5+49=54$

421

산술평균과 기하평균의 관계; 식의 전개, 식의 변형

(전략) 산술평균과 기하평균의 관계를 이용할 수 있도록 식을 변형한다.

(풀이) $x>2$, $y>3$에서 $x-2>0$, $y-3>0$이므로 산술평균과 기하평균의 관계에 의하여

$(x+y-5)\left(\dfrac{9}{x-2}+\dfrac{4}{y-3}\right)$

$=\{(x-2)+(y-3)\}\left(\dfrac{9}{x-2}+\dfrac{4}{y-3}\right)$

$=9+\dfrac{4(x-2)}{y-3}+\dfrac{9(y-3)}{x-2}+4$

$=13+\dfrac{4(x-2)}{y-3}+\dfrac{9(y-3)}{x-2}$

$\geq 13+2\sqrt{\dfrac{4(x-2)}{y-3}\times\dfrac{9(y-3)}{x-2}}$

$=13+2\times 6$

$=25\left(\text{단, 등호는 }\dfrac{4(x-2)}{y-3}=\dfrac{9(y-3)}{x-2}\text{일 때 성립}\right)$

따라서 $(x+y-5)\left(\dfrac{9}{x-2}+\dfrac{4}{y-3}\right)$의 최솟값은 25이다.

422

산술평균과 기하평균의 관계

(전략) 주어진 이차방정식이 허근을 가짐을 이용하여 a의 값의 범위를 구하고, 산술평균과 기하평균의 관계를 이용한다.

(풀이) 이차방정식 $x^2-4x+a=0$이 허근을 가지므로 이차방정식 $x^2-4x+a=0$의 판별식을 D라 하면

$\dfrac{D}{4}=4-a<0$

$\therefore a>4$

$a-4>0$이므로 산술평균과 기하평균의 관계에 의하여

$a-4+\dfrac{49}{a-4} \geq 2\sqrt{(a-4)\times\dfrac{49}{a-4}}$

$=2\times 7$

$=14$

이때 등호는 $a-4=\dfrac{49}{a-4}$, 즉 $(a-4)^2=49$일 때 성립하므로

$a-4=\pm 7$

$\therefore a=11$ ($\because a>4$)

따라서 $m=14$, $p=11$이므로

$mp=14\times 11=154$

423

절대부등식의 활용

(전략) 상자의 밑면의 세로의 길이를 x cm, 높이를 y cm로 놓고 부피의 식을 세워서 비용의 최솟값을 구한다.

(풀이) 직육면체 모양의 상자의 밑면의 세로의 길이를 x cm, 높이를 y cm라 하면

$16xy=6400$

$\therefore xy=400$

상자를 한 개 만드는 데 필요한 종이의 넓이는

(밑면의 넓이)$=16x$

(옆면의 넓이)$=2(16y+xy)$

$=32y+2xy$

이므로 종이를 구입하는 데 드는 비용은

$4\times 16x+8(32y+2xy)=64x+256y+16xy$

$=64(x+4y)+16\times 400$

$=64(x+4y)+6400$

$x>0$, $y>0$이므로 산술평균과 기하평균의 관계에 의하여

$x+4y \geq 2\sqrt{4xy}$

$=2\sqrt{4\times 400}=80$ (단, 등호는 $x=4y$일 때 성립)

따라서 상자를 한 개 만드는 데 드는 비용의 최솟값은

$64\times 80+6400=11520$(원)

● 106쪽

424 ③   **425** 12

424

절대부등식의 활용

[1단계] 두 점 A, M의 좌표를 각각 a에 대한 식으로 나타낸다.

점 A는 이차함수 $f(x)=x^2-2ax$의 그래프와 직선 $g(x)=\dfrac{2}{a}x$가 만나는 점이므로

$x^2-2ax=\dfrac{2}{a}x$

$x^2-\left(2a+\dfrac{2}{a}\right)x=0$

$x\left(x-2a-\dfrac{2}{a}\right)=0$

$$\therefore x = 2a + \frac{2}{a} \ (\because x > 0), \ y = \frac{2}{a} \times \left(2a + \frac{2}{a}\right) = 4 + \frac{4}{a^2}$$

$$\therefore A\left(2a + \frac{2}{a}, \ 4 + \frac{4}{a^2}\right)$$

즉, 선분 OA의 중점 M의 좌표는

$$\left(\frac{2a + \frac{2}{a} + 0}{2}, \ \frac{4 + \frac{4}{a^2} + 0}{2}\right) \text{에서} \left(a + \frac{1}{a}, \ 2 + \frac{2}{a^2}\right)$$

〔2단계〕 선분 MH의 길이는 점 M의 x좌표와 같음을 알고, 산술평균과 기하평균의 관계를 이용한다.

이때 점 H는 점 M에서 y축에 내린 수선의 발이므로 선분 MH의 길이는 점 M의 x좌표와 같다.

$a > 0$이므로 산술평균과 기하평균의 관계에 의하여

$$\overline{\text{MH}} = a + \frac{1}{a}$$

$$\geq 2\sqrt{a \times \frac{1}{a}}$$

$$= 2 \ \left(\text{단, 등호는 } a = \frac{1}{a}, \text{ 즉 } a = 1 \text{일 때 성립}\right)$$

따라서 선분 MH의 길이의 최솟값은 2이다.

425

절대부등식의 활용

〔1단계〕 피타고라스 정리를 이용하여 $\overline{\text{AC}}$의 길이를 구한다.

직각삼각형 ABC에서 피타고라스 정리에 의하여

$$\overline{\text{AC}}^2 = 3^2 + 4^2$$

$$\therefore \overline{\text{AC}} = 5 \ (\because \overline{\text{AC}} > 0)$$

〔2단계〕 삼각형의 넓이를 이용하여 식을 구한다.

직각삼각형 ABC의 넓이는

$$\frac{1}{2} \times 3 \times \overline{\text{PH}_1} + \frac{1}{2} \times 4 \times \overline{\text{PH}_2} + \frac{1}{2} \times 5 \times \overline{\text{PH}_3} = \frac{1}{2} \times 3 \times 4$$

$$\therefore 3\overline{\text{PH}_1} + 4\overline{\text{PH}_2} + 5\overline{\text{PH}_3} = 12 \qquad \cdots\cdots \ \text{㉠}$$

〔3단계〕 코시-슈바르츠의 부등식을 활용한다.

$$\{(\sqrt{3})^2 + (\sqrt{4})^2 + (\sqrt{5})^2\}$$
$$\times \{(\sqrt{3} \times \overline{\text{PH}_1})^2 + (\sqrt{4} \times \overline{\text{PH}_2})^2 + (\sqrt{5} \times \overline{\text{PH}_3})^2\}$$
$$\geq (3\overline{\text{PH}_1} + 4\overline{\text{PH}_2} + 5\overline{\text{PH}_3})^2$$

$$\therefore 12(3\overline{\text{PH}_1}^2 + 4\overline{\text{PH}_2}^2 + 5\overline{\text{PH}_3}^2) \geq (3\overline{\text{PH}_1} + 4\overline{\text{PH}_2} + 5\overline{\text{PH}_3})^2$$

$$(\text{단, 등호는 } \overline{\text{PH}_1} = \overline{\text{PH}_2} = \overline{\text{PH}_3} \text{일 때 성립}) \qquad \cdots\cdots \ \text{㉡}$$

〔4단계〕 주어진 식의 최솟값을 구한다.

㉠을 ㉡에 대입하면

$$12(3\overline{\text{PH}_1}^2 + 4\overline{\text{PH}_2}^2 + 5\overline{\text{PH}_3}^2) \geq 12^2$$

$$\therefore 3\overline{\text{PH}_1}^2 + 4\overline{\text{PH}_2}^2 + 5\overline{\text{PH}_3}^2 \geq 12$$

따라서 $3\overline{\text{PH}_1}^2 + 4\overline{\text{PH}_2}^2 + 5\overline{\text{PH}_3}^2$의 최솟값은 12이다.

Ⅲ 함수와 그래프

09 함수

유형 분석 기출 ━━━━━━━━━ ● 109쪽 ~ 115쪽

426 ④	**427** ⑤	**428** ④	**429** ①	**430** 1
431 ④	**432** ③	**433** ④	**434** 10	**435** 2
436 ③	**437** ③	**438** 2	**439** ④	
440 ㄷ, ㅁ	**441** 4	**442** ⑤	**443** ①	**444** ④
445 5	**446** 12	**447** ④	**448** 2	**449** ③
450 ④	**451** ⑤	**452** 30	**453** ⑤	**454** ③
455 125	**456** 96	**457** 12	**458** −36	**459** ②
460 ③				

426

각각의 그래프에 직선 $x = a$ (a는 실수)를 그으면 다음 그림과 같다.

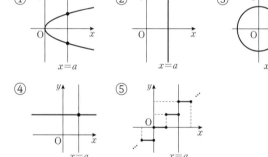

①, ②, ③, ⑤ 주어진 그래프와 직선 $x = a$의 교점이 1개가 아닌 경우가 존재하므로 함수가 아니다.

④ 주어진 그래프와 직선 $x = a$의 교점이 1개이므로 함수이다.

따라서 함수의 그래프인 것은 ④이다.

1등급 비법

정의역의 각 원소 a에 대하여 x축에 수직인 직선 $x = a$를 그래프 위에 그었을 때, 교점의 개수가 1이면 함수의 그래프이다.

427

각각의 대응을 그림으로 나타내면 다음과 같다.

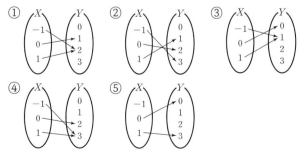

①, ②, ③, ④ 함수이다.
⑤ 집합 X의 원소 -1에 대응하는 집합 Y의 원소가 없으므로 함수가 아니다.
따라서 X에서 Y로의 함수가 아닌 것은 ⑤이다.

428

① $-1 \leq x \leq 1$에서 $-1 \leq f(x) \leq 1$

② $-1 \leq x \leq 1$에서 $-2 \leq -2x \leq 2$

　　$-1 \leq -2x+1 \leq 3$　　∴ $-1 \leq f(x) \leq 3$

③ $-1 \leq x \leq 1$에서 $0 \leq |x| \leq 1$

　　$0 \leq 2|x| \leq 2$, $-1 \leq 2|x|-1 \leq 1$

　　∴ $-1 \leq f(x) \leq 1$

④ $-1 \leq x \leq 1$에서 $0 \leq |x| \leq 1$

　　$-3 \leq -3|x| \leq 0$, $-2 \leq -3|x|+1 \leq 1$

　　∴ $-2 \leq f(x) \leq 1$

⑤ $-1 \leq x \leq 1$에서 $0 \leq x^2 \leq 1$

　　$0 \leq 3x^2 \leq 3$, $-1 \leq 3x^2-1 \leq 2$

　　∴ $-1 \leq f(x) \leq 2$

①, ②, ③, ⑤ $f(x)$의 치역이 공역 Y에 포함되므로 함수이다.
④ $f(x)$의 치역이 공역 Y에 포함되지 않으므로 함수가 아니다.
따라서 X에서 Y로의 함수가 아닌 것은 ④이다.

참고 $-1 \leq x \leq 1$에서 함수 $y=f(x)$의 그래프를 그리면 다음과 같다.

① 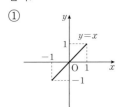　　②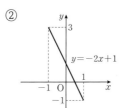

③ 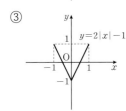　　④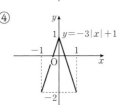

⑤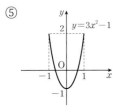

429

$f\left(\dfrac{x+3}{2}\right)$에서 $f(4)$의 값을 구하려면 $\dfrac{x+3}{2}=4$를 만족시키는 x의 값을 구해야 한다.

$\dfrac{x+3}{2}=4$에서 $x+3=8$　　∴ $x=5$

$f\left(\dfrac{x+3}{2}\right)=-x^2+4x$에 $x=5$를 대입하면

$f(4)=-5^2+4 \times 5 = -5$

430

$f(3)=3-2=1$

$f(17)=f(17-5)=f(12-5)=f(7-5)$

　　　　$=f(2)=2-2=0$

∴ $f(3)+f(17)=1+0=1$

431

조건 (내)에서 $f(2n-1)=n+1$이므로

$f(99)=f(2 \times 50-1)=50+1=51$

조건 (개)에서 $f(2n)=f(n)$이므로

$f(100)=f(50)=f(25)$

　　　　$=f(2 \times 13-1)$ (∵ 조건 (내))

　　　　$=13+1=14$

∴ $f(99)+f(100)=51+14=65$

432

$f(x)=(2x^2$의 일의 자리의 숫자$)$이므로

$f(1)=2$, $f(2)=8$, $f(3)=8$, $f(4)=2$, $f(5)=0$

이고, 대응을 그림으로 나타내면 오른쪽 그림과 같다.

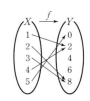

함숫값이 2인 정의역 X의 원소는 1과 4이므로
$f(a)=2$인 X의 원소 a는

$a=1$ 또는 $a=4$

함숫값이 8인 정의역 X의 원소는 2와 3이므로 $f(b)=8$인 X의 원소 b는

$b=2$ 또는 $b=3$

이때 a, b의 순서쌍 (a, b)로 가능한 것은

$(1, 2)$, $(1, 3)$, $(4, 2)$, $(4, 3)$

이므로 $a+b$의 값은 3, 4, 6, 7이다.
따라서 $a+b$의 최댓값은 7이다.

433

$f(-2)=(-2) \times (-2)+1=5$

$f(-1)=(-2) \times (-1)+1=3$

$f(0)=2$

$f(1)=1^2+1=2$

$f(2)=2^2+1=5$

따라서 함수 f의 치역은 $\{2, 3, 5\}$이므로 치역의 모든 원소의 합은

$2+3+5=10$

434

$f(-1)=-4$, $f(1)=2$, $f(3)=8$, $f(a)=3a-1$이므로 치역은

$\{-4, 2, 8, 3a-1\}$

이것이 $\{-4, 2, 5, b\}$와 같아야 하므로

$3a-1=5$, $b=8$

$3a-1=5$에서 $3a=6$　　∴ $a=2$

∴ $a+b=2+8=10$

435

(i) $a>0$일 때,

$f(-3)=-3$, $f(1)=1$이므로

$-3a+b=-3$, $a+b=1$

두 식을 연립하여 풀면

$a=1$, $b=0$

그런데 $ab=0$이므로 조건을 만족시키지 않는다.

(ii) $a<0$일 때,

$f(-3)=1$, $f(1)=-3$이므로

$-3a+b=1$, $a+b=-3$

두 식을 연립하여 풀면

$a=-1$, $b=-2$

$\therefore ab=(-1)\times(-2)=2$

(i), (ii)에서 $ab=2$

436

ㄱ. $f(x)=x$, $g(x)=x^3$에서

$f(-1)=-1$, $g(-1)=-1$이므로 $f(-1)=g(-1)$

$f(1)=1$, $g(1)=1$이므로 $f(1)=g(1)$

$\therefore f=g$

ㄴ. $f(x)=|-x|$, $g(x)=x^2$에서

$f(-1)=1$, $g(-1)=1$이므로 $f(-1)=g(-1)$

$f(1)=1$, $g(1)=1$이므로 $f(1)=g(1)$

$\therefore f=g$

ㄷ. $f(x)=2$, $g(x)=|x+1|$에서

$f(-1)=2$, $g(-1)=0$이므로 $f(-1)\neq g(-1)$

$\therefore f\neq g$

이상에서 $f=g$인 것은 ㄱ, ㄴ이다.

437

$f(x)=g(x)$이므로

$f(-1)=g(-1)$에서

$-a+3=-1+2+b$ $\therefore a+b=2$ ...... ㉠

$f(2)=g(2)$에서

$2a+3=8-4+b$ $\therefore 2a-b=1$ ...... ㉡

㉠, ㉡을 연립하여 풀면 $a=1$, $b=1$

$\therefore a-b=1-1=0$

438

$f(x)=g(x)$이므로

$f(a)=g(a)$에서

$a^3-4a=a^2-2a$

$a^3-a^2-2a=0$, $a(a+1)(a-2)=0$

$\therefore a=-1$ 또는 $a=0$ 또는 $a=2$

이때 집합 X의 원소가 3개이려면 $a\neq 0$, $a\neq -1$이어야 하므로

$a=2$

439

각각의 그래프에 직선 $y=k$ (k는 실수)를 그으면 다음 그림과 같다.

ㄱ.   ㄴ.

ㄷ. 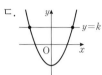   ㄹ.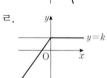

ㅁ.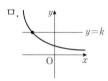

ㄱ, ㄴ. 주어진 그래프와 직선 $y=k$의 교점이 1개이고, 치역과 공역이 같으므로 일대일대응이다.

ㄷ, ㄹ. 주어진 그래프와 직선 $y=k$의 교점이 1개가 아닌 경우가 존재하므로 일대일함수가 아니다.

ㅁ. 주어진 그래프와 직선 $y=k$의 교점이 1개이므로 일대일함수이지만 치역과 공역이 같지 않으므로 일대일대응은 아니다.

이상에서 일대일함수의 그래프인 것은 ㄱ, ㄴ, ㅁ의 3개, 일대일대응의 그래프인 것은 ㄱ, ㄴ의 2개이므로

$a=3$, $b=2$

$\therefore a+b=3+2=5$

참고 ㅁ. 공역은 실수 전체의 집합, 치역은 $\{y|y>0\}$이므로

(공역)$\neq$(치역)

440

ㄱ. $f(x)=4$라 하면 $x_1=1$, $x_2=2$일 때 $x_1\neq x_2$이지만

$f(x_1)=4$, $f(x_2)=4$ $\therefore f(x_1)=f(x_2)$

따라서 함수 $y=4$는 일대일대응이 아니다.

ㄴ. $f(x)=-|x|$라 하면 $x_1=-1$, $x_2=1$일 때 $x_1\neq x_2$이지만

$f(x_1)=-1$, $f(x_2)=-1$ $\therefore f(x_1)=f(x_2)$

따라서 함수 $y=-|x|$는 일대일대응이 아니다.

ㄹ. $f(x)=-x^2+x$라 하면 $x_1=0$, $x_2=1$일 때 $x_1\neq x_2$이지만

$f(x_1)=0$, $f(x_2)=0$ $\therefore f(x_1)=f(x_2)$

따라서 함수 $y=-x^2+x$는 일대일대응이 아니다.

이상에서 일대일대응인 것은 ㄷ, ㅁ이다.

441

$f(x)=-x^2+8x-12$

$\quad\quad =-(x-4)^2+4$

이므로 함수 $y=f(x)$의 그래프는 오른쪽 그림과 같다.

이때 정의역이 $\{x|x\leq a$인 실수$\}$이므로 함수 $f(x)$가 일대일함수가 되려면 $a\leq 4$이어야

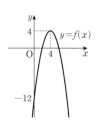

한다.
따라서 a의 최댓값은 4이다.

442

$f(x)=3x+a|x|+2$에서

(i) $x\geq0$일 때,
$$f(x)=3x+ax+2=(a+3)x+2$$

(ii) $x<0$일 때,
$$f(x)=3x-ax+2=(3-a)x+2$$

(i), (ii)에서 함수 $f(x)$가 일대일대응이려면 직선 $y=f(x)$의 기울기의 부호가 서로 같아야 하므로

$(a+3)(3-a)>0$ ∴ $-3<a<3$

따라서 정수 a는 $-2, -1, 0, 1, 2$의 5개이다.

1등급 비법

함수 $f(x)$가 일대일대응이 되려면
① x의 값이 증가할 때 $f(x)$의 값은 항상 증가하거나 항상 감소해야 한다.
② 정의역의 양 끝 값에서의 함숫값이 공역의 양 끝 값과 같아야 한다.

443

함수 f가 일대일대응이려면 $x<1$일 때와 $x\geq1$일 때의 함수 $y=f(x)$의 그래프의 기울기의 부호가 서로 같아야 하므로

$m(m-4)>0$ ∴ $m<0$ 또는 $m>4$ …… ㉠

또, 일대일대응이려면 치역과 공역이 같아야 하므로 두 직선 $y=mx+1$, $y=(m-4)x+m^2$이 $x=1$인 점에서 만나야 한다. 즉,

$m+1=m-4+m^2$, $m^2=5$

∴ $m=-\sqrt{5}$ (∵ ㉠)

444

$0\leq x<2$에서 $f(x)=\dfrac{1}{2}x$의 그래프를 그리면 오른쪽 그림과 같고, 함수 $f(x)$가 일대일대응이므로 $2\leq x\leq4$에서 $f(x)=ax+b$ $(a<0)$의 그래프는 오른쪽 그림과 같이 두 점 $(2, 4)$, $(4, 1)$을 지나야 한다.

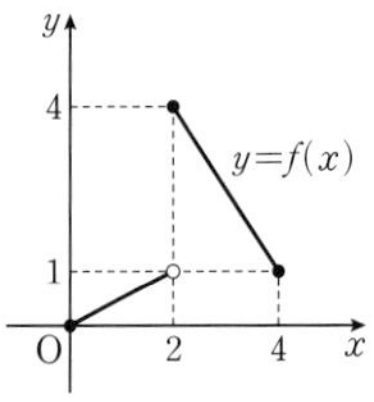

두 점 $(2, 4)$, $(4, 1)$을 지나는 직선의 방정식은

$y-1=-\dfrac{3}{2}(x-4)$ ∴ $y=-\dfrac{3}{2}x+7$

$$\therefore f(x)=\begin{cases} \dfrac{1}{2}x & (0\leq x<2) \\ -\dfrac{3}{2}x+7 & (2\leq x\leq4) \end{cases}$$

따라서 $a=-\dfrac{3}{2}$, $b=7$, $f(3)=\dfrac{5}{2}$이므로

$a+b+f(3)=-\dfrac{3}{2}+7+\dfrac{5}{2}=8$

오답 피하기 이 문제의 경우에는 함수가 일대일대응이 되려면 기울기의 부호가 같아야 한다는 조건을 이용하여 $a>0$으로 잘못 생각하여 두 점 $(2, 1)$, $(4, 4)$를 지나는 직선의 방정식을 구하면 안된다. 문제의 조건에서 $a<0$이므로 주어진 풀이와 같이 풀어야 한다.

445

함수 f가 일대일대응이므로 함숫값은 모두 다르다.

조건 (나)에서 $f(1)f(6)=\{f(4)\}^2$이므로

$1\times4=2^2$에서 $f(4)=2$이고

$f(1)=1, f(6)=4$ 또는 $f(1)=4, f(6)=1$

(i) $f(1)=1, f(6)=4$이면
조건 (다)에서 $f(5)=2f(2)$
이때 $f(2)\neq1$, $f(2)\neq2$이므로
$f(2)=3, f(5)=6$
∴ $f(3)=5$

(ii) $f(1)=4, f(6)=1$이면
조건 (다)에서 $4f(5)=2f(2)$
∴ $f(2)=2f(5)$
이때 $f(5)\neq1$, $f(5)\neq2$이므로
$f(5)=3, f(2)=6$
∴ $f(3)=5$

(i), (ii)에서 $f(3)=5$

446

$3\leq n\leq5$인 모든 자연수 n에 대하여 $f(n)f(n+2)$의 값이 짝수이므로 $f(3)f(5)$, $f(4)f(6)$, $f(5)f(7)$은 모두 짝수이다.

$f(4)$ 또는 $f(6)$은 적어도 하나가 짝수이고, 집합 X의 원소 중 짝수인 것은 4, 6뿐이므로 $f(3)f(5)$와 $f(5)f(7)$이 모두 짝수이려면 $f(5)$는 짝수가 되어야 한다.

즉, $f(3)$, $f(7)$은 모두 홀수이므로 $f(3)+f(7)$의 값이 최대가 되는 것은

$f(3)=5, f(7)=7$ 또는 $f(3)=7, f(7)=5$

일 때이다.

따라서 $f(3)+f(7)$의 최댓값은

$5+7=12$

447

$f(x)\neq x$를 만족시키는 일대일대응인 함수 f는 다음과 같다.

$f(1)$	$f(2)$	$f(3)$	$f(4)$
2	1	4	3
	3	4	1
	4	1	3
3	1	4	2
	4	1	2
	4	2	1
4	1	2	3
	3	1	2
	3	2	1

따라서 구하는 함수 f의 개수는 9이다.

448

함수 f가 일대일대응이므로 $y=f(x)$의 그래프는 오른쪽 그림과 같아야 한다.

직선 $y=ax-3x+b$, 즉

$y=(a-3)x+b$의 기울기가 양수이어야 하므로

$a-3>0$ $\therefore a>3$ ······ ㉠

또, 직선 $y=(a-3)x+b$가 점 $(2, 3)$을 지나야 하므로

$3=2(a-3)+b$ $\therefore a=\dfrac{9-b}{2}$

이때 ㉠에서 $\dfrac{9-b}{2}>3$이므로

$9-b>6$ $\therefore b<3$

따라서 정수 b의 최댓값은 2이다.

449

$f(x)$가 항등함수가 되려면 $f(x)=x$이어야 한다.

$x^2-30=x$, $x^2-x-30=0$

$(x+5)(x-6)=0$

$\therefore x=-5$ 또는 $x=6$

따라서 집합 X는 집합 $\{-5, 6\}$의 공집합이 아닌 부분집합이어야 하므로

$\{-5\}$, $\{6\}$, $\{-5, 6\}$

의 3개이다.

참고 원소의 개수가 n인 집합의 부분집합의 개수는 2^n이므로 집합 $\{-5, 6\}$의 공집합이 아닌 부분집합의 개수는

$2^2-1=3$

450

$f(x)$는 상수함수이므로 $f(0)=f(2)=f(4)$

$f(0)=f(2)$에서 $2=4+2a+b$

$\therefore 2a+b=-2$ ······ ㉠

$f(0)=f(4)$에서 $2=16+4a+b$

$\therefore 4a+b=-14$ ······ ㉡

㉠, ㉡을 연립하여 풀면 $a=-6$, $b=10$

$\therefore a+b=-6+10=4$

451

$g(x)$는 항등함수이므로 $g(4)=4$

$\therefore f(4)=h(4)=4$ (∵ 조건 ㈎)

한편, $f(x)$가 일대일대응이고 $f(4)=4$이므로

$f(2)=2$, $f(8)=8$ 또는 $f(2)=8$, $f(8)=2$

그런데 $f(2)=2$, $f(8)=8$이면 $f(8)f(4)\ne f(2)$이므로 조건 ㈏를 만족시키지 않는다.

$\therefore f(2)=8$, $f(8)=2$

또, $h(x)$는 상수함수이므로 $h(2)=4$

$\therefore f(2)+h(2)=8+4=12$

452

구하는 함수의 개수는 X에서 Y로의 함수의 개수에서 치역이 $\{a\}$ 또는 $\{b\}$의 함수의 개수를 뺀 것과 같다.

집합 X에서 집합 Y로의 함수의 개수는

$2^5=32$

이 중에서 치역이 $\{a\}$ 또는 $\{b\}$인 함수의 개수는 2이다.

따라서 공역과 치역이 같은 함수의 개수는

$32-2=30$

1등급 비법

여러 가지 함수의 개수

두 집합 X, Y의 원소의 개수가 각각 m, n일 때, X에서 Y로의

① 함수의 개수 ⇨ n^m

② 일대일함수의 개수

⇨ $n \times (n-1) \times (n-2) \times \cdots \times (n-m+1)$ (단, $n \geq m$)

③ 일대일대응의 개수

⇨ $n \times (n-1) \times (n-2) \times \cdots \times 3 \times 2 \times 1$ (단, $m=n$)

④ 상수함수의 개수 ⇨ n

453

집합 Y의 원소의 개수를 n이라 하면 집합 $X=\{a, b, c\}$에서 집합 Y로의 일대일함수의 개수가 210이므로

$n(n-1)(n-2)=210=7 \times 6 \times 5$ $\therefore n=7$

이때 X에서 Y로의 상수함수의 개수는 집합 Y의 원소의 개수와 같으므로 7이다.

454

조건 ㈎에서 함수 f는 일대일함수이다.

조건 ㈏에서 $f(x)$의 값이 될 수 있는 것은 -2, -1, 0, 1, 2이다.

(ⅰ) $f(-1)$의 값이 될 수 있는 것은

-2, -1, 0, 1, 2 중 하나이므로 5개

(ⅱ) $f(0)$의 값이 될 수 있는 것은

$f(-1)$의 값을 제외한 4개

(ⅲ) $f(1)$의 값이 될 수 있는 것은

$f(-1)$, $f(0)$의 값을 제외한 3개

(ⅰ), (ⅱ), (ⅲ)에서 주어진 조건을 만족시키는 함수 f의 개수는

$5 \times 4 \times 3=60$

455

$f(x)-f(-x)=0$에서 $f(x)=f(-x)$

$f(2)$의 값이 될 수 있는 것은 -2, -1, 0, 1, 2 중 하나이므로 5개이고, $f(-2)=f(2)$에서 $f(-2)$의 값이 될 수 있는 것은 $f(2)$의 값과 같으므로 1개이다.

같은 방법으로 $f(1)$의 값이 될 수 있는 것은 -2, -1, 0, 1, 2 중 하나이므로 5개이고, $f(-1)=f(1)$에서 $f(-1)$의 값이 될 수 있는 것은 1개이다.

또, $f(0)$의 값이 될 수 있는 것은 -2, -1, 0, 1, 2 중 하나이므로 5개이다. 따라서 함수 f의 개수는

$5 \times 1 \times 5 \times 1 \times 5=125$

456

(i) $x=1$일 때,

$1+f(1)\geq4$ $\quad\therefore f(1)\geq3$

따라서 $f(1)$의 값이 될 수 있는 것은 3, 4 중 하나이므로 2개이다.

(ii) $x=2$일 때,

$2+f(2)\geq4$ $\quad\therefore f(2)\geq2$

따라서 $f(2)$의 값이 될 수 있는 것은 2, 3, 4 중 하나이므로 3개이다.

(iii) $x=3$일 때,

$3+f(3)\geq4$ $\quad\therefore f(3)\geq1$

따라서 $f(3)$의 값이 될 수 있는 것은 1, 2, 3, 4 중 하나이므로 4개이다.

(iv) $x=4$일 때,

$4+f(4)\geq4$ $\quad\therefore f(4)\geq0$

따라서 $f(4)$의 값이 될 수 있는 것은 1, 2, 3, 4 중 하나이므로 4개이다.

(i)~(iv)에서 조건을 만족시키는 함수의 개수는

$2\times3\times4\times4=96$

457

$\{f(-1)+1\}\{f(1)-1\}\neq0$에서

$f(-1)\neq-1$이고 $f(1)\neq1$

(i) $f(-1)$의 값이 될 수 있는 것은 0, 1 중 하나이므로 2개

(ii) $f(0)$의 값이 될 수 있는 것은 -1, 0, 1 중 하나이므로 3개

(iii) $f(1)$의 값이 될 수 있는 것은 -1, 0 중 하나이므로 2개

(i), (ii), (iii)에서 주어진 조건을 만족시키는 함수 f의 개수는

$2\times3\times2=12$

458

$y=|x-4|-|x+2|$에서

(i) $x<-2$일 때,

$y=-(x-4)+(x+2)=6$

(ii) $-2\leq x<4$일 때,

$y=-(x-4)-(x+2)=-2x+2$

(iii) $x\geq4$일 때,

$y=(x-4)-(x+2)=-6$

(i), (ii), (iii)에서 주어진 함수의 그래프는 오른쪽 그림과 같으므로

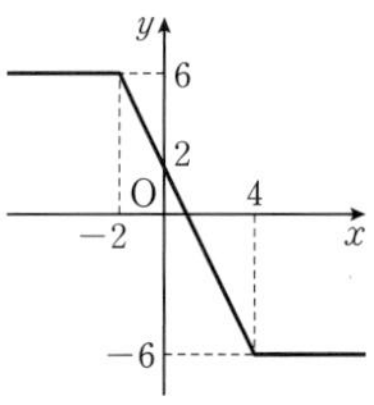

$M=6$, $m=-6$

$\therefore Mm=6\times(-6)=-36$

1등급 비법

$y=|x-a|+|x-b|$ $(a<b)$와 같이 절댓값 기호를 2개 포함한 함수는 절댓값 기호 안의 식의 값이 0이 되는 x의 값, 즉 $x=a$, $x=b$를 경계로 다음과 같이 x의 값의 범위를 나누어 그래프를 그린다.

(i) $x<a$ (ii) $a\leq x<b$ (iii) $x\geq b$

459

$y=f(|x|)$의 그래프는 $y=f(x)$의 그래프에서 $x\geq0$인 부분만 남기고, $x<0$인 부분을 없앤 다음, $x\geq0$인 부분을 y축에 대하여 대칭이동한 것이다.

따라서 $y=f(|x|)$의 그래프의 개형은 ②이다.

460

$y=|2x+3|$의 그래프는 오른쪽 그림과 같고, 직선

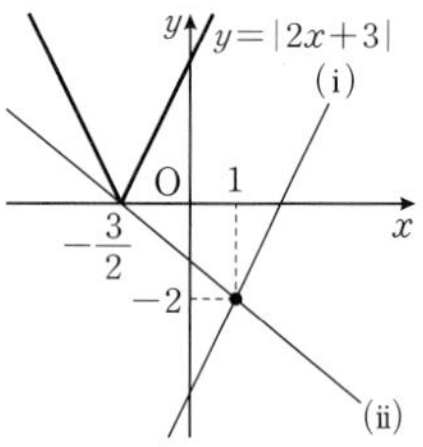

$y=a(x-1)-2$ $\qquad$ ······ ㉠

는 a의 값에 관계없이 점 $(1, -2)$를 지난다.

(i) $a=2$일 때,

직선 ㉠이 $y=|2x+3|$ $\left(x>-\dfrac{3}{2}\right)$의

그래프와 평행하므로 $a>2$

(ii) 직선 ㉠이 점 $\left(-\dfrac{3}{2}, 0\right)$을 지날 때,

두 점 $(1, -2)$, $\left(-\dfrac{3}{2}, 0\right)$을 지나는 직선의 기울기가

$\dfrac{0-(-2)}{-\dfrac{3}{2}-1}=-\dfrac{4}{5}$ 이므로 $a\leq-\dfrac{4}{5}$

(i), (ii)에서 $a>2$ 또는 $a\leq-\dfrac{4}{5}$

따라서 a의 값으로 적당하지 않은 것은 ③이다.

1등급 비법

$y=a(x-1)-2$에서 $(x-1)a-y-2=0$이고, 이 식이 임의의 a에 대하여 성립하려면 항등식의 성질에 의하여 $x-1=0$, $-y-2=0$이어야 한다. 따라서 직선 $y=a(x-1)-2$는 a의 값에 관계없이 점 $(1, -2)$를 지난다.

내신 적중 서술형 ●116쪽

461 15 **462** $\{1\}$, $\{4\}$, $\{1, 4\}$ **463** 36
464 (1) 풀이 참조 (2) 28

461

주어진 식에 $x=0$, $y=0$을 대입하면

$f(0)=f(0)+f(0)$ $\quad\therefore f(0)=0$

주어진 식에 $x=1$, $y=-1$을 대입하면

$f(0)=f(1)+f(-1)$이므로

$0=3+f(-1)$ $\quad\therefore f(-1)=-3$ $\qquad$ ······ ㉮

이때 $f(-2)$, $f(-3)$, $\cdots$을 $f(-1)$을 이용하여 나타내면

$f(-2)=f(-1)+f(-1)=2f(-1)$

$f(-3)=f(-2)+f(-1)=2f(-1)+f(-1)=3f(-1)$

$\vdots$

$\therefore f(-10)=10f(-1)$

같은 방법으로 $f(2), f(3), \cdots$을 $f(1)$을 이용하여 나타내면

$f(15)=15f(1)$ ⋯⋯ ㉯

$\therefore f(-10)+f(15)=10f(-1)+15f(1)$
$\qquad\qquad\qquad\quad =10\times(-3)+15\times3$
$\qquad\qquad\qquad\quad =15$ ⋯⋯ ㉰

채점 기준	배점 비율
㉮ $f(-1)$의 값 구하기	30 %
㉯ $f(-10), f(15)$를 각각 $f(-1), f(1)$을 이용하여 나타내기	50 %
㉰ $f(-10)+f(15)$의 값 구하기	20 %

다른 풀이 $f(-10)+f(15)=f(5)+f(1)+f(4)$
$\qquad\qquad\qquad\quad =f(1)+f(1)+f(3)$
$\qquad\qquad\qquad\quad =f(1)+f(1)+f(1)+f(2)$
$\qquad\qquad\qquad\quad =f(1)+f(1)+f(1)+f(1)+f(1)$
$\qquad\qquad\qquad\quad =5f(1)$
$\qquad\qquad\qquad\quad =5\times3=15$

462

$f(x)=g(x)$에서

$x^2+2x-3=2x^2-3x+1$

$x^2-5x+4=0, (x-1)(x-4)=0$

$\therefore x=1$ 또는 $x=4$ ⋯⋯ ㉮

따라서 구하는 집합 X는 집합 $\{1, 4\}$의 공집합이 아닌 부분집합이어야 하므로

$\{1\}, \{4\}, \{1, 4\}$ ⋯⋯ ㉯

채점 기준	배점 비율
㉮ $f(x)=g(x)$를 만족시키는 x의 값 구하기	40 %
㉯ 집합 X 구하기	60 %

463

(ⅰ) 함수의 개수

1에 대응할 수 있는 집합 X의 원소는 1, 2, 3의 3개이고, 2와 3에 대응할 수 있는 집합 X의 원소도 각각 1, 2, 3의 3개이므로

$a=3\times3\times3=27$ ⋯⋯ ㉮

(ⅱ) 일대일대응의 개수

1에 대응할 수 있는 집합 X의 원소는 1, 2, 3의 3개,

2에 대응할 수 있는 집합 X의 원소는 1에 대응한 원소를 제외한 2개,

3에 대응할 수 있는 집합 X의 원소는 1, 2에 대응한 원소를 제외한 1개이므로

$b=3\times2\times1=6$ ⋯⋯ ㉯

(ⅲ) 상수함수의 개수

1, 2, 3 모두에 대응할 수 있는 집합 X의 원소는 1, 2, 3의 3개이므로

$c=3$ ⋯⋯ ㉰

(ⅰ), (ⅱ), (ⅲ)에서

$a+b+c=27+6+3=36$ ⋯⋯ ㉱

채점 기준	배점 비율
㉮ a의 값 구하기	30 %
㉯ b의 값 구하기	30 %
㉰ c의 값 구하기	30 %
㉱ $a+b+c$의 값 구하기	10 %

464

(1) $f(x)=|x+3|+|x-2|$에서

(ⅰ) $x<-3$일 때,

$y=-(x+3)-(x-2)=-2x-1$

(ⅱ) $-3\le x<2$일 때,

$y=(x+3)-(x-2)=5$

(ⅲ) $x\ge2$일 때,

$y=(x+3)+(x-2)=2x+1$

(ⅰ), (ⅱ), (ⅲ)에서 함수 $y=f(x)$의 그래프는 오른쪽 그림과 같다. ⋯⋯ ㉮

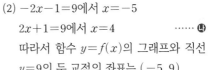

(2) $-2x-1=9$에서 $x=-5$

$2x+1=9$에서 $x=4$ ⋯⋯ ㉯

따라서 함수 $y=f(x)$의 그래프와 직선 $y=9$의 두 교점의 좌표는 $(-5, 9)$,

$(4, 9)$이므로 구하는 넓이는

$\dfrac{1}{2}\times[\{2-(-3)\}+\{4-(-5)\}]\times(9-5)$

$=\dfrac{1}{2}\times(5+9)\times4=28$ ⋯⋯ ㉰

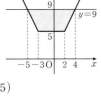

	채점 기준	배점 비율
(1)	㉮ x의 값의 범위를 나누어 $y=|x+3|+|x-2|$의 그래프 그리기	40 %
(2)	㉯ $y=|x+3|+|x-2|$의 그래프와 직선 $y=9$의 교점의 x좌표 구하기	30 %
	㉰ $y=|x+3|+|x-2|$의 그래프와 직선 $y=9$로 둘러싸인 도형의 넓이 구하기	30 %

실력 완성 ───── ● 117쪽 ~ 118쪽

465 -1	**466** 4	**467** ②	**468** 17
469 -32	**470** ⑤	**471** ④	**472** $0<m<\dfrac{1}{2}$

465

함수의 정의역, 공역, 치역

전략 정의역의 범위에 따라 치역의 범위가 어떻게 변하는지 알아본다.

풀이 (ⅰ) $x<1$일 때,

$x^2\ge0$이므로 $f(x)=x^2+2\ge2$

치역 $\{-8, 0, 6, 11\}$의 원소 중 2보다 크거나 같은 수는 6과 11이므로

$x^2+2=6$에서 $x^2=4$ $\quad\therefore x=-2\ (\because x<1)$

$x^2+2=11$에서 $x^2=9$ $\quad\therefore x=-3\ (\because x<1)$

(ii) $x\geq 1$일 때,

$x^2\geq 1$이므로 $-x^2\leq -1$ $\quad\therefore -x^2+1\leq 0$

치역 $\{-8, 0, 6, 11\}$의 원소 중 0보다 작거나 같은 수는 -8과 0이므로

$-x^2+1=-8$에서 $x^2=9$ $\quad\therefore x=3\ (\because x\geq 1)$

$-x^2+1=0$에서 $x^2=1$ $\quad\therefore x=1\ (\because x\geq 1)$

(i), (ii)에서 함수 f의 정의역은 $\{-3, -2, 1, 3\}$이다.

따라서 함수 f의 정의역의 모든 원소의 합은

$(-3)+(-2)+1+3=-1$

466

함수의 정의역, 공역, 치역

(전략) 조건 (개)에서 치역의 원소의 개수가 5이므로 정의역의 원소 2개에 대응하는 공역의 원소가 1개 있고, 정의역의 원소에 대응하지 않는 공역의 원소가 1개 있음을 생각한다.

(풀이) 조건 (개)에서 함수 f의 치역의 원소의 개수가 5이므로 집합 X의 서로 다른 두 원소 a, b에 대하여 $f(a)=f(b)=n$을 만족시키는 집합 X의 원소 n이 1개 있다.

이때 집합 X의 원소 중 함숫값으로 사용되지 않은 원소를 m이라 하면 $1+2+3+4+5+6=21$이므로 조건 (내)에서

$f(1)+f(2)+f(3)+f(4)+f(5)+f(6)=21+n-m=24$

$\therefore n-m=3$

집합 X의 원소 n, m에 대하여 $n-m=3$인 경우는 다음과 같다.

(i) $n=6, m=3$일 때,

함수 f의 치역은 $\{1, 2, 4, 5, 6\}$이고, 치역의 원소 중 최댓값은 6, 최솟값은 1이므로 그 차는

$6-1=5$

따라서 조건 (대)를 만족시키지 않는다.

(ii) $n=5, m=2$일 때,

함수 f의 치역은 $\{1, 3, 4, 5, 6\}$이고, 치역의 원소 중 최댓값은 6, 최솟값은 1이므로 그 차는

$6-1=5$

따라서 조건 (대)를 만족시키지 않는다.

(iii) $n=4, m=1$일 때,

함수 f의 치역은 $\{2, 3, 4, 5, 6\}$이고, 치역의 원소 중 최댓값은 6, 최솟값은 2이므로 그 차는

$6-2=4$

따라서 조건 (대)를 만족시킨다.

(i), (ii), (iii)에서 조건을 만족시키는 n의 값은 4이다.

467

서로 같은 함수

(전략) $f(x)=g(x)$를 이용하여 조건을 만족시키는 a의 값을 구하고, 집합 X의 개수를 생각한다.

(풀이) $f(x)=g(x)$에서

$x^3-3x^2+2x=ax^2-3ax+2a$

$x^3-(a+3)x^2+(3a+2)x-2a=0$

$(x-1)\{x^2-(a+2)x+2a\}=0$

$(x-1)(x-2)(x-a)=0$

$\therefore x=1$ 또는 $x=2$ 또는 $x=a$

$a=1$ 또는 $a=2$이면 $n(X)$의 값이 최대인 집합 X는 $X=\{1, 2\}$이고, 이때 X의 모든 원소의 합은 $1+2=3$이므로 주어진 조건을 만족시키지 않는다.

따라서 $a\neq 1$, $a\neq 2$이므로 $X=\{1, 2, a\}$

X의 모든 원소의 합이 2이므로

$1+2+a=2$ $\quad\therefore a=-1$

$\therefore X=\{-1, 1, 2\}$

따라서 $f=g$를 만족시키는 집합 X의 개수는 공집합을 제외한 집합 X의 부분집합의 개수이므로

$n=2^3-1=7$

$\therefore a+n=(-1)+7=6$

(참고) $h(x)=x^3-(a+3)x^2+(3a+2)x-2a$라 하면

$h(1)=0$이므로 조립제법을 이용하여 $h(x)$를 인수분해 하면

$$
\begin{array}{c|cccc}
1 & 1 & -a-3 & 3a+2 & -2a \\
  &   & 1   & -a-2 & 2a \\
\hline
  & 1 & -a-2 & 2a   & 0   \\
\end{array}
$$

$\therefore h(x)=(x-1)\{x^2-(a+2)x+2a\}$

468

일대일함수와 일대일대응

(전략) 이차함수가 일대일대응이 되기 위한 a, b의 조건을 구한 후 $a-b$의 최솟값을 구한다.

(풀이) $f(x)=x^2-4x+3=(x-2)^2-1$

함수 $f(x)$가 일대일대응이 되기 위해서는 $a\geq 2$이어야 한다.

$a\geq 2$에서 함수 $f(x)$의 치역은 $\{y\,|\,y\geq f(a)\}$이고 치역이 집합 $Y=\{y\,|\,y\geq b\}$와 같아야 하므로 $b=f(a)$

$\therefore a-b=a-f(a)=a-(a^2-4a+3)$

$\qquad =-a^2+5a-3=-\left(a-\dfrac{5}{2}\right)^2+\dfrac{13}{4}$

따라서 $a\geq 2$에서 $a-b$의 최댓값은 $a=\dfrac{5}{2}$일 때 $\dfrac{13}{4}$이므로

$p=4, q=13$

$\therefore p+q=4+13=17$

469

일대일함수와 일대일대응

(전략) 조건 (내)를 이용하여 $f(x)$를 구하고, 조건 (내), (대)를 이용하여 함숫값을 구한다.

(풀이) 조건 (내)에서 $\{f(x)+x^2-5\}\{f(x)+4x\}=0$이므로

$f(x)+x^2-5=0$ 또는 $f(x)+4x=0$

$\therefore f(x)=-x^2+5$ 또는 $f(x)=-4x$

(i) $x=-2$일 때,

$f(-2)=1$ 또는 $f(-2)=8$

(ii) $x=-1$일 때,

$f(-1)=4$

(iii) $x=0$일 때,

$f(0)=5$ 또는 $f(0)=0$

조건 (다)에서 $f(0)f(1)f(2)<0$이므로

$f(0)\neq0$ ∴ $f(0)=5$ ...... ㉠

(iv) $x=1$일 때,

$f(1)=4$ 또는 $f(1)=-4$

조건 (가)에서 $f(x)$는 일대일함수이고 (ii)에서 $f(-1)=4$이므로 $f(1)=-4$ ...... ㉡

(v) $x=2$일 때,

$f(2)=1$ 또는 $f(2)=-8$

㉠, ㉡에서 $f(0)>0$, $f(1)<0$이므로 조건 (다)에 의하여 $f(2)>0$이어야 한다.

∴ $f(2)=1$

조건 (가)에서 $f(x)$는 일대일함수이므로 (i)에서

$f(-2)=8$

∴ $f(-2)f(1)=8\times(-4)=-32$

470

함숫값 ⊕ 항등함수와 상수함수

(전략) $X=\{1,2,3\}$이므로 주어진 조건을 이용할 수 있도록 $f(2)$, $f(3)$의 함숫값의 범위를 생각한다.

(풀이) 1은 집합 X의 원소 중 가장 작은 수이므로

$f(2)\geq1$

주어진 조건에서 $f(a)\geq b$이면 $f(a)\geq f(b)$이므로

$f(2)\geq1$이면 $f(2)\geq f(1)$ ...... ㉠

한편, $f(1)=3$이므로

$f(1)\geq2$이면 $f(1)\geq f(2)$ ...... ㉡

㉠, ㉡에서 $f(2)=f(1)=3$

같은 방법으로 $f(3)\geq1$이면 $f(3)\geq f(1)$ ...... ㉢

한편, $f(1)=3$이므로

$f(1)\geq3$이면 $f(1)\geq f(3)$ ...... ㉣

㉢, ㉣에서 $f(3)=f(1)=3$

따라서 함수 $f(x)$는 $f(x)=3$인 상수함수이므로

$f(2)+f(3)=3+3=6$

471

함수의 개수

(전략) 조건 (가)를 이용하여 $f(x)$의 값을 구하고, 조건 (나)를 만족시키는 값을 찾는다.

(풀이) 조건 (가)에서 x의 값이 0, 1, 2, 3일 때, $f(x)$는 1, 2, 3의 값을 갖는다. ...... ㉠

조건 (나)에서 $f(x)+f(-x)=-2$ 또는 $f(x)+f(-x)=2$

(i) $x=0$일 때,

$f(0)+f(0)=2$ ($\because f(0)>0$)

이므로 $f(0)=1$의 1가지이다.

(ii) $x=1$, $x=2$, $x=3$일 때,

ⓐ $f(x)=2-f(-x)>0$인 경우

$f(-x)$	-3	-2	-1	0	1	2	3
$f(x)$	5	4	3	2	1	0	-1

위의 표에서 ㉠을 만족시키는 것은 3가지이다.

ⓑ $f(x)=-2-f(-x)>0$인 경우

$f(-x)$	-3	-2	-1	0	1	2	3
$f(x)$	1	0	-1	-2	-3	-4	-5

위의 표에서 ㉠을 만족시키는 것은 1가지이다.

따라서 ⓐ, ⓑ를 만족시키는 경우는 $3+1=4$(가지)

(i), (ii)에서 조건을 만족시키는 함수의 개수는

$1\times4\times4\times4=64$

472

절댓값 기호를 포함한 함수의 그래프

(전략) 절댓값 기호 안의 식의 값이 0이 되는 x의 값을 경계로 범위를 나누어 $y=|x|-|x-2|$의 그래프를 그리고, 직선 $y=m+1$을 그린다.

(풀이) $y=|x|-|x-2|$에서

$x<0$일 때,

$y=|x|-|x-2|=-x+(x-2)=-2$

$0\leq x<2$일 때,

$y=|x|-|x-2|=x+(x-2)=2x-2$

$x\geq2$일 때,

$y=|x|-|x-2|=x-(x-2)=2$

이상에서 $y=|x|-|x-2|$의 그래프는 다음 그림과 같다.

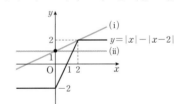

한편, 직선 $y=mx+1$은 m의 값에 관계없이 점 $(0,1)$을 지난다.

(i) 직선 $y=mx+1$이 점 $(2,2)$를 지날 때,

$2=2m+1$ ∴ $m=\dfrac{1}{2}$

(ii) 직선 $y=mx+1$이 x축에 평행할 때,

$m=0$

(i), (ii)에서 함수 $y=|x|-|x-2|$의 그래프와 직선 $y=mx+1$이 서로 다른 세 점에서 만나려면

$0<m<\dfrac{1}{2}$

 ───────────────── ● 119쪽

473 ①　　**474** ⑤

473

서로 같은 함수

〔1단계〕$f(x)=g(x)=1$인 경우와 $f(x)=g(x)=0$인 경우로 나누어 x의 값의 범위를 구한다.

$x^2+x-12\le0$에서 $(x+4)(x-3)\le0$이므로

$P=\{x\,|\,-4\le x\le3\}$

$|x-2|>3$에서 $x-2>3$ 또는 $x-2<-3$이므로

$Q=\{x\,|\,x<-1$ 또는 $x>5\}$

$f(x)=g(x)$에서

$f(x)=g(x)=1$ 또는 $f(x)=g(x)=0$

(i) $f(x)=g(x)=1$일 때,

$\quad x\in(P\cap Q)$이어야 한다.

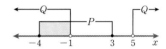

$\quad\therefore\ -4\le x<-1$

(ii) $f(x)=g(x)=0$일 때,

$\quad x\in(P^C\cap Q^C)$이어야 한다.

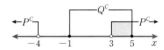

$\quad\therefore\ 3<x\le5$

〔2단계〕조건을 만족시키는 정수 x의 값을 구한다.

(i), (ii)에서 $-4\le x<-1$ 또는 $3<x\le5$

따라서 구하는 모든 정수 x의 값의 합은

$(-4)+(-3)+(-2)+4+5=0$

474

일대일함수와 일대일대응

〔1단계〕$a=0$일 때, $h(x)$가 일대일대응인지 확인한다.

ㄱ. $a=0$일 때,

$\quad f(x)=-x^2-2x+1=-(x+1)^2+2$

이고 $x<0$에서 $h(x)=f(x)$이므로 $x<0$에서 함수 $y=h(x)$의 그래프는 오른쪽 그림과 같다.

따라서 함수 $h(x)$는 일대일대응이 아니므로 $(0,k)\in A$를 만족시키는 실수 k는 존재하지 않는다. (참)

〔2단계〕$a=-1,\ b=4$일 때, $h(x)$가 일대일대응인지 확인한다.

ㄴ. $a=-1,\ b=4$일 때,

$\quad g(x)=x^2-2x-1=(x-1)^2-2$이므로

$\quad g(x+4)=(x+4-1)^2-2=(x+3)^2-2$

$\quad\therefore\ h(x)=\begin{cases}-(x+1)^2+2 & (x<-1)\\(x+3)^2-2 & (x\ge-1)\end{cases}$

따라서 함수 $y=h(x)$의 그래프는 오른쪽 그림과 같으므로 함수 $h(x)$는 일대일대응이다.

$\quad\therefore\ (-1,4)\in A$ (참)

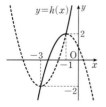

〔3단계〕$a=m$일 때, $h(x)$가 일대일대응이 되도록 하는 조건을 이용한다.

ㄷ. $a=m$일 때,

$h(x)=\begin{cases}f(x) & (x<m)\\g(x+b) & (x\ge m)\end{cases}$

$\quad=\begin{cases}-(x+1)^2+2 & (x<m)\\(x+b-1)^2-2 & (x\ge m)\end{cases}$

이므로 함수 $h(x)$가 일대일대응이려면

$m\le-1,\ 1-b\le m$ ······ ㉠

이어야 한다.

또, $x<m$에서 $h(x)<f(m)$이고,

$x\ge m$에서 $h(x)\ge g(m+b)$이므로

$f(m)=g(m+b)$ ······ ㉡

이때 $g(m+b)\ge-2$이므로 $f(m)\ge-2$

$-m^2-2m+1\ge-2,\ m^2+2m-3\le0$

$(m+3)(m-1)\le0\quad\therefore\ -3\le m\le1$

그런데 $m\le-1$이므로

$-3\le m\le-1$

따라서 정수 m의 값은 $-3,\ -2,\ -1$이다.

(i) $m=-3$일 때,

$\quad$㉠에서 $1-b\le-3\quad\therefore\ b\ge4$

$\quad$㉡에서 $f(-3)=g(-3+b)$이므로

$\quad-2=(b-4)^2-2,\ (b-4)^2=0\quad\therefore\ b=4$

$\quad\therefore\ m+b=-3+4=1$

(ii) $m=-2$일 때,

$\quad$㉠에서 $1-b\le-2\quad\therefore\ b\ge3$

$\quad$㉡에서 $f(-2)=g(-2+b)$이므로

$\quad1=(b-3)^2-2,\ b^2-6b+6=0\quad\therefore\ b=3\pm\sqrt3$

$\quad$그런데 $b\ge3$이므로 $b=3+\sqrt3$

$\quad\therefore\ m+b=-2+(3+\sqrt3)=1+\sqrt3$

(iii) $m=-1$일 때,

$\quad$㉠에서 $1-b\le-1\quad\therefore\ b\ge2$

$\quad$㉡에서 $f(-1)=g(-1+b)$이므로

$\quad2=(b-2)^2-2,\ b^2-4b=0$

$\quad b(b-4)=0\quad\therefore\ b=0$ 또는 $b=4$

$\quad$그런데 $b\ge2$이므로 $b=4$

$\quad\therefore\ m+b=-1+4=3$

(i), (ii), (iii)에서

$\{m+b\,|\,(m,b)\in A$이고 m은 정수$\}=\{1,\ 1+\sqrt3,\ 3\}$

이므로 모든 원소의 합은

$1+(1+\sqrt3)+3=5+\sqrt3$ (참)

이상에서 ㄱ, ㄴ, ㄷ 모두 옳다.

1등급 비법

$g(x+b)=(x+b-1)^2-2$에서 $y=g(x+b)$의 그래프는 오른쪽 그림과 같다.

이때 $m<1-b$이면 $x\ge m$에서 $g(x+b)$가 일대일대응이 아니므로 $1-b\ge m$이어야 한다.

유형 분석 기출 ● 121쪽~125쪽

475 7	**476** -9	**477** ④	**478** 4	**479** 1
480 ③	**481** ①	**482** 2	**483** ①	**484** 2
485 6	**486** ①	**487** 5	**488** 4	**489** -1
490 ②	**491** 4	**492** 4	**493** 13	**494** ③
495 6	**496** ⑤	**497** 4	**498** 9	**499** ⑤
500 ⑤	**501** 2	**502** 5	**503** $2\sqrt{2}$	**504** ③

475

$(f \circ f)(3) = f(f(3)) = f(5) = 2$

$(f \circ f \circ f)(4) = f(f(f(4))) = f(f(1))$
$\qquad\qquad\qquad = f(3) = 5$

$\therefore (f \circ f)(3) + (f \circ f \circ f)(4) = 2 + 5 = 7$

476

$\sqrt{3}$은 무리수이므로 $f(\sqrt{3}) = (\sqrt{3})^2 = 3$

또, 3은 유리수이므로 $f(3) = -3^2 = -9$

$\therefore (f \circ f)(\sqrt{3}) = f(f(\sqrt{3})) = f(3) = -9$

477

$(f \circ g)(2) = f(g(2)) = f(2a-1)$
$\qquad\qquad = 3(2a-1) - 2 = 6a - 5$

$(f \circ g)(2) = 7$이므로

$6a - 5 = 7 \qquad \therefore a = 2$

따라서 $g(x) = 2x - 1$이므로

$g(1) = 2 \times 1 - 1 = 1$

478

함수 $g \circ f$가 항등함수이므로

$(g \circ f)(2) = 2, \ (g \circ f)(3) = 3$

$(g \circ f)(2) = 2$에서

$g(f(2)) = g(-a) = 2 \qquad \therefore a^2 - 2a + b = 2$ ······ ㉠

$(g \circ f)(3) = 3$에서

$g(f(3)) = g(0) = 3 \qquad \therefore b = 3$ ······ ㉡

㉡을 ㉠에 대입하면 $a^2 - 2a + 1 = 0$

$(a-1)^2 = 0 \qquad \therefore a = 1$

$\therefore a + b = 1 + 3 = 4$

479

$(g \circ f)(1) = g(f(1)) = g(a+1) = (a+1)^2$

$(f \circ g)(3) = f(g(3))$이므로

(i) $a \le 3$일 때,

$(f \circ g)(3) = f(g(3)) = f(9) = a + 9$

$\therefore (g \circ f)(1) + (f \circ g)(3) = (a+1)^2 + a + 9$
$\qquad\qquad\qquad\qquad\qquad = a^2 + 3a + 10 = 20$

$a^2 + 3a - 10 = 0, \ (a+5)(a-2) = 0$

$\therefore a = -5$ 또는 $a = 2$

(ii) $a > 3$일 때,

$(f \circ g)(3) = f(g(3)) = f(-9) = a - 9$

$\therefore (g \circ f)(1) + (f \circ g)(3) = (a+1)^2 + a - 9$
$\qquad\qquad\qquad\qquad\qquad = a^2 + 3a - 8 = 20$

$a^2 + 3a - 28 = 0, \ (a+7)(a-4) = 0$

$\therefore a = 4 \ (\because a > 3)$

(i), (ii)에서 모든 a의 값의 합은

$-5 + 2 + 4 = 1$

480

$f(x) = x^2 - 6x + 12 = (x-3)^2 + 3$이므로 $f(x) \ge 3$

$g(x) = -x^2 + 4x + k$이므로

$(g \circ f)(x) = g(f(x)) = -\{f(x)\}^2 + 4f(x) + k$
$\qquad\qquad\qquad = -\{f(x) - 2\}^2 + k + 4$

이때 $f(x) \ge 3$이므로 $f(x) = 3$일 때, 함수 $(g \circ f)(x)$는 최댓값 $k+3$을 갖는다.

함수 $(g \circ f)(x)$의 최댓값이 6이므로

$k + 3 = 6 \qquad \therefore k = 3$

481

$(f \circ h)(x) = f(h(x)) = 2h(x) - 4$

$(f \circ h)(x) = g(x)$이므로

$2h(x) - 4 = -4x + 2, \ 2h(x) = -4x + 6$

$\therefore h(x) = -2x + 3$

482

$(h \circ (g \circ f))(x) = ((h \circ g) \circ f)(x)$
$\qquad\qquad\qquad\quad = (h \circ g)(f(x))$
$\qquad\qquad\qquad\quad = 2f(x) - 1$

$(h \circ (g \circ f))(x) = 2x - 5$이므로

$2f(x) - 1 = 2x - 5$

$2f(x) = 2x - 4 \qquad \therefore f(x) = x - 2$

$\therefore f(4) = 4 - 2 = 2$

483

$(h \circ g \circ f)(x) = (h \circ g)(f(x))$
$\qquad\qquad\qquad = (h \circ g)(x+2)$
$\qquad\qquad\qquad = h(g(x+2))$
$\qquad\qquad\qquad = h(3(x+2) - 1)$
$\qquad\qquad\qquad = h(3x+5)$

$(h \circ g \circ f)(x) = f(x)$이므로

$h(3x+5) = x + 2$ ······ ㉠

$3x + 5 = t$로 놓으면 $x = \dfrac{t-5}{3}$

이것을 ㉠에 대입하면

$h(t)=\dfrac{t-5}{3}+2=\dfrac{1}{3}t+\dfrac{1}{3}$

$\therefore h(2)=\dfrac{1}{3}\times 2+\dfrac{1}{3}=1$

[다른 풀이] $(h\circ g\circ f)(x)=h(3x+5)$

$(h\circ g\circ f)(x)=f(x)$이므로

$h(3x+5)=x+2$ ...... ㉠

$3x+5=2$가 되는 x의 값은

$3x=-3$ $\therefore x=-1$

$x=-1$을 ㉠에 대입하면

$h(2)=-1+2=1$

484

$f^1(1)=f(1)=3$

$f^2(1)=(f\circ f)(1)=f(f(1))=f(3)=2$

$f^3(1)=(f\circ f^2)(1)=f(f^2(1))=f(2)=4$

$f^4(1)=(f\circ f^3)(1)=f(f^3(1))=f(4)=3$

$f^5(1)=(f\circ f^4)(1)=f(f^4(1))=f(3)=2$

$f^6(1)=(f\circ f^5)(1)=f(f^5(1))=f(2)=4$

$\vdots$

따라서 $f^n(1)$의 값은 3, 2, 4가 이 순서대로 반복된다.

이때 $98=3\times 32+2$이므로

$f^{98}(1)=f^2(1)=2$

485

f^1, f^2, f^3의 대응 관계를 그림으로 나타내면 다음과 같다.

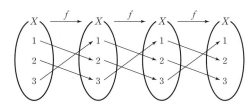

즉, $f^3(x)=x$이므로

$f^{200}(1)=f^{3\times 66+2}(1)=f^2(1)=3$

$f^{201}(2)=f^{3\times 67}(2)=f^3(2)=2$

$f^{202}(3)=f^{3\times 67+1}(3)=f^1(3)=1$

$\therefore f^{200}(1)+f^{201}(2)+f^{202}(3)=3+2+1=6$

[다른 풀이] $f^1(1)=f(1)=2$

$f^2(1)=(f\circ f)(1)=f(f(1))=f(2)=3$

$f^3(1)=(f\circ f^2)(1)=f(f^2(1))=f(3)=1$

$f^4(1)=(f\circ f^3)(1)=f(f^3(1))=f(1)=2$

$\vdots$

즉, $f^n(1)$은 2, 3, 1이 이 순서대로 반복된다.

이때 $200=3\times 66+2$이므로

$f^{200}(1)=f^2(1)=3$

같은 방법으로 하면 $f^n(2)$는 3, 1, 2가 이 순서대로 반복되고,

$201=3\times 67$이므로

$f^{201}(2)=f^3(2)=2$

또, $f^n(3)$은 1, 2, 3이 이 순서대로 반복되고, $202=3\times 67+1$이므로

$f^{202}(3)=f^1(3)=1$

$\therefore f^{200}(1)+f^{201}(2)+f^{202}(3)=3+2+1=6$

486

$f^{-1}(1)=2$에서 $f(2)=1$이므로

$f(2)=3\times 2+k=1$

$\therefore k=-5$

따라서 $f(x)=3x-5$이므로

$f(1)=3\times 1-5=-2$

487

$f^{-1}(a)+f^{-1}(b)=5$이므로

$f^{-1}(a)=1, f^{-1}(b)=4$ 또는 $f^{-1}(a)=4, f^{-1}(b)=1$ 또는

$f^{-1}(a)=2, f^{-1}(b)=3$ 또는 $f^{-1}(a)=3, f^{-1}(b)=2$

(ⅰ) $f^{-1}(a)=1, f^{-1}(b)=4$일 때,

　　$f(1)=a, f(4)=b$

　　주어진 함수 f에서 $f(1)=2, f(4)=3$이므로

　　$a=2, b=3$

　　$\therefore a+b=2+3=5$

(ⅱ) $f^{-1}(a)=4, f^{-1}(b)=1$일 때,

　　$f(4)=a, f(1)=b$

　　주어진 함수 f에서 $f(1)=2, f(4)=3$이므로

　　$a=3, b=2$

　　$\therefore a+b=3+2=5$

(ⅲ) $f^{-1}(a)=2, f^{-1}(b)=3$일 때,

　　$f(2)=a, f(3)=b$

　　주어진 함수 f에서 $f(2)=1, f(3)=4$이므로

　　$a=1, b=4$

　　$\therefore a+b=1+4=5$

(ⅳ) $f^{-1}(a)=3, f^{-1}(b)=2$일 때,

　　$f(3)=a, f(2)=b$

　　주어진 함수 f에서 $f(2)=1, f(3)=4$이므로

　　$a=4, b=1$

　　$\therefore a+b=4+1=5$

(ⅰ)~(ⅳ)에서

$a+b=5$

488

$(f\circ g)(x)=f(g(x))=f(bx+2)$

$\qquad\qquad\quad =\dfrac{1}{2}(bx+2)+a$

$\qquad\qquad\quad =\dfrac{b}{2}x+1+a$

$(f\circ g)(x)=x+2$이므로

$\dfrac{b}{2}x+1+a=x+2$ ...... ㉠

㉠은 x에 대한 항등식이므로

$\dfrac{b}{2}=1, 1+a=2$

$\therefore a=1, b=2$

$\therefore f(x)=\dfrac{1}{2}x+1$

이때 $f^{-1}(3)=t$라 하면 $f(t)=3$이므로

$f(t)=\dfrac{1}{2}t+1=3$ $\quad\therefore t=4$

$\therefore f^{-1}(3)=4$

다른 풀이 $b=2$이므로 $g(x)=2x+2$

$(f\circ g)(x)=x+2$의 양변에 f^{-1}를 합성하면

$(f^{-1}\circ f\circ g)(x)=f^{-1}(x+2)$

$\therefore f^{-1}(x+2)=g(x)=2x+2$

여기에 $x=1$을 대입하면

$f^{-1}(3)=2\times1+2=4$

489

$\dfrac{x-1}{2}=t$로 놓으면 $x=2t+1$

따라서 $f(t)=-2(2t+1)+1=-4t-1$이므로

$f(x)=-4x-1$

$f^{-1}(3)=k$라 하면 $f(k)=3$이므로

$-4k-1=3, -4k=4$

$\therefore k=-1$

$\therefore f^{-1}(3)=-1$

다른 풀이 $-2x+1=3$에서 $x=-1$

$x=-1$을 $f\left(\dfrac{x-1}{2}\right)=-2x+1$에 대입하면

$f(-1)=3$ $\quad\therefore f^{-1}(3)=-1$

490

$(f^{-1}\circ g)(3)=f^{-1}(g(3))=f^{-1}(-3)$이므로

$f^{-1}(-3)=k$라 하면 $f(k)=-3$

이때 함수 $y=f(x)$의 그래프는 오른쪽
그림과 같으므로 $k<1$이고

$f(k)=k-2=-3$

$\therefore k=-1$

$\therefore (f^{-1}\circ g)(3)=f^{-1}(-3)=-1$

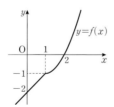

491

함수 $f(x)$의 역함수가 존재하므로 $f(x)$는 일대일대응이다.

이때 함수 $y=f(x)$의 그래프의 기울기가 양수이므로 x의 값이 증
가하면 y의 값도 증가한다.

즉, $f(-8)=b, f(a)=1$이므로

$-4+3=b, \dfrac{1}{2}a+3=1$

$\therefore a=-4, b=-1$

$\therefore ab=(-4)\times(-1)=4$

492

함수 $f(x)$의 역함수가 존재하므로 $f(x)$는 일대일대응이다.

따라서 직선 $y=x-2$와 곡선 $y=2x^2-x+a$가 $x=1$인 점에서 만
나야 하므로

$1-2=2-1+a$

$\therefore a=-2$

$\therefore f(x)=\begin{cases} x-2 & (x\geq1) \\ 2x^2-x-2 & (x<1) \end{cases}$

이때 $f(-2)=2\times(-2)^2-(-2)-2=8$이므로

$f(f(-2))=f(8)=8-2=6$

$\therefore a+f(f(-2))=-2+6=4$

493

함수 f의 역함수가 존재하므로 f는 일대일대응이다.

조건 (가)에 의하여 $(f\circ f)(-1)=2, f^{-1}(-2)=2$이므로

$(f\circ f)(-1)=f(f(-1))=2, f(2)=-2$ $\qquad\cdots\cdots$ ㉠

$f(-1)=a$라 하면 $f(a)=2$에서

$a\neq-1, a\neq2$

또, ㉠에서 $f(2)=-2$이므로 $a\neq-2$

$\therefore a=0$ 또는 $a=1$

(i) $f(-1)=0$일 때,

$\quad f(f(-1))=f(0)=2$

$\quad$ 조건 (나)에서 $f(0)\times f(-2)\leq0$이고 $f(1)\times f(-1)\leq0$이므로

$\quad f(-2)=-1, f(1)=1$

(ii) $f(-1)=1$일 때,

$\quad f(f(-1))=f(1)=2$

$\quad$ 이때 $f(1)\times f(-1)>0$이므로 조건 (나)를 만족시키지 않는다.

$\therefore 6f(0)+5f(1)+2f(2)=6\times2+5\times1+2\times(-2)$

$\qquad\qquad\qquad\qquad\qquad =13$

494

$y=\dfrac{2}{3}x-1$을 x에 대하여 풀면

$x=\dfrac{3}{2}y+\dfrac{3}{2}$

x와 y를 서로 바꾸면 구하는 역함수는

$y=\dfrac{3}{2}x+\dfrac{3}{2}$

따라서 $a=\dfrac{3}{2}, b=\dfrac{3}{2}$이므로

$a-b=\dfrac{3}{2}-\dfrac{3}{2}=0$

495

$(g\circ f)(x)=g(f(x))=g(ax+b)$

$\qquad\qquad\quad =-(ax+b)-3$

$\qquad\qquad\quad =-ax-b-3$

$y=-ax-b-3$이라 하면

$ax=-y-b-3$ $\therefore x=-\dfrac{1}{a}y-\dfrac{b+3}{a}$

따라서 역함수는 $y=-\dfrac{1}{a}x-\dfrac{b+3}{a}$

즉, $-\dfrac{1}{a}=-\dfrac{1}{2}$, $-\dfrac{b+3}{a}=-\dfrac{11}{2}$이므로

$a=2, b=8$

$\therefore b-a=8-2=6$

496

① $g(2)=3$

② $(f\circ g)(1)=f(g(1))=f(2)=1$

③ $(f\circ g)^{-1}(3)=(g^{-1}\circ f^{-1})(3)=g^{-1}(f^{-1}(3))$
$\qquad\qquad\qquad =g^{-1}(1)=3$

④ $(g\circ g)(4)=g(g(4))=g(4)=4$

⑤ $(f\circ g^{-1})(4)=f(g^{-1}(4))=f(4)=2$

따라서 옳은 것은 ⑤이다.

497

$(g\circ f)^{-1}=f^{-1}\circ g^{-1}$이므로

$(f\circ(g\circ f)^{-1}\circ f)(-1)=(f\circ f^{-1}\circ g^{-1}\circ f)(-1)$
$\qquad\qquad\qquad\qquad\quad =(g^{-1}\circ f)(-1)$
$\qquad\qquad\qquad\qquad\quad =g^{-1}(f(-1))$
$\qquad\qquad\qquad\qquad\quad =g^{-1}(-2)$

$g^{-1}(-2)=k$라 하면 $g(k)=-2$이므로

$g(k)=-2k+6=-2$ $\therefore k=4$

$\therefore (f\circ(g\circ f)^{-1}\circ f)(-1)=g^{-1}(-2)=4$

다른 풀이 $g(x)=-2x+6$에서

$g^{-1}(x)=-\dfrac{1}{2}x+3$

$\therefore (f\circ(g\circ f)^{-1}\circ f)(-1)=g^{-1}(-2)$
$\qquad\qquad\qquad\qquad\qquad =-\dfrac{1}{2}\times(-2)+3$
$\qquad\qquad\qquad\qquad\qquad =4$

498

$g^{-1}\circ f^{-1}=(f\circ g)^{-1}$이고,

$(f\circ g)(x)=f(g(x))$
$\qquad\qquad\quad =-2\left(\dfrac{1}{3}x-5\right)+1$
$\qquad\qquad\quad =-\dfrac{2}{3}x+11$

$y=-\dfrac{2}{3}x+11$로 놓고 x에 대하여 풀면

$x=-\dfrac{3}{2}y+\dfrac{33}{2}$

x와 y를 서로 바꾸면

$y=-\dfrac{3}{2}x+\dfrac{33}{2}$

$\therefore (f\circ g)^{-1}(x)=-\dfrac{3}{2}x+\dfrac{33}{2}$

$\therefore (g^{-1}\circ f^{-1}\circ h)(x)=((f\circ g)^{-1}\circ h)(x)$
$\qquad\qquad\qquad\qquad\quad =(f\circ g)^{-1}(h(x))$
$\qquad\qquad\qquad\qquad\quad =-\dfrac{3}{2}h(x)+\dfrac{33}{2}$

즉, $-\dfrac{3}{2}h(x)+\dfrac{33}{2}=f(x)$이므로 양변에 $x=-1$을 대입하면

$-\dfrac{3}{2}h(-1)+\dfrac{33}{2}=f(-1)$

$-\dfrac{3}{2}h(-1)+\dfrac{33}{2}=3$

$\therefore h(-1)=9$

다른 풀이 $(g^{-1}\circ f^{-1}\circ h)(x)=f(x)$에서 양변에 $f\circ g$를 합성하면

$((f\circ g)\circ(f\circ g)^{-1}\circ h)(x)=((f\circ g)\circ f)(x)$

$\therefore h(x)=(f\circ g\circ f)(x)$

$\therefore h(-1)=f(g(f(-1)))$
$\qquad\qquad =f(g(3))$
$\qquad\qquad =f(-4)=9$

499

$f=f^{-1}$이면 $(f\circ f)(x)=x$

$\therefore f(f(x))=x$

ㄱ. $f(x)=x$에서
$\quad f(f(x))=f(x)=x$

ㄴ. $f(x)=x+1$에서
$\quad f(f(x))=f(x+1)=(x+1)+1=x+2$

ㄷ. $f(x)=-x$에서
$\quad f(f(x))=f(-x)=-(-x)=x$

ㄹ. $f(x)=-x+1$에서
$\quad f(f(x))=f(-x+1)=-(-x+1)+1=x$

따라서 $f=f^{-1}$를 만족시키는 함수 f는 ㄱ, ㄷ, ㄹ이다.

다른 풀이 ㄴ. $y=x+1$이라 하면 $x=y-1$

$\quad x$와 y를 서로 바꾸면 $y=x-1$

$\quad$즉, $f^{-1}(x)=x-1$이므로 $f\ne f^{-1}$

ㄷ. $y=-x$라 하면 $x=-y$

$\quad x$와 y를 서로 바꾸면 $y=-x$

$\quad$즉, $f^{-1}(x)=-x$이므로 $f=f^{-1}$

ㄹ. $y=-x+1$이라 하면 $x=1-y$

$\quad x$와 y를 서로 바꾸면 $y=1-x$

$\quad$즉, $f^{-1}(x)=-x+1$이므로 $f=f^{-1}$

따라서 $f=f^{-1}$를 만족시키는 함수 f는 ㄱ, ㄷ, ㄹ이다.

1등급 비법

$f=f^{-1}$를 만족시키는 일차함수 $f(x)$ 꼴

$f(x)=ax+b\,(a\ne0)$라 하면 $f^{-1}(x)=\dfrac{1}{a}x-\dfrac{b}{a}$

이때 $f=f^{-1}$이므로 $a=\dfrac{1}{a}$, $b=-\dfrac{b}{a}$

$\therefore a^2=1, b(a+1)=0$

(i) $a=1, b=0$이면 $y=x$

(ii) $a=-1, b$가 모든 실수이면 $y=-x+b$

500

$(f \circ f)(x)=x$에서 $f=f^{-1}$이므로

$f^{-1}(2)=f(2)=1$

또, $(f \circ f)(2)=f(f(2))=2$에서 $f(1)=2$이므로

$f^{-1}(2)+f(1)=1+2=3$

501

$f=f^{-1}$이면 $(f \circ f)(x)=x$

$\begin{aligned} f(f(x))&=f(ax+3) \\ &=a(ax+3)+3 \\ &=a^2x+3a+3 \end{aligned}$

즉, $a^2x+3a+3=x$이므로

$a^2=1,\ 3a+3=0$

$\therefore a=-1$

따라서 $f(x)=-x+3$이므로

$f(1)=-1+3=2$

502

$\begin{aligned} (f \circ f)^{-1}(a)&=(f^{-1} \circ f^{-1})(a) \\ &=f^{-1}(f^{-1}(a)) \end{aligned}$

$f^{-1}(a)=m$이라 하면

$f(m)=a$

이므로 오른쪽 그래프에서

$m=3$

$\therefore f^{-1}(f^{-1}(a))=f^{-1}(3)$

또, $f^{-1}(3)=n$이라 하면 $f(n)=3$이므로

$n=2$

$\begin{aligned} \therefore (f \circ f)^{-1}(a)&=f^{-1}(f^{-1}(a)) \\ &=f^{-1}(3) \\ &=2 \end{aligned}$

이때 $f(2)=3$이므로

$\begin{aligned} f(2)+(f \circ f)^{-1}(a)&=3+2 \\ &=5 \end{aligned}$

503

함수 $f(x)=\dfrac{1}{4}(x^2+3)\ (x \geq 0)$의 그래프는 그 역함수

$y=g(x)$의 그래프와 직선 $y=x$에 대하여 대칭이므로 함수 $y=f(x)$의 그래프와 함수 $y=g(x)$의 그래프의 교점은 함수 $y=f(x)$의 그래프와 직선 $y=x$의 교점과 같다.

$\dfrac{1}{4}(x^2+3)=x$에서

$x^2-4x+3=0,\ (x-1)(x-3)=0$

$\therefore x=1$ 또는 $x=3$

따라서 두 교점의 좌표는 $(1, 1),\ (3, 3)$이므로 두 점 사이의 거리는

$\sqrt{(3-1)^2+(3-1)^2}=\sqrt{4+4}=2\sqrt{2}$

504

$\begin{aligned} f(x)&=x^2-2x+k \\ &=(x-1)^2+k-1\ (k \geq 1) \end{aligned}$

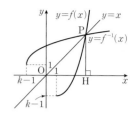

함수 $y=f(x)$의 그래프와 그 역함수 $y=f^{-1}(x)$의 그래프는 직선 $y=x$에 대하여 대칭이므로 오른쪽 그림과 같고, 함수 $y=f(x)$의 그래프와 그 역함수 $y=f^{-1}(x)$의 그래프의 교점은 함수 $y=f(x)$의 그래프와 직선 $y=x$의 교점과 같다.

따라서 점 P는 직선 $y=x$ 위의 점이므로 점 P의 좌표를 (t, t)라 하면 삼각형 POH의 넓이가 8이므로

$\dfrac{1}{2} \times t \times t=8,\ t^2=16$

$\therefore t=4\ (\because t \geq 1)$

$\therefore \mathrm{P}(4, 4)$

한편, 점 $\mathrm{P}(4, 4)$는 함수 $f(x)=x^2-2x+k$의 그래프 위의 점이므로

$f(4)=4^2-2 \times 4+k=4$

$\therefore k=-4$

내신 적중 서술형
━━━━━━━━━━━━━ ●126쪽

505 (1) -2 (2) 1 **506** 7 **507** $a<-1$ 또는 $a>1$
508 3

505

(1) $f(x)=ax-3,\ g(x)=2x+1$이므로

$\begin{aligned} (f \circ g)(x)&=f(g(x))=f(2x+1) \\ &=a(2x+1)-3 \\ &=2ax+a-3 \end{aligned}$ ⋯⋯ ㉮

$\begin{aligned} (g \circ f)(x)&=g(f(x))=g(ax-3) \\ &=2(ax-3)+1 \\ &=2ax-5 \end{aligned}$ ⋯⋯ ㉯

$(f \circ g)(x)=(g \circ f)(x)$이므로

$2ax+a-3=2ax-5$

$a-3=-5$

$\therefore a=-2$ ⋯⋯ ㉰

(2) $f(x)=-2x-3$이므로

$f(-2)=(-2) \times (-2)-3=1$ ⋯⋯ ㉱

	채점 기준	배점 비율
(1)	㉮ $f \circ g$ 구하기	30 %
	㉯ $g \circ f$ 구하기	30 %
	㉰ a의 값 구하기	30 %
(2)	㉱ $f(-2)$의 값 구하기	10 %

506

$f(1)=3$, $f(2)=9$, $f(3)=7$, $f(4)=1$,

$f(5)=3$, $f(6)=9$, $f(7)=7$, $f(8)=1$, $f(9)=3$

이므로

$f^2(2)=f(f(2))=f(9)=3$,

$f^3(2)=f(f^2(2))=f(3)=7$,

$f^4(2)=f(f^3(2))=f(7)=7$, $\cdots$ ······ ㉮

따라서 $n \geq 3$인 자연수 n에 대하여 $f^n(2)=7$ ······ ㉯

$\therefore f^{1000}(2)=7$ ······ ㉰

채점 기준	배점 비율
㉮ $f^2(2)$, $f^3(2)$, $f^4(2)$, $\cdots$의 값 구하기	60 %
㉯ $f^n(2)$의 값 구하기	30 %
㉰ $f^{1000}(2)$의 값 구하기	10 %

507

$f(x)=|x|+ax+4$

$\qquad = \begin{cases} (1+a)x+4 & (x \geq 0) \\ (-1+a)x+4 & (x<0) \end{cases}$ ······ ㉮

이므로 함수 $f(x)$의 역함수가 존재하기 위해서는 함수 $f(x)$가 실수 전체의 집합에서 일대일대응이어야 한다.

따라서 $x \geq 0$일 때와 $x<0$일 때의 직선의 기울기의 부호가 서로 같아야 하므로 ······ ㉯

$(1+a)(-1+a)>0$, $(a+1)(a-1)>0$

$\therefore a<-1$ 또는 $a>1$ ······ ㉰

채점 기준	배점 비율
㉮ $x=0$을 기준으로 구간을 나누어 함수 $f(x)$ 구하기	30 %
㉯ 함수 f의 역함수가 존재하기 위한 조건 구하기	40 %
㉰ 실수 a의 값의 범위 구하기	30 %

508

$2x-1=t$로 놓으면 $x=\dfrac{1}{2}t+\dfrac{1}{2}$

이것을 $f(2x-1)=4x+3$에 대입하면

$f(t)=4\left(\dfrac{1}{2}t+\dfrac{1}{2}\right)+3=2t+5$

t를 x로 바꾸면

$f(x)=2x+5$ ······ ㉮

$y=2x+5$로 놓고 x에 대하여 풀면

$x=\dfrac{1}{2}y-\dfrac{5}{2}$

x와 y를 서로 바꾸면

$y=\dfrac{1}{2}x-\dfrac{5}{2}$

$\therefore f^{-1}(x)=\dfrac{1}{2}x-\dfrac{5}{2}$ ······ ㉯

따라서 $a=\dfrac{1}{2}$, $b=-\dfrac{5}{2}$이므로

$a-b=\dfrac{1}{2}-\left(-\dfrac{5}{2}\right)=3$ ······ ㉰

채점 기준	배점 비율
㉮ $f(x)$ 구하기	40 %
㉯ $f^{-1}(x)$ 구하기	40 %
㉰ $a-b$의 값 구하기	20 %

1등급 실력 완성 ● 127쪽 ~ 128쪽

509 6	510 ⑤	511 ④	512 0	513 ②
514 12	515 10	516 ④	517 36	

509

합성함수

(전략) $f(a)=t$라 하고 t의 값을 구해 본다.

(풀이) $f(a)=t$로 놓으면 $(f \circ f)(a)=f(a)$에서

$f(f(a))=f(a)$

$\therefore f(t)=t$

$t<2$일 때, $2t+2=t$에서

$t=-2$

$t \geq 2$일 때, $t^2-7t+16=t$에서

$t^2-8t+16=0$, $(t-4)^2=0$

$\therefore t=4$

(i) $t=-2$, 즉 $f(a)=-2$인 경우

　㉠ $a<2$일 때,

　　$2a+2=-2$

　　$\therefore a=-2$

　㉡ $a \geq 2$일 때,

　　$a^2-7a+16=-2$

　　$\therefore a^2-7a+18=0$

　　이차방정식 $a^2-7a+18=0$의 판별식을 D라 하면

　　$D=(-7)^2-4 \times 1 \times 18=-23<0$

　　이므로 $f(a)=-2$를 만족시키는 실수 a의 값은 존재하지 않는다.

(ii) $t=4$, 즉 $f(a)=4$인 경우

　㉠ $a<2$일 때,

　　$2a+2=4$

　　$\therefore a=1$

　㉡ $a \geq 2$일 때,

　　$a^2-7a+16=4$

　　$a^2-7a+12=0$

　　$(a-3)(a-4)=0$

　　$\therefore a=3$ 또는 $a=4$

(i), (ii)에서 $(f \circ f)(a)=f(a)$를 만족시키는 모든 실수 a의 값의 합은

$-2+1+3+4=6$

510

합성함수

전략 $(f \circ f \circ f)(x) = f((f \circ f)(x))$임을 이용한다.

풀이 $(f \circ f \circ f)(x) = 0$에서

$(f \circ f \circ f)(x) = f((f \circ f)(x))$
$= |(f \circ f)(x) - 3| = 0$

$\therefore (f \circ f)(x) = 3$

$(f \circ f)(x) = f(f(x)) = |f(x) - 3| = 3$

$f(x) - 3 = \pm 3$

$\therefore f(x) = 0$ 또는 $f(x) = 6$

즉, $|x - 3| = 0$ 또는 $|x - 3| = 6$이므로

$x - 3 = 0$ 또는 $x - 3 = \pm 6$

$\therefore x = 3$ 또는 $x = -3$ 또는 $x = 9$

따라서 모든 실수 x의 값의 합은

$3 + (-3) + 9 = 9$

511

합성함수

전략 주어진 이차함수의 그래프가 직선 $x = 3$에 대하여 대칭임을 이용한다.

풀이 이차함수 $y = f(x)$의 그래프가 직선 $x = 3$에 대하여 대칭이므로

$f(6) = f(0) = -2$

$f(f(x)) = -2$에서

$f(x) = 0$ 또는 $f(x) = 6$

오른쪽 그림과 같이 $f(x) = 0$을 만족시키는 x의 값을 x_1, x_2라 하고, $f(x) = 6$을 만족시키는 x의 값을 x_3, x_4라 하면 x_1과 x_2, x_3과 x_4는 각각 직선 $x = 3$에 대하여 대칭이므로

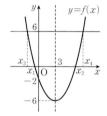

$\dfrac{x_1 + x_2}{2} = 3$, $\dfrac{x_3 + x_4}{2} = 3$

$\therefore x_1 + x_2 = 6$, $x_3 + x_4 = 6$

$\therefore x_1 + x_2 + x_3 + x_4 = 6 + 6 = 12$

512

합성함수를 이용하여 상수 구하기

전략 $f \circ g = g \circ f$임을 이용하여 a, b 사이의 관계식을 구하고, a의 값에 관계없이 함수 $y = g(x)$의 그래프가 지나는 점의 좌표를 구한다.

풀이 $f(x) = 3x - 2$, $g(x) = ax + b$이므로

$(f \circ g)(x) = f(g(x))$
$= f(ax + b)$
$= 3(ax + b) - 2$
$= 3ax + 3b - 2$

$(g \circ f)(x) = g(f(x))$
$= g(3x - 2)$
$= a(3x - 2) + b$
$= 3ax - 2a + b$

$(f \circ g)(x) = (g \circ f)(x)$이므로

$3ax + 3b - 2 = 3ax - 2a + b$

$3b - 2 = -2a + b$

$\therefore b = -a + 1$ ...... ㉠

㉠을 $g(x) = ax + b$에 대입하면

$g(x) = ax - a + 1 = a(x - 1) + 1$

이므로 함수 $y = g(x)$의 그래프는 a의 값에 관계없이 항상 점 $(1, 1)$을 지난다.

따라서 $p = 1$, $q = 1$이므로

$p - q = 1 - 1 = 0$

513

역함수가 존재하기 위한 조건

전략 함수 f의 역함수가 존재하면 f는 일대일대응임을 이용한다.

풀이 함수 f의 역함수가 존재하므로 함수 f는 일대일대응이다.

$f(1) + 2f(3) = 12$이고 함수 f는 일대일대응이므로

$f(1) = 2$, $f(3) = 5$ ...... ㉠

$f^{-1}(1) - f^{-1}(3) = 2$에서 $f^{-1}(1) \in X$, $f^{-1}(3) \in X$이므로

$f^{-1}(1) = 3$, $f^{-1}(3) = 1$ 또는 $f^{-1}(1) = 4$, $f^{-1}(3) = 2$

또는 $f^{-1}(1) = 5$, $f^{-1}(3) = 3$

㉠에서 $f^{-1}(2) = 1$, $f^{-1}(5) = 3$이고, 함수 f^{-1}도 일대일대응이므로 $f^{-1}(1) = 4$, $f^{-1}(3) = 2$이어야 한다.

$\therefore f(4) = 1$, $f(2) = 3$

함수 f는 일대일대응이므로

$f(5) = 4$ $\therefore f^{-1}(4) = 5$

$\therefore f(4) + f^{-1}(4) = 1 + 5 = 6$

514

역함수의 성질

전략 조건 (가), (나)에서 함수 f가 일대일대응임을 알고, 역함수의 성질을 이용하여 조건 (다)를 만족시키는 함수 f의 개수를 구한다.

풀이 조건 (가), (나)에서 함수 $f(x)$는 일대일대응이고,

조건 (다)에서 $f(f(a)) = a$ ...... ㉠

(i) $f(a) = a$일 때,

$f(b)$의 값이 될 수 있는 것은 b, c, d의 3개

$f(c)$의 값이 될 수 있는 것은 $f(a)$, $f(b)$의 값을 제외한 2개

$f(d)$의 값이 될 수 있는 것은 $f(a)$, $f(b)$, $f(c)$의 값을 제외한 1개

따라서 함수 f의 개수는

$3 \times 2 \times 1 = 6$

(ii) $f(a) = b$일 때,

$f(f(a)) = f(b)$이므로 ㉠에서 $f(b) = a$

$f(c)$의 값이 될 수 있는 것은 c, d의 2개

$f(d)$의 값이 될 수 있는 것은 $f(a)$, $f(b)$, $f(c)$의 값을 제외한 1개

따라서 함수 f의 개수는

$2 \times 1 = 2$

(iii) $f(a) = c$일 때,

$f(f(a)) = f(c)$이므로 ㉠에서 $f(c) = a$

(ii)와 같은 방법으로 하면 함수 f의 개수는

$2 \times 1 = 2$

(iv) $f(a)=d$일 때,

$\quad f(f(a))=f(d)$이므로 ㉠에서 $f(d)=a$

$\quad$ (ii)와 같은 방법으로 하면 함수 f의 개수는

$\quad 2\times1=2$

(i)~(iv)에서 함수 f의 개수는

$\quad 6+2+2+2=12$

515

합성함수를 이용하여 상수 구하기 ⊕ 역함수의 성질

(전략) 합성함수와 역함수의 성질을 이용하여 $g\circ f$와 $f\circ g$의 관계를 파악한다.

(풀이) $(f^{-1}\circ(g^{-1}\circ f)\circ g)(x)=x$에서

$((f^{-1}\circ g^{-1})\circ f\circ g)(x)=x$

$((g\circ f)^{-1}\circ(f\circ g))(x)=x$

양변에 $g\circ f$를 합성하면

$((g\circ f)\circ(g\circ f)^{-1}\circ(f\circ g))(x)=(g\circ f)(x)$

$(f\circ g)(x)=(g\circ f)(x)$

$\therefore f(g(x))=g(f(x))$

즉, $f(-x+a)=g(2x-5)$이므로

$2(-x+a)-5=-(2x-5)+a$

$-2x+2a-5=-2x+5+a$

$2a-5=5+a \qquad \therefore a=10$

516

역함수의 그래프

(전략) 함수 $y=f(x)$의 그래프와 직선 $y=x$가 서로 다른 두 점에서 만남을 이용하여 a의 값의 범위를 구한다.

(풀이) 함수 $f(x)=\dfrac{1}{4}x^2+a\ (x\geq1)$의 그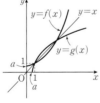

래프는 오른쪽 그림과 같고, 그 역함수

$y=g(x)$의 그래프는 함수 $y=f(x)$의 그래

프와 직선 $y=x$에 대하여 대칭이므로

함수 $y=f(x)$의 그래프와 그 역함수

$y=g(x)$의 그래프가 서로 다른 두 점에서

만나려면 함수 $y=f(x)$의 그래프와 직선 $y=x$도 서로 다른 두 점

에서 만나야 한다.

따라서 이차방정식 $\dfrac{1}{4}x^2+a=x$, 즉 $x^2-4x+4a=0$이 1보다 크

거나 같은 서로 다른 두 실근을 가져야 한다.

$h(x)=x^2-4x+4a$라 하면 이차함수 $y=h(x)$

의 그래프는 오른쪽 그림과 같다.

(i) 이차방정식 $h(x)=0$의 판별식을 D라 하면

$\quad \dfrac{D}{4}=(-2)^2-4a>0$

$\quad \therefore a<1$

(ii) $h(1)\geq0$에서

$\quad 1-4+4a\geq0$

$\quad \therefore a\geq\dfrac{3}{4}$

(iii) $h(x)=x^2-4x+4a=(x-2)^2+4a-4$에서 $y=h(x)$의 그래프의 축의 방정식이 $x=2$이므로 $2>1$

(i), (ii), (iii)에서 $\dfrac{3}{4}\leq a<1$

> **개념 보충**
>
> **이차방정식의 두 근이 모두 p보다 크거나 작을 조건**
>
> 계수가 실수인 이차방정식 $ax^2+bx+c=0\ (a>0)$의 판별식을 D 라 하고 $f(x)=ax^2+bx+c$라 할 때,
>
> ① 두 근이 모두 p보다 크다.
>
> $\quad \Rightarrow D\geq0,\ f(p)>0,\ -\dfrac{b}{2a}>p$
>
> ② 두 근이 모두 p보다 작다.
>
> $\quad \Rightarrow D\geq0,\ f(p)>0,\ -\dfrac{b}{2a}<p$

517

역함수의 그래프

(전략) x의 값의 범위를 나누어 $f(x)$를 구한 후, $y=f(x)$의 그래프를 그려 본다.

(풀이) $x<0$일 때,

$f(x)=\dfrac{2x+x}{2}+3=\dfrac{3}{2}x+3$

$x\geq0$일 때,

$f(x)=\dfrac{2x-x}{2}+3=\dfrac{1}{2}x+3$

$\therefore f(x)=\begin{cases}\dfrac{3}{2}x+3 & (x<0)\\[2mm]\dfrac{1}{2}x+3 & (x\geq0)\end{cases}$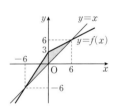

따라서 함수 $y=f(x)$의 그래프는 오른쪽

그림과 같다.

함수 $y=f(x)$의 그래프와 그 역함수 $y=g(x)$의 그래프는 직선

$y=x$에 대하여 대칭이므로 함수 $y=f(x)$와 함수 $y=g(x)$의 그

래프로 둘러싸인 부분의 넓이는 함수 $y=f(x)$의 그래프와 직선

$y=x$로 둘러싸인 부분의 넓이의 2배이다.

함수 $y=f(x)$의 그래프와 직선 $y=x$의 교점의 좌표를 구하면

(i) $x<0$일 때,

$\quad \dfrac{3}{2}x+3=x \qquad \therefore x=-6$

(ii) $x\geq0$일 때,

$\quad \dfrac{1}{2}x+3=x \qquad \therefore x=6$

따라서 구하는 넓이는

$2\times\left(\dfrac{1}{2}\times3\times6+\dfrac{1}{2}\times3\times6\right)=36$

 ● 129쪽

518 20   **519** 4   **520** ①

518

합성함수

〔1단계〕조건 (내를 만족시키는 집합 A를 구한다.

조건 (내에서 집합 A의 원소가 2개이므로 집합 A는

$\{1, 2\}$, $\{1, 3\}$, $\{1, 4\}$, $\{1, 5\}$, $\{2, 3\}$, $\{2, 4\}$, $\{2, 5\}$,

$\{3, 4\}$, $\{3, 5\}$, $\{4, 5\}$

의 10개이다.

〔2단계〕〔1단계〕에서 구한 집합 A를 이용하여 조건 (개, (대를 만족시키는 함수 f의 개수를 구한다.

$A=\{1, 2\}$일 때, 조건 (개, (대를 모두 만족시키는 함수 f는 다음과 같이 2가지뿐이다.

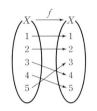 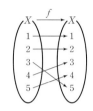

같은 방법으로 집합 A의 각 경우에 따라 조건 (개, (대를 모두 만족시키는 함수는 2가지씩이다.

따라서 구하는 함수 f의 개수는

$10 \times 2 = 20$

오답 피하기 집합 $A=\{x | f(x)=x, x\in X\}$의 원소가 아닌 x에 대하여 조건 (개, (대를 모두 만족시키는 함수 f의 개수도 조사해 보아야 한다. 이때 A의 원소가 아닌 x에 대하여 $f(x)\neq x$임에 주의한다.

519

합성함수

〔1단계〕주어진 그래프에서 $f(x)$를 구한 후, x의 값의 범위를 나누어 $(f\circ f)(x)$를 구한다.

$f(x)=\begin{cases} -2x+2 & (0\le x<1) \\ 2x-2 & (1\le x\le 2) \end{cases}$이므로

(i) $0\le x\le \dfrac{1}{2}$일 때,

$\begin{aligned}(f\circ f)(x)&=f(f(x))=f(-2x+2) \\ &=2(-2x+2)-2 \ (\because 1\le -2x+2\le 2) \\ &=-4x+2\end{aligned}$

(ii) $\dfrac{1}{2}<x\le 1$일 때,

$\begin{aligned}(f\circ f)(x)&=f(f(x))=f(-2x+2) \\ &=-2(-2x+2)+2 \ (\because 0\le -2x+2<1) \\ &=4x-2\end{aligned}$

(iii) $1<x<\dfrac{3}{2}$일 때,

$\begin{aligned}(f\circ f)(x)&=f(f(x))=f(2x-2) \\ &=-2(2x-2)+2 \ (\because 0<2x-2<1) \\ &=-4x+6\end{aligned}$

(iv) $\dfrac{3}{2}\le x\le 2$일 때,

$\begin{aligned}(f\circ f)(x)&=f(f(x))=f(2x-2) \\ &=2(2x-2)-2 \ (\because 1\le 2x-2\le 2) \\ &=4x-6\end{aligned}$

(i)~(iv)에서 함수 $y=(f\circ f)(x)$의 그래프는 오른쪽 그림과 같다.

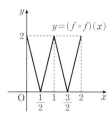

〔2단계〕$y=(f\circ f)(x)$의 그래프와 직선 $y=x$의 교점의 개수를 구하여 주어진 방정식을 만족시키는 실수 x의 개수를 구한다.

방정식 $(f\circ f)(x)=x$를 만족시키는 실수 x의 개수는 함수 $y=(f\circ f)(x)$의 그래프와 직선 $y=x$의 교점의 개수와 같다.

따라서 오른쪽 그림에서 방정식 $(f\circ f)(x)=x$를 만족시키는 실수 x의 개수는 4이다.

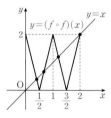

520

합성함수 ➕ 역함수의 성질

〔1단계〕$X\cap Y$를 구하고, 조건 (내를 이용하여 $f(x)$의 값의 범위를 구한다.

ㄱ. 조건 (내에서 집합 $X\cap Y=\{2, 3, 4\}$의 모든 원소 x에 대하여 $g(x)-f(x)=1$이므로 $f(x)=5$인 x가 존재하면 $g(x)=6$이 되어 모순이다.

즉, 집합 $X\cap Y=\{2, 3, 4\}$의 모든 원소 x에 대하여 $f(x)\le 4$이고, 조건 (개에서 함수 f는 일대일대응이므로

$\{f(2), f(3), f(4)\}=\{2, 3, 4\}$

$g(x)=f(x)+1$이므로

$\{g(2), g(3), g(4)\}=\{3, 4, 5\}$

따라서 함수 $g\circ f$의 치역은 Z이다. (참)

〔2단계〕ㄱ을 이용하여 $f(1)$의 값을 구한다.

ㄴ. ㄱ에서 $\{f(2), f(3), f(4)\}=\{2, 3, 4\}$이고 함수 f는 일대일대응이므로

$f(1)=5$ ∴ $f^{-1}(5)=1$ (거짓)

〔3단계〕ㄴ과 $f(3)<g(2)<f(1)$을 이용하여 $f(4)$, $g(2)$의 값을 구한다.

ㄷ. ㄴ에서 $f(1)=5$이므로

$f(3)<g(2)<f(1)$이면

$f(3)<g(2)<5$ ⋯⋯ ㉠

(i) $g(2)=3$인 경우

조건 (내에서

$f(2)=g(2)-1=3-1=2$

함수 f는 일대일대응이므로 $f(3)=3$ 또는 $f(3)=4$가 되어 ㉠을 만족시키지 않는다.

(ii) $g(2)=4$인 경우

조건 (내에서

$f(2)=g(2)-1=4-1=3$ ⋯⋯ ㉡

이것은 ㉠을 만족시킨다.

㉠, ㉡에서 $f(3)<3$이므로 $f(3)=2$

함수 f는 일대일대응이므로 $f(4)=4$

∴ $f(4)+g(2)=4+4=8$ (거짓)

이상에서 옳은 것은 ㄱ뿐이다.

● 131쪽 ~ 135쪽

521 ③	**522** 13	**523** ③	**524** 42	**525** ②
526 −2	**527** ③	**528** ④	**529** −1	**530** 1
531 ⑤	**532** ⑤	**533** ②	**534** 3	**535** ③
536 ④	**537** ③	**538** −3	**539** 9	**540** ⑤
541 $2\sqrt{6}$	**542** ⑤	**543** 12	**544** 1	**545** ⑤
546 ③	**547** 5	**548** ①	**549** 25	

521

$$\frac{x^2+x-2}{x^2-9} \div \frac{x^2-3x+2}{x+3} \times \frac{x-2}{x^2+2x}$$

$$=\frac{(x+2)(x-1)}{(x+3)(x-3)} \times \frac{x+3}{(x-1)(x-2)} \times \frac{x-2}{x(x+2)}$$

$$=\frac{1}{x(x-3)}$$

522

주어진 등식의 우변을 통분하면

$$\frac{a}{x}-\frac{b}{x^2}-\frac{c}{x+1}=\frac{ax(x+1)-b(x+1)-cx^2}{x^2(x+1)}$$

$$=\frac{ax^2+ax-bx-b-cx^2}{x^2(x+1)}$$

$$=\frac{(a-c)x^2+(a-b)x-b}{x^2(x+1)}$$

이므로

$$\frac{2x-3}{x^2(x+1)}=\frac{(a-c)x^2+(a-b)x-b}{x^2(x+1)}$$

위의 등식은 x에 대한 항등식이므로

$a-c=0, a-b=2, -b=-3$

$\therefore a=5, b=3, c=5$

$\therefore a+b+c=5+3+5=13$

523

$$\frac{1}{a(a+1)}+\frac{2}{(a+1)(a+3)}+\frac{3}{(a+3)(a+6)}$$

$$=\left(\frac{1}{a}-\frac{1}{a+1}\right)+\left(\frac{1}{a+1}-\frac{1}{a+3}\right)+\left(\frac{1}{a+3}-\frac{1}{a+6}\right)$$

$$=\frac{1}{a}-\frac{1}{a+6}=\frac{6}{a(a+6)}$$

1등급 비법

분모가 두 인수의 곱의 꼴인 분수식의 합은 부분분수로의 변형을 이용한다.

① $\dfrac{1}{AB}=\dfrac{1}{B-A}\left(\dfrac{1}{A}-\dfrac{1}{B}\right)$ (단, $A \neq B$)

② $\dfrac{k}{AB}=\dfrac{k}{B-A}\left(\dfrac{1}{A}-\dfrac{1}{B}\right)$ (단, $A \neq B$, k는 상수이다.)

524

$$\frac{33}{13}=2+\frac{7}{13}=2+\frac{1}{\frac{13}{7}}$$

$$=2+\frac{1}{1+\frac{6}{7}}=2+\frac{1}{1+\frac{1}{\frac{7}{6}}}$$

$$=2+\frac{1}{1+\frac{1}{1+\frac{1}{6}}}$$

따라서 $a=2, b=1, c=1, d=6$이므로

$a^2+b^2+c^2+d^2=4+1+1+36=42$

525

$x^2+x+1=0$에서 $x \neq 0$이므로 양변을 x로 나누면

$$x+1+\frac{1}{x}=0$$

$$\therefore x+\frac{1}{x}=-1$$

$$\therefore 3x^2+5x-1+\frac{5}{x}+\frac{3}{x^2}$$

$$=3\left(x^2+\frac{1}{x^2}\right)+5\left(x+\frac{1}{x}\right)-1$$

$$=3\left\{\left(x+\frac{1}{x}\right)^2-2\right\}+5\left(x+\frac{1}{x}\right)-1$$

$$=3\{(-1)^2-2\}+5\times(-1)-1$$

$$=-3-5-1=-9$$

개념 보충

곱셈 공식을 변형하여 분수식의 값 구하기

① $x^2+\dfrac{1}{x^2}=\left(x+\dfrac{1}{x}\right)^2-2=\left(x-\dfrac{1}{x}\right)^2+2$

② $\left(x+\dfrac{1}{x}\right)^2=\left(x-\dfrac{1}{x}\right)^2+4$

③ $x^3+\dfrac{1}{x^3}=\left(x+\dfrac{1}{x}\right)^3-3\left(x+\dfrac{1}{x}\right)$

④ $x^3-\dfrac{1}{x^3}=\left(x-\dfrac{1}{x}\right)^3+3\left(x-\dfrac{1}{x}\right)$

526

$$y=\frac{bx-5}{x+2a}=\frac{b(x+2a)-2ab-5}{x+2a}$$

$$=\frac{-2ab-5}{x+2a}+b$$

이므로 정의역은 $\{x\,|\,x \neq -2a$인 실수$\}$, 치역은 $\{y\,|\,y \neq b$인 실수$\}$이다.

따라서 $-2a=3, b=-\dfrac{1}{2}$이므로

$$a=-\frac{3}{2}, b=-\frac{1}{2}$$

$$\therefore a+b=-\frac{3}{2}+\left(-\frac{1}{2}\right)=-2$$

527

$y=\dfrac{2x-1}{x-2}=\dfrac{2(x-2)+3}{x-2}=\dfrac{3}{x-2}+2$

이므로 주어진 함수의 그래프는 함수 $y=\dfrac{3}{x}$의 그래프를 x축의 방

향으로 2만큼, y축의 방향으로 2만큼 평행이동한 것이다.

따라서 $0\leq x<2$ 또는 $2<x\leq 3$에서 함수

$y=\dfrac{2x-1}{x-2}$의 그래프는 오른쪽 그림과 같

으므로 치역은

$\left\{y\,\middle|\,y\leq\dfrac{1}{2}\ \text{또는}\ y\geq 5\right\}$

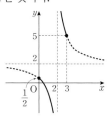

528

함수 $y=\dfrac{b}{x-a}$의 그래프의 한 점근선의 방정식이 $x=4$이므로

$a=4$

함수 $y=\dfrac{b}{x-4}$의 그래프가 점 $(2,4)$를 지나므로

$4=\dfrac{b}{2-4}$ $\therefore b=-8$

$\therefore a-b=4-(-8)=12$

529

$f(x)=\dfrac{6x+4}{2x+a}=\dfrac{3(2x+a)-3a+4}{2x+a}=\dfrac{-3a+4}{2x+a}+3$

이므로 함수 $y=f(x)$의 그래프의 점근선의 방정식은

$x=-\dfrac{a}{2},\ y=3$이고 두 점근선의 교점의 좌표는 $\left(-\dfrac{a}{2},\,3\right)$이다.

$g(x)=\dfrac{bx+6}{3x+c}=\dfrac{\dfrac{b}{3}(3x+c)-\dfrac{bc}{3}+6}{3x+c}=\dfrac{-\dfrac{bc}{3}+6}{3x+c}+\dfrac{b}{3}$

이므로 함수 $y=g(x)$의 그래프의 점근선의 방정식은

$x=-\dfrac{c}{3},\ y=\dfrac{b}{3}$이고 두 점근선의 교점의 좌표는 $\left(-\dfrac{c}{3},\,\dfrac{b}{3}\right)$이다.

두 함수 $y=f(x),\ y=g(x)$의 그래프의 두 점근선의 교점이 일치

하므로

$-\dfrac{a}{2}=-\dfrac{c}{3},\ 3=\dfrac{b}{3}$ $\therefore a=\dfrac{2}{3}c,\ b=9$

이때 $g(x)=\dfrac{9x+6}{3x+c}$이고 $g(3)=11$이므로

$\dfrac{27+6}{9+c}=11,\ 9+c=3$ $\therefore c=-6$

$\therefore a=\dfrac{2}{3}\times(-6)=-4$

$\therefore a+b+c=-4+9+(-6)=-1$

530

주어진 함수의 그래프의 점근선의 방정식이 $x=-2,\ y=3$이므로

함수의 식을

$y=\dfrac{k}{x+2}+3\ (k\neq 0)$ $\cdots\cdots$ ㉠

으로 놓을 수 있다.

이때 ㉠의 그래프가 점 $(0,0)$을 지나므로

$0=\dfrac{k}{2}+3$ $\therefore k=-6$

$k=-6$을 ㉠에 대입하면

$y=\dfrac{-6}{x+2}+3=\dfrac{-6+3(x+2)}{x+2}=\dfrac{3x}{x+2}$

따라서 $a=3,\ b=0,\ c=-2$이므로

$a+b+c=3+0+(-2)=1$

531

함수 $y=\dfrac{4}{x-a}-4\ (a>1)$의 그래프의

두 점근선의 방정식은 $x=a,\ y=-4$이므

로 함수 $y=f(x)$의 그래프는 오른쪽 그림

과 같다.

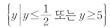

이때 $\mathrm{A}(a+1,\,0),\ \mathrm{B}\left(0,\,-\dfrac{4}{a}-4\right)$,

$\mathrm{C}(a,\,-4)$이고, 사각형 OBCA의 넓이는

삼각형 OCA의 넓이와 삼각형 OBC의 넓이의 합과 같으므로

$\dfrac{1}{2}\times(a+1)\times 4+\dfrac{1}{2}\times\left(\dfrac{4}{a}+4\right)\times a=24$

$4a+4=24$ $\therefore a=5$

532

① $y=\dfrac{x}{x+1}=\dfrac{(x+1)-1}{x+1}=-\dfrac{1}{x+1}+1$

이므로 $y=-\dfrac{1}{x}$의 그래프를 x축의 방향으로 -1만큼, y축의

방향으로 1만큼 평행이동한 것이다.

② $y=\dfrac{2x}{x+1}=\dfrac{2(x+1)-2}{x+1}=-\dfrac{2}{x+1}+2$

이므로 함수 $y=-\dfrac{2}{x}$의 그래프를 x축의 방향으로 -1만큼, y

축의 방향으로 2만큼 평행이동한 것이다.

③ $y=\dfrac{x-2}{x-1}=\dfrac{(x-1)-1}{x-1}=-\dfrac{1}{x-1}+1$

이므로 함수 $y=-\dfrac{1}{x}$의 그래프를 x축의 방향으로 1만큼, y축

의 방향으로 1만큼 평행이동한 것이다.

④ $y=\dfrac{x+3}{x+1}=\dfrac{(x+1)+2}{x+1}=\dfrac{2}{x+1}+1$

이므로 함수 $y=\dfrac{2}{x}$의 그래프를 x축의 방향으로 -1만큼, y축

의 방향으로 1만큼 평행이동한 것이다.

⑤ $y=\dfrac{2-x}{x-1}=\dfrac{-(x-1)+1}{x-1}=\dfrac{1}{x-1}-1$

이므로 함수 $y=\dfrac{1}{x}$의 그래프를 x축의 방향으로 1만큼, y축의

방향으로 -1만큼 평행이동한 것이다.

따라서 평행이동에 의하여 함수 $y=\dfrac{1}{x}$의 그래프와 완전히 겹쳐질

수 있는 것은 ⑤이다.

533

$$y=\frac{3x+4}{x+2}=\frac{3(x+2)-2}{x+2}=-\frac{2}{x+2}+3 \qquad \cdots\cdots\ \unicode{x1F700}$$

$\unicode{x1F700}$의 그래프를 x축의 방향으로 m만큼, y축의 방향으로 n만큼 평행이동한 그래프의 식은

$$y=-\frac{2}{x+2-m}+3+n \qquad \cdots\cdots\ \unicode{x1F701}$$

이때

$$y=-\frac{2x}{x-1}=\frac{-2(x-1)-2}{x-1}=-\frac{2}{x-1}-2 \qquad \cdots\cdots\ \unicode{x1F702}$$

이고, $\unicode{x1F701}$과 $\unicode{x1F702}$이 일치해야 하므로

$2-m=-1, 3+n=-2$ $\therefore m=3, n=-5$

$\therefore m+n=3+(-5)=-2$

534

$$y=\frac{2x}{x-a}=\frac{2(x-a)+2a}{x-a}=\frac{2a}{x-a}+2$$

이므로 그래프의 점근선의 방정식은 $x=a, y=2$이고, 그래프는 점 $(a, 2)$에 대하여 대칭이다.

$\therefore a=4$

$y=\dfrac{2x}{x-4}$의 그래프를 y축의 방향으로 b만큼 평행이동하면

$$y=\frac{2x}{x-4}+b$$

이 그래프가 점 $(0, -1)$을 지나므로 $b=-1$

$\therefore a+b=4+(-1)=3$

535

함수 $y=-\dfrac{4}{x-2}+1$의 그래프는 함수

$y=-\dfrac{4}{x}$의 그래프를 x축의 방향으로 2만큼, y축의 방향으로 1만큼 평행이동한 것이므로 오른쪽 그림과 같다.

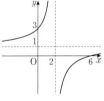

①, ②, ④ 그래프는 점 $(0, 3)$을 지나고, 그래프의 점근선의 방정식은 $x=2, y=1$이며, 치역은 $y\neq1$인 실수 전체의 집합이다.

③ 그래프는 제1, 2, 4사분면을 지나고 제3사분면을 지나지 않는다.

⑤ 함수 $y=-\dfrac{4}{x-2}+1$의 그래프는 두 점근선의 교점 $(2, 1)$을 지나면서 기울기가 1 또는 -1인 직선에 대하여 대칭이다.

이때 직선의 방정식은

$y-1=x-2$ 또는 $y-1=-(x-2)$

즉, 직선 $y=x-1$ 또는 직선 $y=-x+3$에 대하여 대칭이다.

따라서 옳지 않은 것은 ③이다.

536

$$y=\frac{2x+5}{x+1}=\frac{2(x+1)+3}{x+1}=\frac{3}{x+1}+2$$

ㄱ. 정의역은 $\{x\,|\,x\neq-1$인 실수$\}$이다. (거짓)

ㄴ. 그래프는 점 $(-1, 2)$에 대하여 대칭이다. (참)

ㄷ. 함수 $y=\dfrac{2x+5}{x+1}$의 그래프는 함수

$y=\dfrac{3}{x}$의 그래프를 x축의 방향으로

-1만큼, y축의 방향으로 2만큼 평행이동한 것이므로 오른쪽 그림과 같다.
(참)

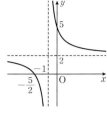

ㄹ. 그래프는 제1, 2, 3사분면을 지나고 제4사분면을 지나지 않는다. (거짓)

이상에서 옳은 것은 ㄴ, ㄷ이다.

537

주어진 함수의 그래프의 점근선의 방정식이 $x=1, y=1$이므로

$a=-1, c=1$

또, 함수의 그래프가 제1, 2, 4사분면을 지나므로

$b<0$

ㄱ. $a+b+c=-1+b+1=b<0$ (참)

ㄴ. $bc=b<0$ (거짓)

ㄷ. $abc+b=(-1)\times b\times1+b=0$ (참)

이상에서 옳은 것은 ㄱ, ㄷ이다.

538

$$y=\frac{3x+a}{x+1}=\frac{3(x+1)+a-3}{x+1}=\frac{a-3}{x+1}+3$$

이고 $0\leq x\leq2$에서 최댓값이 1이므로

$a-3<0$

즉, 주어진 함수의 그래프는 오른쪽 그림과 같다.

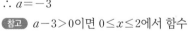
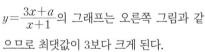

따라서 $x=2$일 때 최댓값이 1이므로

$1=\dfrac{3\times2+a}{2+1}, 6+a=3$

$\therefore a=-3$

참고 $a-3>0$이면 $0\leq x\leq2$에서 함수

$y=\dfrac{3x+a}{x+1}$의 그래프는 오른쪽 그림과 같으므로 최댓값이 3보다 크게 된다.

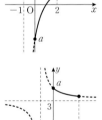

그런데 문제에서 최댓값이 1로 주어졌으므로 $a-3>0$인 경우는 성립하지 않는다.

539

$$y=\frac{3x-1}{x-1}=\frac{3(x-1)+2}{x-1}=\frac{2}{x-1}+3$$

$3\leq x\leq a$에서 함수 $y=\dfrac{3x-1}{x-1}$의 그래프는 오른쪽 그림과 같다.

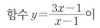
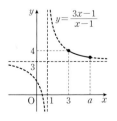

함수 $y=\dfrac{3x-1}{x-1}$이

$x=3$에서 최댓값 4를 가지므로

$b=4$

$x=a$에서 최솟값 $\dfrac{7}{2}$을 가지므로

$\dfrac{3a-1}{a-1}=\dfrac{7}{2}$, $6a-2=7a-7$ $\quad\therefore a=5$

$\therefore a+b=5+4=9$

540

함수 $y=f(x)$의 그래프의 점근선의 방정식이 $x=3$, $y=2$이므로

함수의 식을 $f(x)=\dfrac{k}{x-3}+2\;(k\neq0)$로 놓을 수 있다.

또, 함수 $y=f(x)$의 그래프가 점 $(4,4)$를 지나므로

$4=\dfrac{k}{4-3}+2$ $\quad\therefore k=2$

$\therefore f(x)=\dfrac{2}{x-3}+2$

따라서 함수 $y=f(x)$의 그래프는 $y=\dfrac{2}{x}$의 그래프를 x축의 방향으로 3만큼, y축의 방향으로 2만큼 평행이동한 것이다.

$-3\leq x\leq1$에서 함수 $y=f(x)$의 그래프는 오른쪽 그림과 같으므로 $x=-3$일 때 최댓값 $\dfrac{5}{3}$, $x=1$일 때 최솟값 1을 갖는다.

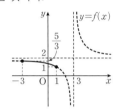

따라서 구하는 합은

$\dfrac{5}{3}+1=\dfrac{8}{3}$

541

함수 $y=\dfrac{2}{x}$의 그래프와 직선 $y=-3x+k$가 한 점에서 만나므로

$\dfrac{2}{x}=-3x+k$에서 $2=x(-3x+k)$, $2=-3x^2+kx$

$\therefore 3x^2-kx+2=0$

위의 이차방정식의 판별식을 D라 하면

$D=(-k)^2-4\times3\times2=0$

$k^2=24$ $\quad\therefore k=2\sqrt6\;(\because k>0)$

유리함수 $y=f(x)$의 그래프와 직선 $y=g(x)$가 한 점에서 만나면 방정식 $f(x)=g(x)$가 이차방정식일 때, (판별식)$=0$임을 이용한다.

542

$y=\dfrac{x+1}{x-1}=\dfrac{(x-1)+2}{x-1}=\dfrac{2}{x-1}+1$

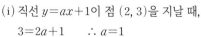

이므로 정의역이 $\{x\,|\,2\leq x\leq4\}$인 함수 $y=\dfrac{x+1}{x-1}$의 그래프는 오른쪽 그림과 같고, 직선 $y=ax+1$은 a의 값에 관계없이 항상 점 $(0,1)$을 지난다.

(i) 직선 $y=ax+1$이 점 $(2,3)$을 지날 때,

$3=2a+1$ $\quad\therefore a=1$

(ii) 직선 $y=ax+1$이 점 $\left(4,\dfrac{5}{3}\right)$를 지날 때,

$\dfrac{5}{3}=4a+1$ $\quad\therefore a=\dfrac{1}{6}$

(i), (ii)에서 조건을 만족시키는 a의 값의 범위는

$\dfrac{1}{6}\leq a\leq1$

따라서 a의 최댓값은 1, 최솟값은 $\dfrac{1}{6}$이므로 구하는 합은

$1+\dfrac{1}{6}=\dfrac{7}{6}$

543

$A\cap B=\varnothing$이 성립하려면 함수 $y=\dfrac{x+2}{x-1}$의 그래프와 직선 $y=ax+1$이 만나지 않아야 한다.

$y=\dfrac{x+2}{x-1}=\dfrac{(x-1)+3}{x-1}=\dfrac{3}{x-1}+1$ $\qquad\cdots\cdots$ ㉠

(i) $a=0$이면

직선 $y=1$은 ㉠의 그래프의 점근선이므로 만나지 않는다.

(ii) $a\neq0$이면

$\dfrac{x+2}{x-1}=ax+1$에서 $x+2=(ax+1)(x-1)$

$x+2=ax^2+(1-a)x-1$

$\therefore ax^2-ax-3=0$

이때 위의 이차방정식의 실근이 존재하지 않아야 하므로 이차방정식의 판별식을 D라 하면

$D=(-a)^2-4\times a\times(-3)<0$

$a^2+12a<0$, $a(a+12)<0$

$\therefore -12<a<0$

(i), (ii)에서 $-12<a\leq0$

따라서 정수 a는 -11, -10, -9, $\cdots$, -1, 0의 12개이다.

544

$y=\dfrac{ax+1}{x-1}$로 놓고 x에 대하여 풀면

$y(x-1)=ax+1$ $\quad\therefore x=\dfrac{y+1}{y-a}$

x와 y를 서로 바꾸면 $y=\dfrac{x+1}{x-a}$ $\quad\therefore f^{-1}(x)=\dfrac{x+1}{x-a}$

이때 $f(x)=f^{-1}(x)$이므로

$\dfrac{ax+1}{x-1}=\dfrac{x+1}{x-a}$ $\quad\therefore a=1$

다른 풀이 $f(x)=f^{-1}(x)$에서 $(f\circ f)(x)=x$

$(f\circ f)(x)=f(f(x))=\dfrac{af(x)+1}{f(x)-1}$

$=\dfrac{a\times\dfrac{ax+1}{x-1}+1}{\dfrac{ax+1}{x-1}-1}=\dfrac{a(ax+1)+x-1}{ax+1-x+1}$

$=\dfrac{(a^2+1)x+a-1}{(a-1)x+2}=x$

$(a^2+1)x+a-1=(a-1)x^2+2x$

$\therefore (a-1)x^2-(a^2-1)x-(a-1)=0$

위의 등식이 x에 대한 항등식이므로

$a-1=0$, $-a^2+1=0$, $-a+1=0$

$\therefore a=1$

1등급 비법

유리함수 $y=\dfrac{ax+b}{cx+d}$의 역함수는 $y=\dfrac{-dx+b}{cx-a}$

즉, a, d의 위치와 부호만 바뀐다.

545

함수 $f(x)=\dfrac{ax+b}{x+2}$의 그래프가 점 $(3, 1)$을 지나므로

$1=\dfrac{3a+b}{3+2}$ $\therefore 3a+b=5$ $\qquad\qquad$ ······ ㉠

함수 $f(x)=\dfrac{ax+b}{x+2}$의 역함수의 그래프가 점 $(3, 1)$을 지나므로

함수 $f(x)=\dfrac{ax+b}{x+2}$의 그래프는 점 $(1, 3)$을 지난다.

즉, $3=\dfrac{a+b}{1+2}$ $\therefore a+b=9$ $\qquad\qquad$ ······ ㉡

㉠, ㉡을 연립하여 풀면

$a=-2$, $b=11$

$\therefore b-a=11-(-2)=13$

개념 보충

함수와 그 역함수의 그래프 사이의 관계

함수 $y=f(x)$의 역함수 $y=f^{-1}(x)$가 존재할 때, 함수 $y=f(x)$의 그래프가 점 (a, b)를 지나면 그 역함수 $y=f^{-1}(x)$의 그래프는 점 (b, a)를 지난다.

$$f(a)=b \iff f^{-1}(b)=a$$

546

$(f \circ f \circ f)(a)=f(f(f(a)))=f\left(f\left(\dfrac{1}{a+1}\right)\right)$

$\qquad\qquad =f\left(\dfrac{1}{\dfrac{1}{a+1}+1}\right)=f\left(\dfrac{a+1}{a+2}\right)$

$\qquad\qquad =\dfrac{1}{\dfrac{a+1}{a+2}+1}=\dfrac{a+2}{2a+3}$

따라서 $\dfrac{a+2}{2a+3}=\dfrac{2}{5}$이므로

$5a+10=4a+6$ $\therefore a=-4$

다른 풀이 $y=\dfrac{1}{x+1}$로 놓고 x에 대하여 풀면

$xy+y=1$ $\therefore x=\dfrac{1-y}{y}$

x와 y를 서로 바꾸면

$y=\dfrac{1-x}{x}$ $\therefore f^{-1}(x)=\dfrac{1-x}{x}$

$\therefore a=f^{-1}\left(f^{-1}\left(f^{-1}\left(\dfrac{2}{5}\right)\right)\right)=f^{-1}\left(f^{-1}\left(\dfrac{3}{2}\right)\right)$

$\qquad =f^{-1}\left(-\dfrac{1}{3}\right)=-4$

547

$f^{-1}(1)=2$에서 $f(2)=1$이므로

$(f \circ f)(2)=f(f(2))=f(1)=\dfrac{1}{2}$

즉, $f(1)=\dfrac{1}{2}$, $f(2)=1$이므로

$f(1)=\dfrac{a-1}{b+1}=\dfrac{1}{2}$ $\therefore 2a-b=3$ $\qquad$ ······ ㉠

$f(2)=\dfrac{2a-1}{2b+1}=1$ $\therefore a-b=1$ $\qquad$ ······ ㉡

㉠, ㉡을 연립하여 풀면 $a=2$, $b=1$

따라서 $f(x)=\dfrac{2x-1}{x+1}$이므로

$f(-2)=\dfrac{-4-1}{-2+1}=5$

548

$y=\dfrac{bx-4}{ax+3}=\dfrac{\dfrac{b}{a}(ax+3)-\dfrac{3b}{a}-4}{ax+3}=\dfrac{-\dfrac{3b}{a}-4}{ax+3}+\dfrac{b}{a}$

이므로 함수 $y=\dfrac{bx-4}{ax+3}$의 그래프의 점근선의 방정식은

$x=-\dfrac{3}{a}$, $y=\dfrac{b}{a}$

$f(f(x))=x$에서 $f(x)=f^{-1}(x)$이므로 주어진 함수와 그 역함수가 일치한다.

즉, 함수 $y=f(x)$의 그래프는 직선 $y=x$에 대하여 대칭이다.

따라서 두 점근선의 방정식은 $x=-3$, $y=-3$이므로

$-\dfrac{3}{a}=-3$, $\dfrac{b}{a}=-3$ $\therefore a=1$, $b=-3$

$\therefore a+b=1+(-3)=-2$

549

함수 $g(x)$는 함수 $f(x)$의 역함수이고 조건 (개)에서 $g(1)=-2$이므로 $f(-2)=1$

즉, $\dfrac{-8+a}{-2+b}=1$이므로 $a=b+6$ $\qquad$ ······ ㉠

$f(x)=\dfrac{4x+a}{x+b}=\dfrac{4(x+b)-4b+a}{x+b}=\dfrac{a-4b}{x+b}+4$

에서 함수 $y=f(x)$의 그래프의 점근선의 방정식은 $x=-b$, $y=4$이므로 그 역함수 $y=g(x)$의 그래프의 점근선의 방정식은 $x=4$, $y=-b$이다.

조건 (나)에서 $g(x)=f(x+1)+1$이므로 함수 $y=g(x)$의 그래프는 함수 $y=f(x)$의 그래프를 x축의 방향으로 -1만큼, y축의 방향으로 1만큼 평행이동한 것이다.

즉, 함수 $y=f(x)$의 그래프의 두 점근선 $x=-b$, $y=4$를 x축의 방향으로 -1만큼, y축의 방향으로 1만큼 평행이동하면 함수 $y=g(x)$의 그래프의 두 점근선과 일치해야 하므로

$-b-1=4$에서 $b=-5$

$b=-5$를 ㉠에 대입하면 $a=-5+6=1$

따라서 $f(x)=\dfrac{4x+1}{x-5}$이므로 $f(6)=\dfrac{24+1}{6-5}=25$

━━━━━━━━━━━━━━━━━━━━ ● 136쪽

550 3   **551** 7   **552** $k<0$ 또는 $0<k\leq2$
553 (1) 7   (2) 7

550

$\dfrac{2x+y}{7}=\dfrac{y}{5}=\dfrac{6z+x}{4}=k\ (k\neq0)$로 놓으면 ……㉮

$2x+y=7k,\ y=5k,\ 6z+x=4k$

$y=5k$를 $2x+y=7k$에 대입하면

$2x+5k=7k$ ∴ $x=k$

$x=k$를 $6z+x=4k$에 대입하면

$6z+k=4k$ ∴ $z=\dfrac{1}{2}k$ ……㉯

$\therefore\ \dfrac{-2x+5y-4z}{x+y+2z}=\dfrac{-2k+5\times5k-4\times\frac{1}{2}k}{k+5k+2\times\frac{1}{2}k}$

$\qquad=\dfrac{-2k+25k-2k}{k+5k+k}=\dfrac{21k}{7k}=3$ ……㉰

채점 기준	배점 비율
㉮ $\dfrac{2x+y}{7}=\dfrac{y}{5}=\dfrac{6z+x}{4}=k\ (k\neq0)$로 놓기	20 %
㉯ $x,\ y,\ z$를 k에 대한 식으로 나타내기	50 %
㉰ 식의 값 구하기	30 %

551

$y=\dfrac{bx-2}{x-a}=\dfrac{b(x-a)+ab-2}{x-a}=\dfrac{ab-2}{x-a}+b$

이므로 점근선의 방정식은 $x=a,\ y=b$

따라서 주어진 함수의 그래프는 두 점근선의 교점 $(a,\ b)$에 대하여 대칭이다.

이때 이 그래프가 두 직선 $y=x+2,\ y=-x+4$에 대하여 대칭이므로 두 직선은 점 $(a,\ b)$를 지나야 한다. 즉,

$b=a+2,\ b=-a+4$ ……㉮

두 식을 연립하여 풀면 $a=1,\ b=3$ ……㉯

$\therefore\ a+2b=1+2\times3=7$ ……㉰

채점 기준	배점 비율
㉮ $a,\ b$ 사이의 관계식 구하기	60 %
㉯ $a,\ b$의 값 구하기	20 %
㉰ $a+2b$의 값 구하기	20 %

다른 풀이 두 직선 $y=x+2,\ y=-x+4$의 교점의 x좌표는

$x+2=-x+4$에서 $2x=2$ ∴ $x=1$

$x=1$일 때, $y=3$

이때 두 직선의 교점 $(1,\ 3)$은 함수 $y=\dfrac{bx-2}{x-a}$의 그래프의 두 점근선의 교점 $(a,\ b)$와 일치하므로

$a=1,\ b=3$

$\therefore\ a+2b=1+2\times3=7$

552

(i) $k<0$일 때,

오른쪽 그림과 같이 k의 값에 관계없이 이 함수 $y=\dfrac{k}{x-1}+2$의 그래프는 제3사분면을 지나지 않는다.   ……㉮

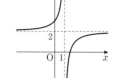

(ii) $k>0$일 때,

오른쪽 그림과 같이 함수 $y=\dfrac{k}{x-1}+2$의 그래프가 제3사분면을 지나지 않으려면 $x=0$일 때, $y\geq0$ 이어야 하므로

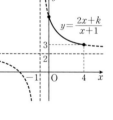

$\dfrac{k}{0-1}+2\geq0$ ∴ $k\leq2$

$\therefore\ 0<k\leq2\ (\because k>0)$ ……㉯

(i), (ii)에서 $k<0$ 또는 $0<k\leq2$ ……㉰

채점 기준	배점 비율
㉮ $k<0$일 때, k의 값의 범위 구하기	40 %
㉯ $k>0$일 때, k의 값의 범위 구하기	40 %
㉰ k의 값의 범위 구하기	20 %

553

(1) $y=\dfrac{2x+k}{x+1}=\dfrac{2(x+1)+k-2}{x+1}=\dfrac{k-2}{x+1}+2$

이때 $0\leq x\leq4$에서 함수 $y=\dfrac{2x+k}{x+1}$의 최솟값이 3이려면 그래프는 오른쪽 그림과 같아야 한다.

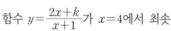

함수 $y=\dfrac{2x+k}{x+1}$가 $x=4$에서 최솟값 3을 가지므로

$\dfrac{8+k}{5}=3$

$\therefore\ k=7$ ……㉮

(2) $0\leq x\leq4$에서 함수 $y=\dfrac{2x+7}{x+1}$은 $x=0$에서 최댓값을 가지므로 구하는 최댓값은 7이다.   ……㉯

	채점 기준	배점 비율
(1)	㉮ k의 값 구하기	70 %
(2)	㉯ 주어진 함수의 최댓값 구하기	30 %

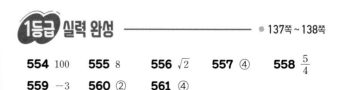

━━━━━━━━━━━━━━━━━━━━ ● 137쪽 ~ 138쪽

554 100   **555** 8   **556** $\sqrt{2}$ **557** ④   **558** $\dfrac{5}{4}$

559 -3 **560** ②   **561** ④

554
유리식의 계산

전략 주어진 조건을 변형하여 식의 값을 구한다.

풀이 $f(n)f(51-n)=1$에서 $f(n)=\dfrac{1}{f(51-n)}$이므로

$$\dfrac{1}{1+f(n)}=\dfrac{1}{1+\dfrac{1}{f(51-n)}}=\dfrac{f(51-n)}{1+f(51-n)}\quad\cdots\cdots\;\text{㉠}$$

$$\therefore\;\dfrac{1}{1+f(n)}+\dfrac{1}{1+f(51-n)}=\dfrac{f(51-n)+1}{1+f(51-n)}=1\;(\because\text{㉠})$$

따라서

$$\dfrac{1}{1+f(1)}+\dfrac{1}{1+f(2)}+\dfrac{1}{1+f(3)}+\cdots+\dfrac{1}{1+f(50)}$$
$$=1\times25=25$$

이므로

$$\dfrac{4}{1+f(1)}+\dfrac{4}{1+f(2)}+\dfrac{4}{1+f(3)}+\cdots+\dfrac{4}{1+f(50)}$$
$$=4\times25=100$$

555
유리함수의 그래프의 점근선

전략 세 점 A, B, C의 좌표를 구한 후, 삼각형 ABC의 넓이를 구해 본다.

풀이 $y=\dfrac{2x+1}{x-1}=\dfrac{2(x-1)+3}{x-1}=\dfrac{3}{x-1}+2$

에서 점근선의 방정식은 $x=1$, $y=2$이므로 두 점근선의 교점 A의 좌표는 $(1,\,2)$이다.

한편, 직선 $y=mx-3m$, 즉 $y=m(x-3)$은 m의 값에 관계없이 항상 점 $(3,\,0)$을 지난다.

두 직선 $x=1$, $y=mx-3m$의
교점 B의 좌표는 $(1,\,-2m)$,
두 직선 $y=2$, $y=mx-3m$의
교점 C의 좌표는 $\left(3+\dfrac{2}{m},\,2\right)$
이다.

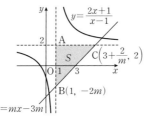

삼각형 ABC의 넓이를 S라 하면

$$S=\dfrac{1}{2}\left(3+\dfrac{2}{m}-1\right)\{2-(-2m)\}=\dfrac{1}{2}\left(2+\dfrac{2}{m}\right)(2+2m)$$
$$=2\left(1+\dfrac{1}{m}\right)(1+m)$$
$$=2\left(2+m+\dfrac{1}{m}\right)$$

이때 $m>0$, $\dfrac{1}{m}>0$이므로 산술평균과 기하평균의 관계에 의하여

$$S\geq2\left(2+2\sqrt{m\times\dfrac{1}{m}}\right)=2\times(2+2)=8$$

(단, 등호는 $m=1$일 때 성립)

따라서 삼각형 ABC의 넓이의 최솟값은 8이다.

556
유리함수의 그래프의 평행이동과 대칭성

전략 함수 $y=\dfrac{4x-11}{x-3}$의 그래프를 그린 후, 두 점 P, Q 사이의 관계를 생각한다.

풀이 $y=\dfrac{4x-11}{x-3}=\dfrac{4(x-3)+1}{x-3}=\dfrac{1}{x-3}+4$

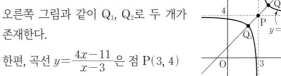

이므로 점근선의 방정식은 $x=3$, $y=4$

즉, 점 P$(3,\,4)$는 두 점근선의 교점이므로 $\overline{PQ}$의 길이가 최소일 때의 점 Q는 오른쪽 그림과 같이 Q_1, Q_2로 두 개가 존재한다.

한편, 곡선 $y=\dfrac{4x-11}{x-3}$은 점 P$(3,\,4)$

에 대하여 대칭이므로 직선

$y-4=x-3$, 즉 $y=x+1$에 대하여 대칭이다.

$\dfrac{4x-11}{x-3}=x+1$에서 $4x-11=(x+1)(x-3)$

$x^2-6x+8=0$, $(x-2)(x-4)=0$

$\therefore\;x=2$ 또는 $x=4$

따라서 두 점 Q_1, Q_2의 좌표는 각각 $(2,\,3)$, $(4,\,5)$이고 $\overline{PQ_1}=\overline{PQ_2}$이므로 선분 PQ의 최솟값은

$$\overline{PQ_1}=\sqrt{(2-3)^2+(3-4)^2}=\sqrt{2}$$

557
유리함수의 그래프의 평행이동과 대칭성

전략 네 점 P, Q, R, S의 좌표를 a로 나타낸 후, 사각형 PQRS가 어떤 사각형인지 알아본다.

풀이 P$\left(a,\,\dfrac{k}{a}\right)$, Q$\left(a+2,\,\dfrac{k}{a+2}\right)$이므로 조건 ㈎에 의하여

$$\dfrac{\dfrac{k}{a+2}-\dfrac{k}{a}}{a+2-a}=-1,\;\dfrac{k}{a+2}-\dfrac{k}{a}=-2$$

$$\dfrac{-2k}{a(a+2)}=-2\qquad\therefore\;k=a(a+2)$$

$f(x)=\dfrac{k}{x}$에서

$$f(a)=\dfrac{k}{a}=\dfrac{a(a+2)}{a}=a+2,$$

$$f(a+2)=\dfrac{k}{a+2}=\dfrac{a(a+2)}{a+2}=a$$

이므로 P$(a,\,a+2)$, Q$(a+2,\,a)$

조건 ㈏에 의하여

R$(-a,\,-a-2)$, S$(-a-2,\,-a)$

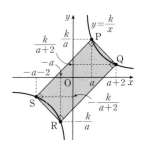

직선 PS의 기울기는

$\dfrac{a+2-(-a)}{a-(-a-2)}=1$,

직선 RS의 기울기는

$\dfrac{-a-2-(-a)}{-a-(-a-2)}=-1$,

직선 QR의 기울기는

$\dfrac{a-(-a-2)}{a+2-(-a)}=1$이므로 사각형 PQRS는 직사각형이다.

$\overline{PQ}=\sqrt{(a+2-a)^2+\{a-(a+2)\}^2}=2\sqrt{2}$,

$\overline{PS}=\sqrt{\{-(a+2)-a\}^2+\{-a-(a+2)\}^2}=2\sqrt{2}\,(a+1)$

이므로 사각형 PQRS의 넓이는

$2\sqrt{2}\times2\sqrt{2}\,(a+1)=8(a+1)=8\sqrt{5}$

따라서 $a+1=\sqrt{5}$, 즉 $a=\sqrt{5}-1$이므로
$$k=a(a+2)=(\sqrt{5}-1)(\sqrt{5}+1)=4$$

558
유리함수의 최대, 최소

전략 주어진 유리함수의 그래프가 대칭인 점의 좌표를 구하여 점근선의 방정식을 구한다.

풀이 함수 $f(x)=\dfrac{bx+c}{x+a}$ 가 $f(5-x)+f(5+x)=2$를 만족시키므로 함수 $y=\dfrac{bx+c}{x+a}$의 그래프는 점 $(5,\ 1)$에 대하여 대칭이다.

즉, 두 점근선의 방정식이 $x=5,\ y=1$이므로

$$y=\frac{bx+c}{x+a}=\frac{b(x+a)+c-ab}{x+a}=\frac{c-ab}{x+a}+b$$

에서 $-a=5,\ b=1$ $\quad\therefore a=-5,\ b=1$

$\therefore f(x)=\dfrac{x+c}{x-5}$

$f(6)=6$이므로 $\dfrac{6+c}{6-5}=6$ $\quad\therefore c=0$

$\therefore f(x)=\dfrac{x}{x-5}=\dfrac{(x-5)+5}{x-5}=\dfrac{5}{x-5}+1$

$-1\le x\le 1$에서 함수 $y=\dfrac{x}{x-5}$의 그래프는 오른쪽 그림과 같으므로 $x=-1$일 때 최댓값 $\dfrac{1}{6}$, $x=1$일 때 최솟값 $-\dfrac{1}{4}$을 갖는다.

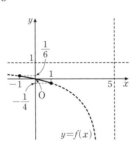

따라서 $M=\dfrac{1}{6}$, $m=-\dfrac{1}{4}$이므로

$$6M-m=6\times\frac{1}{6}-\left(-\frac{1}{4}\right)=\frac{5}{4}$$

559
유리함수의 합성함수와 역함수

전략 $f^1(x),\ f^2(x),\ f^3(x),\ f^4(x),\ \cdots$에서 규칙을 찾아 $f^{200}(f^{300}(3))$의 값을 구한다.

풀이 $f^1(x)=f(x)=\dfrac{x-3}{x+1}$

$f^2(x)=f(f(x))=\dfrac{f(x)-3}{f(x)+1}$

$\qquad =\dfrac{\dfrac{x-3}{x+1}-3}{\dfrac{x-3}{x+1}+1}=\dfrac{\dfrac{-2x-6}{x+1}}{\dfrac{2x-2}{x+1}}$

$\qquad =\dfrac{-x-3}{x-1}$

$f^3(x)=f(f^2(x))=\dfrac{f^2(x)-3}{f^2(x)+1}$

$\qquad =\dfrac{\dfrac{-x-3}{x-1}-3}{\dfrac{-x-3}{x-1}+1}=\dfrac{\dfrac{-4x}{x-1}}{\dfrac{-4}{x-1}}$

$\qquad =x$

$f^4(x)=f(f^3(x))=\dfrac{f^3(x)-3}{f^3(x)+1}=\dfrac{x-3}{x+1}=f(x)$

즉, $f^{3n-2}(x)=\dfrac{x-3}{x+1}$, $f^{3n-1}(x)=\dfrac{-x-3}{x-1}$,

$f^{3n}(x)=x$ (n은 자연수)이므로

$f^{200}(f^{300}(3))=f^{200}(f^{3\times 100}(3))=f^{200}(3)=f^{3\times 67-1}(3)$

$\qquad\qquad\qquad =\dfrac{-3-3}{3-1}=-3$

560
유리함수의 합성함수와 역함수

전략 함수 f가 역함수를 가지려면 f는 일대일대응이어야 함을 이용한다.

풀이 (i) $x\ge 1$일 때,

$$f(x)=\frac{7x}{1+x-1}=7$$

(ii) $x<1$일 때,

$$f(x)=\frac{7x}{1-x+1}=\frac{7x}{2-x}=\frac{7(x-2)+14}{-(x-2)}=-\frac{14}{x-2}-7$$

(i), (ii)에서 함수 $y=f(x)$의 그래프는 오른쪽 그림과 같다.

함수 $f(x)$가 역함수를 갖기 위해서는 함수 $f(x)$가 일대일대응이어야 하므로 함수 $y=f(x)$는 증가 또는 감소이어야 한다.

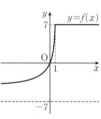

따라서 함수 $f(x)$의 역함수가 존재하기 위한 x의 값의 범위는

$x\le 1$

$y=\dfrac{7x}{2-x}$를 x에 대하여 풀면

$y(2-x)=7x$, $(y+7)x=2y$

$\therefore x=\dfrac{2y}{y+7}$

x와 y를 서로 바꾸면 $y=\dfrac{2x}{x+7}$

$\therefore f^{-1}(x)=\dfrac{2x}{x+7}$ ($-7<x\le 7$)

561
유리함수의 합성함수와 역함수

전략 함수 $y=g(x)$의 그래프는 $y=f(x)$의 그래프를 평행이동한 것이므로 점근선도 평행이동함을 이용한다.

풀이 $g(x)=f(x+3)-5$에서 $g(2)=f(5)-5$

이때 $g(2)=3$이므로

$f(5)-5=3$ $\quad\therefore f(5)=8$

$f(5)=8$에서 $\dfrac{8}{5a+b}=8$ $\quad\therefore 5a+b=1$ $\qquad\cdots\cdots$ ㉠

$$f(x)=\frac{x+3}{ax+b}=\frac{\left(x+\frac{b}{a}\right)+3-\frac{b}{a}}{a\left(x+\frac{b}{a}\right)}$$

$$=\frac{3-\frac{b}{a}}{a\left(x+\frac{b}{a}\right)}+\frac{1}{a}$$

이므로 함수 $y=f(x)$의 그래프의 점근선의 방정식은

$$x=-\frac{b}{a},\ y=\frac{1}{a}$$

$g(x)=f(x+3)-5$에서 $y=g(x)$의 그래프는 $y=f(x)$의 그래프를 x축의 방향으로 -3만큼, y축의 방향으로 -5만큼 평행이동한 것이므로 함수 $y=g(x)$의 그래프의 점근선의 방정식은

$$x=-\frac{b}{a}-3,\ y=\frac{1}{a}-5$$

$y=g(x)$의 역함수 $y=g^{-1}(x)$의 그래프의 점근선의 방정식은

$$x=\frac{1}{a}-5,\ y=-\frac{b}{a}-3$$

이때 $g=g^{-1}$이므로

$$-\frac{b}{a}-3=\frac{1}{a}-5,\ \frac{b+1}{a}=2$$

$$\therefore 2a=b+1 \qquad\qquad \cdots\cdots\ ㉡$$

㉠, ㉡을 연립하여 풀면

$$a=\frac{2}{7},\ b=-\frac{3}{7}$$

$$\therefore a+b=\frac{2}{7}+\left(-\frac{3}{7}\right)=-\frac{1}{7}$$

도전 1등급 최고난도
●139쪽

562 $\dfrac{1}{2}$　　**563** ①

562

유리함수의 그래프의 성질

〔1단계〕 함수 $y=\dfrac{x+1}{x-1}$의 그래프와 두 이차함수 $y=ax^2-2ax+a+1$, $y=bx^2-2bx+b+1$의 그래프를 그려 부등식이 성립하는 경우를 파악한다.

$$y=\frac{x+1}{x-1}=\frac{(x-1)+2}{x-1}=\frac{2}{x-1}+1$$

이므로 함수 $y=\dfrac{x+1}{x-1}$의 그래프는 함수 $y=\dfrac{2}{x}$의 그래프를 x축의 방향으로 1만큼, y축의 방향으로 1만큼 평행이동한 것이다.

또, $y=ax^2-2ax+a+1$, $y=bx^2-2bx+b+1$이라 하면

$$y=a(x-1)^2+1,\ y=b(x-1)^2+1$$

이므로 두 이차함수의 그래프는 a,b의 값에 관계없이 항상 점 $(1,1)$을 지난다.

즉, $2\le x\le3$에서 주어진 부등식이 항상 성립하려면 함수 $y=\dfrac{x+1}{x-1}$의 그래프와 두 이차함수의 그래프는 다음 그림과 같아야 한다.

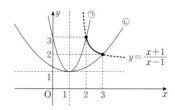

〔2단계〕 그래프를 이용하여 a의 최댓값과 b의 최솟값을 구한다.

위의 그림에서 a가 최댓값을 갖도록 하는 함수의 그래프는 ㉡, b가 최솟값을 갖도록 하는 함수의 그래프는 ㉠임을 알 수 있다.

(i) 함수 $y=b(x-1)^2+1$의 그래프가 점 $(2,3)$을 지날 때,

$$3=b\times1+1 \qquad \therefore b=2$$

(ii) 함수 $y=a(x-1)^2+1$의 그래프가 점 $(3,2)$를 지날 때,

$$2=a\times4+1 \qquad \therefore a=\frac{1}{4}$$

(i), (ii)에서 a의 최댓값은 $\dfrac{1}{4}$, b의 최솟값은 2이다.

〔3단계〕 a의 최댓값과 b의 최솟값의 곱을 구한다.

따라서 a의 최댓값과 b의 최솟값의 곱은

$$\frac{1}{4}\times2=\frac{1}{2}$$

563

유리함수의 합성함수와 역함수

〔1단계〕 조건 (개)를 이용하여 곡선 $y=f(x)$의 점근선을 구한다.

조건 (개)에서 곡선 $y=f(x)$가 직선 $y=2$와 만나는 점의 개수와 곡선 $y=f(x)$가 직선 $y=-2$와 만나는 점의 개수의 합은 1이다.

곡선 $y=f(x)$가 x축에 평행한 직선과 만나는 점의 개수는 점근선을 제외하면 모두 1이므로 두 직선 $y=2$, $y=-2$ 중에서 하나는 곡선 $y=f(x)$의 점근선이다.

〔2단계〕 a,b의 값을 구하여 $f(x)$의 식을 완성하고, $f(8)$의 값을 구한다.

$f(x)=\dfrac{a}{x}+b$에서 곡선 $y=f(x)$의 점근선이 직선 $y=b$이므로

$$b=2\ \text{또는}\ b=-2 \qquad\qquad \cdots\cdots\ ㉠$$

$y=\dfrac{a}{x}+b$를 x에 대하여 풀면

$$\frac{a}{x}=y-b,\ x=\frac{a}{y-b}$$

x와 y를 서로 바꾸면 $y=\dfrac{a}{x-b}$

$$\therefore f^{-1}(x)=\frac{a}{x-b}$$

조건 (내)에서 $f^{-1}(2)=f(2)-1$이므로

$$\frac{a}{2-b}=\frac{a}{2}+b-1 \qquad\qquad \cdots\cdots\ ㉡$$

이때 $b\ne2$이므로 ㉠에서 $b=-2$

$b=-2$를 ㉡에 대입하면

$$\frac{a}{4}=\frac{a}{2}-3 \qquad \therefore a=12$$

따라서 $f(x)=\dfrac{12}{x}-2$이므로

$$f(8)=\frac{12}{8}-2=-\frac{1}{2}$$

12 무리함수

● 141쪽 ~ 145쪽

유형 분석 기출 ─────────────────

564 ④	**565** $-\dfrac{1}{4}$	**566** ①	**567** ③	**568** 8
569 $\dfrac{3+\sqrt{3}}{3}$		**570** 6	**571** ⑤	**572** ①
573 $\{y\mid y\geq 1\}$		**574** ②	**575** 3	**576** ③
577 -3	**578** ③	**579** ④	**580** 3	**581** ③
582 ①	**583** 2	**584** ②	**585** $k\geq\dfrac{1}{2}$	**586** ④
587 4	**588** ②	**589** ⑤	**590** $\dfrac{15}{2}$	**591** ④
592 1				

564

$\sqrt{2-x}$ 에서 $2-x\geq 0$

$\therefore x\leq 2$ ...... ㉠

$\dfrac{1}{\sqrt{x+4}}$ 에서 $x+4>0$

$\therefore x>-4$ ...... ㉡

㉠, ㉡에서 $-4<x\leq 2$

따라서 정수 x는 $-3, -2, -1, 0, 1, 2$의 6개이다.

565

$8x^2+2x-3\geq 0$에서

$(4x+3)(2x-1)\geq 0$

$\therefore x\leq -\dfrac{3}{4}$ 또는 $x\geq\dfrac{1}{2}$

따라서 $a=-\dfrac{3}{4}, b=\dfrac{1}{2}$이므로

$a+b=-\dfrac{3}{4}+\dfrac{1}{2}=-\dfrac{1}{4}$

566

$\dfrac{x}{\sqrt{x+1}+\sqrt{x}}-\dfrac{x}{\sqrt{x+1}-\sqrt{x}}$

$=\dfrac{x(\sqrt{x+1}-\sqrt{x})-x(\sqrt{x+1}+\sqrt{x})}{(\sqrt{x+1}+\sqrt{x})(\sqrt{x+1}-\sqrt{x})}$

$=\dfrac{x\sqrt{x+1}-x\sqrt{x}-x\sqrt{x+1}-x\sqrt{x}}{x+1-x}$

$=-2x\sqrt{x}$

567

$\dfrac{\sqrt{x}}{\sqrt{x}-1}+\dfrac{\sqrt{x}}{\sqrt{x}+1}=\dfrac{\sqrt{x}(\sqrt{x}+1)+\sqrt{x}(\sqrt{x}-1)}{(\sqrt{x}-1)(\sqrt{x}+1)}$

$=\dfrac{x+\sqrt{x}+x-\sqrt{x}}{x-1}$

$=\dfrac{2x}{x-1}=\dfrac{2(\sqrt{2}+1)}{(\sqrt{2}+1)-1}$

$=\dfrac{2(\sqrt{2}+1)}{\sqrt{2}}$

$=\sqrt{2}+2$

568

$\dfrac{1}{f(x)}=\dfrac{1}{\sqrt{x}+\sqrt{x+1}}$

$=\dfrac{\sqrt{x}-\sqrt{x+1}}{(\sqrt{x}+\sqrt{x+1})(\sqrt{x}-\sqrt{x+1})}$

$=\dfrac{\sqrt{x}-\sqrt{x+1}}{x-(x+1)}$

$=\sqrt{x+1}-\sqrt{x}$

$\therefore \dfrac{1}{f(1)}+\dfrac{1}{f(2)}+\dfrac{1}{f(3)}+\cdots+\dfrac{1}{f(80)}$

$=(\sqrt{2}-1)+(\sqrt{3}-\sqrt{2})+(\sqrt{4}-\sqrt{3})+\cdots+(\sqrt{81}-\sqrt{80})$

$=-1+\sqrt{81}$

$=-1+9$

$=8$

569

$x=\dfrac{\sqrt{3}+1}{\sqrt{3}-1}=\dfrac{(\sqrt{3}+1)^2}{(\sqrt{3}-1)(\sqrt{3}+1)}=2+\sqrt{3}$,

$y=\dfrac{\sqrt{3}-1}{\sqrt{3}+1}=\dfrac{(\sqrt{3}-1)^2}{(\sqrt{3}+1)(\sqrt{3}-1)}=2-\sqrt{3}$

이므로 $x-y=2\sqrt{3}, xy=1$

$\therefore \dfrac{\sqrt{x}}{\sqrt{x}-\sqrt{y}}+\dfrac{\sqrt{y}}{\sqrt{x}+\sqrt{y}}=\dfrac{\sqrt{x}(\sqrt{x}+\sqrt{y})+\sqrt{y}(\sqrt{x}-\sqrt{y})}{(\sqrt{x}-\sqrt{y})(\sqrt{x}+\sqrt{y})}$

$=\dfrac{x+\sqrt{xy}+\sqrt{xy}-y}{x-y}$

$=\dfrac{x-y+2\sqrt{xy}}{x-y}$

$=\dfrac{2\sqrt{3}+2}{2\sqrt{3}}$

$=\dfrac{\sqrt{3}+1}{\sqrt{3}}$

$=\dfrac{3+\sqrt{3}}{3}$

570

$6-3x\geq 0$이므로 $x\leq 2$

즉, 주어진 함수의 정의역이 $\{x\mid x\leq 2\}$이므로

$a=2$

또, $y=\sqrt{6-3x}+3+b$에서 $\sqrt{6-3x}\geq 0$이므로

치역은 $\{y\mid y\geq 3+b\}$, 즉

$3+b=7$

$\therefore b=4$

$\therefore a+b=2+4=6$

571

함수 $y=\sqrt{ax+3a}+b=\sqrt{a(x+3)}+b$의 정의역이 $\{x|x\geq-3\}$
이므로 $a>0$

또, 치역이 $\{y|y\geq2\}$이므로 $b=2$

함수 $y=\sqrt{ax+3a}+2$의 그래프가 y축과 만나는 점의 y좌표가 5
이므로 점 $(0, 5)$를 지난다.

$5=\sqrt{3a}+2$

$\sqrt{3a}=3, 3a=9$ ∴ $a=3$

∴ $a+b=3+2=5$

572

함수 $y=-\sqrt{x-a}+a+2$의 그래프가 점 $(a, -a)$를 지나므로

$-a=-\sqrt{a-a}+a+2$

$2a=-2$ ∴ $a=-1$

따라서 $y=-\sqrt{x+1}+1$에서 $-\sqrt{x+1}\leq0$이므로 구하는 함수의
치역은 $\{y|y\leq1\}$

573

조건 (가)에서

$y=\dfrac{-5x+7}{x-2}=\dfrac{-5(x-2)-3}{x-2}=-\dfrac{3}{x-2}-5$

이므로 점근선의 방정식은

$x=2, y=-5$ ∴ $a=2, b=-5$

조건 (나)에서 함수 $y=\sqrt{2x-5}+c$의 그래프가 점 $(7, 4)$를 지나므로

$4=\sqrt{2\times7-5}+c, 4=3+c$ ∴ $c=1$

따라서 $f(x)=\sqrt{2x-5}+1$에서 $\sqrt{2x-5}\geq0$이므로 구하는 함수의
치역은 $\{y|y\geq1\}$

574

주어진 유리함수의 그래프의 점근선의 방정식이 $x=3, y=2$이므
로 함수의 식을

$y=\dfrac{k}{x-3}+2 (k\neq0)$ ...... ㉠

로 놓을 수 있다.

이때 ㉠의 그래프가 점 $(1, 0)$을 지나므로

$0=\dfrac{k}{-2}+2$ ∴ $k=4$

$k=4$를 ㉠에 대입하면 $y=\dfrac{4}{x-3}+2=\dfrac{2x-2}{x-3}$이므로

$a=2, b=-2, c=-3$

∴ $y=\sqrt{ax+b}+c=\sqrt{2x-2}-3=\sqrt{2(x-1)}-3$

따라서 함수 $y=\sqrt{2x-2}-3$의 그래프는 함
수 $y=\sqrt{2x}$의 그래프를 x축의 방향으로 1만
큼, y축의 방향으로 -3만큼 평행이동한 것
이므로 오른쪽 그림과 같다.

575

$y=\sqrt{-4x+12}-2=\sqrt{-4(x-3)}-2=2\sqrt{-(x-3)}-2$

따라서 함수 $y=\sqrt{-4x+12}-2$의 그래프는 함수 $y=2\sqrt{-x}$의 그
래프를 x축의 방향으로 3만큼, y축의 방향으로 -2만큼 평행이동
한것이므로

$a=2, b=3, c=-2$

∴ $a+b+c=2+3+(-2)=3$

576

ㄱ. 함수 $y=-\sqrt{-x}$의 그래프는 함수 $y=-\sqrt{x}$의 그래프를 y축
에 대하여 대칭이동한 것이다.

ㄴ. 함수 $y=\sqrt{x+1}-2$의 그래프는 함수 $y=-\sqrt{x}$의 그래프를 x축
에 대하여 대칭이동한 후, x축의 방향으로 -1만큼, y축의 방
향으로 -2만큼 평행이동한 것이다.

ㄷ. $y=\sqrt{-x+1}=\sqrt{-(x-1)}$
이므로 주어진 함수의 그래프는 함수 $y=-\sqrt{x}$의 그래프를 원
점에 대하여 대칭이동한 후, x축의 방향으로 1만큼 평행이동한
것이다.

ㄹ. 평행이동 또는 대칭이동하여 겹쳐지지 않는다.

이상에서 평행이동 또는 대칭이동에 의하여 함수 $y=-\sqrt{x}$의 그래
프와 겹쳐지는 것은 ㄱ, ㄴ, ㄷ이다.

> **개념 보충**
>
> **무리함수 $y=\sqrt{ax} (a\neq0)$의 그래프의 대칭이동**
>
> 무리함수 $y=\sqrt{ax}$의 그래프를
> ① x축에 대하여 대칭이동한 그래프의 식은 $y=-\sqrt{ax}$
> ② y축에 대하여 대칭이동한 그래프의 식은 $y=\sqrt{-ax}$
> ③ 원점에 대하여 대칭이동한 그래프의 식은 $y=-\sqrt{-ax}$

577

함수 $y=\sqrt{x+2}$의 그래프를 x축의 방향으로 1만큼, y축의 방향으
로 -3만큼 평행이동하면

$y-(-3)=\sqrt{(x-1)+2}$ ∴ $y=\sqrt{x+1}-3$

이 그래프를 y축에 대하여 대칭이동하면

$y=\sqrt{-x+1}-3$

이것이 $y=\sqrt{ax+b}-c$의 그래프와 일치하므로

$a=-1, b=1, c=3$

∴ $abc=(-1)\times1\times3=-3$

578

$y=\sqrt{2x+5}-3=\sqrt{2\left(x+\dfrac{5}{2}\right)}-3$

이므로 주어진 함수의 그래프는 함수 $y=\sqrt{2x}$의 그래프를 x축의

방향으로 $-\dfrac{5}{2}$만큼, y축의 방향으로 -3만큼 평행이동한 것이다.

따라서 $-2\leq x\leq10$에서 주어진 함수
의 그래프는 오른쪽 그림과 같으므로
$x=10$일 때 최댓값

$\sqrt{2\times10+5}-3=2,$

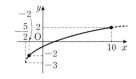

$x=-2$일 때 최솟값

$\sqrt{2\times(-2)+5}-3=-2$

를 갖는다.

따라서 $a=2$, $b=-2$이므로

$a+b=2+(-2)=0$

1등급 비법

무리함수의 그래프는 x의 값이 증가할 때, y의 값이 계속 증가하거나 감소하는 형태이므로 무리함수는 주어진 x의 값의 범위의 양 끝 값에서 최댓값과 최솟값을 갖는다.

579

함수 $y=2\sqrt{x+4}+k$의 그래프는 $y=2\sqrt{x}$의 그래프를 x축의 방향으로 -4만큼, y축의 방향으로 k만큼 평행이동한 것이다.

$0\le x\le5$에서 주어진 함수의 그래프는 오른쪽 그림과 같으므로

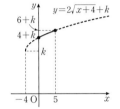

$x=5$일 때 최댓값 $2\sqrt{5+4}+k=6+k$,

$x=0$일 때 최솟값 $2\sqrt{0+4}+k=4+k$

를 갖는다.

따라서 $M=6+k$, $m=4+k$이므로

$6+k+(4+k)=36$

$10+2k=36$

$\therefore k=13$

580

$a>0$이므로 $-5\le x\le-1$에서 함수 $y=f(x)$의 그래프는 오른쪽 그림과 같다.

따라서 $f(x)=\sqrt{-ax+1}$은 $x=-5$일 때 최댓값 4를 가지므로

$\sqrt{5a+1}=4$

$5a+1=16$

$\therefore a=3$

581

① 함수 $y=\sqrt{x+1}-2$의 그래프는 함수 $y=\sqrt{x}$의 그래프를 x축의 방향으로 -1만큼, y축의 방향으로 -2만큼 평행이동한 것이다.

② $x+1\ge0$에서 정의역은 $\{x|x\ge-1\}$

③ $\sqrt{x+1}\ge0$에서 $\sqrt{x+1}-2\ge-2$이므로 치역은 $\{y|y\ge-2\}$

④ 그래프는 오른쪽 그림과 같으므로 제2사분면을 지나지 않는다.

⑤ 그래프가 x축과 만나는 점의 x좌표는 $0=\sqrt{x+1}-2$에서

$x=3$

그래프가 y축과 만나는 점의 y좌표는 $y=\sqrt{0+1}-2$에서

$y=-1$

따라서 옳지 않은 것은 ③이다.

582

ㄱ. $bx+c\ge0$에서 $bx\ge-c$ $\quad\therefore x\ge-\dfrac{c}{b}$ $(\because b>0)$

따라서 주어진 함수의 정의역은 $\left\{x\,\middle|\,x\ge-\dfrac{c}{b}\right\}$이다. (참)

ㄴ. $y=a\sqrt{bx+c}=a\sqrt{b\left(x+\dfrac{c}{b}\right)}$

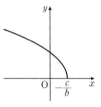

$b<0$, $c>0$이면 $-\dfrac{c}{b}>0$

이때 $a>0$이면 $y=a\sqrt{bx+c}$의 그래프는 오른쪽 그림과 같이 제1사분면과 제2사분면을 지난다. (거짓)

ㄷ. 그래프는 $y=-a\sqrt{bx+c}$의 그래프와 x축에 대하여 대칭이다.

(거짓)

이상에서 옳은 것은 ㄱ뿐이다.

583

$y=\sqrt{6-2x}+a=\sqrt{-2(x-3)}+a$

이므로 주어진 함수의 그래프는 함수 $y=\sqrt{-2x}$의 그래프를 x축의 방향으로 3만큼, y축의 방향으로 a만큼 평행이동한 것이다.

함수 $y=\sqrt{6-2x}+a$의 그래프가 제1, 2, 4사분면을 지나려면 오른쪽 그림과 같이 $a<0$이고, $x=0$일 때 $y>0$이어야 하므로

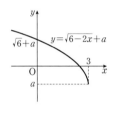

$\sqrt{6}+a>0$ $\quad\therefore a>-\sqrt{6}$

따라서 $-\sqrt{6}<a<0$이므로 정수 a는 -2, -1의 2개이다.

오답 피하기 $x=0$일 때 $y=0$이면 제1, 3사분면을 지나지 않고, $y<0$이면 제1사분면을 지나지 않으므로 $x=0$일 때, $y>0$이어야 한다.

584

함수 $y=\sqrt{2x+k}$의 그래프와 직선 $y=x$가 접하므로

$\sqrt{2x+k}=x$의 양변을 제곱하면

$2x+k=x^2$

$\therefore x^2-2x-k=0$

위의 이차방정식의 판별식을 D라 하면

$\dfrac{D}{4}=(-1)^2-(-k)=0$

$1+k=0$ $\quad\therefore k=-1$

585

$A\cap B\ne\varnothing$이 성립하려면 함수 $y=\sqrt{-x-3}$의 그래프와 직선 $y=\dfrac{1}{6}x+k$가 만나야 한다.

함수 $y=\sqrt{-x-3}=\sqrt{-(x+3)}$의 그래프는 함수 $y=\sqrt{-x}$의 그래프를 x축의 방향으로 -3만큼 평행이동한 것이고,

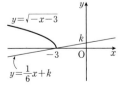

직선 $y=\dfrac{1}{6}x+k$는 기울기가 $\dfrac{1}{6}$이고

y절편이 k이다.

직선 $y=\dfrac{1}{6}x+k$가 점 $(-3, 0)$을 지날 때,

$0=\dfrac{1}{6}\times(-3)+k$ $\therefore k=\dfrac{1}{2}$

따라서 실수 k의 값의 범위는 $k\geq\dfrac{1}{2}$

586

함수 $y=\sqrt{2x-3}=\sqrt{2\left(x-\dfrac{3}{2}\right)}$의 그래프는 함수 $y=\sqrt{2x}$의 그래프를 x축의 방향으로 $\dfrac{3}{2}$만큼 평행이동한 것이고, 직선 $y=kx+1$은 k의 값에 관계없이 항상 점 $(0, 1)$을 지나는 직선이다.

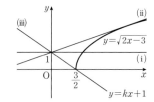

(i) $k=0$일 때,

함수 $y=\sqrt{2x-3}$의 그래프와 직선 $y=1$은 한 점에서 만난다.

(ii) 함수 $y=\sqrt{2x-3}$의 그래프와 직선 $y=kx+1$ $(k\neq0)$이 접할 때,

$\sqrt{2x-3}=kx+1$의 양변을 제곱하면

$2x-3=k^2x^2+2kx+1$

$\therefore k^2x^2+2(k-1)x+4=0$

위의 이차방정식의 판별식을 D라 하면

$\dfrac{D}{4}=(k-1)^2-4k^2=0$

$3k^2+2k-1=0$, $(k+1)(3k-1)=0$

$\therefore k=-1$ 또는 $k=\dfrac{1}{3}$

그런데 위의 그림에서 $k>0$이므로

$k=\dfrac{1}{3}$

(iii) 직선 $y=kx+1$ $(k\neq0)$이 점 $\left(\dfrac{3}{2}, 0\right)$을 지날 때,

$0=\dfrac{3}{2}k+1$ $\therefore k=-\dfrac{2}{3}$

(i), (ii), (iii)에서 $-\dfrac{2}{3}\leq k\leq\dfrac{1}{3}$

따라서 $a=-\dfrac{2}{3}$, $b=\dfrac{1}{3}$이므로

$a+b=-\dfrac{2}{3}+\dfrac{1}{3}=-\dfrac{1}{3}$

587

$(f^{-1}\circ f^{-1}\circ f)(3)=f^{-1}(3)$

$f^{-1}(3)=a$라 하면 $f(a)=3$이므로 $\sqrt{4a-7}=3$에서

$4a-7=9$

$\therefore a=4$

$\therefore (f^{-1}\circ f^{-1}\circ f)(3)=f^{-1}(3)=4$

588

곡선 $y=f(x)$와 곡선 $y=g(x)$가 점 $(2, 4)$에서 만나므로

$f(2)=4$이고 $g(2)=4$이다.

이때 함수 $g(x)$는 함수 $f(x)$의 역함수이므로

$g(2)=4$에서 $f(4)=2$

$f(2)=\sqrt{2a+b}+2=4$에서 $\sqrt{2a+b}=2$

$\therefore 2a+b=4$ …… ㉠

$f(4)=\sqrt{4a+b}+2=2$에서 $\sqrt{4a+b}=0$

$\therefore 4a+b=0$ …… ㉡

㉠, ㉡을 연립하여 풀면 $a=-2, b=8$

$\therefore f(x)=\sqrt{-2x+8}+2$

$g(6)=k$라 하면 $f(k)=6$이므로

$\sqrt{-2k+8}+2=6$에서 $\sqrt{-2k+8}=4$

$-2k+8=16$ $\therefore k=-4$

$\therefore g(6)=-4$

589

$f^{-1}(g(x))=3x$의 양변에 f를 합성하면

$f(f^{-1}(g(x)))=f(3x)$

$\therefore g(x)=f(3x)$

$\therefore g(3)=f(9)=\sqrt{2\times9-9}=3$

590

$(g\circ f)^{-1}=f^{-1}\circ g^{-1}$이므로

$(f\circ(g\circ f)^{-1}\circ f)(2)=(f\circ f^{-1}\circ g^{-1}\circ f)(2)$

$\qquad\qquad\qquad\qquad\qquad =(g^{-1}\circ f)(2)$

$\qquad\qquad\qquad\qquad\qquad =g^{-1}(f(2))$

이때 $f(2)=\dfrac{2+2}{2-1}=4$이므로

$g^{-1}(f(2))=g^{-1}(4)$

$g^{-1}(4)=t$라 하면 $g(t)=4$이므로

$g(t)=\sqrt{2t+1}=4$에서 $2t+1=16$

$\therefore t=\dfrac{15}{2}$

$\therefore (f\circ(g\circ f)^{-1}\circ f)(2)=g^{-1}(4)=\dfrac{15}{2}$

591

주어진 함수의 그래프는 함수 $y=\sqrt{x}$의 그래프를 x축의 방향으로 -4만큼, y축의 방향으로 2만큼 평행이동한 것이므로

$f(x)=\sqrt{x+4}+2$

$\therefore a=4, b=2$

이때 함수 $y=f(x)$의 그래프와 그 역함수 $y=f^{-1}(x)$의 그래프는 오른쪽 그림과 같이 직선 $y=x$에 대하여 대칭이므로 두 함수 $y=f(x)$, $y=f^{-1}(x)$의 그래프의 교점은 함수 $y=f(x)$의 그래프와 직선 $y=x$의 교점과 같다.

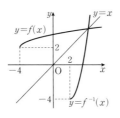

$\sqrt{x+4}+2=x$에서 $\sqrt{x+4}=x-2$

위의 등식의 양변을 제곱하면

$x+4=x^2-4x+4$

$x^2-5x=0$, $x(x-5)=0$ $\therefore x=5\ (\because x\geq2)$

따라서 함수 $y=f(x)$의 그래프와 그 역함수 $y=f^{-1}(x)$의 그래프의 교점은 $(5, 5)$이므로

$p=5$, $q=5$

$\therefore p+q=5+5=10$

참고 함수 $f(x)=\sqrt{x+4}+2$의 치역이 $\{y|y\geq2\}$이므로 그 역함수 $y=f^{-1}(x)$의 정의역은 $\{x|x\geq2\}$이다.
즉, 두 함수 $y=f(x)$, $y=f^{-1}(x)$의 그래프의 교점의 x좌표는 $x\geq2$이어야 한다.

592

$(g\circ f)(a)=g(f(a))=g\left(\dfrac{a}{a+1}\right)=\sqrt{\dfrac{a}{a+1}}$이므로

$\sqrt{\dfrac{a}{a+1}}=\dfrac{1}{3}$

위의 등식의 양변을 제곱하면

$\dfrac{a}{a+1}=\dfrac{1}{9}$, $9a=a+1$ $\therefore a=\dfrac{1}{8}$

$(f\circ g)^{-1}(4a)=(f\circ g)^{-1}\left(\dfrac{1}{2}\right)=k$라 하면

$(f\circ g)(k)=\dfrac{1}{2}$이므로

$(f\circ g)(k)=f(g(k))=f(\sqrt{k})=\dfrac{\sqrt{k}}{\sqrt{k}+1}=\dfrac{1}{2}$

$2\sqrt{k}=\sqrt{k}+1$, $\sqrt{k}=1$ $\therefore k=1$

$\therefore (f\circ g)^{-1}(4a)=1$

내신 적중 서술형 ━━━━━━━━━━━━━ ● 146쪽

593 14 **594** 5 **595** $2\leq k<\dfrac{9}{4}$

596 (1) $(2, 2)$, $(4, 4)$ (2) $2\sqrt{2}$

593

주어진 함수의 그래프는 함수 $y=-\sqrt{ax}\ (a<0)$의 그래프를 x축의 방향으로 4만큼, y축의 방향으로 2만큼 평행이동한 것이므로 함수의 식을

$y=-\sqrt{a(x-4)}+2$ ······ ㉠

로 놓을 수 있다. ······ ㉤

이때 ㉠의 그래프가 점 $(0, -2)$를 지나므로

$-2=-\sqrt{-4a}+2$, $\sqrt{-4a}=4$

$-4a=16$ $\therefore a=-4$ ······ ㉥

$a=-4$를 ㉠에 대입하면

$y=-\sqrt{-4(x-4)}+2=-\sqrt{-4x+16}+2$

이므로 $b=16$, $c=2$ ······ ㉦

$\therefore a+b+c=-4+16+2=14$ ······ ㉧

채점 기준	배점 비율
㉤ 평행이동을 이용하여 함수의 식 세우기	30 %
㉥ a의 값 구하기	30 %
㉦ b, c의 값 구하기	30 %
㉧ $a+b+c$의 값 구하기	10 %

594

$y=\sqrt{9-x}+k=\sqrt{-(x-9)}+k$

이므로 주어진 함수의 그래프는 함수 $y=\sqrt{-x}$의 그래프를 x축의 방향으로 9만큼, y축의 방향으로 k만큼 평행이동한 것이다.

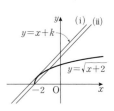

$0\leq x\leq8$에서 주어진 함수의 그래프는 오른쪽 그림과 같으므로

$x=0$일 때 최댓값 $\sqrt{9-0}+k=3+k$,

$x=8$일 때 최솟값 $\sqrt{9-8}+k=1+k$

를 갖는다. ······ ㉤

즉, $1+k=3$이므로 $k=2$ ······ ㉥

따라서 구하는 최댓값은

$3+2=5$ ······ ㉦

채점 기준	배점 비율
㉤ 함수의 최댓값과 최솟값을 k에 대한 식으로 나타내기	50 %
㉥ k의 값 구하기	30 %
㉦ 함수의 최댓값 구하기	20 %

595

함수 $y=\sqrt{x+2}$의 그래프는 함수 $y=\sqrt{x}$의 그래프를 x축의 방향으로 -2만큼 평행이동한 것이고, 직선 $y=x+k$는 기울기가 1이고 y절편이 k이다.

(i) 함수 $y=\sqrt{x+2}$의 그래프와 직선 $y=x+k$가 접할 때,

$\sqrt{x+2}=x+k$의 양변을 제곱하면

$x+2=x^2+2kx+k^2$

$\therefore x^2+(2k-1)x+k^2-2=0$

위의 이차방정식의 판별식을 D라 하면

$D=(2k-1)^2-4(k^2-2)=0$

$-4k+9=0$ $\therefore k=\dfrac{9}{4}$ ······ ㉤

(ii) 직선 $y=x+k$가 점 $(-2, 0)$을 지날 때,

$0=-2+k$ $\therefore k=2$ …… ㉯

(i), (ii)에서 $2\leq k<\dfrac{9}{4}$ …… ㉰

	채점 기준	배점 비율
㉮	함수의 그래프와 직선이 접할 때 k의 값 구하기	40 %
㉯	직선이 점 $(-2, 0)$을 지날 때 k의 값 구하기	40 %
㉰	k의 값의 범위 구하기	20 %

596

(1) 함수 $y=\sqrt{2x-4}+2$의 그래프와 그 역함수의 그래프의 교점은 함수 $y=\sqrt{2x-4}+2$의 그래프와 직선 $y=x$의 교점과 같다.
     …… ㉮

$\sqrt{2x-4}+2=x$에서 $\sqrt{2x-4}=x-2$
위의 등식의 양변을 제곱하면
$2x-4=x^2-4x+4$
$x^2-6x+8=0$, $(x-2)(x-4)=0$
$\therefore x=2$ 또는 $x=4$
두 교점의 좌표는 $(2, 2)$, $(4, 4)$이다.   …… ㉯

(2) 두 점 $(2, 2)$, $(4, 4)$ 사이의 거리는
$\sqrt{(4-2)^2+(4-2)^2}=2\sqrt{2}$ …… ㉰

		채점 기준	배점 비율
(1)	㉮	구하는 교점이 주어진 함수의 그래프와 직선 $y=x$의 교점임을 알기	40 %
	㉯	두 교점의 좌표 구하기	40 %
(2)	㉰	두 점 사이의 거리 구하기	20 %

1등급 실력 완성   ● 147쪽 ~ 148쪽

597	4	598	⑤	599	④	600	3	601	⑤
602	$\dfrac{9}{2}$	603	$-\dfrac{7}{4}<a<2$			604	$\dfrac{3}{4}$	605	①

597

무리함수의 그래프

(전략) 점 A를 지나고 x축에 평행한 직선을 그린 후 직사각형의 성질과 $S_2=2S_1$임을 이용하여 점 P의 좌표를 구한다.

(풀이) 오른쪽 그림과 같이 x축에 평행하고 점 A를 지나는 직선과 선분 PQ가 만나는 점을 H라 하면 사각형 AHPR은 직사각형이다.

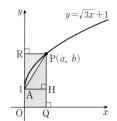

이때 $S_1=\triangle APR=\triangle AHP$이고
$S_2=2S_1$이므로 $S_1=\square AOQH$
$\therefore \square AHPR=2\square AOQH$
따라서 $\overline{AR}=2\overline{OA}=2\times 1=2$이므로
$b=3$

점 $P(a, 3)$이 곡선 $y=\sqrt{3x}+1$ 위의 점이므로
$3=\sqrt{3a}+1$, $\sqrt{3a}=2$
$3a=4$ $\therefore a=\dfrac{4}{3}$
$\therefore ab=\dfrac{4}{3}\times 3=4$

598

무리함수의 그래프

(전략) 두 집합 A, B가 서로 같으므로 두 함수 $f(x)$와 $g(x)$의 치역이 서로 같음을 이용한다.

(풀이) $A=B$이려면 $-1\leq x\leq 0$에서 $f(x)$의 함숫값의 범위와 $-4\leq x\leq 0$에서 $g(x)$의 함숫값의 범위가 같아야 한다.

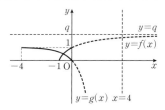

함수 $f(x)=\sqrt{x+1}$의 정의역은 $\{x\,|\,x\geq -1\}$이고 $y=f(x)$의 그래프는 위의 그림과 같으므로
$A=\{f(x)\,|\,-1\leq x\leq 0\}=\{y\,|\,0\leq y\leq 1\}$

또, 함수 $g(x)=\dfrac{p}{x-4}+q$에서 $p>0$, $q>0$이고 $y=g(x)$의 그래프의 점근선의 방정식은 $x=4$, $y=q$이므로 $y=g(x)$의 그래프의 개형은 위의 그림과 같다.
이때 $A=B$이므로 $g(-4)=1$, $g(0)=0$이어야 한다.
즉, $\dfrac{p}{-8}+q=1$, $\dfrac{p}{-4}+q=0$이므로
$p-8q=-8$, $p-4q=0$
두 식을 연립하여 풀면 $p=8$, $q=2$
$\therefore p+q=8+2=10$

599

무리함수의 그래프의 평행이동과 대칭이동

(전략) 주어진 두 무리함수의 그래프가 y축에 대하여 대칭임을 이용한다.

(풀이) 두 함수 $y=\sqrt{x+5}-1$, $y=\sqrt{5-x}-1$의 그래프는 y축에 대하여 대칭이므로 세 함수 $y=\sqrt{x+5}-1$, $y=\sqrt{5-x}-1$, $y=-1$의 그래프로 둘러싸인 부분에 내접한 직사각형도 y축에 대하여 대칭이다.

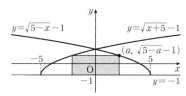

위의 그림과 같이 함수 $y=\sqrt{5-x}-1$의 그래프 위에 놓인 직사각형의 한 꼭짓점의 좌표를 $(a, \sqrt{5-a}-1)$ $(0<a<5)$이라 하고, 직사각형의 둘레의 길이를 l이라 하면
$l=2[2a+\{\sqrt{5-a}-1-(-1)\}]=2\sqrt{5-a}+4a$ …… ㉠

$\sqrt{5-a}=t$로 놓으면 $0<t<\sqrt{5}$이고, 양변을 제곱하면

$5-a=t^2$ $\therefore a=5-t^2$

위의 식을 ㉠에 대입하면

$l=2t+4(5-t^2)=-4t^2+2t+20=-4\left(t-\dfrac{1}{4}\right)^2+\dfrac{81}{4}$

이때 $0<t<\sqrt{5}$이므로 l은 $t=\dfrac{1}{4}$일 때 최댓값 $\dfrac{81}{4}$을 갖는다.

600

무리함수의 그래프의 평행이동과 대칭이동

(전략) 함수 $y=\sqrt{ax}$의 그래프를 평행이동한 그래프와 함수 $y=\dfrac{-x+1}{x+2}$의 그래프가 제2사분면에서 만나도록 두 그래프를 그려 본다.

(풀이) 함수 $y=\sqrt{ax}$의 그래프를 x축의 방향으로 -1만큼, y축의 방향으로 -1만큼 평행이동한 그래프의 식은

$y=\sqrt{a(x+1)}-1$

$y=\dfrac{-x+1}{x+2}=\dfrac{-(x+2)+3}{x+2}=\dfrac{3}{x+2}-1$

이므로 함수 $y=\dfrac{-x+1}{x+2}$의 그래프는 함수 $y=\dfrac{3}{x}$의 그래프를 x축의 방향으로 -2만큼, y축의 방향으로 -1만큼 평행이동한 것이다.

즉, 함수 $y=\dfrac{-x+1}{x+2}$의 그래프는 오른쪽 그림과 같고, 함수 $y=\sqrt{a(x+1)}-1$의 그래프가 함수 $y=\dfrac{-x+1}{x+2}$의 그래프와 제2사분면에서 만나려면

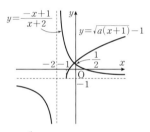

$y=\sqrt{a(x+1)}-1$의 값이 $x=0$일 때 $y>\dfrac{1}{2}$이어야 하므로

$\sqrt{a}-1>\dfrac{1}{2}$, $\sqrt{a}>\dfrac{3}{2}$ $\therefore a>\dfrac{9}{4}$

따라서 정수 a의 최솟값은 3이다.

601

무리함수의 그래프

(전략) $\overline{AB}$, $\overline{AC}$의 길이를 k에 대한 식으로 나타낸 후 k에 대한 방정식을 세워 k의 값을 구한다.

(풀이) $A(k,0)$이므로 $B(k,\sqrt{k})$, $C(k,k)$

삼각형 OBC의 넓이가 삼각형 OAB의 넓이의 2배이므로

$\dfrac{1}{2}\times\overline{OA}\times\overline{BC}=2\times\left(\dfrac{1}{2}\times\overline{OA}\times\overline{AB}\right)$

$\therefore \overline{BC}=2\overline{AB}$

$\therefore \overline{AC}=\overline{AB}+\overline{BC}=\overline{AB}+2\overline{AB}=3\overline{AB}$

이때 $\overline{AB}=\sqrt{k}$, $\overline{AC}=k$이므로

$k=3\sqrt{k}$에서 $k^2=9k$, $k^2-9k=0$

$k(k-9)=0$ $\therefore k=9\ (\because k>1)$

$\therefore \overline{AB}=3$, $\overline{AC}=9$

따라서 삼각형 OBC의 넓이는

$\dfrac{1}{2}\times\overline{OA}\times\overline{BC}=\dfrac{1}{2}\times9\times(9-3)=27$

602

무리함수의 그래프와 직선의 위치 관계

(전략) 삼각형 ABP의 넓이는 점 P가 직선 AB와 평행한 접선 위의 접점일 때 최대가 됨을 이용한다.

(풀이) 삼각형 ABP의 넓이는 점 P가 직선 AB와 평행한 접선 위의 접점일 때 최대이다.

직선 AB의 방정식은

$y-0=\dfrac{6-0}{7-1}(x-1)$ $\therefore y=x-1$

직선 AB와 평행한 접선의 방정식을 $y=x+k\ (k$는 상수)라 하면

$\sqrt{6x-6}=x+k$

위의 등식의 양변을 제곱하면

$6x-6=x^2+2kx+k^2$

$\therefore x^2+2(k-3)x+k^2+6=0$

위의 이차방정식의 판별식을 D라 하면

$\dfrac{D}{4}=(k-3)^2-(k^2+6)=0$

$-6k+3=0$ $\therefore k=\dfrac{1}{2}$

이때 평행한 두 직선 $y=x-1$, $y=x+\dfrac{1}{2}$ 사이의 거리는 직선

$y=x-1$ 위의 점 $(1,0)$과 직선 $y=x+\dfrac{1}{2}$, 즉 $2x-2y+1=0$ 사이의 거리와 같으므로

$\dfrac{|2+1|}{\sqrt{2^2+(-2)^2}}=\dfrac{3\sqrt{2}}{4}$

두 점 $A(1,0)$, $B(7,6)$에서 $\overline{AB}=\sqrt{(7-1)^2+(6-0)^2}=6\sqrt{2}$

따라서 삼각형 ABP의 넓이의 최댓값은

$\dfrac{1}{2}\times6\sqrt{2}\times\dfrac{3\sqrt{2}}{4}=\dfrac{9}{2}$

1등급 비법

> 평행한 두 직선 l, l' 사이의 거리는 직선 l 위의 임의의 한 점 P와 직선 l' 사이의 거리 d와 같음을 이용하여 다음과 같은 순서로 구한다.
> (i) 직선 l 위의 한 점 P의 좌표 (x_1, y_1)을 구한다.
> (ii) 점 (x_1, y_1)과 직선 l' 사이의 거리를 구한다.

603

무리함수의 그래프와 직선의 위치 관계

(전략) 함수 $y=\sqrt{|x|-2}$의 그래프를 그리고 직선 $y=-x+a$를 움직여 본다.

(풀이) $y=\sqrt{|x|-2}$에서

$x\geq0$일 때, $y=\sqrt{x-2}$

$x<0$일 때, $y=\sqrt{-x-2}$

이므로 함수 $y=\sqrt{|x|-2}$의 그래프는 다음 그림과 같다.

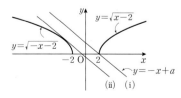

(i) 직선 $y=-x+a$가 점 $(2,0)$을 지날 때,

$0=-2+a$ $\therefore a=2$

(ii) 함수 $y=\sqrt{-x-2}$의 그래프와 직선 $y=-x+a$가 접할 때,
$\sqrt{-x-2}=-x+a$의 양변을 제곱하면
$$-x-2=x^2-2ax+a^2$$
$$\therefore x^2+(1-2a)x+a^2+2=0$$
위의 이차방정식의 판별식을 D라 하면
$$D=(1-2a)^2-4(a^2+2)=0$$
$$-4a-7=0$$
$$\therefore a=-\frac{7}{4}$$

(i), (ii)에서 $-\dfrac{7}{4}<a<2$

604
무리함수의 합성함수와 역함수

전략 $\sqrt{x+1}=t$로 놓고 t의 값의 범위를 구한 후, $f(t)$의 최댓값과 최솟값을 구한다.

풀이 $g(x)=\sqrt{x+1}=t$라 하면 $0\le x\le 4$에서 $1\le g(x)\le 3$이므로
$1\le t\le 3$

$y=(f\circ g)(x)=f(g(x))=f(t)=\dfrac{1}{t+1}$이므로

$y=\dfrac{1}{t+1}\ (1\le t\le 3)$

$1\le t\le 3$에서 함수 $y=\dfrac{1}{t+1}$의 그래프는
오른쪽 그림과 같으므로

$t=1$일 때, 최댓값 $\dfrac{1}{1+1}=\dfrac{1}{2}$,

$t=3$일 때, 최솟값 $\dfrac{1}{3+1}=\dfrac{1}{4}$

을 갖는다.
따라서 최댓값과 최솟값의 합은

$\dfrac{1}{2}+\dfrac{1}{4}=\dfrac{3}{4}$

605
무리함수의 합성함수와 역함수

전략 $f(x)$의 역함수 $g(x)$를 구해 점 Q_n의 좌표를 n에 대하여 나타낸 후 두 점 P_n, Q_n은 직선 $y=x$에 대하여 대칭임을 이용한다.

풀이 $y=\sqrt{2x+n^2}-n$을 x에 대하여 풀면
$y+n=\sqrt{2x+n^2}$, $y^2+2ny+n^2=2x+n^2$

$\therefore x=\dfrac{1}{2}y^2+ny$

x와 y를 서로 바꾸면

$y=\dfrac{1}{2}x^2+nx$

$\therefore g(x)=\dfrac{1}{2}x^2+nx\ (x\ge 0)$

이때 점 Q_n은 함수 $y=g(x)$의 그래프와 직선 $y=-x+2n+4$가 만나는 점이므로 점 Q_n의 x좌표를 구하면

$\dfrac{1}{2}x^2+nx=-x+2n+4$

$x^2+(2n+2)x-4n-8=0$

$(x-2)(x+2n+4)=0$

$\therefore x=2\ (\because x\ge 0)$

따라서 $Q_n(2, 2n+2)$이고 점 P_n은 점 Q_n을 직선 $y=x$에 대하여 대칭이동한 점이므로 $P_n(2n+2, 2)$

$\therefore l_n=\overline{P_nQ_n}$
$$=\sqrt{(2n+2-2)^2+(2-2n-2)^2}$$
$$=\sqrt{4n^2+4n^2}=2\sqrt{2}\,n\ (\because n\text{은 자연수})$$

$\therefore l_1+l_2+l_3+l_4+l_5=2\sqrt{2}\times(1+2+3+4+5)$
$$=30\sqrt{2}$$

도전 1등급 최고난도 ●149쪽

606 $\dfrac{9}{2}$　　607 $\dfrac{21}{8}$

606
무리함수의 그래프의 성질

1단계 조건 (나)에서 함수 $f(x)$가 일대일함수임을 이용하여 함수 f의 그래프를 그려 본다.

$y=\dfrac{2x+1}{x-2}=\dfrac{2(x-2)+5}{x-2}=\dfrac{5}{x-2}+2$

이므로 함수 $y=\dfrac{2x+1}{x-2}$의 그래프는 함수 $y=\dfrac{5}{x}$의 그래프를 x축의 방향으로 2만큼, y축의 방향으로 2만큼 평행이동한 것이다.

또, 조건 (가)에서 함수 f의 치역이 $\{y\,|\,y>2\}$이고, 조건 (나)에서 함수 f는 일대일함수이므로 함수 $y=f(x)$의 그래프는 다음 그림과 같아야 한다.

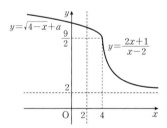

2단계 $f(4)$의 값을 이용하여 상수 a의 값을 구한다.

위의 그래프에서 $f(4)=\dfrac{9}{2}$이므로

$\sqrt{4-4}+a=\dfrac{9}{2}$　　$\therefore a=\dfrac{9}{2}$

3단계 $f(3)f(k)=22$임을 이용하여 k의 값을 구한다.

$f(3)=\sqrt{4-3}+\dfrac{9}{2}=\dfrac{11}{2}$이므로

$f(3)f(k)=22$에서 $\dfrac{11}{2}f(k)=22$

$\therefore f(k)=4$

즉, $\dfrac{2k+1}{k-2}=4$이므로 $2k+1=4k-8$

$-2k=-9$　　$\therefore k=\dfrac{9}{2}$

607

무리함수의 합성함수와 역함수

〔1단계〕 두 함수 $f(x)$와 $g(x)$가 역함수 관계임을 알아내고, 두 점 A, C의 좌표를 구한다.

$y=\sqrt{2x+3}$ 으로 놓고 양변을 제곱하면

$y^2=2x+3$

x에 대하여 풀면 $x=\dfrac{y^2-3}{2}\ (y\geq0)$

x와 y를 서로 바꾸면 $y=\dfrac{y^2-3}{2}\ (x\geq0)$

$\therefore g(x)=\dfrac{1}{2}(x^2-3)\ (x\geq0)$

즉, 두 함수 $f(x),\ g(x)$는 서로 역함수 관계에 있으므로 두 함수 $y=f(x),\ y=g(x)$의 그래프의 교점은 함수 $y=g(x)$의 그래프와 직선 $y=x$의 교점과 같다.

$\dfrac{1}{2}(x^2-3)=x$ 에서 $x^2-3=2x$

$x^2-2x-3=0,\ (x+1)(x-3)=0$

$\therefore x=3\ (\because x\geq0)$

따라서 두 함수의 그래프의 교점 A의 좌표는 $(3,3)$이다.

또, 점 C는 점 $B\Big(\dfrac{1}{2},\ 2\Big)$를 직선 $y=x$에 대하여 대칭이동한 점과 같으므로

$C\Big(2,\ \dfrac{1}{2}\Big)$

〔2단계〕 직선 l의 방정식을 구한다.

점 $B\Big(\dfrac{1}{2},\ 2\Big)$를 지나고 기울기가 -1인 직선 l의 방정식은

$y-2=-\Big(x-\dfrac{1}{2}\Big)$

$\therefore 2x+2y-5=0$

〔3단계〕 삼각형 ABC의 높이와 밑변의 길이를 구하여 넓이를 구한다.

점 $A(3,3)$에서 직선 $l:2x+2y-5=0$에 내린 수선의 발을 H라 하면

$\overline{AH}=\dfrac{|2\times3+2\times3-5|}{\sqrt{2^2+2^2}}=\dfrac{7\sqrt{2}}{4}$

두 점 $B\Big(\dfrac{1}{2},\ 2\Big),\ C\Big(2,\ \dfrac{1}{2}\Big)$에서

$\overline{BC}=\sqrt{\Big(2-\dfrac{1}{2}\Big)^2+\Big(\dfrac{1}{2}-2\Big)^2}=\dfrac{3\sqrt{2}}{2}$

따라서 삼각형 ABC의 넓이는

$\dfrac{1}{2}\times\overline{BC}\times\overline{AH}=\dfrac{1}{2}\times\dfrac{3\sqrt{2}}{2}\times\dfrac{7\sqrt{2}}{4}=\dfrac{21}{8}$

개념 보충

① 점 $A(x_1,\ y_1)$을 지나고 기울기가 m인 직선의 방정식
   $\Rightarrow y-y_1=m(x-x_1)$

② 점 $P(x_1,\ y_1)$과 직선 $ax+by+c=0$ 사이의 거리 d
   $\Rightarrow d=\dfrac{|ax_1+by_1+c|}{\sqrt{a^2+b^2}}$

MEMO

www.mirae-n.com

학습하다가 이해되지 않는 부분이나 정오표 등의 궁금한 사항이 있나요?
미래엔 에듀 홈페이지에서 해결해 드립니다.

교재 내용 문의
나의 교재 문의 | 자주하는 질문 | 기타 문의

교재 정답 및 정오표
정답과 해설 | 정오표

교재 학습 자료
MP3

Contact Mirae-N
www.mirae-n.com
(우)06532 서울시 서초구 신반포로 321
1800-8890

실력 상승 문제집

파사쥬

대표 유형과 실전 문제로 내신과 수능을
동시에 대비하는 실력 상승 실전서

국어 국어, 문학, 독서
영어 기본영어, 유형구문, 유형독해, 20회 듣기모의고사,
      25회 듣기 기본 모의고사
수학 수학Ⅰ, 수학Ⅱ, 확률과 통계, 미적분

수능 완성 문제집

수능 주도권

핵심 전략으로 수능의 기선을 제압하는
수능 완성 실전서

국어영역 문학, 독서, 언어와 매체, 화법과 작문
영어영역 독해편, 듣기편
수학영역 수학Ⅰ, 수학Ⅱ, 확률과 통계, 미적분

수능 기출 문제집

N기출

수능N 기출이 답이다!

국어영역 공통과목_문학,
         공통과목_독서,
         선택과목_화법과 작문,
         선택과목_언어와 매체
영어영역 고난도 독해 LEVEL 1,
         고난도 독해 LEVEL 2,
         고난도 독해 LEVEL 3
수학영역 공통과목_수학Ⅰ+수학Ⅱ 3점 집중,
         공통과목_수학Ⅰ+수학Ⅱ 4점 집중,
         선택과목_확률과 통계 3점/4점 집중,
         선택과목_미적분 3점/4점 집중,
         선택과목_기하 3점/4점 집중

N기출 모의고사

수능의 답을 찾는 우수 문항 기출 모의고사

수학영역 공통과목_수학Ⅰ+수학Ⅱ
         선택과목_확률과 통계,
         선택과목_미적분

미래엔 교과서 연계 도서

미래엔 교과서 자습서

교과서 예습 복습과 학교 시험 대비까지
한 권으로 완성하는 자율학습서

[2022 개정]
국어   공통국어1, 공통국어2*
영어   공통영어1, 공통영어2
수학   공통수학1, 공통수학2,
         기본수학1, 기본수학2
사회   통합사회1, 통합사회2*, 한국사1, 한국사2*
과학   통합과학1, 통합과학2
제2외국어 중국어, 일본어
한문   한문

         *2025년 상반기 출간 예정

[2015 개정]
국어 문학, 독서, 언어와 매체, 화법과 작문,
      실용 국어
수학 수학Ⅰ, 수학Ⅱ, 확률과 통계,
      미적분, 기하
한문 한문Ⅰ

미래엔 교과서 평가 문제집

학교 시험에서 자신 있게
1등급의 문을 여는 실전 유형서

[2022 개정]
국어 공통국어1, 공통국어2*
사회 통합사회1, 통합사회2*, 한국사1, 한국사2*
과학 통합과학1, 통합과학2

      *2025년 상반기 출간 예정

[2015 개정]
국어 문학, 독서, 언어와 매체

MiraeN 에듀

가슴엔·듯·눈엔·듯·또·피줄엔·
듯·마음이·도른도른·숨어·있는·곳·
내·마음의·어딘·듯·한편에·끝없는·
강물이·흐르네

문학은 감상입니다. 감상을 통한 손쉬운 공부 비법을 배웁니다.

고등학교 문학 입문서
손쉬운

손쉬운 학습   각종 국어 교과서 대표 작품으로 익힙니다.
손쉬운 이해   문학 개념부터 작품 핵심까지 술술 읽으며 터득합니다.
손쉬운 대비   자주 출제되는 문제 유형으로 내신과 수능을 준비합니다.